Algorithmen von Hammurapi bis Gödel

T0225802

Jochen Ziegenbalg • Oliver Ziegenbalg
Bernd Ziegenbalg

Algorithmen
von Hammurapi
bis Gödel

Mit Beispielen aus den
Computeralgebrasystemen
Mathematica und Maxima

4., überarbeitete und erweiterte Auflage

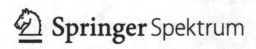

Jochen Ziegenbalg
Pädagogische Hochschule Karlsruhe
Karlsruhe, Deutschland

Bernd Ziegenbalg
Berlin, Deutschland

Oliver Ziegenbalg
Berlin, Deutschland

ISBN 978-3-658-12362-8   ISBN 978-3-658-12363-5   (eBook)
DOI 10.1007/978-3-658-12363-5

Die Deutsche Nationalbibliothek verzeichnet diese Publikation in der Deutschen National-
bibliografie; detaillierte bibliografische Daten sind im Internet über http://dnb.d-nb.de abrufbar.

Springer Spektrum
© Springer Fachmedien Wiesbaden 2016
1. Auflage 1996: Spektrum Akademischer Verlag, Heidelberg Berlin
2. Auflage 2007 und 3. Auflage 2010: Wissenschaftlicher Verlag Harri Deutsch GmbH, Frankfurt
am Main

Planung: Ulrike Schmickler-Hirzebruch

Gedruckt auf säurefreiem und chlorfrei gebleichtem Papier

Springer Fachmedien Wiesbaden GmbH ist Teil der Fachverlagsgruppe Springer Science+Business
Media (www.springer.com)

Vorwort zur 4. Auflage

Der Lebenszyklus dieses Buches hat im Jahre 1996 bei „Spektrum Akademischer Verlag" begonnen. Die zweite und dritte Auflage des Buchs erschien dann beim Verlag Harri Deutsch. Mit der vierten Auflage hat sich nun der Kreis geschlossen; das Buch ist zurückgekehrt zu „Spektrum"; genauer: zum Verlag Springer Spektrum. Bei diesem abwechslungsreichen Verlagsleben wurde dem Buch stets eine freundliche und kompetente Betreuung durch die Verlage und ihre Lektorate zuteil; den Herren Andreas Rüdinger (1. Auflage), Klaus Horn (2. und 3. Auflage) sowie Frau Ulrike Schmickler-Hirzebruch und Frau Barbara Gerlach (4. Auflage) sei an dieser Stelle herzlich dafür gedankt.

Inhaltlich war das Buch von Anfang an auf Langzeitwirkung angelegt. Die Jahrtausende überspannenden zeitlosen Aspekte der Algorithmik standen stets im Vordergrund; nicht jedoch technische oder extrem zeitabhängige Details der Implementierung von Algorithmen, auf die jedoch besonders im Zusammenhang mit dem Programmieren und der Diskussion verschiedener Programmiersprachen nicht völlig verzichtet werden konnte. Im Laufe der verschiedenen Auflagen wurde die Behandlung der „imperativen" Programmiersprachen, insbesondere der Programmiersprache Pascal, kontinuierlich heruntergefahren und die der listenverarbeitenden funktionalen Programmiersprachen, insbesondere der Computeralgebrasysteme, intensiviert.

Für die vierte Auflage wurde das erste Kapitel (Zum universellen Charakter der Algorithmik) völlig neu gestaltet und erheblich erweitert. Darüber hinaus kommt in dieser Auflage noch das neue, gut in die „Landschaft" passende Kapitel 9 über Codierung, Kryptographie und den Informationsbegriff hinzu. Herrn Thomas Borys danke ich für viele wertvolle Hinweise zu diesem Kapitel.

Berlin, im November 2015

Für die Autoren
Jochen Ziegenbalg

Vorwort zur 3. Auflage

Mit der dritten Auflage dieses Buches geht (neben der stets anfallenden Verbesserung von Druckfehlern) eine Reihe von Änderungen inhaltlicher Art einher. Rein äußerlich ist das Buch etwas schlanker geworden. Dies ist der nunmehr durchgängigen Darstellung der Algorithmen in der Syntax der Computeralgebrasysteme *Mathematica*[1] und *Maxima*[2] geschuldet. Auf die in den ersten beiden Auflagen dieses Buches verwendete, seinerzeit gut verfügbare Programmiersprache *Pascal* wurde in der dritten Auflage verzichtet, da mit den in jüngster Zeit entwickelten, außerordentlich mächtigen, flexiblen, reichhaltig ausgestatteten und benutzerfreundlichen Programmiersystemen Mathematica und Maxima (um nur einige der inzwischen gut verfügbaren Computeralgebrasysteme zu nennen) modernere Werkzeuge zur Verfügung stehen. Computeralgebrasysteme sind heute für Aufgaben im Bereich von Mathematik und Naturwissenschaften Programmierwerkzeuge der ersten Wahl. Es sind in der Regel voll entwickelte, universelle algorithmische Sprachen (wenn man so will: Programmiersprachen) mit einer besonderen Stärke im Bereich der Symbolverarbeitung. Für viele mathematische Zwecke unerlässlich ist ihre den herkömmlichen Programmiersprachen weit überlegene numerische Genauigkeit; für zahlentheoretische Probleme ist die exakte Ganzzahlarithmetik unverzichtbar.

Darüber hinaus bieten Computeralgebrasysteme meist eine exzellente Graphik- und Audio-Unterstützung. Ihre hochgradige Interaktivität macht den Einstieg besonders für den gelegentlichen Nutzer vergleichsweise angenehm. Viele Unannehmlichkeiten bzw. Unzulänglichkeiten älterer Programmiersysteme, wie z.B. starre und oft sehr restriktiv gehandhabte Datentypen, inkorrekte numerische Ergebnisse (aufgrund der eingebauten „Festwort"-Arithmetik) und ähnliches mehr gehören damit der Vergangenheit an.

Für das, was sie leisten, sind praktisch alle Computeralgebrasysteme preiswert. Aber besonders angenehm ist natürlich der Umstand, dass es darunter auch sehr leistungsfähige kostenlose Open Source Systeme gibt – wie z.B. das in diesem Buch verwendete System Maxima. Für die Nutzbarkeit von

---

[1] Nähere Informationen zu Mathematica: http://www.wolfram.com
[2] Nähere Informationen zu Maxima: http://maxima.sourceforge.net
   Beispiele und weitere Informationen: http://www.ziegenbalg.ph-karlsruhe.de

Maxima ist es hilfreich, dass nunmehr (mit wxMaxima) eine recht intuitiv bedienbare Programmieroberfläche zur Verfügung steht. Natürlich gibt es auch in Maxima eine Reihe von Fußangeln für Anfänger. Einige Hinweise, die Erstbenutzern das Leben erleichtern sollen, finden sich im Internet unter der Adresse www.ziegenbalg.ph-karlsruhe.de.

Da sich Computeralgebrasysteme oft an den Paradigmen der Programmiersprache Lisp orientieren (vgl. 8.7.2), unterstützen sie in der Regel besonders gut die Technik des *funktionalen* Programmierens. Dazu gehört primär eine angemessene Implementierung des Funktionskonzepts in Verbindung mit Listenverarbeitung, Rekursion und Symbolverarbeitung. Aber auch wenn Algorithmen durchgängig mit Hilfe von Computeralgebrasystemen realisiert werden, ist damit noch nicht die Frage entschieden, welches *Programmierkonzept* (Programmierparadigma, vgl. 8.3) dabei im Vordergrund stehen soll. So unterstützt z.B. Mathematica auch das *regelbasierte* Programmieren sehr gut. Im vorliegenden Buch gehen die Präferenzen eindeutig in Richtung des funktionalen Programmierens; allerdings nicht in dogmatischer Form. Dort, wo es angemessen erscheint, werden auch imperative Lösungen aufgezeigt (so z.B. beim Sieb des Eratosthenes). Vom Konzept der „anonymen Funktionen", das aus der Welt der funktionalen Programmierung stammt und mittlerweile auch in anderen Programmiersprachen Eingang gefunden hat, wird praktisch kein Gebrauch gemacht.

Wenn in diesem Buch einige besonders wichtige Algorithmen (wie z.B. der Euklidische Algorithmus) parallel in mehreren algorithmischen Varianten dargestellt werden, so soll dies der Vermittlung von Kritik- und Urteilsfähigkeit dienen. Denn urteilsfähig wird man nicht allein dadurch, dass man einen bestimmten Programmierstil möglichst gut erlernt und beherrscht, sondern dadurch, dass man darüber hinaus (zumindest exemplarisch) zur Kenntnis nimmt, welche anderen wichtigen Sprachkonzepte es noch gibt.

Im vorliegenden Buch wurden funktional formulierte Programme eher in Mathematica und imperativ formulierte Programme (vgl. 8.3) eher in Maxima realisiert, dessen Syntax (besonders im Bereich der Kontrollstrukturen) der von Pascal oft recht ähnlich ist. Die Form der imperativen Lösung wurde besonders dann gewählt, wenn der Datentyp des Feldes verwendet wurde. Dies soll aber nicht heißen, dass Maxima primär das imperative Programmierparadigma favorisiert; im Gegenteil; als ein auf der Programmiersprache Lisp basierendes System unterstützt es natürlich auch die funktionale Programmierung in hervorragender Weise.

Dieses Buch hat das Ziel, in die Grundlagen und die Geistesgeschichte des Algorithmierens einzuführen. Wenn man heute einen Algorithmus formuliert hat, dann gibt es gute Gründe dafür, ihn auch laufen lassen zu wollen. Dazu muss man den Algorithmus in die Form eines lauffähigen Programms bringen, und so wird im Folgenden in der Regel auch verfahren. Das Buch versteht sich aber nicht als eine systematische Einführung in eine konkrete Programmiersprache – dazu gibt es eine Fülle von Spezialliteratur.

Programmieren heißt immer auch, dass man sich mit Fragen der *Effizienz* auseinanderzusetzen hat (vgl. Kapitel 5). In diesem Buch stand bei der Formulierung der Programme vorrangig die gute Verständlichkeit im Vordergrund, also die „kognitive" Effizienz (vgl. 5.2) und nicht primär die Laufzeit- oder Speicherplatzeffizienz.

Schließlich möchte ich an dieser Stelle denjenigen danken, die den Entstehungsprozess dieses Buches unterstützt und gefördert haben: zuallererst meiner Frau Barbara für ihre Geduld und moralische Unterstützung, meinen Söhnen Oliver und Bernd für vielfältige produktive Diskussionen und die Einbringung ihrer Kenntnisse über evolutionäre Algorithmen und neuronale Netze. Christian Stellfeldt, Thomas Borys, Elke Bernsee und vielen meiner Studierenden sei dafür gedankt, dass sie das Manuskript kritisch gelesen und kommentiert haben. Last not least danke ich Herrn Klaus Horn vom Verlag Harri Deutsch für seine kompetente, konstruktive und freundliche Begleitung des Herstellungsprozesses.

Berlin, im Juli 2010   Jochen Ziegenbalg

Inhaltsverzeichnis

1 Einleitung: Zum universellen Charakter der Algorithmik

> Natürlich ist die Mathematik ... so dynamisch wie noch nie. Gerade auch wegen der explosionsartig fortschreitenden Algorithmisierung der Mathematik müssen wir vielmehr von einem neuen Anfang der Mathematik sprechen.
>
> Damit sollte es klar sein, dass Computer-Mathematik eine, wenn nicht *die* Schlüsseltechnologie der heutigen Informationsgesellschaft ist.
>
> Wer heute Technik und insbesondere Mathematik studiert, befindet sich im "Auge des Hurrikans" der modernen Entwicklung und nicht irgendwo in einem Hinterzimmer. Es ist heute so motivierend wie noch nie, sich als junger Mensch auf das Abenteuer Mathematik-basierter Technik einzulassen. *Bruno Buchberger*, 2000

Algorithmen sind es, die den Computer zum Laufen bringen. Ohne sie gäbe es keine Programme, keine Software, keine Anwendersysteme. Eine „digitale Revolution" hätte ohne Algorithmen nie stattgefunden. Multimedia, Social Media, Internet, Suchmaschinen, E-Mail, Online Banking und all das würde nicht existieren; Nanosekunden-Aktienhandel, Computerviren und Computerkriminalität allerdings auch nicht. Ohne Algorithmen wäre der Computer nur "Hardware", ein ziemlich nutzloser Haufen "harten" elektronischen Schrotts.

Algorithmen[1] gibt es schon sehr lange und in höchst unterschiedlicher Form. Erste schriftlich dokumentierte Beispiele, wie das babylonische Verfahren zum Wurzelziehen, sind fast 4000 Jahre alt. Dieses Verfahren wird bis zum heutigen Tag in den modernsten Computern verwendet. Algorithmen begleiten unsere Wissenschafts- und Kulturgeschichte von den Anfängen bis in die Gegenwart. Das Konzept des Algorithmus zählt zu den fundamentalen Begriffen von Mathematik und Informatik, ohne dessen Verständnis eine erfolgreiche Beschäftigung mit diesen Fächern nicht möglich ist. Darüber hinaus gibt es eine Fülle von Beziehungen zwischen der Algorithmik und der

---

[1] Der Begriff des Algorithmus wird zwar erst in Kapitel 2 systematisch thematisiert; wem der Begriff aber gar nichts sagt, möge sich vorläufig zunächst so etwas wie „ein exakt beschriebenes Verfahren" darunter vorstellen.

Philosophie, den Natur- und den Geisteswissenschaften (vgl. insbesondere Abschnitt 1.3). Selbst zur Kunst gibt es Querverbindungen.

Man kann heute kaum „Algorithmus" sagen, ohne an „Computer" zu denken. Die Entstehung von Algorithmen hat jedoch zunächst einmal gar nichts mit dem Phänomen des Computers zu tun. Wie in den historischen Ausführungen (in Kapitel 3) noch zu zeigen sein wird, sind die Algorithmen sehr viel älter als die Computer. Der Entstehung des Computers, wie wir ihn heute kennen, liegt geradezu das Motiv zugrunde, ein Gerät zur Ausführung der z.T. schon Jahrtausende früher entwickelten Algorithmen zur Verfügung zu haben. Bis zum heutigen Tag gibt es viele auf dem Gebiet der Algorithmik arbeitende Mathematiker und (theoretische) Informatiker, für die der Computer bestenfalls am Rande eine Rolle spielt. Der renommierte Mathematikhistoriker H. M. Edwards vertritt die wohlbegründete Auffassung, dass alle Mathematik bis zum Auftreten der Zeitgenossen von Leopold Kronecker (1823–1891) algorithmischer Natur war (vgl. Edwards 1987).

1.1 Zur Bildungsrelevanz der Algorithmik

Einen der frühesten schriftlichen Belege für Algorithmen stellt die von Euklid im dritten Jahrhundert v. Chr. unter dem Titel „Die Elemente" verfasste Gesamtdarstellung des mathematischen Wissens seiner Zeit dar, die neben vielen anderen natürlich auch den „Euklidischen" Algorithmus enthält. Euklids Werk war eines der erfolgreichsten Lehrbücher in der Bildungsgeschichte der Menschheit; es wurde bis in das 19. Jahrhundert hinein als Lehrbuch für Mathematik verwendet – ein Lehrbuch mit einer „Lebenszeit" von über 2000 Jahren.

Die Algorithmik (also die Lehre von und die Beschäftigung mit den Algorithmen) hat seit Euklids Zeit auch eine pädagogische Dimension. Wichtige Indikatoren für die Bildungsrelevanz eines Themas sind ein hohes Maß an Fundamentalität, Elementarität und Beziehungshaltigkeit in Verbindung mit seiner Bedeutung für das tägliche Leben. Dass diese Kriterien im Hinblick auf die Algorithmik erfüllt sind, soll dieses Buch zeigen.

Die Algorithmik ist Teil eines außerordentlich vielgestaltigen „Bildungsmosaiks"; die Frage, was zu einer guten, richtigen, angemessenen Bildung gehört, wird von den unterschiedlichsten Standpunkten her permanent diskutiert

– aber kaum jemand wird heute in Frage stellen, dass Kenntnisse in Mathematik, Informatik, Naturwissenschaften und Technik *auch* dazu gehören.

Die bislang zum Themenkomplex *Mathematik, Algorithmen, Computer, Informatik* vorgelegten Bildungsangebote sind ein heterogenes Konglomerat von Beiträgen, die sich zwischen den Polen *zeitloser mathematischer Grundkenntnisse* und *extrem vergänglicher Computerkenntnisse* bewegen. Besonders was die computerbezogenen Kenntnisse betrifft, wird die Bildungslandschaft von einer Woge bisher nicht gekannter Kommerzialisierung überrollt. Allein schon deshalb, aber auch, weil die für Unterricht und Studium zur Verfügung stehende Zeit eine sehr knappe Ressource ist, ist es notwendig, die Kriterien und Inhalte der Allgemeinbildung immer wieder kritisch zu durchdenken.

Der Computer (einschließlich seiner Software) ist ein äußerst komplexes Gebilde. Obwohl seine konkreten Konstruktionsmerkmale in der Regel sehr zeit- und technologieabhängig sind, versetzt er uns dennoch in die Lage, zeitlose fundamentale Ideen der Mathematik und Informatik zu realisieren. Bildungsrelevant im Zusammenhang mit dem Computer sind diese bleibenden grundlegenden Ideen – nicht jedoch die extrem schnell veraltenden Kenntnisse über dieses oder jenes Detail seiner Hardware, über gerade gängige Varianten dieses oder jenes Betriebssystems oder über die Besonderheiten und Eigenarten graphischer bzw. sonstiger „Benutzerschnittstellen".

Für viele Menschen sind Algorithmen ein Spezialphänomen unserer vom Computer geprägten Zeit, das nur interessant zu sein scheint für hochgradig spezialisierte Berufsgruppen, insbesondere Computerprogrammierer. Dieses Bild ist jedoch nicht nur unzutreffend; das Gegenteil ist eher richtig. Mit den ihnen innewohnenden Eigenschaften der Elementarität, Konstruktivität und Beziehungshaltigkeit (Vernetztheit und Vernetzbarkeit), mit ihrer Förderung experimenteller und operativer Arbeitstechniken stehen Algorithmen im methodologischen Zentrum schulischer Bildung.

Im Bildungszusammenhang ist weiterhin der Umstand bemerkenswert, dass auch der Algorithmus-*Begriff* aus einer ureigenen pädagogischen Intention heraus entstanden ist. Der Begriff des Algorithmus geht zurück auf die Angabe des Geburtsorts („al Khowarizm") desjenigen persisch-arabischen Gelehrten, der im neunten Jahrhundert ein wissenschaftsgeschichtlich äußerst einflussreiches Buch zur Verbreitung der „indischen" Ziffern, also der Zahldarstellung im Zehnersystem, geschrieben hat (vgl. Kapitel 2). Die Art und

Weise, wie wir heute die Zahlen schreiben und mit ihnen umgehen, geht entscheidend auf dieses Buch zurück, das neben Euklids „Elementen" einen der bedeutendsten Ecksteine in der Bildungsgeschichte der Menschheit darstellt.

Zur Rolle des Computers im Bildungsprozess

Die Bedeutung der Algorithmik für den Schulunterricht kann heute nicht mehr unabhängig vom Computer diskutiert werden. Dabei hat das Phänomen „Computer" sowohl einen Hardware- als auch einen Software-Aspekt. Im Unterricht kommt der Computer dementsprechend in unterschiedlichen „Rollen" bzw. Funktionen vor. Die wichtigsten davon sind:

1. der Computer, einschließlich seiner Architektur, als *Unterrichtsgegenstand*

2. der Computer als universelles *Werkzeug zum (algorithmischen) Problemlösen*

3. der Computer als Präsentations- und Kommunikations-*Medium*

Zu 1: Die Rolle des Computers als *Unterrichtsgegenstand*: Aus unterrichtlicher Sicht sind in Bezug auf die materielle Architektur des Computers Physik und Technik die einschlägigen Bezugsfächer. Eng mit seinem physikalischen Aufbau ist die binäre (digitale) Architektur des Computers verbunden. Und hierbei, wie auch bei Fragen der Schalt- und Steuerungslogik, kommt die Mathematik als einschlägiges Unterrichtsfach ins Spiel.

Zu 2: Die Rolle des Computers als *Werkzeug zum Problemlösen*: Die Formen des beispielgebundenen, experimentellen, ja sogar spielerischen Arbeitens, die auch in der Mathematik von großer Bedeutung sind, hängen ganz massiv mit der Nutzung des Computers in Lern- und Bildungsprozessen zusammen. Der Computer ist heute das wichtigste Werkzeug, um in der Mathematik Experimente durchzuführen. Er ist aber noch mehr. Vor allem im Zusammenhang mit dem *modularen* Arbeiten, also dem Arbeiten im Sinne des Baukastenprinzips (vgl. Abschnitt 4.2), ist er ein Katalysator, der eine neue, intensivere begriffliche Durchdringung vieler klassischer und moderner Probleme ermöglicht und gelegentlich sogar erzwingt. Man vergleiche dazu auch die Ausführungen zur algorithmisch basierten Begriffsbildung in Abschnitt 1.3.

Kontrovers wird im Zusammenhang mit der werkzeugartigen Nutzung des Computers oft die folgende Frage diskutiert.

Sollte man Algorithmen auch programmieren können?

Die Algorithmik hat, etwas vereinfachend ausgedrückt, zwei Seiten: eine sehr spannende und eine eher langweilige. Der *Entwurf*, die *Konstruktion* von neuen Algorithmen sowie das Verstehen und Analysieren vorgegebener, insbesondere klassischer Algorithmen ist einerseits eine sehr kreative Angelegenheit. Soll die Beschäftigung mit den Algorithmen aber nicht nur theoretischer Natur bleiben, so gehört andererseits aber auch die *Abarbeitung* von fertigen Algorithmen dazu – und das ist eine eher monotone, wenig inspirierende Sache. Deshalb gehörte (und gehört) zur Algorithmik schon immer der Versuch, Maschinen zur Abarbeitung von Algorithmen zu konstruieren. Die Universalmaschine zur Abarbeitung von Algorithmen ist heute der Computer; er stellt ein unentbehrliches Werkzeug für das algorithmische Problemlösen dar.

Die Umsetzung von Algorithmen auf einem Computer geschieht in der Form der *Programmierung* des Computers. Es gibt viele Formen und Varianten des Programmierens. Programmieren „mit Stil" ist eine anspruchsvolle geistige Aktivität, die der Pädagoge H. von Hentig mit eindrucksvollem Blick für das Wesentliche folgendermaßen beschreibt[1]:

> *Dies ist der Gewinn – aber er wird mir nur zuteil, wenn ich den Computer dazu verwende: als Abbild meiner Denkprozesse, die ich in ihm objektiviere und erprobe. Programmieren heißt eben dies.*

Die Entwicklung moderner Programmiersprachenkonzepte steht im engsten Zusammenhang mit den fundamentalen Paradigmen des Algorithmus-Begriffs und den philosophischen Grundfragen, die sich aus der Untersuchung der Grenzen der Algorithmisierbarkeit ergeben haben. Der österreichische Philosoph Ludwig Wittgenstein (1889–1951) hat sich in der ersten Hälfte des vorigen Jahrhunderts intensiv mit der Rolle der Sprache (und dabei insbesondere auch der formalen Sprachen) für unser Denken befasst. Von ihm stammt der Ausspruch „Die Grenzen meiner Sprache sind die Grenzen meiner Welt", der mit Sicherheit auch in der „Welt des Computers" seine Berechtigung hat.

Kein einzelnes Phänomen beeinflusst unsere Gesellschaft heute so sehr wie die Computerprogramme. Ohne sie gäbe es keine „digitale Agenda". Grundkenntnisse über Algorithmen, Programme und Programmierung sind

---

[1] DIE ZEIT, 18. Mai 1984

deshalb für die Allgemeinbildung unerlässlich. Computerkenntnisse ohne Programmierung sind wie eine Suppe ohne Salz.

Die Antwort auf die eingangs gestellte Frage lautet eindeutig „Ja, man sollte als rundum gebildet geltender Mensch in der Lage sein, einfache Algorithmen zu formulieren und in ein Programm umzusetzen". Damit ist noch nichts über die Programmiersprache gesagt, in deren Rahmen dies passieren könnte. Programme in modernen Programmiersprachen, insbesondere in Computeralgebrasystemen, unterscheiden sich oft kaum noch von einer wohlstrukturierten umgangssprachlichen Formulierung der Algorithmen. Und auch die Erstellung einer Tabellenkalkulation kann als eine Form der Programmierung angesehen werden.

Wir kommen schließlich zur dritten Rolle des Computers im Unterricht: der *Computer als Medium*. Aus dieser Perspektive wird oft die Frage gestellt:

Reicht nicht auch „Medienkunde" für das Computerwissen aus?

Diese Frage hört man besonders oft, wenn in der Bildungspolitik von informationstechnischer Bildung die Rede. Die Beantwortung der Frage wird schon dadurch erschwert, dass es überhaupt keinen Konsens in der Frage gibt, was unter „Medienkunde" zu verstehen ist. Es ist auch nicht klar, ob die Vertreter dieser Auffassung für ein eigenständiges neues Fach Medienkunde plädieren und wer dies unterrichten sollte.

Natürlich wird der Computer oft auch als Präsentations-, Kommunikations- und Display-*Medium* sowie für Computerspiele genutzt; aber diese Verwendungsform macht eben nicht seine Einzigartigkeit als Werkzeug zur Unterstützung der menschlichen Denk- und Problemlösefähigkeiten aus. Kommunikation, Veranschaulichung und Visualisierung sind zweifellos wichtig für jede Form des Lernens; sie spielen auch in der Mathematik eine große Rolle. *Anschauliche Geometrie* bzw. *Die Kunst des Sehens in der Mathematik* sind Titel wohlbekannter Bücher renommierter Mathematiker. Schon die Titel machen die Bedeutung der Veranschaulichung in der Mathematik deutlich. Sehen ist aber mehr als bloße „Visualisierung" – sehen heißt auch: Zusammenhänge erkennen, Fundamentales identifizieren, Wichtiges von Unwichtigem trennen, komplexe Sachverhalte strukturieren können, zu einer „Gesamtschau" fähig sein. So hat z.B. *Leonhard Euler* (1707–1783), einer der produktivsten Mathematiker aller Zeiten, in der Mathematik so viel „gesehen", wie kaum ein anderer – obwohl er fast blind war. Diese Art des Sehens kann im Rahmen eines Medienkundeunterrichts nicht vermittelt werden.

Wenn der Computer jedoch auf seine Eigenschaft als Kommunikations-, Visualisierungs- oder Präsentationsmaschine reduziert wird, dann kommt seine eigentliche Stärke als „Denkwerkzeug" nicht oder nur ungenügend zur Geltung. Der Computer ist wissenschaftshistorisch gesehen, ein Produkt der MINT-Disziplinen (Mathematik, Informatik, Naturwissenschaften, Technik). Und bei diesen Fächern ist auch die Kompetenz für einen computerbezogenen Unterricht angesiedelt.

Fazit: Nein, eine reine Medienkunde ist nicht geeignet, um die Bedeutung des Computers für die Allgemeinbildung deutlich zu machen.

Bildungsinformatik

In den letzten Jahren wurde immer wieder die Forderung nach einem Unterrichtsfach „Informatik" oder „Informatische (Grund-) Bildung" oder so ähnlich, gestellt. Dies erscheint einerseits im Hinblick auf die Vielzahl der Informatik-basierten Anwendungen in unserer heutigen Gesellschaft plausibel. Andererseits ist es aber auch so, dass es viele Überschneidungen zu bestehenden Fächern gibt (insbesondere zu Mathematik, Physik und Technik). Eine überzeugende Legitimation für ein Fach Informatik kann es jedoch nur geben, wenn es auf eigene Inhalte verweisen kann, die nicht schon in anderen Fächern unterrichtet werden oder denen nicht durch eine leichte Anpassung in anderen Fächern Rechnung getragen werden könnte. Die Fachgesellschaft für Informatik (GI) hat dies in ihren *Standards für die Informatik in der Schule* darzulegen versucht (vgl. Gesellschaft für Informatik, 2008).

Es gibt in unserem Bildungssystem eine Reihe von Themen, die im Kanon der derzeitigen Lehrpläne eher unterrepräsentiert sind, wie z.B. der gesamte für die Informationsverarbeitung enorm wichtige Themenkomplex: *Bäume, Netze und Graphen*. Hier ist eine produktive Zusammenarbeit zwischen den Fächern Mathematik und Informatik denkbar.

Auch die Würdigung des Themas *heuristische Strategien* lässt im derzeitigen Unterrichtskanon sehr zu wünschen übrig. Die Behandlung der Strategien des Problemlösens hat im Schulsystem keinen zentralen „Ort". Es gibt kein Schulfach *Heuristik*, und der Einführung eines solchen Faches soll hier auch nicht das Wort geredet werden, denn heuristische Strategien sind in der Regel fächerübergreifender Natur. Heuristik muss inhaltsbezogen im jeweili-

gen Fachunterricht thematisiert werden. Dies geschieht derzeit aber bestenfalls
nur sporadisch; zum einen, weil die Lehrpläne (ob tatsächlich oder vermeintlich, sei dahingestellt) keinen Raum dafür bieten, zum anderen, weil sich auch
die Studierenden nur in den seltensten Fällen während ihres Studiums explizit
mit heuristischen Fragen befassen bzw. befassen müssen. Heuristik lässt sich
nur schwer in Lehr- und Studienpläne gießen. Und es ist nicht einfach, Kenntnisse in Heuristik abzuprüfen. Dennoch ist ein Wissen über heuristische Strategien von großer Bedeutung für die Zukunft der Lernenden – vielleicht wichtiger als manches fachspezifische Detail, das sehr bald wieder vergessen sein
wird.

Das Teilgebiet der „künstlichen Intelligenz" in der Informatik befasst
sich mit Versuchen, das Phänomen des „intelligenten Verhaltens" zu simulieren. Hierbei kommt die Thematisierung heuristischer Verfahren auf ganz natürliche Weise ins Spiel. Die Informatik ist also möglicherweise nicht der einzige, aber auf jeden Fall ein guter Ort, um der Heuristik eine geeignete Heim-
statt zu geben.

1.2 Algorithmen im Schulstoff

Der Begriff des Algorithmus zählt (ähnlich wie der Begriff der Funktion oder
der Begriff der Menge) zu den fundamentalen Begriffen der Mathematik. Dies
gilt in besonderer Weise für jedes lehramtsbezogene Mathematikstudium. Die
Mathematik ist eine der ältesten Wissenschaften überhaupt, und Algorithmen
spielten in ihrer Entwicklungsgeschichte eine entscheidende Rolle. Ohne die
Berücksichtigung dieser historischen Dimension kann der philosophische und
geistige Rahmen dieses Faches nicht hinreichend gewürdigt werden.

Im Mathematikunterricht sind Algorithmen in mehrfacher Weise von
Bedeutung. Auf der *Objektebene* sind sie Lernstoff, auf der Metaebene[1] geben
sie Anlass zu tiefen philosophischen Betrachtungen und methodologischen
Untersuchungen.

Zunächst zur *Objektebene*: Eine Fülle von Algorithmen ist im Mathematikunterricht zu erlernen, zu praktizieren, zu verstehen, zu beherrschen, zu

---

[1] Metaebene ist die lose verwendete Bezeichnung für eine übergeordnete Sichtweise, in der
Diskurse, Strukturen oder Sprachen als Objekte behandelt werden (Wikipedia 2015-06-13).

analysieren. Dies beginnt mit den Verfahren (Algorithmen) des schriftlichen Rechnens und zieht sich durch den gesamten Mathematikunterricht. Eine genauere Analyse zeigt, dass es im Mathematikunterricht der Primar- und Sekundarstufe überhaupt kein Thema gibt, das nicht einen zentralen algorithmischen Kern hat. Im Folgenden sind stichwortartig algorithmische Beispiele (mit dem Schwerpunkt im Mittelstufenunterricht) gegeben; wenn dabei manche Themen mehrfach genannt sind, dann entspricht dies einer „spiralförmigen" Gestaltung des Curriculums.

Primarstufe: Erste Erfahrungen mit Algorithmen

- Mustererkennung in der elementaren Arithmetik: der Prozess des Zählens, einfache Iterierungs- und Reihungsverfahren (insbesondere im Zusammenhang mit den arithmetischen Grundoperationen, z.B. Multiplikation als iterierte Addition, Division als iterierte Subtraktion, "Neuner-Reihe", ...), unkonventionelle arithmetische Verfahren (das Rechnen mit ägyptischen, babylonischen oder römischen Zahlen; die "russische Bauernmultiplikation"), wiederholtes Verdoppeln und Halbieren, nichtdekadische Zahlen- und Stellenwertsysteme; in der Lehrerbildung: ordinaler Aspekt des Zahlbegriffs und seine wissenschaftliche Fundierung durch die Peano-Axiome

- figurierte Zahlen und rekursive Zahlen- und Punktmuster, iterative und rekursive geometrische Konstruktionsverfahren (z.B. Polyominos)

- einfache Spiele mit iterativen oder rekursiven Strategien (z.B. NIM)

- erste stochastische Grunderfahrungen (Zählen, Sortieren, Klassifizieren, Ordnen)

Mittelstufe / Sekundarstufe I: Ausbau und Vertiefung der Primarstufen-Themen

- *Teilbarkeitslehre*: Division mit Rest, Teilbarkeit, Primzahlen (Sieb des Eratosthenes), Euklidischer Algorithmus: größter gemeinsamer Teiler (GGT), kleinstes gemeinsames Vielfaches (KGV), Stellenwertsysteme und andere Zahlsysteme mit den entsprechenden Umwandlungsalgorithmen (babylonisches, ägyptisches, römisches Zahlsystem), historische Bezüge: Pythagoreische Zahlen und ihre Erzeugung, Fibonacci-Zahlen

- *Bruchrechnen*: Grundrechenarten mit Brüchen (Hauptnenner bilden, Kürzen), Umwandlung gewöhnlicher Brüche in Dezimalbrüche (Vorperiode, Periodenlänge), erste Einblicke in unkonventionelle Formen des Bruchrechnens ("ägyptisches" Bruchrechnen, Kettenbrüche)

- *Folgen und Funktionen*: Folgen und Reihen als Iterationsstrukturen, Funktionen als Rechenausdrücke, Funktionen als Zuordnungsvorschriften, Darstellung von Zuordnungen durch Wertetafeln, Funktionsschaubilder, Histogramme; Schrittverfahren zur Auswertung und Darstellung von Funktionen und Kurven

- *Terme, Termauswertung, Gleichungslehre*: Transformation von Termen und Gleichungen, Verfahren zur Lösung linearer und quadratischer Gleichungen und einfacher linearer Gleichungssysteme (Einsetzungsverfahren, Gleichsetzungsverfahren, Additionsverfahren)

- *Näherungsverfahren*: Approximation irrationaler Zahlen ($\sqrt{2}$, e, π, ...), approximative Bestimmung von Funktionswerten (Quadratwurzelfunktion, Potenzfunktionen, Exponential- und Logarithmusfunktion, trigonometrische Funktionen), iteratives Lösen von Gleichungen

- *Geometrie* (besonders konstruktive synthetische Geometrie, Abbildungslehre und darstellende Geometrie): geometrische Abbildungen (Verkettung von Spiegelungen), iterated function systems (IFS) in der fraktalen Geometrie, Abbildung von realen Objekten auf dem Computerbildschirm und Plotter, Projektionsarten; Konstruktion von Strecken bzw. Streckenlängen (historisches Beispiel: die "Wurzelschnecke" von Theodorus, siehe Abbildung 1.1); Konstruktionstexte als geometrische Algorithmen

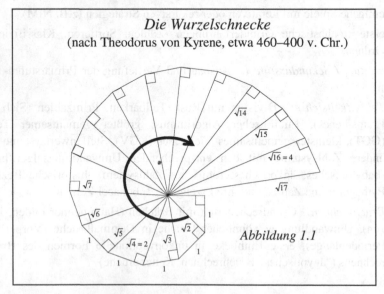

Die Wurzelschnecke
(nach Theodorus von Kyrene, etwa 460–400 v. Chr.)

$\sqrt{14}$
$\sqrt{15}$
$\sqrt{16} = 4$
$\sqrt{17}$
$\sqrt{7}$
$\sqrt{6}$
$\sqrt{5}$
$\sqrt{2}$
$\sqrt{4} = 2$ $\sqrt{3}$

Abbildung 1.1

- *Mathematik in Anwendungssituationen*: Prozent- und Zinsrechnung: unterjährige Verzinsungsprozesse, Zinseszinsen, Zinsvergleiche, Ratenkauf (und effektiver Zinssatz), Tilgungsprozesse; erste Ansätze zur mathematischen Modellbildung und Simulation (lineares und exponentielles Wachstum, Halbwertszeit); im gesamten Bereich der Naturwissenschaften: *Diskretisierung* d.h. schrittweise Generierung der einschlägigen Größen (Populationsgrößen, Bahnkurven, u.v.m.); in der Staatsbürgerkunde: Sitzverteilung nach Wahlen (Verfahren von d'Hondt, Hare-Niemeyer, u.a.)

Oberstufe / Sekundarstufe II: Möglichkeiten zur Vertiefung und Analyse der bereits behandelten Themen gibt es in praktisch allen Bereichen:

- Analysis: von den Folgen und Reihen über das Newton-Verfahren bis zur Fixpunkt-Thematik
- Numerische und Praktische Mathematik: Iterations- und Fixpunktverfahren
- Lineare Algebra: Gaußscher Algorithmus, Simplex-Algorithmus
- Stochastik: Markoffsche Ketten, Warteschlangen, Simulationen
- Mathematische Modellbildung: diskrete Modelle und Verfahren in Wirtschaft, Technik, Naturwissenschaften, Sozialwissenschaften, Sprachwissenschaften

Im Grunde genommen umfasst diese Aufzählung den gesamten Inhaltskanon des Mathematikunterrichts der Schule. Dies ist auch nicht weiter verwunderlich, denn die im Schulunterricht behandelte Mathematik ist (zu Recht) weitestgehend konstruktiver, also algorithmischer Natur. Nichtkonstruktive Inhalte kamen in der Mathematik erst mit dem von E. Zermelo formulierten *Auswahlaxiom* ins Spiel (vgl. Abschnitt 3.3). Das Auswahlaxiom wird aber erst im Zusammenhang mit hochgradig abstrakten Themen der modernen Mathematik relevant, so dass es im Mathematikunterricht der Schule nur extrem selten vorkommt – und wenn, dann bestenfalls in der gymnasialen Oberstufe.

1.3 Zur Methodologie des algorithmischen Arbeitens

Auf der *Metaebene* ist die Algorithmik eng mit philosophischen Fragen und Fragen der allgemeinen Methodologie verknüpft. Die philosophischen Fragen werden ausführlicher in Kapitel 7 behandelt. Hier seien zunächst die methodologischen Aspekte angesprochen.

Die algorithmische Vorgehensweise stellt, insbesondere bei Verwendung des Computers als modernem Werkzeug zur Abarbeitung von Algorithmen, ein wertvolles Hilfsmittel dar, um klassische methodologische Ziele zu verfolgen; vgl. Ziegenbalg 1984, 1988 und 2000.

Hierzu gehören vorrangig (vgl. auch Polya 1945):

• Das *experimentelle* und *beispielgebundene* Arbeiten: Vor jeder abstrakten mathematischen Theorie steht in der Regel das spielerische Experimentieren mit Beispielen aus dem Bereich der Zahlen oder anderer mathematischer Objekte. Das Aufstellen und Verifizieren von Hypothesen setzt im Allgemeinen ein solides Studium der dem Problem zugrunde liegenden *Daten* voraus. Solche Experimente sollte man zunächst „von Hand" ausführen. Bei etwas komplexerer Sachlage wird aber sehr bald der (mit geeigneter Software ausgestattete) Computer ein unverzichtbares Werkzeug zum Experimentieren.

• Anwendung *operativer* Vorgehensweisen[1]: Die Anwendung des operativen Prinzips bedeutet eine Vorgehensweise entsprechend der Grundfrage

„ ... was passiert, wenn ..."

Operatives Vorgehen ist fundamental für jede forschende und entdeckende Tätigkeit in Mathematik und Naturwissenschaften; auch das systematische Variieren von Parametern und Einflussfaktoren gehört zu einer operativen Vorgehensweise. Am Beispiel der Computersimulationen wird die Bedeutung der operativen Vorgehensweise besonders deutlich. Erich Wittmann (1981), Hans Schupp (2002) und Horst Hischer (2015) haben sich in ihrer wissenschaftlichen Arbeit intensiv mit dem operativen Prinzip beschäftigt – die beiden letztgenannten sprechen in diesem Zusammenhang vom „Prinzip der Variation".

• *Konstruktive* Vorgehensweisen und Begriffsbildungen: Jeder Algorithmus ist eine „Konstruktionsvorschrift" zur Lösung eines bestimmten Problems. Algorithmisch zu arbeiten heißt, sich den jeweiligen Lern- und Forschungsgegenstand handelnd zu erschließen; algorithmisches Arbeiten kommt in ganz natürlicher Weise der Forderung nach Eigentätigkeit und aktiver Eigengestaltung des Lernprozesses entgegen.

• *Elementarisierung*: Algorithmisch vorzugehen heißt, sich die Lösung eines Problems schrittweise aus Elementarbausteinen aufzubauen. Der Begriff des Elementaren ist tief mit dem des Algorithmus verbunden. Algorithmische Lö-

---

[1] zum Begriff des *operativen Prinzips* siehe: E. Wittmann, 1981

sungen vermeiden oft technisch und begrifflich aufwendige Methoden der formel-orientierten Mathematik zugunsten wesentlich elementarerer iterativer bzw. rekursiver Vorgehensweisen.

Hierzu eine **erste Fallstudie** (*Formel versus Algorithmus* – Beispiel 1):

Traditionell erwartete man in der Mathematik der vergangenen Jahrhunderte als idealtypische Lösung eines Problems die Angabe einer „Lösungsformel". So galt z.B. das Problem der Berechnung der Fibonaccischen Zahlen[1] (zur Definition der Fibonacci-Zahlen: siehe Abschnitt 4.2.2) aus dem Jahre 1204 so lange als ungelöst, bis Binet[2] im Jahre 1843 seine heute nach ihm benannte Formellösung präsentierte:

$$F_n = \frac{1}{\sqrt{5}}\left(\left(\frac{1+\sqrt{5}}{2}\right)^n - \left(\frac{1-\sqrt{5}}{2}\right)^n\right)$$

So interessant diese Formel an sich auch sein mag (sie war im Wesentlichen auch bereits de Moivre[3] bekannt); heute wäre es hochgradig unvernünftig, die Fibonacci Zahlen mit dieser Formel zu berechnen. Ein einfacher, iterativer, auf der ursprünglichen rekursiven Beschreibung der Fibonacci Zahlen beruhender Algorithmus (vgl. dazu auch Abschnitt 5.1) ist z.B. in Verbindung mit einem Computeralgebrasystem sehr viel besser zur Berechnung der Fibonacci Zahlen geeignet. Eine umgangssprachliche informelle Fassung eines solchen Algorithmus zur Berechnung der n-ten Fibonacci-Zahl lautet etwa folgendermaßen:

```
1.  Starte mit den Fibonacci-Zahlen F₀ = 0,  F₁ = 1
    und weise dem Zähler i den Wert 1 zu.
2.  Solange der Zähler i den Wert n noch nicht erreicht hat,
    tue folgendes:
        Berechne die Summe Fᵢ der beiden zuletzt
        berechneten Zahlen Fᵢ₋₁ und Fᵢ₋₂.
        Erhöhe den Zähler i um 1.
3.  Die letzte so berechnete Zahl ist die gesuchte Fibonacci-
    Zahl.
```

[1] Leonardo von Pisa, „Fibonacci" (ca. 1170–1240) in seinem epochemachenden Buch *Liber Abaci* (1202)
[2] Jacques Philippe Marie Binet (1786–1856), französischer Mathematiker, Physiker und Astronom
[3] Abraham de Moivre (1667–1754), französischer Mathematiker

Man beachte: Die „schwierigste" mathematische Operation in diesem Verfahren ist, die Summe zweier natürlicher Zahlen zu bilden; man vergleiche dies mit den kognitiven Voraussetzungen für den Umgang mit der Formel von Binet. In ähnlicher Weise ist es heute sinnvoll, auch für andere Probleme algorithmische Beschreibungen als Lösung zu akzeptieren, denn viele komplexe Probleme der realen Welt sind gar nicht durch (geschlossene) Formeln lösbar oder solche Lösungen werden sehr schnell maßlos kompliziert und nicht mehr gut beherrschbar.

Besonders die Methode der Computersimulation (vgl. Abschnitt 4.5) macht heute hochgradig effiziente, elementare und in der Regel auch hinreichend genaue Problemlösungen möglich und praktikabel. Mit Computersimulationen lassen sich oft sehr brauchbare Lösungen erzielen – häufig auf der Basis extrem elementarer Zähl-Strategien.

• *Beziehungshaltigkeit* bedeutet das Herstellen eines Beziehungsnetzes sowohl fachintern als auch fächerübergreifend. Algorithmisches Arbeiten kann sehr unterschiedliche Wissensfelder miteinander verbinden. So verbindet z.b. der Euklidische Algorithmus Algebra und Geometrie. Die Fraktal-Algorithmen verbinden Analysis und Geometrie. Ähnliche Verbindungen gibt es auch über das Fach Mathematik hinaus. Einige Beispiele:

   – Algorithmen sind in den *Technik-*, *Ingenieur-* und *Naturwissenschaften* durch Diskretisierung sowie durch die Anwendung iterativer Verfahren und Simulationsverfahren von Bedeutung.

   – Algorithmen spielen in den *Sprachwissenschaften* eine Rolle, z.B. in der Form von Transformationsgrammatiken oder generativen Grammatiken (vgl. Chomsky 1957).

   – Im Bereich der *Kunst* treten Algorithmen z.B. in der seriellen Kunst, der Aleatorik, oder in der Form rekursiver und fraktaler Themen und Arbeitstechniken auf (vgl. Rödiger 2003, Könches / Weibel 2005).

   – Algorithmen spielen in den *Sozialwissenschaften* eine Rolle z.B. im Zusammenhang mit dem d'Hondtschen (und anderen) Verfahren zur Ermittlung der Sitzverteilung in Parlamenten (vgl. Stellfeldt 2006).

   – In der (schriftlich tradierten) *Kultur-*, *Rechts-* und *Wissenschaftsgeschichte* der Menschheit spielen Algorithmen als gesetzliche Vorschriften und Handlungsanweisungen aller Art eine wichtige Rolle. Eines der frühesten dokumentierten Beispiele dafür ist der Codex Hammurapi aus der Zeit um etwa 1800 v. Chr. In ihm werden, auch wenn sie nach unserem heutigen Rechtsverständnis sehr fremd wirken, gesetzliche Verfahrensformen, Bedingungen und Regeln formuliert, die ganz klar algorithmischer Natur sind. Ein Zitat (Gesetz 2 – sinngemäß):

> Wenn jemand einen Mann der Zauberei beschuldigt und der Angeklagte zum Fluss geht und in den Fluss springt, und wenn er dann untergeht, so soll der Ankläger sein Haus in Besitz nehmen. Aber wenn der Fluss beweist, dass der Angeklagte unschuldig ist und wenn dieser unverletzt entkommt, dann werde der Ankläger zum Tode verurteilt, während derjenige, der in den Fluss gesprungen ist, vom Hause des Anklägers Besitz ergreifen soll.

Abbildung 1.2
Codex Hammurapi
(Oberteil der Stele)

– Algorithmen spielen natürlich in der *Informatik* eine zentrale Rolle. Nach Ansicht mancher Informatiker (und besonders solcher, die diese Wissenschaft in ihrer Entstehungsphase geprägt haben) ist die Informatik geradezu die Wissenschaft von den Algorithmen. Da die Algorithmik seit jeher ein Kerngebiet der Mathematik ist, liegt sie somit im Zentrum des Bereichs, wo sich Mathematik und Informatik überschneiden und gegenseitig befruchten.

– In der *Philosophie* und insbesondere der *Wissenschaftstheorie* ist die Algorithmik ein zentrales Thema im Zusammenhang mit der Untersuchung der Grenzen der Berechenbarkeit, also der eigentlichen, unumstößlichen *Grenzen des Computers*. Im Hintergrund dieser Untersuchungen steht die in der Geschichte der Menschheit immer wieder gestellte Frage "Was können Maschinen (was können Computer) und was können sie nicht?"

Die algorithmische Methode ist ein Band, das viele Fächer und Wissensbereiche miteinander verbindet. Algorithmische Verfahren (wie z.B. Suchstrategien, Klassifizierungsschemata und vieles mehr), die der Lernende in *einem* Bereich kennengelernt hat, lassen sich oft sehr gut in *andere* Bereiche übertragen. Seiner Bedeutung entsprechend ist es nur angemessen, wenn das Thema *Algorithmik* als Grundlagenveranstaltung an zentraler Stelle in den Studienplänen der Fächer Mathematik und Informatik verankert ist. Dies gilt aus den oben angeführten Gründen in ganz besonderem Maße für das Lehramtsstudium.

Algorithmisches Problemlösen / algorithmische Begriffsbildung

Schließlich sei an dieser Stelle noch auf einen weiteren entscheidenden Vorteil des algorithmischen Problemlösens hingewiesen: seine hervorragende *Skalierbarkeit.* Es ist auf allen Ebenen anwendbar – von der fast voraussetzungsfreien Beschäftigung mit zunächst sehr einfachen Beispielen bis hin zu den raffinierten Techniken, wie sie z.B. in modernen Computeralgebrasystemen umgesetzt sind. In der Übersicht („Heuristischer Zyklus") sind die wichtigsten Stufen von Problemlöseprozessen in idealtypischer Weise zusammengestellt (man vergleiche hierzu z.B. auch Polya, 1945).

Es ist offensichtlich, dass das algorithmische, computerunterstützte Problemlösen bestens geeignet ist, diesen heuristischen Zyklus zu unterstützen. Dies beginnt schon in der empirischen Phase. Erste Beispiele sollten in der Regel „mit Papier und Bleistift" erarbeitet werden. Aber auf diese Weise ist nur die Betrachtung sehr einfacher Fälle in „Spielzeug-Welten" möglich. Erst der Einsatz des Computers macht es möglich, auch komplexe, typische Fälle der realen Welt zu betrachten und zur Hypothesenbildung heranzuziehen. In Abschnitt 4.5 (Probabilistische Verfahren, Modellbildung und Simulation) finden sich Konkretisierungen dieses „heuristischen Zyklus".

Über die bereits sehr effiziente Nutzung einfachster Programme auf der Basis elementarer algorithmischer Grundbefehle hinaus bieten die modernen Computeralgebrasysteme exzellente Unterstützungsmöglichkeiten auf praktisch allen Ebenen des mathematischen Arbeitens.

Heuristischer Zyklus

1. *Ausgangssituation*: Gegeben ist ein Problem, eine zunächst unübersichtliche, undurchsichtige Situation.

2. *Empirische Phase, erste Bestandsaufnahme*: Durch Betrachten zunächst einfacher und danach unter Umständen komplexerer typischer Beispiele verschafft man sich einen ersten Überblick über die Situation.

3. *Präzisierung und Hypothesenbildung*: Die Behandlung hinreichend vieler gut variierter, typischer Beispiele führt zur Ausdifferenzierung und Präzisierung der Fragestellung (oft auch in Verbindung mit der Entwicklung einschlägiger Begriffe und Terminologien) und zu ersten konkreten Vermutungen, die dann durch die Analyse weiterer Beispiele erhärtet oder falsifiziert werden.

4. *Formalisierung*: Die so erzielte höhere Vertrautheit mit der Situation ermöglicht die Entwicklung von Theorien, von mathematischen oder anderen Modellen und von formalen Beschreibungen, z.B. durch Algorithmen, durch Gleichungen bzw. Gleichungssysteme, durch Graphen, Diagramme und Ähnliches mehr.

5. *Lösung*: Auf der Basis der formalen Beschreibungen werden (oft unter Einsatz mathematischer Standardverfahren) erste Lösungen für das ursprüngliche Problem erarbeitet.

6. *Festigung, Plausibilitätsbetrachtungen* („Proben"): Ausdehnung dieser ersten Lösungen auch auf Rand- und Sonderfälle führt zu einer Stabilisierung des Modells.

7. *Modifikation, Verallgemeinerung*: Diese Stabilisierung führt dann sehr oft zu Fragen der Verallgemeinerung oder zu sonstigen Modifizierungen der ursprünglichen Situation; man ist damit wieder auf einer neuen ersten Stufe des Problemlöseprozesses angelangt und der „heuristische Zyklus" kann beginnen, sich ein weiteres Mal zu drehen.

In einer **zweiten Fallstudie** (*Formel versus Algorithmus* – Beispiel 2) soll nun gezeigt werden, dass und wie das algorithmische Arbeiten neben der Elementarisierung auch dem Ziel der *Begriffsbildung* dienen kann. Dies sei im Folgenden am Beispiel des Begriffs des *effektiven Zinssatzes von Ratenkrediten* skizziert.

Bei einem *Ratenkredit* leiht ein Kreditgeber einem Kreditnehmer einen bestimmten Geldbetrag unter der Bedingung, dass ihm der Kreditnehmer eine feste Anzahl von Zahlungen in gleicher Höhe und in gleichbleibenden Zeitabständen zurückzahlt. Daraus ergibt sich in natürlicher Weise die Frage, welches der „richtige" Zinssatz ist, der diesem Geldfluss (unter Verzinsungsaspekten) entspricht. Der folgende Algorithmus gibt den Geldfluss eines Ratenkredits (mit der Kredithöhe K, der Rate r und der Laufzeit L) wieder:

```
Geldfluss_Ratenkredit(K, r, L) :=
    Wiederhole L mal:
        Ueberweise die Rate r an den Kreditgeber.
```

Der deutsche Gesetzgeber nennt den gesuchten Zinssatz den *effektiven Zinssatz* und hat seine Berechnung in seiner Preisangabenverordnung (PAngV) explizit geregelt. Bis zum Jahre 1981 galt die sogenannte *Uniformmethode*, bei der Zinseszinsaspekte jedoch unberücksichtigt blieben und die somit keine akzeptablen Werte lieferte.

In der Preisangabenverordnung von 1981 formulierte dann der Gesetzgeber (sinngemäß):

Es seien K die Höhe des Kredits, r die monatliche Rate, J die Anzahl der vollen Laufzeitjahre, m die Zahl der Restmonate, i eine formale Variable und $q := 1 + i$. Man suche eine Lösung i der Gleichung

$$\left(K \cdot q^J - r \cdot (\frac{11}{2} + \frac{12}{i}) \cdot (q^J - 1) \right) \cdot (1 + \frac{m}{12} \cdot i) - r \cdot m \cdot (1 + \frac{m-1}{24} \cdot i) = 0 \quad \text{(P)}$$

Dann ist $e := 100 \cdot i$ der *effektive Zinssatz* des Ratenkredits.

Die Formel (P) ist nicht nur sehr kompliziert und schwer zu verstehen; sie lässt sich auch nicht (außer in trivialen Fällen) nach der gesuchten Größe auflösen. Und sie ist schließlich, auch von der Sachsituation her gesehen, kein wirklich guter Kandidat für den effektiven Zinssatz (obwohl sie natürlich eine Verbesserung im Vergleich zur Uniformmethode darstellt).

Eine weniger formel-fixierte, algorithmische Denkweise legt dagegen die folgende Definition und Berechnung des effektiven Zinssatzes nahe:

1. *Vorbetrachtung*: Eine andere gebräuchliche Kreditform ist der Annuitätentilgungskredit. Er basiert (bei monatlicher Ratenzahlung) auf den Aus-

gangsparametern K (Kredithöhe), p (Monats-Zinssatz) und r (Rückzahlungsbetrag, auch als *Rate* oder *Annuität* bezeichnet). Beim Annuitätentilgungskredit werden die angefallenen Zinsen stets auf der Basis der aktuellen Höhe der Restschuld, des verstrichenen Zinszeitraums und des vereinbarten Zinssatzes berechnet. Nach jeder Ratenzahlung wird die Höhe der Restschuld sofort aktualisiert.

Der Geldfluss des Annuitätendarlehens wird durch den folgenden Algorithmus beschrieben:

```
Geldfluss_Annuitaetenkredit(K, r, p) :=
  Solange die Restschuld groesser als 0 ist, tue folgendes:
  [Ueberweise die Annuitaet (Rate) r an den Kreditgeber.
   Berechne die neue Restschuld wie folgt
     Restschuld(neu) = Restschuld(alt) + Zinsen - Rate.
   Ersetze die alte Restschuld durch die neue Restschuld.]
```

Unbekannt ist beim Annuitätentilgungskredit zunächst die Anzahl der Zahlungen, die nötig sind, bis der gesamte Kredit (nebst zwischenzeitlich angefallener Zinsen) getilgt ist. Mit anderen Worten: Die Laufzeit des Kredits ist unbekannt.

Aufgabe (für Leser mit entsprechenden Vorkenntnissen): Setzen Sie den Algorithmus `Geldfluss_Annuitaetenkredit(K, r, p)` in ein lauffähiges Computerprogramm um. Oder erstellen Sie ggf. ein Tabellenkalkulationsblatt, um dieses Ziel zu verfolgen.

2. *Verlagerung der Sichtweise*: Man vergesse nun, dass der ursprünglich gegebene Kredit ein Ratenkredit war und stelle sich vor, es sei ein Annuitätentilgungskredit. Von ihm sind die Parameter K (Kredithöhe), r (Annuität) und die Laufzeit (= Anzahl der Ratenzahlungen) bekannt. Unbekannt ist jedoch der Zinssatz p.

3. *Lösungsstrategie*: Man formuliere einen kleinen Suchalgorithmus (ein Standard-Halbierungsverfahren reicht z.B. völlig aus), der in Verbindung mit dem obigen Programm `Geldfluss_Annuitaetenkredit(K, r, p)` durch systematisches Variieren der Werte von p (unter Beibehaltung der Werte aller anderer Parameter) denjenigen Zinssatz p ermittelt, für den die Laufzeit des (simulierten) Annuitätentilgungskredits mit der des ursprünglich gegebenen Ratenkredits übereinstimmt. *Dies ist, mit anderen Worten, derjenige Zinssatz, bei dem der Geldfluss des Annuitätentilgungskredits genau mit dem Geldfluss des Ratenkredits übereinstimmt.*

Der so gefundene Zinssatz p ist der natürliche Kandidat für den effektiven Zinssatz des Ratenkredits.

Das hier skizzierte alternative Verfahren ist an Elementarität kaum zu übertreffen. Man kommt in mathematischer Hinsicht völlig mit den Grundrechenarten und etwas Basislogik aus. Dem Leser mit etwas Programmiererfahrung sei empfohlen, das skizzierte Suchverfahren in ein Programm umzusetzen.

Das Beispiel zeigt weiterhin: Die algorithmische Denkweise ist nicht nur geeignet, um vorgegebene Probleme zu lösen; sie kann auch im Prozess der *Begriffsbildung* eine wichtige Rolle spielen. Die Gleichung (P) haben nur sehr wenige Experten verstanden; das algorithmische Verfahren verwendet dagegen keine kognitiven Voraussetzungen, die über Mittelstufenkenntnisse hinausgehen. Das algorithmische Verfahren ist also wesentlich besser verstehbar, berechnungstechnisch effizienter und es liefert auch von der Sache her angemessenere Werte für den effektiven Zinssatz als das auf der Formel (P) beruhende Verfahren. Es ist schlichtweg die bessere Fassung für den Begriff des effektiven Zinssatzes.

Inzwischen hat sich übrigens auch der Gesetzgeber davon überzeugen lassen, dass eine auf den Prinzipien dieser algorithmischen Beschreibung beruhende Vorgehensweise das bessere Verfahren zur Ermittlung des effektiven Zinssatzes ist.

Abschließend noch eine Bemerkung zu dem bisher nicht weiter erläuterten Begriffspaar Algorithmen / Algorithmik: In dieser Beziehung ist der Begriff der Algorithmik der umfassendere, denn neben der rein inhaltlichen Seite, eben den Algorithmen (auf der Objektebene), umfasst er (auf der Metaebene) alles, was das Arbeiten mit Algorithmen betrifft, also insbesondere auch die *Methode* des algorithmischen Arbeitens. Dazu gehören: das algorithmisches Problemlösen, die algorithmische Konzeptualisierung, das algorithmisches Denken, und wie wir in Kapitel 3 (Abschnitt 3.3) sehen werden, auch das algorithmische Definieren und Beweisen. Der Begriff der Algorithmik signalisiert, dass es beim algorithmischen Arbeiten um eine bestimmte methodologische und philosophische Grundeinstellung geht, die in einem engen Zusammenhang mit der konstruktivistischen Seite der Mathematik steht.

2 Begriffsbestimmungen

> Science is what we understand well enough to explain to a computer; art is everything else.
>
> *D. E. Knuth*, Autor der Monographie[1] „The Art of Computer Programming"

2.1 Zum Begriff des Algorithmus

Bereits die Entstehungsgeschichte (Etymologie) des Wortes *Algorithmus* ist sehr interessant. Im Jahre 773 kam an den Hof des Kalifen al-Mansur in Bagdad ein Inder, der die im 7. Jahrhundert n. Chr. entstandene Himmelskunde („Siddhanta") seines Landsmannes Brahmagupta mit sich führte. Al-Mansur ließ sie aus dem Sanskrit ins Arabische übersetzen. In diesem Werk wurden die indischen Zahlzeichen und insbesondere auch die Zahl Null verwendet. Die indische Art, die Zahlen zu schreiben und mit ihnen zu rechnen, bildet die Grundlage für unser heutiges Dezimalsystem. In der ersten Hälfte des 9. Jahrhunderts machte ein bedeutender Mathematiker jener Zeitepoche, der persisch-arabische Gelehrte

Abbildung 2.1
Al-Chorezmi, Sowjetische Briefmarke 1983

> Abu Ja'far Mohammed
> ibn Musa *al-Khowarizmi*[2]

(ins Deutsche übertragen: Mohammed, Vater des Ja'far, Sohn des Mose, aus *Khowarizm* stammend) die Bekanntschaft mit den indischen Zahlen. Er erkannte ihre Bedeutung und schrieb das höchst einflussreiche (aber im Original verloren gegangene) Lehr- und Rechenbuch „Über die indischen Zahlen". Im

---

[1] Obwohl das Monographie-Projekt nicht abgeschlossen wurde, waren die erschienenen Teile außerordentlich einflussreich für die Entwicklung der „computer science" bzw. der Informatik.
[2] Bedingt durch die Schwierigkeiten bei der Sprachübertragung wird der Name auch geschrieben als al-Charismi, al-Chorezmi, al-Chwarazmi, al-Hwarizmi, al-Khorezmi, al-Khuwarizmi, al-Khwarizmi

12. Jahrhundert wurde das Buch in Spanien ins Lateinische übertragen. In der Folgezeit wurde das Buch oft unter Verwendung der Worte „Dixit Algoritmi ..." (Algoritmi hat gesagt ...) zitiert. Aus der Ortsbezeichnung des Autors *al-Khowarizmi* („der aus Khowarizm Stammende") leitete sich so im Laufe der Zeit durch Sprachtransformation der Begriff des Algorithmus ab.

Derselbe Autor schrieb ein weiteres bedeutendes Buch, das historisch außerordentlich einflussreiche Lehrbuch

Al-kitab al-muhtasar fi hisab *al jabr* w'al-muqabala

(frei übertragen etwa: Das Buch vom Rechnen durch Ergänzung und Gegenüberstellung). Es handelt sich um die damals bekannten Elemente der Gleichungslehre. Aus dem im Buchtitel vorkommenden Worten *al jabr* entwickelte sich im Laufe der folgenden Jahrhunderte der Begriff der *Algebra*.

Bevor wir uns der allgemeinen Definition des Algorithmus-Begriffs zuwenden, betrachten wir im Folgenden zunächst zwei lehrreiche Beispiele. Es wird dringend empfohlen, die beiden Algorithmen etwa mit einem Stapel nummerierter Karten „nachzuspielen".

Ein für die Datenverarbeitung typischer Algorithmus ist die Vorschrift zum Sortieren einer Datenmenge nach festgelegten Sortierkriterien. Ein ganz simpler Algorithmus zum Sortieren einer Menge von Spielkarten ist im folgenden Beispiel gegeben.

```
Sortieren(Kartenmenge);
    Suche die niedrigste Karte.
    Lege sie als erste Karte des sortierten Teils
        auf den Tisch.
    Solange der unsortierte Rest nicht leer ist,
        tue folgendes:
        [Suche die niedrigste Karte im unsortierten Rest.
         Lege sie rechts neben die höchste Karte
         des sortierten Teils.]
Ende Sortieren.
```

Dieses Verfahren benötigt jedoch bei großen Datenmengen außerordentlich viel Zeit (man sagt, der Algorithmus ist nicht *effizient*). Bei großen Datenmengen ist das folgende Sortierverfahren sehr viel schneller als das oben dargestellte.

```
Sortieren(Kartenmenge);
  Wenn weniger als zwei Karten vorhanden, dann Ende;
  sonst
    wähle eine Karte aus der unsortierten Menge
      (als "Trennelement")
      und lege sie auf den Tisch;
    lege der Reihe nach
      alle Karten mit einem kleineren Wert links
          neben die ausgewählte Karte
      alle Karten mit einem größeren Wert rechts
          neben die ausgewählte Karte
      alle Karten mit demselben Wert
          auf die ausgewählte Karte;
    nenne die Teilhaufen KL (für "kleinere"),
                         GL (für "gleich große") und
                         GR (für "größere") Karten;
    führe das Verfahren
      Sortieren(KL) und
      Sortieren(GR)
      durch und füge die Karten aus GL
          zwischen dem Ergebnis von Sortieren(KL)
          und Sortieren(GR) ein
Ende Sortieren.
```

Während die Sortierzeit beim ersten Sortieralgorithmus bei durchschnittlich durchmischten Datenmengen größenordnungsmäßig proportional zu n^2 ist (wobei n den Umfang der Datenmenge bezeichnet), zeigt eine eingehende Analyse, dass der zweite Algorithmus proportional zu $n \cdot \log_2(n)$ ist. Das zweite Verfahren ist also bei großen Datenmengen wesentlich schneller; es wird dementsprechend auch als „Quicksort"-Verfahren bezeichnet. (Wem die obige umgangssprachliche Formulierung des Quicksort-Algorithmus noch als zu unpräzise erscheint, der sei auf die formale Beschreibung des Algorithmus in Abschnitt 4.2.3 im Zusammenhang mit dem Prinzip von „Teile und Herrsche" verwiesen. An dieser Stelle kam es vorrangig darauf an, die Grundidee des Algorithmus zu vermitteln.)

Die folgende kleine Tabelle (mit Näherungswerten) macht deutlich, zu welch gewaltigen Laufzeitunterschieden es bei der Ausführung der beiden Sortieralgorithmen kommen kann.

n	n^2	$n \cdot \log_2(n)$	$\dfrac{n^2}{n \cdot \log_2(n)}$
10	100	33	3
100	10 000	664	15
1 000	1 000 000	9 966	100
10 000	100 000 000	132 877	753
100 000	10 000 000 000	1 660 964	6 021
1 000 000	1 000 000 000 000	19 931 569	50 172

Schon bei noch relativ bescheidenen Datenmengen von einer Million Daten benötigt das erste Verfahren also etwa 50.000-mal so lange wie das zweite Verfahren.

Die geschilderten Sortierverfahren stellen typische Beispiele für Algorithmen dar. Zur allgemeinen Beschreibung des Algorithmus-Begriffs sind im Folgenden einige ausgewählte Zitate aus bekannten Lexika, Enzyklopädien und einschlägigen Büchern mit Überblickscharakter wiedergegeben.

BROCKHAUS ENZYKLOPÄDIE: *Algorithmus* ... in der Mathematik ursprünglich das um 1600 in Europa eingeführte Rechnen mit Dezimalzahlen, heute jedes Rechenverfahren (als Gesamtheit von verschiedenen Rechenschritten), mit dem nach einem genau festgelegten, auch wiederholbaren Schema eine bestimmte Rechenaufgabe, wie umfänglich sie auch sein mag, in einer Kette von endlich vielen einfachen, z.B. einer Rechenmaschine übertragbaren Rechenschritten gelöst wird. ...

MEYERS ENZYKLOPÄDISCHES LEXIKON: *Algorithmus* ... bezeichnet heute in der Arithmetik einen Rechenvorgang (bzw. die ihn beschreibenden Regeln), der nach einem bestimmten [sich wiederholenden] Schema abläuft, ... Im Bereich der mathematischen Logik bezeichnet man als Algorithmus in einem formalen System ein Verfahren zur schrittweisen Umformung von Zeichenreihen. ...

ENCYCLOPÆDIA BRITANNICA: *algorithm*, systematic mathematical procedure that produces – in a finite number of steps – the answer to a question or the solution of a problem. ...

DUDEN INFORMATIK: Unter einem *Algorithmus* versteht man eine Verarbeitungsvorschrift, die so präzise formuliert ist, dass sie von einem mechanisch oder elektronisch arbeitenden Gerät durchgeführt werden kann. Aus der

Präzision der sprachlichen Darstellung des Algorithmus muss die Abfolge der einzelnen Verarbeitungsschritte eindeutig hervorgehen. Hierbei sind Wahlmöglichkeiten zugelassen. Nur muss dann genau festliegen, wie die Auswahl einer Möglichkeit erfolgen soll. ...

ENCYCLOPEDIA OF COMPUTER SCIENCE AND ENGINEERING: Given both the problem and the device, an *algorithm* is the precise characterization of a method of solving the problem, presented in a language comprehensible to the device. In particular, an algorithm is characterized by these properties:

1. Application of the algorithm to a particular input set or problem description results in a finite sequence of actions.
2. The sequence of actions has a unique initial action.
3. Each action in the sequence has a unique successor.
4. The sequence terminates with either a solution to the problem, or a statement that the problem is unsolvable.

H. Hermes (in „Aufzählbarkeit, Entscheidbarkeit, Berechenbarkeit"): Ein *Algorithmus* ist ein generelles Verfahren, mit dem man die Antwort auf jede einschlägige Frage durch eine simple Rechnung nach einer vorgeschriebenen Methode erhält. ... Ein allgemeines Verfahren ist ein Prozess, dessen Ausführung bis in die letzten Einzelheiten eindeutig vorgeschrieben ist. (Hermes lässt also auch *nichtabbrechende* Algorithmen zu.)

D. Knuth (in „The Art of Computer Programming", Vol. 1): The modern meaning for *algorithm* is quite similar to that of recipe, process, technique, procedure, routine, except that the word „algorithm" connotes something just a little different. Besides merely being a finite set of rules which gives a sequence of operations for solving a specific type of problem, an algorithm has five important features: *finiteness, definiteness, input, output,* effectiveness ...

Wikipedia (24.11.2015): Ein *Algorithmus* ist eine eindeutige Handlungsvorschrift zur Lösung eines Problems oder einer Klasse von Problemen. Algorithmen bestehen aus endlich vielen, wohldefinierten Einzelschritten. ...

Wie man sieht, wird in den „klassischen" Enzyklopädien der Algorithmus-Begriff noch sehr stark mit dem des Rechenvorgangs identifiziert. Würde man sich dabei nur auf das Rechnen mit Zahlen beschränken, so spiegelte dies zwar die etymologische Genese des Begriffs wider; es entspräche aber nur einer sehr reduzierten Sicht dessen, was man heute unter Rechnen und Berechenbarkeit versteht. Der Begriff der *Berechenbarkeit* wurde im 20. Jahrhundert intensiv analysiert; dem heutigen Wissenschaftsverständnis nach ist er sehr viel weiter gefasst als das reine Zahlen-Rechnen. Im Sinne des heutigen Begriffs der Berechenbarkeit sind auch Aktivitäten wie das Sortieren von Datenmengen oder das gezielte Durchlaufen und Durchsuchen von Graphen als Beispiele für die Tätigkeit des "Berechnens" anzusehen.

Diesem Umstand Rechnung tragend, haben die zitierten Autoren offenbar durchaus persönlich gefärbte, aber dennoch weitgehend übereinstimmende Vorstellungen vom Begriff des Algorithmus. Im Sinne einer breiten, informellen Fassung des Algorithmenbegriffs kann man heute formulieren:

> Ein **Algorithmus** ist eine endliche Folge von eindeutig bestimmten Elementaranweisungen, die den Lösungsweg eines Problems exakt und vollständig beschreiben.

Hierzu noch einige *Bemerkungen*:

- Zur *Endlichkeit* von Algorithmen: Der Begriff des Algorithmus ist eng mit gewissen „Endlichkeitsanforderungen" verbunden. Zum einen ist dies die Forderung nach der Endlichkeit des Textes, durch den der Algorithmus beschrieben wird (in der obigen Definition „... endliche Folge von Elementaranweisungen ..."). Man spricht dabei auch von der *statischen* Endlichkeit von Algorithmen.

  Häufig wird zum zweiten auch noch verlangt, dass der Weg vom Start des Algorithmus bis zum Erreichen der Lösung nur aus *endlich vielen Einzelschritten* bestehen darf. Dieser Sachverhalt wird als *dynamische* Endlichkeit von Algorithmen bezeichnet.

  Hermes lässt jedoch auch nichtabbrechende Algorithmen zu – vgl. „Aufzählbarkeit ..." (1978). Dies ist durchaus sinnvoll, da sonst z.B. die später im *Halteproblem* diskutierten Vorschriften (Kapitel 7) keine Algorithmen wären und da sonst auch viele Betriebssystems-Programme nicht als Algorithmen angesehen werden könnten. Wir wollen aber *jedes* Programm als Algorithmus ansehen können – man vergleiche dazu die Definition des Begriffs „Programm" weiter unten.

- Zum Begriff der *Elementaranweisung*: In der obigen Definition wird der Begriff der Elementaranweisung nicht näher definiert, und zwar aus gutem Grund, denn dieser Begriff ist abhängig von den Kenntnissen und Fähigkeiten des Algorithmen-Entwerfers und des Algorithmen-Ausführers sowie von der

Gesamtsituation. Wenn z.B. ein komplexes Problem zu lösen ist, bei dem die Sortierung einer großen Datenmenge einen Teilschritt darstellt, so kann es sinnvoll sein, die Operation „Sortieren" als eine Elementaroperation zu betrachten. Wenn man aber verschiedene Sortierverfahren erlernen, vergleichen und analysieren will, so muss man die jeweiligen Sortieralgorithmen in kleinere Elementarschritte zerlegen, wie z.B. den einfachen numerisch Vergleich zweier Zahlen – man vergleiche dazu auch die Diskussion der Sortierverfahren zu Beginn dieses Abschnitts.

In der Regel gehören die arithmetischen Grundrechen-Operationen zu den Elementaranweisungen. Steht die Umsetzung des Algorithmus in ein Computerprogramm im Vordergrund, so gehören zu den Elementaranweisungen auch die Grundbefehle der jeweiligen Programmiersprache. In Software-Systemen zur "dynamischen Geometrie" gehören geometrische Grundkonstruktionen wie z.B. "die durch zwei Punkte gegebene Strecke zeichnen" oder "den Kreis um einen Punkt P durch einen von P verschiedenen Punkt Q zeichnen" und ähnliches mehr zu den Elementaroperationen.

• Zur *Eindeutigkeit* der Elementaranweisungen: Als „eindeutig bestimmte" Elementaranweisung sei auch der Aufruf eines Zufallszahlengenerators zugelassen. Die besonders in den Kapiteln 4 und 10 betrachteten „stochastischen Simulationen" fallen somit auch unter den Algorithmus-Begriff.

Unabdingbare Voraussetzung für die Brauchbarkeit (Praktikabilität) eines Algorithmus ist zunächst seine *Korrektheit*. In Kapitel 6 werden wir sehen, dass diese bei konkreten Software-Produkten weit weniger selbstverständlich ist als es der nichtprofessionelle Computernutzer in der Regel annimmt.

Eine für viele Anwendungen wichtige Frage, die in Kapitel 5 ausführlicher behandelt wird, ist die nach der *Effizienz* von Algorithmen. Dabei gibt es die folgenden Spielarten:

• *Speicherplatz-Effizienz*: Verbrauch von möglichst wenig Speicher durch den Algorithmus

• *Laufzeit-Effizienz*: Verbrauch von möglichst wenig Zeit bei der Ausführung des Algorithmus

• *„kognitive" Effizienz*: Das ist die Berücksichtigung der folgenden Aspekte: Wie natürlich spiegelt sich das ursprünglich gegebene Problem im Lösungsalgorithmus wider? Ist die Darstellung des betreffenden Algorithmus dem Problem angemessen; ist sie verständlich (gedanklich klar oder eher obskur); ist sie mit elementaren (insbesondere schulischen) Mitteln zu erarbeiten; lässt sie die Benutzung von vorher erarbeiteten Werkzeugen zu?

Im engen Verhältnis zum Begriff des Algorithmus stehen die Begriffe (*Computer-*) *Programm* und *Prozessor*. Zunächst zum Begriff des Programms:

> Ein **Programm** ist ein Algorithmus, der in einer Sprache formuliert ist, welche die Abarbeitung durch einen Computer ermöglicht.

Im Sinne dieser Definition ist also jedes Programm ein Algorithmus. Der hier verwendete Begriff des Programms ist vergleichsweise weit gespannt. Er umfasst insbesondere die folgenden Formen der Programmierung:

* das „klassische" Programmieren in Programmiersprachen wie FORTRAN, COBOL, ALGOL, BASIC, Pascal, C, Java, ...
* das „interaktive" Programmieren bzw. das „Programmieren als Spracherweiterung" in Programmiersprachen wie APL, Lisp / Logo, Forth, Prolog, Python, Macsyma / Maxima, Maple, Mathematica, muMath, ...
* die Erstellung („Programmierung") von elektronischen Kalkulationsblättern (engl. spreadsheets)
* die Erstellung von Makros oder Prozeduren in speziellen Anwendersystemen (etwa zur Geometrie: Cabri Géomètre, Geolog, Euklid, Cinderella, ...)
* (komplexe) Datenbankabfragen
* die Erstellung von „scripts" in Betriebs-, Autoren- oder Multimedia-Systemen

Und das, was in der Welt der Tablet Computer oder Smartphones heute gern als „App" bezeichnet wird, ist auch nichts anderes als ein Programm.

Schließlich noch zum Begriff des Prozessors:

> Ein **Prozessor** ist eine Maschine, die in der Lage ist, in einer bestimmten, der Maschine „verständlichen" Syntax formulierte Algorithmen auszuführen. Moderne Computer sind *Universal*-Prozessoren.

Der Begriff „Computer" wurde übrigens entscheidend von A. Turing[1] geprägt, der etwa in der Mitte des vorigen Jahrhunderts bahnbrechende Abhandlungen

---

[1] Alan M. Turing (1912–1954), britischer Mathematiker, Kryptologe und Computer-Pionier

zur Algorithmisierbarkeit und Berechenbarkeit verfasste. Turing stellte sich unter einem *Computer* im wörtlichen Sinne einen *Rechner* vor, also eine Person, welche die algorithmischen Anweisungen von Hand mit Papier und Bleistift ausführt.

2.2 Zum Begriff der Informatik

In der Entstehungszeit der akademischen Disziplin der „Informatik" stammten die meisten der Professoren für Informatik aus den Wissenschaftsdisziplinen Elektrotechnik, Physik und vor allem Mathematik. Entsprechend ihrer Vorbildung setzten sie dann auch oft ihre Arbeitsschwerpunkte und prägten die Begrifflichkeit ihres neuen Tätigkeitsbereichs. Bei der zentralen Bedeutung der Algorithmik sowohl für die Mathematik, wie auch für die Informatik, ist es deshalb nicht verwunderlich, dass man immer wieder die folgende apodiktisch formulierte Charakterisierung hören konnte – und kann:

> *Informatik* ist die Wissenschaft von den Algorithmen.

Wir wollen es aber nicht dabei belassen und im Folgenden auch den Begriff der Informatik an Hand einiger ausgewählter Zitate aus Lexika, Enzyklopädien und sonstigen Literaturquellen beleuchten.

BROCKHAUS ENZYKLOPÄDIE: *Informatik* (engl. computer science), die Wissenschaft von der systematischen Verarbeitung von Informationen, besonders der automatischen Verarbeitung mit Hilfe von Digitalrechnern, ...

MEYERS ENZYKLOPÄDISCHES LEXIKON: *Informatik* (engl. computer science), die Wissenschaft von den elektronischen Datenverarbeitungsanlagen und den Grundlagen ihrer Anwendung. Die Informatik verdankt ihre Entstehung der in den letzten Jahren immer stärker zunehmenden Verwendung elektronischen Datenverarbeitungsanlagen in allen Bereichen der Technik, Wissenschaft, Verwaltung. ...

DUDEN INFORMATIK: *Informatik* (computer science): Wissenschaft von der systematischen Verarbeitung von Informationen, besonders der automatischen Verarbeitung mit Hilfe von Digitalrechnern. ... Ein zentraler Begriff der Informatik ist der Begriff des Algorithmus. ... Eine exakte Beschreibung ist notwendig, um Lösungsverfahren für unterschiedlichste Probleme so zu formulieren, dass ihre Bearbeitung in Form eines Programms von einem Rechner übernommen werden kann. Man beschränkt sich aber in der

Informatik nicht nur auf die reine Programmierarbeit, sondern untersucht ganz allgemein die Struktur von Algorithmen, von zu verarbeitenden Daten sowie von Sprachen, mit denen Algorithmen und Programme angemessen formuliert werden können (Programmiersprachen). ... Gemäß der verschiedenen Schwerpunkte unterscheidet man die theoretische, die praktische, die technische und die angewandte Informatik. Theoretische, praktische und technische Informatik fasst man zur *Kerninformatik* zusammen. Beispiele sind:

* *Theoretische Informatik*: Theorie der formalen Sprachen (insbesondere Programmiersprachen), Automatentheorie, Theorie der Algorithmen, Berechenbarkeit, Theorie der Datentypen, Komplexitätstheorie, Semantik
* *Praktische Informatik*: Programmiersprachen und Übersetzerbau, Informationssysteme, Betriebssysteme, Simulation, Entwicklung von Dienstprogrammen, Expertensysteme, Künstliche Intelligenz, Mustererkennung
* *Technische Informatik*: Rechnerarchitektur, Rechnerorganisation, Prozessdatenverarbeitung, technische Realisierung von Schaltnetzen und Schaltwerken, VLSI-Entwurf
* *Angewandte Informatik* (gelegentlich auch etwas respektlos als „Bindestrich-Informatiken" bezeichnet): Betriebs-Informatik, Wirtschafts-Informatik, Rechts-Informatik, medizinische Informatik, Bildungs-Informatik

Claus (*Einführung in die Informatik*): *Informatik* beschäftigt sich mit Problemen, die im Rahmen der Entwicklung der modernen Datenverarbeitung entstanden sind. Im Vordergrund stehen prinzipielle Verfahren und nicht die speziellen Realisierungen z.B. auf bestimmten elektronischen Datenverarbeitungsanlagen. Die Inhalte der Informatik sind daher vorwiegend logischer Natur und maschinenunabhängig. Die beiden zentralen Begriffe der Informatik entnimmt man dem Wort „Datenverarbeitung", nämlich „Daten" und „Verarbeitung". Die Verarbeitung wird beschrieben durch Algorithmen, die auf den Daten operieren. Die Daten weisen allgemeine Abhängigkeiten untereinander auf; sie liegen daher meist als Datenstrukturen vor und werden in dieser Form von Algorithmen verarbeitet.

Goldschlager/Lister: *Informatik* ist ein Fachgebiet mit vielen Aspekten, die vom Einfluss des Computers auf die Gesellschaft bis zu technischen Details des Computerentwurfs reichen. ... Das alles umfassende Thema ... ist der

Begriff und die Bedeutung von Algorithmen, von denen wir annehmen, dass sie das zentrale Konzept der Informatik ausmachen.

Rechenberg: Die *Informatik* ist auf das engste mit dem Computer ... verknüpft. Solange es keine Computer gab, gab es auch keine Informatik, und manchmal wird die Informatik sogar als die Wissenschaft vom Computer definiert. Das Wort „Informatik" ist ein Kunstwort, gebildet aus Information und in Analogie zu Mathematik. ... Im englischen Sprachraum verwendet man die Bezeichnung „computer science" ...

Wikipedia (24.11.2015): *Informatik* ist die Wissenschaft der systematischen Verarbeitung von Informationen, insbesondere der automatischen Verarbeitung mit Hilfe von Digitalrechnern. Historisch hat sich die Informatik einerseits als Formalwissenschaft aus der Mathematik entwickelt, andererseits als Ingenieursdisziplin aus dem praktischen Bedarf nach schnellen und insbesondere automatischen Ausführungen von Berechnungen. ...

An dieser Stelle ist eine Bemerkung zur Situation in den englischsprachigen Ländern angebracht. Eine Vielzahl englischsprachiger Wissenschaftler ist mit dem Begriff „computer science" nicht glücklich, da der Name der Wissenschaft dadurch zu stark an das Werkzeug gekoppelt sei (so als ob man die Chirurgie als „Skalpellwissenschaft" bezeichnen würde). Alternativ werden die Begriffe „*computing* science" (mit der Betonung auf dem Vorgang der *Berechnung*, nicht auf dem *Recheninstrument*), „informatics" oder „information science(es)" diskutiert.

Es fällt auf, dass die diversen Fassungen des Informatik-Begriffs weit weniger homogen sind als etwa die des Algorithmus-Begriffs. Dies hat mehrere Ursachen. Zunächst einmal ist der Begriff des Algorithmus wesentlich älter und wissenschaftstheoretisch stärker gefestigt als der Begriff der Informatik. So wurde z.B. in der ersten Hälfte des 20. Jahrhunderts gezeigt, dass alle bis dahin (etwa von Gödel[1], Turing und Church[2]) vorgeschlagenen Formalisierungen des Algorithmus-Begriffs logisch äquivalent sind. Nach der sogenannten *Churchschen These* ist somit jede dieser gleichwertigen Fassungen eine angemessene Formalisierung des zunächst nur umgangssprachlich verwendeten Begriffs „Algorithmus". Der Begriff des Algorithmus hat inzwi-

---

[1] Kurt Gödel (1906–1978), österreichischer Mathematiker und Logiker
[2] Alonzo Church (1903–1995), amerikanischer Mathematiker, Logiker und Philosoph

schen eine derart große wissenschaftliche „Kanonizität" erlangt, wie es sonst nur bei wenigen Begriffen der Fall ist (mit Sicherheit nicht beim Begriff der Informatik).

Als vergleichsweise junge Wissenschaft ist die Informatik noch stark in einer Phase der Selbstfindung – und der Kreis der im Bereich der Informatik Tätigen ist außerordentlich heterogen. All dies führt selbstverständlich dazu, dass die Vorstellungen davon, was Informatik ist, weit auseinander gehen. Als gemeinsamen Kern enthalten die obigen Beschreibungen aber die Begriffe der Informationsverarbeitung, des Algorithmus und des Computers. Wir formulieren deshalb im Sinne eines (kompakt gehaltenen) Arbeitsbegriffs folgendermaßen:

> **Informatik** ist die Wissenschaft von der systematischen, maschinellen Verarbeitung von Informationen mit algorithmischen Methoden und mit Hilfe des Computers als zentralem Werkzeug.

Im nächsten Kapitel werden wir uns mit einigen historisch besonders bedeutsamen Algorithmen befassen. Dabei wird sehr bald klar werden, dass es Algorithmen bereits über Jahrhunderte hinweg gegeben hat, bevor der Begriff des Algorithmus in Gebrauch kam. Ein Algorithmus, der damals, wie heute, immer wieder als paradigmatisches Beispiel für Algorithmen herangezogen wurde, ist der auf dem Prinzip der Wechselwegnahme (anthyphairesis) basierende Euklidische Algorithmus (vgl.3.2.2). In der griechischen Antike war deshalb ganz allgemein zur Bezeichnung von Algorithmen auch der Begriff *anthyphairesis* in Gebrauch.

3 Historische Bezüge

For him, the algorithm was needed to give meaning to his mathematics, and he was following in the footsteps of many other – one might say all other – great mathematical thinkers who preceded him.

H. M. Edwards über Leopold Kronecker (1823–1891) in: Mathematical Intelligencer, 1, 1987

3.1 Ein Exkurs zur Geschichte der Algorithmik und Informatik

Algorithmen sind Handlungsanweisungen, und in mehr oder weniger präziser Form gibt es sie seit es menschliche Sprachen gibt. Im Folgenden sind überblicksartig einige herausragende Beispiele für algorithmisch orientierte Fragestellungen und Lösungsansätze in der Geschichte der Mathematik aufgeführt. Bei diesen Ausführungen geht es vorrangig um ideengeschichtliche Sachverhalte. Im Zentrum stehen bedeutungsvolle algorithmische Themen und Entwicklungen in Altertum und Mittelalter. Die angegebenen Datierungen sind meist grober Natur und sollen nur eine ungefähre zeitliche Einordnung ermöglichen. Es werden im Allgemeinen auch nur gewisse charakteristische Besonderheiten erwähnt, die in den jeweiligen Kulturkreisen erstmals auftraten oder die für bestimmte Kulturkreise typisch waren. Eine gewisse Sonderrolle spielen in diesem historischen Exkurs aus Gründen, die mit der Zielsetzung dieses Buches zusammenhängen, die jeweiligen Zahldarstellungen und das elementare Rechnen sowie die Kreiszahl π (die man als das Verhältnis von Umfang zu Durchmesser von Kreisen schon lange kannte bevor ihr der heute geläufige Name gegeben wurde). Aufgrund ihrer Bedeutung für die Astronomie, die Landvermessung und die Architektur war man praktisch in jeder der Kulturen bestrebt, gute Näherungswerte für π zu gewinnen. Dies führte zu interessanten Approximationen. Aus algorithmischer Sicht sind diese Verfahren von besonderem Interesse, da sie erste Beispiele für den Einsatz einer systematischen iterativen Vorgehensweise darstellen – so z.B. das in Abschnitt 3.2 dargestellte Verfahren von Archimedes.

Diese komprimierte Darstellung will und kann nicht eine eingehendere Beschäftigung mit der Geschichte der Mathematik ersetzen; der interessierte Leser sei auf die vielfältige und hochinteressante Literatur zu diesem Themenbereich verwiesen, aus deren Fülle hier nur exemplarisch die folgenden Titel herausgegriffen seien:

- B. L. van der Waerden: Erwachende Wissenschaft, Basel 1966
- H. Wußing: Vorlesungen zur Geschichte der Mathematik, Frankfurt am Main, 2008

Zur Entstehungsgeschichte der Zahlen verweisen wir auf

- Karl Menninger: Zahlwort und Ziffer – Eine Kulturgeschichte der Zahl; Göttingen 1958
- Georges Ifrah: Universalgeschichte der Zahlen; Frankfurt am Main 1986

Eine sehr lebendig geschilderte Geschichte der Kreiszahl π bietet

- P. Beckmann: A History of π, New York, 1971

Die **Babylonier** (etwa 3000–200 v. Chr.) verfügten über eine für diese Zeit außerordentlich hochstehende Mathematik. Die Basis des numerischen Rechnens bildete ein Sechzigersystem, das bereits deutliche Ansätze eines *Stellenwertsystems* aufwies (es fehlte im Wesentlichen nur ein Symbol für die Null). Dieses Zahlsystem war den anderen Zahlsystemen in der Antike derart überlegen, dass es auch in späteren Zeiten und anderen Kulturen für wissenschaftliche Arbeiten verwendet wurde – so z.B. von dem um etwa 100 n. Chr. in Alexandria wirkenden hellenistischen Mathematiker und Astronomen Klaudios Ptolemaios der mit seinem *Almagest* das bedeutendste astronomische Werk der Antike schuf. Auf dieses babylonisch-ptolemäische Sechzigersystem geht z.B. noch die in unserer Zeitrechnung (und unseren Uhren) verwendete Sechziger-Teilung zurück.

Die Babylonier waren weiterhin große Algebraiker (der Begriff der Algebra wurde jedoch erst sehr viel später geprägt, wie in Kapitel 2 in den Bemerkungen zur Etymologie des Begriffs „Algorithmus" dargelegt ist). Eine Keilschrift aus der Epoche von Hammurapi (um etwa 1700 v. Chr.) dokumentiert ihre Fähigkeit, Quadratwurzeln auf eine sehr effiziente Weise zu ziehen und quadratische Gleichungen zu lösen. Dieses babylonisch-sumerische Verfahren zur Ermittlung der Quadratwurzel wird in Abschnitt 3.2 exemplarisch dargestellt.

Ihre mathematischen Kenntnisse und Fähigkeiten, wie etwa das Verfahren der linearen Interpolation, setzten sie auch zur Lösung von Problemen des Wirtschaftslebens ein – z.B. zur Lösung komplizierter Erbteilungs- und Zinseszinsprobleme. Eine typische Aufgabe lautete etwa: „Ein Kapital von einem Schekel wird angelegt. Nach welcher Zeit haben die Zinsen die Höhe des Anfangskapitals erreicht?" Mit anderen Worten: Nach welcher Zeit hat sich das Kapital verdoppelt? Dabei wurde das Zinseszinsverfahren mit einem Jahreszinssatz von 20 % zugrunde gelegt; die „unterjährigen" Zinsen des letzten Zinsjahres wurden linear interpoliert.

Die **Ägypter** (etwa 3000–500 v. Chr.) gebrauchten eine rudimentäre Zehnerstaffelung (die aber kein Zehner*system* war) zur Darstellung der natürlichen Zahlen. Die Multiplikation zweier natürlicher Zahlen führten sie mit Hilfe eines sehr effizienten Verfahrens der Halbierung und Verdopplung durch; das Verfahren wird unter dem Stichwort „ägyptische Multiplikation" (bzw. „russische Bauernmultiplikation") in Kapitel 5 im Zusammenhang mit der Diskussion der Effizienz von Algorithmen aufgegriffen.

Die Ägypter entwickelten eine interessante Form der Bruchrechnung. Aufgrund ihrer Notation konnten sie (mit Ausnahme des Bruches 2 / 3) nur *Stammbrüche* aufschreiben, also nur Brüche der Form 1 / n. Dies führte zu dem folgenden Problem (in moderner Sprechweise): Wie kann man einen beliebigen Bruch möglichst „optimal" als eine Summe von Stammbrüchen darstellen? Wir werden in Abschnitt 4.1.2 im Zusammenhang mit der Diskussion verschiedener heuristischer Verfahren noch ausführlicher auf diese Fragestellung eingehen.

Durch die alljährlichen Nilüberschwemmungen waren die Ägypter veranlasst, sich intensiv mit den Problemen der Flächenmessung und der Landvermessung zu befassen. Sie ersetzten den Kreis durch ein Achteck (vgl. Abbildung 3.1) und entwickelten so die folgende, angesichts dieses frühen Stadiums sehr gute Näherung für die Kreiszahl π: $\pi = 4 \cdot (\tfrac{8}{9})^2 \approx 3{,}16$.

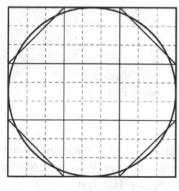

Abbildung 3.1

Seitenlänge bzw. *Fläche* des großen Quadrats: 1 *LE* bzw. 1 *FE*

Mit dem Achteck an Stelle der Kreisfläche *K*:

$$K \approx \tfrac{63}{81}\, FE \approx \tfrac{64}{81}\, FE$$

$$= (\tfrac{8}{9})^2\, FE$$

D.f. $\pi \cdot (\tfrac{1}{2})^2 \approx (\tfrac{8}{9})^2$

und $\pi \approx 4 \cdot (\tfrac{8}{9})^2 \approx 3{,}16$

Griechische Geschichtsschreiber (Herodot, Demokrit) berichten, dass die ägyptischen Landvermesser das „gespannte Seil" als Werkzeug benutzten. Es wird vermutet, dass ein Seil mit den durch einfache Knoten erzeugten äquidistanten Teilungen 3, 4 und 5 in geeigneter Form von drei Seilspannern (*Harpedonapten*) auseinander gezogen wurde, um einen rechten Winkel zu erzeugen. Die ägyptischen Seilspanner wandten so schon sehr früh den erst später voll formulierten und bewiesenen *Satz des Pythagoras* an (genauer: sie nutzten die Umkehrung des pythagoreischen Satzes).

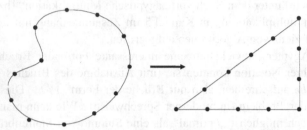

Abbildung 3.2 Methode der Seilspanner

Die **Chinesen** (die kulturgeschichtliche Entwicklung setzte ab etwa 2000 v. Chr. ein) verwendeten für das Rechnen eine Form des *Abakus* (ein frühes Recheninstrument), den sogenannten *Suan-pan,* der in seiner Urform bis in das 11. Jahrhundert v. Chr. zurückverfolgt werden kann. Eine weiterentwickelte Version dieses Abakus ist noch heute in vielen Regionen Asiens in Gebrauch. Dieser Abakus kann durchaus als eine der frühesten Urformen des modernen Computers angesehen werden.

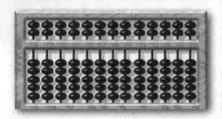

Abbildung 3.3
Suan-Pan

Aus der frühen *Han-Dynastie* (ab etwa 206 v. Chr.) stammt eine zusammenfassende Darstellung des damaligen mathematischen Wissens („Mathematik in neun Büchern"). In der Epoche der späten Han-Dynastie (ab etwa

220 n. Chr.) setzte ein kräftiger Aufschwung der Mathematik und Naturwissenschaften ein. Der Astronom *Zhang Heng* (78–139 n. Chr.) konstruierte einen Himmelsglobus und ein Planetarium; er lehrte die Kugelgestalt der Erde, die räumliche und zeitliche Unbegrenztheit des Weltalls und führte ausgedehnte Berechnungen des Wertes von π durch.

Die Chinesen entwickelten besondere Fähigkeiten zum Lösen von Systemen linearer Gleichungen und simultaner Kongruenzen. Sie verfügten über ein algorithmisch durchgearbeitetes Verfahren zur Lösung linearer Gleichungssysteme. Der heute als *Chinesischer Restsatz* bekannte mathematische Satz von großer Bedeutung in Algebra und Zahlentheorie geht auf *Sun-Tsi* (etwa 4./5. Jahrhundert n. Chr.) zurück. Eine typische Aufgabe, die mit diesen Kenntnissen gelöst wurde, lautete (vgl. Scheid 1972):

„Eine Bäuerin geht mit einem Korb Eier auf den Markt. Ein Pferd tritt auf den Korb und alle Eier zerbrechen. Der Reiter will für den Schaden aufkommen und fragt, wieviel Eier im Korb waren. Die Bäuerin erinnert sich nicht genau, sie weiß nur noch folgendes: Wenn ich die Eier zu je zwei, drei, vier, fünf oder sechs aus dem Korb nahm, blieb jedesmal genau eines übrig. Wenn ich sie aber zu je sieben aus dem Korb nahm, blieb keines übrig."

Die **Maya** (ab dem 3. Jahrtausend v. Chr., vgl. Hofmann 1963), eine mittelamerikanische Hochkultur der Frühzeit, verfügten über ein sehr gut entwickeltes Zahlsystem (zur Basis 20), das sie insbesondere auch für ihre präzisen Kalenderberechnungen nutzen konnten. Beckmann (1971) schreibt „... it is clear that with a positional notation closely resembling our own of today, the Maya could out-calculate the Egyptians, the Babylonians, the Greeks, and all Europeans up to the Renaissance".

Unter den **Griechen** (die Epoche der griechischen Antike umfasst etwa den Zeitraum von 800 v. Chr. bis 600 n. Chr.) setzte eine erhebliche Vertiefung und die erste systematische „wissenschaftliche" Beschäftigung mit der Mathematik ein. Sie prägten auch den Begriff der Mathematik; für sie bedeutete

mathema: das Gelernte, die Kenntnis, die Wissenschaft

Im Folgenden sind die Beiträge einzelner herausragender griechischer Forscherpersönlichkeiten dargestellt. Einige der erwähnten algorithmischen Verfahren (Heron-Verfahren, Euklidischer Algorithmus, Sieb des Eratosthenes,

Approximation von π nach Archimedes) werden in größerem Detail in Abschnitt 3.2 behandelt.

- *Thales von Milet* (um etwa 600 v. Chr.) war Kaufmann, erster griechischer Astronom, Mathematiker und Philosoph. Auf seinen ausgedehnten Reisen lernte er die assyrisch-babylonische Astronomie des Zweistromlandes kennen. Er sagte die Sonnenfinsternis von 585 v. Chr. voraus, durch welche die Schlacht der Meder gegen die Lyder am Fluss Halys beendet wurde.

  Thales entdeckte – und *bewies* erstmals – viele Lehrsätze der Geometrie: über die Rechtwinkligkeit von Dreiecken (*Satz des Thales*), über gleichschenklige Dreiecke sowie über die Ähnlichkeit von Dreiecken. Letzteres benutzte er z.B. zur Bestimmung der Höhe der Cheops-Pyramide – ohne dass diese bestiegen werden musste. Thales von Milet war einer der ersten, die versuchten, mathematische Sätze „streng" zu beweisen und ihre Begründung nicht einfach der Anschauung oder der Empirie zu überlassen.

- *Pythagoras von Samos* (um etwa 500 v. Chr.) war in der Antike eher als Mystiker, Prophet und Begründer eines Geheimbundes denn als Mathematiker bekannt. Die Schule (oder besser: der Geheimbund) der Pythagoreer beschäftigte sich mit der Harmonielehre, elementarer Zahlentheorie (pythagoreischen Zahlentripeln, vollkommenen und befreundeten Zahlen, figurierten Zahlen, der Lehre von Gerade und Ungerade). Erkennungszeichen des Geheimbundes der Pythagoreer war das aus den Diagonalen des regelmäßigen Fünfecks gebildete Sternfünfeck (Pentagramm), bei dessen Konstruktion der *Goldene Schnitt* eine wichtige Rolle spielt. Ob er wirklich der erste war, der den „Satz des Pythagoras" in allgemeiner Form bewiesen hat, muss eher als ungewiss angesehen werden.

- *Euklid von Alexandria* (um etwa 300 v. Chr.) wird heute als Autor des enzyklopädischen mathematischen Werks „Die Elemente" angesehen. Die Existenz seiner Person bleibt jedoch im dunkeln. Es wird gelegentlich sogar die These vertreten, dass es sich bei Euklid nicht um einen einzigen sondern um eine Gruppe von Autoren handelt. Insgesamt scheinen Mathematikhistoriker mehrheitlich aber der Auffassung zu sein, dass ein Wissenschaftler namens Euklid in Alexandria wirkte, der von Alexander dem Großen gegründeten Stadt, die sich rasch zum bedeutendsten Wissenschaftszentrum der Antike entwickelte. Euklid fasste das gesamte mathematische Wissen seiner Zeit in den „Elementen" zusammen, einem aus dreizehn Büchern bestehenden Werk, das vielfach als eines der einflussreichsten Bücher der gesamten Weltliteratur

bezeichnet wird und das in England bis ins 19. Jahrhundert hinein als Lehrbuch für Mathematik verwendet wurde. Es war zweifellos das langlebigste
und eines der erfolgreichsten Lehrbücher aller Zeiten. In diesem Buch trug
Euklid vieles von dem Wissen seiner Vorgänger zusammen und fügte eigene
Erkenntnisse hinzu. Was im Einzelfall von ihm selbst stammt und was er
übernommen hat, ist nicht immer mit Sicherheit zu sagen. Das auf dem Prinzip der Wechselwegnahme (anthyphairesis) basierende Verfahren zur Bestimmung des größten gemeinsamen Teilers zweier natürlicher Zahlen ist heute un-
trennbar mit seinem Namen verbunden (*Euklidischer Algorithmus*) – ebenso
wie der Satz, dass es unendlich viele Primzahlen gibt. Euklid verwendet im
Neunten Buch, §29, sogar genauer die folgende hochinteressante Formulierung, mit der er den Begriff der („aktual") unendlichen Menge vermeidet: „Es
gibt mehr Primzahlen als jede vorgelegte Anzahl von Primzahlen" (vgl. 3.3.1).

• *Archimedes von Syrakus* (etwa 287–212 v. Chr.) war zweifellos der größte
Wissenschaftler des Altertums und einer der größten Wissenschaftler aller
Zeiten (vgl. van der Waerden 1966). Er nahm durch die Anwendung der *Ex-
haustionsmethode* zur Ermittlung des Flächeninhalts von Parabelsegmenten
die erst weit über tausend Jahre später formulierten Grundideen der Integral-
rechnung vorweg.

Archimedes Leistungen sind aber nicht auf die Mathematik beschränkt.
In der Physik entdeckte er das *Hebelprinzip* („Gebt mir einen Platz, wo ich
stehen kann, und ich werde die Erde bewegen") und das Prinzip des *Auftriebs*.
Auf seine Entdeckungen geht der Begriff des *spezifischen Gewichts* zurück.

Durch genialen Einsatz des von ihm entdeckten Hebelprinzips gelang
ihm die exakte Bestimmung des *Kugelvolumens*. Archimedes entwickelte das
erste systematische iterative Verfahren zur Approximation von π (vgl. 3.2.4).
Er entdeckte die *Brennpunkteigenschaft der Parabel* und verfasste eine Abhandlung über Spiralkurven; die *archimedische Spirale* trägt daher seinen Namen.

Wie die meisten Mathematiker dieser Zeit beschäftigte sich Archimedes
auch mit Astronomie. Er konstruierte ein Planetarium in der Form einer Kugel, mit dem er die Bewegungen der Sonne, des Mondes und der damals bekannten fünf Planeten simulieren konnte.

Die von Archimedes erfundene *Wasserschnecke* machte es möglich,
Wasser durch Kurbeldrehungen aus tiefer gelegenen Reservoirs in höher gele-
gene Felder zu pumpen. Dies ist in vielen Regionen der Welt noch heute ein
wichtiges Verfahren zur Landbewässerung.

- *Eratosthenes von Kyrene* (276–194 v. Chr.) lehrte, dass die Erde eine Kugel sei und bestimmte den Erdumfang mit erstaunlich hoher Genauigkeit auf 250 000 „Stadien" – dies entspricht etwa der Strecke von 46 000 Kilometern. Heute wird als „genauer" Wert für den Umfang des Äquators das Maß von 40 075 Kilometern verwendet. Sein Name ist in der Zahlentheorie verbunden mit dem Sieb des Eratosthenes, dem in Abschnitt 3.2.3 ausführlich dargestellten Verfahren zur Ermittlung von Primzahlen.

- *Apollonius von Perge* (etwa 262–190 v. Chr.) war mit Archimedes einer der schöpferischsten Mathematiker der griechischen Antike. Er verfasste ein berühmtes achtbändiges Werk über Kegelschnitte (die *Konika*), in dem er – ohne Koordinatengeometrie und Formeln – als erster die einheitliche Herleitung aller Kegelschnitte durch ebene Schnitte eines Kegels beschrieb. Die Konika gehören zu den bedeutendsten Werken der antiken Geometrie und haben noch bis ins 17. Jahrhundert führende Mathematiker (Fermat, Newton, Halley) beeinflusst. Nach van der Waerden (1966) ist die Geometrie der Kegelschnitte bis Descartes (1596–1650) „so geblieben, wie Apollonius sie gelassen hat".

  In der Astronomie gelang es Apollonius, komplizierte Planetenbewegungen durch scharfsinnige Kombinationen von Exzentern und Epizyklen anzunähern und dadurch das „Platonische Dogma" von der Kreisförmigkeit der Planetenbewegungen (scheinbar) zu retten. Platon hatte die Kreisförmigkeit der Planetenbahnen aufgrund der perfekten Symmetrie des Kreises postuliert. Von der Epizykel-Methode wurde später in der ptolemäischen Astronomie intensiv Gebrauch gemacht.

- *Heron von Alexandria* lebte im 1. Jahrhundert n. Chr. Seine Werke stellen eine Art Enzyklopädie in angewandter Geometrie, Optik und Mechanik dar und haben oft den Charakter einer Formelsammlung. Viele der ihm zugeschriebenen Formeln und Verfahren waren schon vorher bekannt – so soll die „Heronsche Formel" für den Flächeninhalt von Dreiecken von Archimedes stammen; das „Heron-Verfahren" zum Wurzelziehen wurde schon Jahrhunderte vorher von den Babyloniern praktiziert. Für die Technik ist Heron durch seine Beschreibung früher Maschinen von Interesse: Er beschrieb die Konstruktion von Vermessungsinstrumenten, Geschützen, einfachen Maschinen wie Hebel, schiefe Ebene, Keil, Flaschenzug, Winde, von Wasseruhren, Gewölben und durch Dampfdruck angetriebenen Automaten. Durch Ausnutzung des Dampfdrucks oder von Luftdruckunterschieden war er z.B. in der Lage, Maschinen zum automatischen Öffnen von Tempeltüren zu konstruieren.

- *Klaudios Ptolemaios* (etwa 85–165 n. Chr.) schuf mit seiner *Megiste Syntaxis* (heute als *Almagest* genannt) das bedeutendste astronomische Werk der Antike, das bereits, aufbauend auf der griechischen Sehnenrechnung, eine frühe Form der Trigonometrie enthält. Auf der Basis der Sehnenrechnung konnte er den für seine Zeit außerordentlich genauen Näherungswert 3,1416 für die Kreiszahl π ermitteln. Ähnlich wie Apollonius zog er eine ausgeklügelte „Epizykel-Theorie" heran, um die Planetenbewegungen mit Hilfe von Kreisbahnen beschreiben zu können. Ptolemaios ging davon aus, dass die Erde im Mittelpunkt der Welt steht. Der *geozentrische* Almagest hatte eine gewaltige 1500-jährige Wirkungsgeschichte und wurde erst im 16. Jahrhundert vom *heliozentrischen* kopernikanischen Weltbild abgelöst. Nicolaus Kopernikus (1473–1543) veröffentlichte sein epochales Manuskript *De Revolutionibus* über das heliozentrische Weltbild erst im Jahre 1543.
- *Diophantos von Alexandria* (um 250 n. Chr.) knüpfte an die babylonische Tradition der Algebra und Zahlentheorie an. Er entwickelte Verfahren zur Lösung ganzzahliger Gleichungen, die ihm zu Ehren heute als *Diophantische Gleichungen* bezeichnet werden.
- Mit *Hypatia* (etwa 370–415 n. Chr.), Tochter Theons von Alexandria, trat die erste Frau in der Mathematik des Altertums auf. Sie verfasste (verloren gegangene) Schriften zur Mathematik und Astronomie und insbesondere Kommentare zu Schriften von Ptolemaios, Apollonius und Diophantos. Als „Heidin" fiel sie einer Intrige des Bischofs Kyrillos zum Opfer.

Die aufstrebenden jungen Religionen, nicht zuletzt auch das Christentum, hatten auf die Pflege und Entwicklung der Wissenschaften eher eine negative Auswirkung. Nach dem Tode von Hypatia verfiel das Wissenschaftszentrum Alexandria.

Das Ende der griechischen Wissenschaft in der Antike

Im Jahre 646 n. Chr. wurde Alexandria von den Arabern erobert – und im Verlauf der Kriegswirren wurde die auch schon vorher von Römern und Christen geplünderte und teilweise zerstörte „heidnische" Bibliothek von Alexandria endgültig vernichtet. (Eine kenntnisreiche Darstellung des Schicksals der Bibliothek von Alexandria bietet das bereits erwähnte Buch von P. Beckmann zur Geschichte der Kreiszahl π.)

Ein ähnliches Schicksal widerfuhr der von Platon (427–347 v. Chr.) gegründeten Akademie von Athen – neben der Bibliothek von Alexandria einem weiteren Zentrum der Gelehrsamkeit in der antiken Welt. Im Jahre 529 wurde die Akademie auf Befehl des christlichen Kaisers Justinian „als Stätte heidnischer und verderbter Lehren" (vgl. Wußing 2008) gewaltsam geschlossen.

Den **Indern** verdanken wir unser Zehnersystem in seiner heutigen Form. Ihr entscheidender Beitrag zur vollen Ausbildung dieses Stellenwertsystems war die Verwendung eines Symbols für die Zahl Null („Erfindung" der Null). Die Entstehung der ersten indischen mathematischen Werke setzte ab etwa 500 n. Chr. ein. Die Inder waren gute Algebraiker; sie entwickelten hochstehende Verfahren zum Lösen von Gleichungen. Sie kannten aber auch gute Näherungswerte für die Kreiszahl π. Im Folgenden sind einige der führenden mathematischen Forscherpersönlichkeiten aus dieser frühen Periode beschrieben:

• *Aryabhata* schrieb im Jahre 499 die für die Folgezeit einflussreiche Abhandlung *Aryabhatiya* über die damalige indische Astronomie und Mathematik.

• *Brahmagupta* verfasste etwa im Jahre 628 das in Versen geschriebene Werk *Brahmasphuta Siddhanta* (Vervollkommnung der Lehre Brahmas), in dem er Themen aus Arithmetik, Algebra und Geometrie behandelte. Vermutlich unter Verwendung der im archimedischen Näherungsverfahren auftretenden Polygone (vgl. Abschnitt 3.2.4), gelangte er zu der Zahl $\sqrt{10}$ ($= 3{,}162277\ldots$) als Näherungswert für π.

• Der von *Bhaskara II* um 1150 verfasste *Siddhanta siromani* (Der Kranz der Wissenschaften) stellt einen Höhepunkt der indischen Mathematik jener Zeit dar. In ihm wird das damalige Wissen in den Gebieten Arithmetik, Geometrie, Algebra und Astronomie zusammengefasst.

Die Araber trugen entscheidend zur Verbreitung der indischen Zahlschreibweise und somit des Zehnersystems bei. Kaufleute und Gelehrte des europäischen Mittelalters lernten diese Zahlen über Kontakte zu ihnen (sei es durch Reisen in arabische Länder, wie z.B. Leonardo von Pisa, oder sei es über Kontakte zu herausragenden Stätten der arabischen Gelehrsamkeit in Spanien, besonders in Cordoba, Sevilla, Granada und Toledo) kennen. Deshalb werden die Zahlen in unserer heutigen Schreibweise auch als die „arabischen" Zahlen bezeichnet.

Zur Entwicklung der Zahlschreibweise im Zehnersystem (vgl. Ziegenbalg, 2015):

Die Brahmi-Ziffern (1 2 3 4 5 6 7 8 9), etwa ab dem 3. Jahrhundert v. Chr.:

Die Gwalior-Ziffern, Indien, (1 2 3 4 5 6 7 8 9 0), etwa ab dem 8. Jahrhundert n. Chr.:

Die Devanagari-Ziffern (0 1 2 3 4 5 6 7 8 9), etwa ab dem 9. Jahrhundert n. Chr.:

Die ostarabischen Ziffern (0 1 2 3 4 5 6 7 8 9), etwa ab dem 9. Jahrhundert n. Chr.:

Die westarabischen (Gobar-) Ziffern (1 2 3 4 5 6 7 8 9), etwa ab dem 9. Jahrhundert n. Chr.:

Die Gutenberg-Ziffern (0 1 2 3 4 5 6 7 8 9), 15. Jahrhundert:

Die Ziffern nach Dürer (1 2 3 4 5 6 7 8 9 0), 16. Jahrhundert:

Die Mathematik der **Araber** bzw. die Mathematik in den Ländern des *Islam* (im Zeitraum von etwa 750 bis 1300 n. Chr.): Gegen Ende des 6. Jahrhunderts entstand die Religionsbewegung des Islam auf der arabischen Halbinsel und breitete sich sehr schnell in den Ländern des Nahen Ostens, im Zweistromland, über Persien bis nach Indien hinein und über Nordafrika bis auf die Iberische Halbinsel aus. Durch die Kontakte mit der indischen Kultur lernten die Araber das indische Zahlsystem kennen, das sie im Laufe der Zeit übernahmen. Da dieser Prozess über Jahrhunderte hinweg verlief, veränderte sich die Zahlschreibweise, ohne dass aber am Prinzip des Zehnersystems gerüttelt wurde. Die Araber assimilierten vieles von dem Wissen der eroberten oder benachbarten Kulturkreise (Persien, Ägypten, Indien) und insbesondere von der sich im Niedergang befindenden griechischen Kultur. Sie übersetzten wichtige griechische Werke der Wissenschaft (so z.B. die Elemente des Euklid) ins Arabische.

In der Epoche der *Abbasiden-Dynastie* (etwa Mitte des 8. bis Mitte des 13. Jahrhunderts) erlebte die arabische Wissenschaft ihren Höhepunkt. In der Blütezeit, d.h. im Zeitraum von etwa 750 bis 1000 n. Chr. entwickelte sich Bagdad unter den Kalifen *al-Mansur* und dem aus den Märchen aus 1001 Nacht bekannten *Harun al-Raschid* zum Wissenschaftszentrum. Nach griechischem Vorbild wurde in Bagdad eine Akademie (auch bekannt als „Haus der Weisheit") eingerichtet, zu deren Aufgaben es gehörte, in systematischer Weise die überlieferten griechischen, ägyptischen, persischen und indischen Quellen durch Übersetzung ins Arabische zu erschließen. Es entstanden langfristige astronomische und geographische Forschungsprogramme; in der Physik, Chemie, Medizin, Pharmakologie, Zoologie, Botanik, Mineralogie und Philosophie setzte sowohl in Bagdad als auch in anderen Zentren des arabisch-islamischen Raumes (insbesondere in Cordoba, Granada und Sevilla) eine rege Forschungstätigkeit ein. In den arabischen Zentren der Wissenschaft im Süden des heutigen Spaniens lernten später abendländische Mönche (Gerbert, Johannes von Sevilla, Adelard von Bath, ...) die arabische und mit ihr auch die griechische Wissenschaft kennen und brachten sie von dort in die Länder des europäischen Abendlandes.

Einige herausragende mathematische Lehr- und Forscherpersönlichkeiten aus jener Zeit:

• Der persisch-arabische Mathematiker *al-Khowarizmi* (etwa 790–850 n. Chr.) erkannte die Nützlichkeit der indischen Zahlschreibweise und schrieb das einflussreiche, später unter dem Titel „Über die indischen Ziffern" (de numero indorum) bekannt gewordene Rechenbuch, das sehr viel zur Verbreitung und Popularisierung der indischen Ziffern beigetragen hat. Al-Khowarizmi war Autor weiterer berühmter Bücher über Algebra und Astronomie; die Begriffe *Algorithmus* und *Algebra* gehen auf sein Wirken zurück (vgl. Bemerkungen zur Etymologie in Abschnitt 2.1).

Abbildung 3.4   Statue von Al-Khowarizmi in Khiva (Usbekistan)

- *Ibn al-Haitham*, in latinisierter Form *Alhazen* (etwa 965–1039) war Mathematiker, Astronom, Naturwissenschaftler und Arzt. Er formulierte den heute nach J. Wilson benannten Satz: „Ist p eine Primzahl, dann ist $1 + (p-1)!$ durch p teilbar". Mit Hilfe seiner Ergebnisse über die Summation von Potenzen natürlicher Zahlen gelang ihm die Berechnung der Volumina von Rotationskörpern. Im Zusammenhang mit seinen astronomischen Studien legte er den Grundstein für den Ausbau der Optik, die bis zu ihm im Wesentlichen in der Form der „geometrischen Optik" weitgehend als rein mathematische Disziplin betrieben worden war, zu einer experimentellen physikalischen Disziplin.
- Unter *al-Biruni* (973–1048) und *al-Tusi* (1201–1274) entwickelte sich die Trigonometrie zu einem eigenständigen Zweig der Mathematik. In der Präzision der Berechnung astronomischer und trigonometrischer Tabellen (Sinustafel) gingen sie weit über Ptolemaios hinaus.

- *Al-Mu'taman ibn Hud* war von 1081 bis 1085 Herrscher des muslimischen Reiches von Zaragoza. Er unternahm den Versuch, mit dem *Istikmal* ein der Zeit gemäßes Nachfolgewerk für die Elemente des Euklid zu schreiben.

Die Zeitepoche der **Römer** und das **europäische Mittelalter**: Das Niveau der mathematisch-naturwissenschaftlichen Ausbildung und Forschung war in diesen Zeitepochen durchweg sehr bescheiden und fiel weit hinter den Stand der Griechen zurück. Das römische Zahlsystem eignete sich für in Stein gemeißelte Inschriften; zum Rechnen war es höchst ungeeignet. Bestimmte Anwendungen (Militär, Handel, Architektur) erzwangen bestenfalls eine rudimentäre Beschäftigung mit mathematischen Fragestellungen.

Der römische Philosoph *Boethius* (etwa 480–524) übersetzte und kommentierte u.a. Schriften von Aristoteles, Euklid und des Neupythagoreers Nikomachos. Der für den Lehrbetrieb des Mittelalters prägende Begriff des „Quadriviums" (Arithmetik, Geometrie, Musik, Astronomie) soll auf ihn zurückgehen. Er verfasste eine Schrift zur Arithmetik, die ihm im Mittelalter zu einem relativ hohen Bekanntheitsgrad verhalf; diesem Umstand ist vermutlich sein Einbezug in die historische Darstellung „Arithmetica, Pythagoras und Boethius" von Gregor Reisch (vgl. Abbildung 3.5) zu verdanken.

Der Mönch *Gerbert von Aurillac* (etwa 946–1003), der im Jahre 999 als Silvester II. den päpstlichen Thron bestieg, lernte in Spanien die indisch-arabischen Ziffern kennen. Er erfasste ihren eigentlichen Sinn jedoch nicht und verwandte sie nur, um sie auf runde Steinchen („apices") aufzutragen und auf einem Rechenbrett zu verwenden, ähnlich wie die auch schon vorher in Gebrauch befindlichen Rechensteine.

Umfangreichere Teile der arabischen Mathematik flossen im 12. Jahrhundert n. Chr. nach Europa ein – solche, die ursprünglich griechischer Herkunft, aus dem Arabischen ins Lateinische übersetzt wurden, und solche, die das Ergebnis eigenständiger Entwicklungen im Bereich des Islam darstellten. Dabei spielte die Übersetzerschule von *Toledo* eine herausragende Rolle. Um 1140 wurde das Rechenbuch des al-Khowarizmi durch *Johannes von Sevilla* ins Lateinische übertragen, und damit wurden die indisch-arabischen Ziffern den Europäern im Prinzip zugänglich. Eine arabische Euklid-Auswahl wurde durch *Adelard von Bath* um 1150 übersetzt. Die systematische Erschließung der wissenschaftlichen Werke der Antike unter bewusstem Rückgriff auf die griechischen Originaltexte (soweit noch vorhanden) erfolgte aber erst während der Periode der Renaissance.

3.1.1 Zur Entwicklung der schriftlichen Rechenverfahren

> It is like coining the Nirvana into dynamos.
> Der Mathematikhistoriker *G. B. Halsted* –
> zur Erfindung der Null durch die Inder

In der Folgezeit nach al-Khowarizmi entwickelte sich die Verbreitung der schriftlichen Rechenverfahren in einem sehr langwierigen Prozess, der schließlich zu einer allmählichen Überwindung des Abakus-Rechnens führte. Es kam dabei zu einem Methodenstreit zwischen Abakisten und Algorithmikern (letztere im Sinne von „Ziffernrechnern"), der von Gregor Reisch in der Enzyklopädie „Margarita Philosophica" (1503/04) versinnbildlicht wurde (vgl. Abbildung 3.5).

Das Rechnen mit den Ziffern setzte sich nur sehr langsam und gegen großen Widerstand gegenüber dem Rechnen am Rechenbrett (Abakus) durch. Protagonisten des Ziffernrechnens waren:

Abbildung 3.5
Gregor Reisch
Margarita Philosophica

- *Leonardo von Pisa* („Fibonacci", etwa 1170–1250), Autor des berühmten Buches *Liber Abaci* (1202), mit dem er entscheidend zur Popularisierung der indisch-arabischen Zahlschreibweise beitrug. Eine außerordentlich kenntnisreiche Darstellung davon ist in dem Buch „Leonardi Pisani Liber Abaci" (Mannheim 1992) von H. Lüneburg zu finden.

- Rechenmeistér, die an Rechenschulen den Umgang mit Zahlen, ihren Schreibweisen, den Grundrechenarten (Addition, Subtraktion, Multiplikation, Division) sowie die Anwendungen auf Probleme des täglichen Lebens (Handel, Geldgeschäfte, ...) lehrten, so z.B. die

  – Practica welsch (französisch-italienische Praktik)
  oder die
  – Arte dela Mercandantia (die Kunst der Kaufmannschaft)

Diese Entwicklungen des kaufmännischen Rechnens sind auch der Ursprung von Begriffen wie Saldo, Diskont, Bilanz, Kredit, Valuta, Netto, Tara, Konto und Bankrott.

- Die Autoren von z.T. sehr populären Rechenbüchern

  − das Bamberger Rechenbuch (1483)
  − Johannes Widmann: „Behende und hubsche Rechenung auf allen Kauffmannschafft" (Leipzig, 1489)
  − Köbels Rechenbuch (1514)
  − *Adam Ries* oder auch Riese (1492–1559): Autor der weit verbreiteten Rechenbücher
    * Rechnung auff der Linihen (1518)
    * Rechnung auff der Linien und Federn (1522)
    * Rechenung nach der lenge auff den Linihen und Feder (1550)

Die Widerstände gegen das Ziffernrechnen hatten vor allem folgende Ursachen:

- die über tausendjährige Tradition des Abakus-Rechnens
- die Ablehnung des Ziffernrechnens durch Theologen („heidnische Praxis, Teufelswerk") – dies führte z.B. im Jahre 1299 zum Verbot der indisch-arabischen Ziffern in Florenz
- die (vermeintlich) größeren Fälschungsmöglichkeiten beim Ziffernrechnen
- der ungewohnte Gebrauch der Null
- die fehlende Einheitlichkeit in der Ziffernschreibweise

Der Höhepunkt der Auseinandersetzung zwischen *Abakisten* und *Algorithmikern* lag etwa in der Zeit zwischen Ende des 15. und Anfang des 16. Jahrhunderts. Zwar blieben die Rechentische noch lange in Gebrauch (zum Teil bis ins 18. Jahrhundert hinein); aber allmählich setzte sich das schriftliche Rechnen mit den indisch-arabischen Ziffern durch. Ein wichtiges Motiv für die Verwendung der Ziffern war der Umstand, dass man in den Handelskontoren, Schreib- und Rechenstuben der Kaufleute mit diesen Ziffern nicht nur rechnen, sondern die Rechnungen zugleich dokumentieren konnte. Damit wurde es also im großen Stil möglich, Abrechnungsbücher und Konten zu führen.

Die Zahldarstellung im Zehnersystem bot sich in hervorragender Weise für den weiteren Ausbau des Ziffernrechnens an. Die wichtigsten Stationen waren dabei:

- die Einführung der Dezimalbrüche durch den flämischen Mathematiker, Physiker und Ingenieur Simon Stevin (1548–1620), Autor des Buches *De Thiende* („Das Zehntel", 1586)
- die Entwicklung des logarithmischen Rechnens durch
  - Michael Stifel (1487–1567) aus Württemberg (Esslingen) stammend, Autor des Buches *Arithmetica integra* (1544)
  - Jost Bürgi (1552–1632), Schweizer Uhrmacher und Feinmechaniker
  - Lord John Napier „Neper", Schottland (1550–1617), Autor der Schrift *Mirifici logarithmorum canonis descriptio* (Beschreibung einer Tafel wunderbarer Rechnungszahlen), 1614
  - Henry Briggs, England (1561–1630); ab etwa 1615 Übergang zu den dekadischen Logarithmen

3.1.2 Algebraisierung – die Idee der „ars magna"

Die Entstehung der *Coß*:   Als *Cossisten* bezeichnet man die Verfasser mathematischer Schriften zum Lösen von Gleichungen. Das Wort „Coß" leitet sich her von der Bezeichnung für *Ding*, *Sache* für die gesuchte Größe, die aus den Gleichungen zu bestimmen war und die anfangs verbal als „Ding" notiert wurde. Lateinisch hieß dies *res*, italienisch *cosa*, deutsch *Coß*. Die Coß nahm eine Entwicklung, die später in die Symbolsprache der Algebra und die Algebraisierung mathematischer Theorien einmündete.

Motiviert durch die Erfolge bei der Lösung von quadratischen Gleichungen durch geschlossene Formeln mit Hilfe von Wurzelausdrücken versuchten die Cossisten, eine „ars magna", eine allgemeine Kunst zur Lösung von Gleichungen dritten, vierten, fünften und höheren Grades zu finden. *Scipione del Ferro* (1465–1526) und unabhängig davon der Rechenmeister *Niccolo Tartaglia* (1500–1557) entdeckten die Lösungsformel für kubische Gleichungen im Jahre 1500 bzw. 1535. *Girolamo Cardano* (1501–1576) drängte Tartaglia, ihm die Lösung mitzuteilen. Nach einiger Zeit kam Tartaglia diesem Wunsche nach. Entgegen seinem Versprechen, die Formel geheim zu halten, veröffentlichte Cardano sie unter seinem Namen in dem Buch *Artis magnae sive de regulis algebraicis liber unus* (Die große Kunst oder über die algebraischen Regeln). Das Plagiat machte sich bezahlt: Die Formel ist noch heute als „Cardanische" Formel bekannt. Ein Höhepunkt des Cossismus war mit dem Auftreten von *François Vieta* (1540–1603) erreicht, dessen *Satz von Vieta* im Zusammenhang mit der Lösung quadratischer Gleichungen auch heute noch von konkreter Bedeutung für den Mathematikunterricht ist. Auf Vieta geht unsere heutige „Buchstabenalgebra" zurück.

Die Grenzen zwischen den Rechenmeistern und den Cossisten war fließend. Erst in der jüngsten Vergangenheit wurde eine Schrift von A. Ries entdeckt, die ihn, den man bisher im Wesentlichen für einen Rechenmeister gehalten hatte, auch als bedeutenden Cossisten ausweist.

Als eine höchst moderne Form des Cossismus kann man die in jüngster Zeit entwickelten Computeralgebrasysteme ansehen.

3.1.3 Zur Geschichte der Rechenmaschinen

Vorgeschichte

Als älteste Rechenhilfsmittel wurden seit der Antike bis ins Mittelalter (und in einigen Gegenden Asiens und im Orient bis in die jüngste Vergangenheit) der Abakus (Suan-pan, Soroban) sowie Rechensteine (calculi) auf dem Rechenbrett, dem Rechentisch oder dem Rechentuch verwendet. Der Begriff *Abakus* stammt aus dem Griechischen. Das Wort *abax* steht für „Tafel", „sandbedeckter Rechentisch" oder „Brett". Man verwendete als Rechenhilfsmittel noch bis in die Zeit der Renaissance linierte Bretter, auf denen Steinchen zur Markierung von Zahlenwerten gesetzt und verschoben wurden. Aus der lateinischen Bezeichnung *calculi* für die „Steinchen" leitet sich der Begriff des Kalküls (und der *Kalkulation*) und im Englischen der Begriff calculus (für Integral- und Differentialrechnung) ab.

In der Renaissance kamen dazu noch die „Neperschen Stäbchen" (1617) und der Rechenstab („Rechenschieber") in Gebrauch. Er basierte auf der um 1620 von E. Gunter (England, 1581–1626) entwickelten logarithmischen Skala.

Erste Rechenmaschinen für das Ziffernrechnen

• *Wilhelm Schickard* (1592–1635), Professor für biblische Sprachen an der Universität Tübingen, konstruierte 1623 die erste urkundlich nachweisbare ziffernbasierte Rechenmaschine der Welt. Es handelte sich um eine *Vierspeziesmaschine*, d.h., sie konnte die Operationen der Addition, der Subtraktion, der Multiplikation und der Division ausführen. Die Rechenmaschine ging in den Wirren des Dreißigjährigen Krieges verloren. Eine erfolgreiche Rekonstruktion erfolgte 1957 durch Prof. Dr. Baron von Freytag-Löringhoff, Universität Tübingen. Funktionierende Modelle stehen heute u.a. im Deutschen Museum in München und im Kepler-Museum in Weil der Stadt.

• *Blaise Pascal* (1623–1662), Mathematiker und Theologe, konstruierte um 1642 in Paris eine Additions- und Subtraktionsmaschine. Aufgrund der noch unzulänglichen Feinmechanik konnte jedoch eine zuverlässig arbeitende Maschine nicht hergestellt werden. Eines von sieben existierenden Exemplaren befindet sich im Mathematisch-Physikalischen Salon des Dresdner Zwingers.

• *Gottfried Wilhelm Leibniz* (1646–1716) wird wegen seiner Aktivitäten als Mathematiker, Philosoph, Theologe, Rechtsgelehrter, Naturwissenschaftler, Geologe, Geschichts- und Sprachforscher heute als einer der „letzten Universalgelehrten" bezeichnet. Er konstruierte 1673 in London eine Vierspeziesmaschine mit Sprossenrädern und Staffelwalze. Es gab jedoch feinmechanische Probleme durch relativ große Fertigungstoleranzen. Erst im Jahre 1988 erfolgte die Rekonstruktion der ersten voll funktionierenden Maschine nach den Leibnizschen Entwürfen durch Prof. Dr. J. Lehmann, Technische Universität Dresden.

• *Anton Braun* (1686–1728) aus Möhringen bei Tuttlingen (Württemberg), kaiserlicher Instrumentenbauer in Wien, konstruierte 1727 eine der ersten im Dauerbetrieb funktionierenden Rechenmaschinen. Sie basierte auf Sprossenrädern und wies eine runde, trommelförmige Gestalt auf. Das Original befindet sich im Technischen Museum Wien.

• *Philipp Matthäus Hahn* (1739–1790), schwäbischer Pfarrer und Erfinder, begann 1774 mit der ersten serienmäßigen Herstellung von Rechenmaschinen. Seine Konstruktion wies Ähnlichkeiten zu der von Anton Braun auf. Ein Exemplar steht im Württembergischen Landesmuseum Stuttgart. Hahn legte mit seinen feinmechanischen Arbeiten die Wurzel zu einem ganzen Industriezweig in der süddeutschen Region um Balingen und Hechingen (Waagen, Uhren, ...).

Die neuzeitliche Entwicklung

Ein fundamentaler theoretischer Beitrag zur Algorithmik und Informatik ist die von *Gottfried Wilhelm Leibniz* formulierte Idee einer logisch-mathematischen Universalsprache, in der alle Probleme kalkülhaft „durch Nachrechnen" gelöst werden können (Logik als Baustein eines „Alphabets des menschlichen Denkens"). Anknüpfend an Ideen aus der „ars magna" des mittelalterlichen Mystikers Raimundus Lullus beschrieb er die Grundprobleme der

- *ars inveniendi* (Erzeugungsverfahren): Wie lassen sich alle wahren Aussagen einer Theorie (und nur diese) „maschinell" erzeugen?
- *ars iudicandi* (Entscheidungsverfahren): Wie kann man bei Vorlage einer bestimmten Aussage „maschinell" entscheiden, ob sie wahr oder falsch ist?

Wir werden in Kapitel 7 im Zusammenhang mit den Grenzen des Computers und der Algorithmisierbarkeit noch ausführlicher auf die Leibnizschen Ideen der logischen Universalsprache eingehen.

Durch die Entdeckung des *Zweiersystems* bereitete Leibniz darüber hinaus noch eine der theoretischen Grundlagen für die heutige Computertechnik (lange vor ihrer technischen Realisierung) vor.

- *Joseph-Marie Jacquard* (1752–1834) baute 1805 den ersten durch Pappkarten (den Vorläufern der späteren Lochkarten) „programmgesteuerten" Webstuhl.

- *Charles Babbage* (1791–1871) entwarf die *Difference Engine*. Die Konstruktion scheiterte letztlich an mechanischen Toleranzproblemen; ein Teilstück steht im Science Museum in South Kensington, London. Mit seiner *Analytical Engine* entwickelte er etwa im Jahre 1833 das Konzept des ersten digitalen Rechenautomaten – bestehend aus den Komponenten:

  - arithmetische Recheneinheit (mill)
  - Zahlenspeicher (store)
  - Steuereinheit zur Steuerung des gesamten Programmablaufs einschließlich der Rechenoperationen und des Datentransports
  - Geräte für die Ein- und Ausgabe von Daten

Seine Ideen konnten jedoch erst etwa 100 Jahre später verwirklicht werden. „Programmiererin" der Analytical Engine war Ada, Gräfin von Lovelace, Tochter von Lord Byron.

- *George Boole* (1815–1864) entwickelte einen Logikkalkül, der heute als *Boolesche Algebra* bezeichnet wird. Dieser Kalkül erlangte später im Zusammenhang mit den elektronisch arbeitenden Computern große Bedeutung.

- *Herrmann Hollerith* (1860–1929) entwickelte und konstruierte eine elektromechanische Lochkartenapparatur, die als Zähl-, Sortier-, Tabellier-, und Misch-Maschine („Statistik-Maschine") verwendet werden konnte. Sie wurde

1890 für die elfte amerikanische Volkszählung eingesetzt (Zitat aus einer Schrift der Fa. IBM: „Was 10 Jahre zuvor noch 500 Helfer beinahe 7 Jahre lang beschäftigte, schaffte Hollerith mit 43 Zählmaschinen und ebensoviel Bedienungspersonal in knapp vier Wochen"). 1896 gründete Hollerith die „Tabulating Machine Company", aus der dann 1924 nach der Fusion mit anderen Firmen die „International Business Machine Corporation (IBM)" hervor ging.

Die Entwicklung im 20. Jahrhundert

- *Konrad Zuse* (1910–1995) entwickelte in Deutschland etwa ab 1936 den ersten Universalcomputer (im Wohnzimmer seiner Eltern in Berlin Kreuzberg). Während die 1938 fertig gestellte Z1, der erste frei programmierbare Computer der Welt (ein Exemplar steht heute im Technikmuseum Berlin), noch aus rein mechanischen Bauteilen bestand, basierte die 1944/1945 fertig gestellte Z4 auf einer Relais-Technologie. Der von Konrad Zuse in den Jahren 1942 bis 1946 entworfene *Plankalkül* ist, historisch gesehen, die erste höhere Programmiersprache. Sie hat eine gewisse Affinität zum Prädikatenkalkül.

- *Alan Turing* (1912–1954), entwarf in England ein theoretisches Konzept für den modernen Computer (heute als *Turing Maschine* bezeichnet).

- *Howard H. Aiken* (1900–1973) entwickelte 1944, unterstützt durch die Fa. IBM, an der Harvard Universität einen der ersten, aus Relais und Standardbauteilen der Lochkartentechnik bestehenden Rechner (Mark I).

- *John Presper Eckert* (1919–1995) und *John William Mauchly* (1907–1980) stellten 1946 den an der University of Pennsylvania im Auftrag der amerikanischen Armee entwickelten, auf der Röhrentechnologie basierenden Rechner ENIAC (Electronical Numerical Integrator And Computer) vor – späteren Versionen wird die Eigenschaft „erster voll elektronischer Universalcomputer" zugeschrieben.

- *John von Neumann* (1903–1957) hatte die Idee, Programme und Daten in demselben Speicherbereich des Computers abzulegen. Die Ideen von John von Neumann ermöglichten den Durchbruch zur „freien Programmierbarkeit" und zum Universalcomputer wie wir ihn heute kennen, allerdings waren sie durchaus auch vorher schon, zumindest ansatzweise, in den Konzepten von Babbage und Zuse erkennbar.

- *William Shockley* (1910–1989) bereitete mit der Erfindung des *Transistors* in den 50er Jahren des vorigen Jahrhunderts die enorme Miniaturisierungswelle in der modernen Computertechnik vor.

Zur Entwicklung der Programmiersprachen

Die ersten elektronischen Computer waren nur in ihren außerordentlich unzugänglichen *Maschinensprachen* zu programmieren. Programme in der Maschinensprache eines Computers sind nur schwer zu lesende und zu verstehende Zeichenfolgen, bestehend aus den Symbolen „0" und „1" (vgl. dazu auch die Ausführungen in Kapitel 8). Eine erste Verbesserung bildeten die auf einer *mnemotechnischen*[1] Notation basierenden *Assemblersprachen*. In der Folgezeit wurden ganze Familien „höherer" Programmiersprachen entwickelt, die der bequemeren Programmerstellung, der leichteren Lesbarkeit, der besseren Dokumentation, einer größeren Problemnähe sowie der Realisierung bestimmter „algorithmischer Paradigmen" dienen sollten. Eine Pionierfunktion hatten dabei jeweils die Programmiersprachen FORTRAN (FORmula TRANslator), Lisp (List processing language), ALGOL (ALGOrithmic Language), COBOL (COmmon Business Oriented Language), SMALLTALK, C, Pascal, Prolog und Java – letztere als Programmiersprache für Internetanwendungen.

Einen gewissen (vorläufigen) Höhepunkt in dieser Entwicklung stellen – aus der Sicht des Anwenders – die ab etwa Mitte der 80er Jahre entwickelten sogenannten *Computeralgebrasysteme* (Axiom, Derive, Macsyma / Maxima, Maple, Mathematica, muMath, MuPad, Reduce, ...) dar. Dies sind außerordentlich mächtige, universelle „natürliche" algorithmische Sprachen, welche die besten Eigenschaften der „klassischen" Programmiersprachen in sich vereinen ohne deren größte Schwachstellen (insbesondere deren Unzulänglichkeiten im Bereich der Numerik) zu übernehmen – mehr dazu in den Kapiteln 6 und 8.

---

[1] mnemotechnisch (in der Informatik gebräuchliches Kunstwort): das Gedächtnis unterstützend

3.2 Vier klassische Algorithmen

Wenn man heute einen Algorithmus formuliert, dann möchte man ihn in der Regel auch in ein lauffähiges Computerprogramm umsetzen. Deshalb stellt sich bei der Behandlung konkreter Algorithmen immer wieder die Frage, in welcher algorithmischen Sprache bzw. Programmiersprache die Algorithmen formuliert werden sollten. Wie im Vorwort erwähnt, versteht sich dieses Buch nicht als Einführung in eine konkrete Programmiersprache – dazu gibt es eine Fülle von Spezialliteratur. Die Algorithmen werden im Folgenden, je nach der gegebenen Situation, in einer leicht formalisierten *Umgangssprache* und in der Syntax der Computeralgebrasysteme *Mathematica* oder *Maxima* dargestellt, deren exakte Ganzzahlarithmetik besonders für viele zahlentheoretische Probleme unverzichtbar ist.

Schließlich sei an dieser Stelle noch einmal darauf hingewiesen, dass es bei der Formulierung der Algorithmen vorrangig auf gute Verständlichkeit ankam und nicht primär auf die Knappheit der Darstellung oder auf Laufzeit- oder Speicherplatzeffizienz.

3.2.1 Das sumerisch-babylonische Wurzelziehen (Heron-Verfahren)

(Heron von Alexandria, 1. Jh. n. Chr.)

Im Zusammenhang mit Problemen der Flächenmessung, insbesondere der Landvermessung, entwickelten die Babylonier Verfahren zur Lösung quadratischer Gleichungen, die uns aus der Epoche von *Hammurapi* (etwa 1700 v. Chr.) auf Keilschriften überliefert sind (vgl. Abbildung 3.6). Heron von Alexandria griff das babylonische Verfahren später auf und behandelte es in seinem Buch *Metrika* („Buch der Messung"); es wird deshalb heute oft auch als *Heron-Verfahren* bezeichnet.

Eine Vorstufe zur Lösung allgemeiner

Abbildung 3.6
Babylonische Keilschrift
(Quadratwurzel)

quadratischer Gleichungen ist die Bestimmung von *Quadratwurzeln*; sie führt
zu folgendem

Problem: Gegeben sei eine Zahl *a*. Gesucht ist eine Zahl *b* mit der Eigenschaft $b \cdot b = a$. In unserer heutigen Terminologie ist *b* dann die (Qua-
drat-) Wurzel von *a*; im Zeichen: $b = \sqrt{a}$.

In geometrischer Interpretation: Man ermittle die Seitenlänge *b* eines Quadrats vom Flächeninhalt *a*. Oder: Man konstruiere ein Quadrat mit Flächeninhalt *a*. Hat man das Quadrat, so hat man nämlich auch die Seitenlänge.

Die Grundidee des babylonischen Verfahrens beruht auf dieser geometrischen
Veranschaulichung und der folgenden Anwendung des „Prinzips der Beschei-
denheit": Wenn man das zum Flächeninhalt *a* gehörende Quadrat nicht sofort
bekommen kann, begnüge man sich mit etwas weniger, etwa mit einem Rechteck des Flächeninhalts *a*. Ein solches ist leicht zu konstruieren: Man wähle
z.B. eine Seitenlänge gleich 1 (eine Längeneinheit) und die andere Seitenlänge
gleich *a*. Das Störende daran ist, dass die so gewählten Seitenlängen im Allgemeinen verschieden sind, dass das Rechteck also kein Quadrat ist. Man versucht nun schrittweise, ausgehend von dem Ausgangsrechteck immer „qua-
drat-ähnlichere" Rechtecke zu konstruieren. Dazu geht man folgendermaßen
vor: Man wählt die eine Seite des neuen Rechtecks als das arithmetische Mit-
tel der Seiten des Ausgangsrechtecks und passt die andere Seite so an, dass
sich der Flächeninhalt *a* nicht verändert. Sind x_0 und y_0 die Seiten des
Ausgangsrechtecks, so lauten die Seitenlängen des neuen Rechtecks:

$$x_1 = \frac{x_0 + y_0}{2} \quad \text{und} \quad y_1 = \frac{a}{x_1} \qquad \text{(Heron\_1)}$$

Entsprechend fährt man mit dem neuen Rechteck an Stelle des Ausgangsrechtecks fort und erhält so die allgemeine Iterationsvorschrift des Heron-Verfah-
rens:

$$x_{n+1} = \frac{x_n + y_n}{2} \quad \text{und} \quad y_{n+1} = \frac{a}{x_{n+1}} \qquad \text{(Heron\_2)}$$

Diese „gekoppelte" Iteration wird oft nach einer naheliegenden Umformung in
der folgenden Form geschrieben, in der nur noch die Variable *x* vorkommt:

$$x_{n+1} = \frac{1}{2}\left(x_n + \frac{a}{x_n}\right) \qquad \text{(Heron\_3)}$$

Es sei dem Leser an dieser Stelle dringend geraten, das Heron-Verfahren mit Papier und Bleistift z.B. für die Zahl $a = 10$ mit einer sinnvollen Schrittzahl durchzuführen.

Umgangssprachlich lässt sich ein programm-naher Algorithmus wie folgt beschreiben. Dabei seien in den Klammern des Typs (* und *), wie in vielen Programmiersprachen üblich, *Kommentare* (also Erläuterungen ohne Auswirkung auf den Ablauf des Algorithmus) eingeschlossen.

```
Heron(a)
   Hilfsvariable: x, y, xneu, yneu;
   (* Vereinbarung von lokalen Hilfsvariablen *)
   x:=a;  y:=1;      (*  :=  Wertzuweisung  *)
   Solange |x^2 - a|  >  0.000001 tue folgendes:
   [ xneu := (x+y)/2;   (* Die eckigen Klammern   *)
      yneu := a/xneu;   (* legen den Gueltigkeits- *)
       x := xneu;       (* bereich der Solange-    *)
       y := yneu ];     (* Kontrollstruktur fest.  *)
   Rueckgabe(x)         (* x wird als Funktions-   *)
   Ende.                (* wert zurueckgegeben.    *)
```

Verfügt man über eine geeignete „Programmierumgebung" (d.h. einen Computer und ein entsprechendes Programmiersprachensystem), so lässt sich das Heron-Verfahren leicht in ein Programm umsetzen. Die durch den umgangssprachlich formulierten Algorithmus gegebene sachlogische Struktur spiegelt sich mehr oder weniger direkt in den verschiedenen Programmiersprachen wider. Natürlich lässt sich die im obigen Beispiel mit 0,000001 fest vorgegebene Genauigkeit auch allgemein beschreiben, etwa mit Hilfe der folgenden Parameter im Kopf des Programms:

```
Heron(a, epsilon)
...
```

Im Folgenden ist das Heron-Verfahren fast in einer 1:1-Übertragung als Mathematica-Programm dargestellt.

```
1:  Heron[a_] :=
2:     Module[{x=a, y=1, xneu, yneu},
3:        While[Abs[x^2-a] > 0.000001,
4:           xneu = (x+y)/2;
5:           yneu = a/xneu;
6:           x = xneu;
7:           y = yneu ];
8:        Return[x] ]
```

Einige Bemerkungen zur Syntax: Eingabeparameter („*formale Variablen*") werden in Mathematica durch eckige Klammern zusammengefasst. Jedem Eingabeparameter muss in Mathematica ein Unterstreichungszeichen angehängt werden. Dies hängt mit den Techniken der regelbasierten Auswertung und des „pattern matching" von Mathematica zusammen, soll aber hier nicht weiter diskutiert werden. In der zweiten Zeile ist in den geschweiften Klammern die Standardmethode von Mathematica zur Einführung lokaler Variablen aufgezeigt. Diese können, wie im Fall der Zuweisung x=a gleich mit geeigneten Anfangswerten bestückt werden. Der Aufruf

```
Heron[5]
```

(man beachte, dass an den *aktuellen Parameter* 5 kein Unterstreichungszeichen angehängt wird) liefert das Ergebnis

```
4870847
-------
2178309
```

Computeralgebrasysteme wie Mathematica versuchen stets, möglichst genaue Werte zu ermitteln. Und dies ist im obigen Beispiel ein Bruch. Die entsprechenden dezimalen Näherungswerte (mit 10 Stellen nach dem Komma bzw. Dezimalpunkt) erhält man mit dem Aufruf:

```
N[Heron[5], 10]
2.236067977
```

Natürlich hätte man das Ergebnis auch (mit Standard-Genauigkeit) gleich als Dezimalzahl ausrechnen lassen können, z.B. indem man als Eingabewert die Dezimalzahl 5.0 an Stelle der ganzen Zahl 5 verwendet hätte. Dies dürfte aus Gründen der Laufzeiteffizienz wegen des größeren Aufwands beim Rechnen mit (gemeinen) Brüchen im Vergleich zum Rechnen mit Dezimalbrüchen in der Regel auch sinnvoll sein.

Die eingangs gegebene geometrische Interpretation verlangt nun geradezu noch nach einer graphischen Darstellung.

Heron-Verfahren

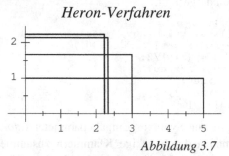

Abbildung 3.7

Man erkennt, dass das vierte Rechteck optisch schon gar nicht mehr von den folgenden Rechtecken zu unterscheiden ist. Dies ist zwar eine anschauliche Begründung aber natürlich noch kein Beweis dafür, dass das dargestellte Verfahren wirklich die Quadratwurzel liefert. Ein mathematischer Beweis könnte z.B. entlang der folgenden Argumentationslinie verlaufen (wir nehmen dabei ohne Beschränkung der Allgemeinheit an, dass $a > 1$ gilt).

- Die Werte x_i bilden eine monoton fallende Folge, die nach unten (z.B. durch 1) beschränkt ist.
- Die Folge $(x_i)_{i=0,1,2,\dots}$ ist somit konvergent; ihr Grenzwert sei g.
- Der Grenzwert erfüllt ebenfalls die Iterationsgleichung (Heron_3); d.h.

$$g = \frac{1}{2}\left(g + \frac{a}{g}\right),$$ und hieraus folgt schließlich: $g^2 = a$

Das soeben beschriebene (zweidimensionale) Verfahren lässt sich einschließlich der geometrischen Veranschaulichung (Rechteck $\to$ Quadrat) leicht ins Drei- oder auch k-Dimensionale übertragen. Man erhält dadurch ein Verfahren zur Ermittlung dritter bzw. k-ter Wurzeln.

Aufgabe: Übertragen Sie das Heron-Verfahren ins Drei-, Vier-, ..., k-Dimensionale zur Berechnung dritter, vierter, ..., k-ter Wurzeln. Formulieren Sie ein entsprechendes Programm in einer geeigneten Programmiersprache.

Abschließend sei noch eine (bewusst kompakt gefasste) Programmversion (mit beliebig vorgebbarer Genauigkeit) in Maxima gegeben:

```
heron(a, epsilon) :=
  block([x : a],
    while abs(a-x*x) > epsilon  do  x : (x+a/x)/2,
    x);
```

Das block-Konstrukt von Maxima dient der Definition lokaler Variablen; x : a ist die Zuweisung des Werts der Variablen a zur Variablen x. Der Funktionswert ist in Computeralgebrasystemen in der Regel der Wert des zuletzt ausgewerteten Ausdrucks – im obigen Fall der Wert von x. Er kann auch mit Hilfe des Befehls return(x) zurückgegeben werden. In diesem Fall wird die Abarbeitung des gerade durchlaufenen Blocks beendet und der Block verlassen.

Das folgende Aufrufbeispiel zeigt, dass das Ergebnis, sofern möglich, auch in Maxima als Bruch berechnet wird.

```
heron(5, 0.000001)
Ergebnis: 4870847 / 2178309
heron(5.0, 0.000001)
Ergebnis: 2.236067977499978
```

3.2.2 Der Euklidische Algorithmus

(Euklid von Alexandria, um etwa 300 v. Chr.)

> Nimmt man abwechselnd immer das Kleinere
> vom Größeren weg, dann muss der Rest
> schließlich die vorhergehende Größe messen ...
> *Euklid*, Die Elemente, Zehntes Buch §3

Der Begriff des *größten gemeinsamen Teilers* (*GGT*) spielt in der Mathematik und im Mathematikunterricht eine außerordentlich wichtige Rolle (z.B. in der Bruchrechnung im Zusammenhang mit der Ermittlung des Hauptnenners zweier Brüche, in Verbindung mit dem Kürzen u.s.w.). Es gibt höchst unterschiedliche Verfahren zur Ermittlung des größten gemeinsamen Teilers zweier natürlicher Zahlen a und b:

- Im Schulunterricht wird überwiegend eine Methode praktiziert, die auf der *Primfaktorzerlegung* der Zahlen a und b beruht.

- Historisch, sowie aus Optimalitäts- und innermathematischen Gründen ist der *Euklidische Algorithmus* zur Ermittlung des GGT von weitaus größerer Bedeutung. Er bietet den Vorteil, dass er sehr anschaulich zu beschreiben ist, dass er im engsten Zusammenhang mit einem grundlegenden Thema des Primarstufenunterrichts steht, nämlich mit dem Verfahren der *Division mit Rest*, dass er intensiv mit anderen wichtigen mathematischen Themen vernetzt ist (Fibonacci-Zahlen, Kettenbrüche, Goldener Schnitt, Restklassenringe, Verschlüsselungsverfahren: Public Key Cryptography, RSA-Verfahren, ...) und dass er in natürlicher Weise zu fundamentalen philosophischen Fragen führt (vgl. Abschnitt 3.3: *Kommensurabilität*).

Im Folgenden sollen ihrer großen Bedeutung wegen zwei unterschiedliche Zugänge zum Euklidischen Algorithmus beschrieben werden: der erste basiert auf der Division mit Rest; der zweite auf dem Prinzip der Rekursion.

1. Argumentationsstrang (basierend auf der Division mit Rest):

Welcher Zugang auch immer für die Behandlung der Division natürlicher Zahlen in der Primarstufe gewählt wird, Hintergrund ist stets der

Satz von der Division mit Rest: Zu je zwei natürlichen Zahlen a und b (mit $b > 0$) gibt es stets eindeutig bestimmte nichtnegative ganze Zahlen q und r mit der Eigenschaft: $a = q \cdot b + r$ und $0 \le r < b$.

Der Beweis des Satzes hängt davon ab, wie man die natürlichen Zahlen konstruiert hat. Die *vollständige Induktion* (in irgendeiner Form) spielt dabei stets eine ausschlaggebende Rolle (näheres zur vollständigen Induktion in Abschnitt 3.3).

Im folgenden Beispiel sei $a = 17$ und $b = 5$ gewählt. Die nach dem Satz von der Division existierenden Zahlen q und r haben dann die Werte $q = 3$ und $r = 2$. Die in dem Satz auftretende Gleichung lautet dann $17 = 3 \cdot 5 + 2$.

Ebenso wichtig wie ein formaler Beweis ist die Veranschaulichung des Sachverhalts. Dazu stellen wir uns die Zahlen a und b, ganz im Sinne der Griechen, als Strecken vor; a möge die größere und b die kleinere Strecke sein. Dann kann man b einmal oder mehrmals auf a abtragen (bzw. „von a wegnehmen"), bis nichts mehr übrig bleibt oder bis ein Rest übrig bleibt, der kleiner ist als b. Die im obigen Satz auftretende Zahl q ist die Vielfachheit, mit der man b „ganz" auf a abtragen kann; r ist der Rest, der danach übrig bleibt. Es ist offensichtlich, dass r kleiner als b ist (wie im Satz formuliert). Wenn $r = 0$ ist, sagt man auch, dass die Strecke b die Strecke a *misst* bzw. dass die Zahl b die Zahl a *teilt*.

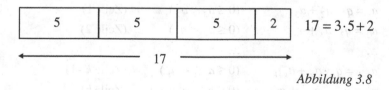

$$17 = 3 \cdot 5 + 2$$

Abbildung 3.8

Diese Veranschaulichung macht deutlich, warum die Division häufig als „iterierte" (wiederholte) Subtraktion erklärt und eingeführt wird.

Aufgabe: Beweisen Sie den Satz von der Division mit Rest mit Hilfe der vollständigen Induktion.

Die im obigen Satz genannten Zahlen q und r sind offensichtlich durch a und b eindeutig bestimmt, denn sie ergeben sich ja eindeutig aus dem gerade beschriebenen „Abtrage-Verfahren". Man kann q und r deshalb auch als Funktionswerte geeigneter Funktionen deuten. In den meisten Programmiersprachen werden diese Funktionen als *Div* und *Mod* bezeichnet:

$$Div: \quad (a,b) \quad \rightarrow \quad Div(a,b) \quad = \quad q$$
$$Mod: \quad (a,b) \quad \rightarrow \quad Mod(a,b) \quad = \quad r$$

Nach dem Satz von der Division mit Rest folgt somit für beliebige natürliche Zahlen a und b:

$$a = Div(a,b) \cdot b + Mod(a,b)$$

Die entscheidende Idee des Euklidischen Algorithmus besteht nun darin, den Satz von der Division mit Rest nach dem Prinzip der *Wechselwegnahme* (anthyphairesis) zu iterieren; man vergleiche dazu das Eingangszitat. Dazu ersetzt man nach der Durchführung der Division mit Rest die ursprünglich größere Strecke a durch die ursprünglich kleinere Strecke b und b durch den Rest r. Mit diesen neuen Zahlen (oder Strecken) a und b führt man wiederum das Verfahren der Division mit Rest durch und erhält ein neues q und ein neues r. Mit diesen verfährt man wiederum nach dem Prinzip der Wechselwegnahme und nimmt die kleinere so lange von der größeren weg wie es geht.

Es ist nun an der Zeit, das Verfahren etwas systematischer darzustellen. Mit den Umbenennungen $a_0 := a$ und $a_1 := b$ führt die wiederholte Anwendung des Satzes von der Division mit Rest zu dem folgenden System von Gleichungen:

$$a_0 = q_1 \cdot a_1 + a_2 \qquad (0 \le a_2 < a_1) \qquad \text{(Zeile 0)}$$
$$a_1 = q_2 \cdot a_2 + a_3 \qquad (0 \le a_3 < a_2) \qquad \text{(Zeile 1)}$$
$$a_2 = q_3 \cdot a_3 + a_4 \qquad (0 \le a_4 < a_3) \qquad \text{(Zeile 2)}$$
$$\dots \qquad\qquad\qquad \dots \qquad\qquad\qquad \dots$$
$$a_{k-1} = q_k \cdot a_k + a_{k+1} \qquad (0 \le a_{k+1} < a_k) \qquad \text{(Zeile } k-1)$$
$$a_k = q_{k+1} \cdot a_{k+1} + a_{k+2} \qquad (0 \le a_{k+2} < a_{k+1}) \qquad \text{(Zeile } k)$$
$$a_{k+1} = q_{k+2} \cdot a_{k+2} + a_{k+3} \qquad (0 \le a_{k+3} < a_{k+2}) \qquad \text{(Zeile } k+1)$$
$$\dots \qquad\qquad\qquad \dots \qquad\qquad\qquad \dots$$

Für die Divisionsreste gilt nach dem Satz von der Division mit Rest:

$$b = a_1 > a_2 > a_3 > \dots > a_{k-1} > a_k > a_{k+1} > \dots$$

Da alle Divisionsreste ganze Zahlen sind, muss die Kette dieser (streng monoton fallenden) Reste abbrechen; es muss also einen *letzten von Null verschiedenen Divisionsrest* a_n geben und der nächste auf a_n folgende Divisionsrest muss dann gleich Null sein: $a_{n+1} = 0$. Die letzten Zeilen des obigen Gleichungssystems lauten also:

$$a_{n-2} = q_{n-1} \cdot a_{n-1} + a_n \quad (0 \le a_n < a_{n-1}) \qquad \text{(Zeile } n-2)$$

$$a_{n-1} = q_n \cdot a_n + a_{n+1} \quad (a_{n+1} = 0) \qquad \text{(Zeile } n-1)$$

d.h.: $\quad a_{n-1} = q_n \cdot a_n$

Satz vom Euklidischen Algorithmus: Der letzte von Null verschiedene Divisionsrest (a_n) im Euklidischen Algorithmus ist der größte gemeinsame Teiler von a und b.

Im Beweis dieses Satzes spielt immer wieder der folgende Hilfssatz eine Rolle

Hilfssatz: Es seien a, b und c ganze Zahlen. Ist a ein gemeinsamer Teiler von b und c, so teilt a auch die Summe $b+c$.

Beweis des Hilfssatzes: Übung

Beweis des Satzes vom Euklidischen Algorithmus: Wir zeigen zunächst: a_n ist ein *gemeinsamer* Teiler von a und b.

Aufgrund der letzten Gleichung ist a_n ein Teiler von a_{n-1}. Somit teilt a_n auch den Ausdruck $q_{n-1} \cdot a_{n-1} + a_n$ (Übung). Dies ist nach Zeile n-2 aber gerade a_{n-2}. Indem wir so Zeile für Zeile nach oben steigen, können wir zeigen: a_n ist ein Teiler von jeder der Zahlen a_{n-1}, a_{n-2}, ... , a_{k+1}, a_k, a_{k-1}, ... , a_3, a_2, a_1 und a_0. Damit ist gezeigt: a_n ist ein gemeinsamer Teiler von a und b.

Es bleibt zu zeigen: a_n ist der *größte* gemeinsame Teiler (GGT) von a und b. Wir zeigen im Folgenden: a_n wird von jedem gemeinsamen Teiler von a und b geteilt. (Dann ist es natürlich der größte gemeinsame Teiler.) Sei nun d ein beliebiger gemeinsamer Teiler von a ($= a_0$) und b ($= a_1$). Dann teilt d auch den Ausdruck $a_0 - q_1 \cdot a_1$ (Übung). Dies ist aber a_2. Aus der nächsten Zeile folgt nach demselben Schluss: d teilt a_3. Indem wir so Zeile für Zeile nach unten steigen, können wir zeigen: d ist ein Teiler von jeder der Zahlen a_0, a_1, a_2, ... , a_{k-1}, a_k, a_{k+1}, ... , a_{n-1} und a_n. Da jeder beliebige gemeinsame Teiler d von a und b ein Teiler von a_n ist, ist a_n somit der größte unter den gemeinsamen Teilern und der Beweis ist abgeschlossen.

Der Euklidische Algorithmus eignet sich hervorragend zur Abarbeitung mit einem Computer. Die ursprüngliche Form der Wechselwegnahme bezeichnen wir als die *Subtraktionsform* des Euklidischen Algorithmus. Wir formulieren zunächst in der Umgangssprache:

```
1: EuklidSubtraktionsform(a, b)
2:    Solange a und b beide von Null verschieden sind,
3:       fuehre folgendes aus:
4:       Wenn a ≥ b, so ersetze a durch a-b,
5:                  sonst ersetze b durch b-a.
6:    Gib a+b als Funktionswert zurück.
```

Einer der Werte a oder b ist nach Abarbeitung des Solange-Befehls gleich Null, der andere (wie auch ihre Summe) ist somit gleich dem gesuchten größten Teiler ($GGT(x, 0) = GGT(0, x) = x$).

Wir wollen im Folgenden einige typische Varianten des Algorithmus anhand von Mathematica-Programmen darstellen. Mathematica ist für diesen Zweck besonders gut geeignet, da sich die fundamentalen Paradigmen des *imperativen*, *funktionalen* und *regelbasierten Programmierens* gut in dieser Programmiersprache realisieren lassen. Diese Paradigmen werden in Abschnitt 8.3 ausführlicher behandelt.

Die Subtraktionsform des Algorithmus in Mathematica:

```
1:   EuklidSub[a0_, b0_] :=
2:     Module[{a=a0, b=b0},
3:       While[Not[ a*b == 0],
4:       (* solange a und b beide
5:          von Null verschieden sind *)
6:         Print[a, "    ", b];
7:         If[a >= b, a = a-b, b = b-a ] ];
8:       Return[a+b] (* Jetzt ist einer der
9:                     Summanden gleich Null *) ]
```

Der Algorithmus besteht aus dem Programmkopf in Zeile 1 und dem mit dem Schlüsselwort `Module` beginnenden Programmkörper, der mit Zeile 2 beginnt und syntaktisch durch die eckige Klammer in Zeile 9 abgeschlossen wird. Die Wiederholungsstruktur `While` umspannt die Zeilen 3–7 (je einschließlich). Sie hat zwei (natürliche) Parameter. Ist A eine Anweisungsfolge und B eine Bedingung, so hat der Befehl `While[B, A]` zur Folge, dass A solange ausgeführt wird wie B erfüllt ist. Im obigen Algorithmus lautet die Bedingung B:

Not[a*b==0], also: „a und b sind beide von Null verschieden". Die Anweisungsfolge A besteht aus dem Druckbefehl in Zeile 6 und der mit If beginnenden bedingten Anweisung in Zeile 7. Bei Abarbeitung der „Auswahlstruktur" If[B, A1, A2] wird zunächst geprüft, ob die Bedingung B erfüllt ist. Ist dies der Fall, so wird A1 ausgeführt, ansonsten A2. Sowohl While als auch If sind in Mathematica *Funktionen* – ihr Funktionswert ist jeweils der des zuletzt ausgeführten Befehls.

Der Druckbefehl in Zeile 6 dient nur der „Protokollierung" des Programmlaufes und kann in einer endgültigen Version des Algorithmus entfernt oder „auskommentiert" werden – letzteres durch:

(* Print[a, "   ", b]; *).

Der Return-Befehl in Zeile 8 bewirkt, dass der ermittelte Wert (hier a+b) als Funktionswert des Programms EuklidSub an den „Aufrufenden" übergeben wird. Der Aufrufende kann ein anderes Programm oder auch im interaktiven Betrieb ein Mensch (von der Tastatur) aus sein. Diese Form der Ergebnisermittlung und Weitergabe ist typisch für den Stil des *funktionalen Programmierens*, der hier im Allgemeinen praktiziert werden soll. Das Programm EuklidSub wird deshalb auch als *Funktion* bzw. als *Funktionsmodul* (gelegentlich auch als *Funktionsprozedur*) bezeichnet – mehr zur funktionalen Programmierung in Abschnitt 8.6.

Ein konkreter Aufruf (mit „aktivem" Print-Befehl):

```
EuklidSub[136, 60]
 136    60
  76    60
  16    60
  16    44
  16    28
  16    12
   4    12
   4     8
   4     4
Ergebnis:  4
```

Die graphische Darstellung (vgl. Abbildung 3.9) verdeutlicht noch einmal die obige Argumentation, dass der letzte von Null verschiedene Divisionsrest (hier die Zahl 4) jeden der vorangehenden Divisionsreste und schließlich auch die Ausgangszahlen a und b teilt.

In der Subtraktionsform treten u.U. sehr lange Subtraktionsketten auf, bis jeweils ein neuer Divisionsrest entsteht. Dies lässt sich durch die „Divisionsform" EuklidDiv, die dem oben dargestellten Gleichungssystem nachgebildet ist, erheblich beschleunigen.

```
EuklidDiv[a0_, b0_] :=
   Module[{a=a0, b=b0},
     While[Not[ a*b == 0],
       Print[a, "    ", b];
       If[a >= b, a = Mod[a, b], b = Mod[b,a] ] ];
     Return[a+b] (* Einer der Summanden ist Null *) ]
```

Ein Aufrufbeispiel:

```
EuklidDiv[136, 60]
136    60
 16    60
 16    12
  4    12
Ergebnis:   4
```

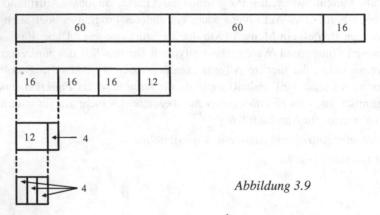

Abbildung 3.9

2. Argumentationsstrang (basierend auf dem Prinzip der Rekursion):

Rekursiv heißt in der Informatik soviel wie *selbstbezüglich* oder *auf sich selbst verweisend*; das Prinzip der Rekursion, eine der wichtigsten Grundideen der Mathematik und Informatik, wird in Abschnitt 4.2.2 noch ausführlich behandelt. Im Folgenden werden Funktionen, die sich selbst aufrufen, als *rekursiv* bezeichnet.

Aufgabe: Zeigen Sie, dass für $a > b$ stets gilt: $GGT(a,b) = GGT(a-b,b)$.

Da $a-b$ kleiner ist als a, ist es im Allgemeinen leichter, den größten gemeinsamen Teiler über die rechte Seite als über die linke Seite der letzten Gleichung zu ermitteln. Statt $GGT(a,b)$ berechnen wir $GGT(a-b,b)$. Dies ist die Grundidee für die folgende rekursive Version des Euklidischen Algorithmus (in der Subtraktionsform).

```
1:  EuklidSubRek[a_, b_] :=
2:     (Print[a, "    ", b];
3:      Which[a == 0, b,
4:            b == 0, a,
5:            a >= b, EuklidSubRek[a-b, b],
6:            a < b, EuklidSubRek[a, b-a] ] )
```

Der Körper des Algorithmus ist eine durch runde Klammern zusammengefasste Anweisungsfolge, bestehend aus dem Druckbefehl in Zeile 2 und der mit dem Schlüsselwort Which beginnenden *Auswahlstruktur* (vgl. dazu Abschnitt 8.4), welche die Zeilen 3–6 umspannt. Die Kontrollstruktur Which dient der Realisierung von Fallunterscheidungen; die aufgeführten Bedingungen werden der Reihe nach geprüft und der Funktionsmodul Which gibt den rechts neben der ersten erfüllten Bedingung stehenden Ausdruck als Funktionswert zurück.

Ein Aufrufbeispiel:

```
EuklidSubRek[136, 60]
136    60
 76    60
 16    60
 16    44
 16    28
 16    12
  4    12
  4     8
  4     4
  0     4
Ergebnis:  4
```

Die eben beschriebene rekursive Grundidee lässt sich auch auf die Divisionsform des Euklidischen Algorithmus anwenden, denn es ist mit $r = Mod(a,b)$ stets $GGT(a,b) = GGT(r,b)$. (Beweis: Übung)

```
EuklidDivRek[a_, b_] :=
   (Print[a, "    ", b];
    Which[a == 0, b,
          b == 0, a,
          a >= b, EuklidDivRek[Mod[a,b], b],
          a < b, EuklidDivRek[a, Mod[b,a]] ] )
```

Ein Aufrufbeispiel:

```
EuklidDivRek[136, 60]
136   60
 16   60
 16   12
  4   12
  4    0
Ergebnis:  4
```

In Mathematica lassen sich, wie eingangs erwähnt, sehr unterschiedliche Programmierstile (Programmierparadigmen) realisieren. Neben dem *imperativen* und dem *funktionalen Programmieren* hat in den letzten Jahren auch der Stil der *Logik-Programmierung* bzw. das *regelbasierte Programmieren* erheblich an Bedeutung gewonnen (vgl. Kapitel 8).

Der Vollständigkeit halber sei hier noch eine *regelbasierte* Form des Programms gegeben, wie sie in ähnlicher Form auch in der Programmiersprache *Prolog* ausgedrückt werden könnte. Man hat bei dieser Form des Programmierens keinen in sich geschlossenen Programmkörper mehr, sondern ein offenes (und erweiterbares) System von Regeln, die von dem jeweiligen Programmiersystem (sei es Prolog, sei es Mathematica) meist in der Form eines „Backtracking"-Verfahrens (vgl. 4.3.2) verarbeitet wird.

Das „Programm" in regelbasierter Form:

```
EuklidReg[a_, 0] = a;
EuklidReg[a_, b_] := EuklidReg[b, Mod[a, b]];
```

Ein Aufrufbeispiel:

```
EuklidReg[136, 60]
Ergebnis:  4
```

Für eine Arbeitsversion (engl. „heavy duty" version) des Euklidischen Algorithmus wird man der größeren Schnelligkeit wegen sicher die Divisionsform und nicht die Subtraktionsform wählen.

Von den Divisionsformen (EuklidDiv, EuklidDivRek bzw. EuklidReg) ist nur die erste in praktisch allen Programmiersprachen zu realisieren. Viele Programmiersprachen verfügen nicht oder nur eingeschränkt über die Möglichkeiten der Rekursion und in diesen Programmiersprachen sind die Versionen EuklidDivRek und die (ebenfalls rekursive) Version EuklidReg nicht zu realisieren. Darüber hinaus wird es bei vielen Programmiersprachen, die überhaupt eine rekursive oder regelbasierte Form der Programmierung zulassen, passieren, dass während des Programmlaufes ein u.U. stark anwachsender „Rekursionsstack", eine Art Zwischenspeicher, angelegt wird (siehe Abschnitt

4.2.2). Wird dieser Rekursionsstack zu groß, so kann er den verfügbaren freien Speicher des Computers überschreiten, was dann sofort zum Abbruch des Programmlaufs (in bösartigen Fällen sogar zum Absturz des Computers) führt. Das Anlegen und Verwalten des Rekursionsstacks verbraucht (neben dem Algorithmus selber) noch zusätzlich Zeit, so dass insgesamt unter Würdigung von Laufzeit- und Speicherplatzeffizienz die Version EuklidDiv als die optimale Version gelten dürfte. Eine eingehende Untersuchung des Euklidischen Algorithmus unter Effizienzgesichtspunkten wird noch in Abschnitt 5.5 vorgenommen werden.

Da in EuklidDiv mit *Zuweisungen* (a=Mod(a,b) bzw. b=Mod(b,a)) gearbeitet wird, stellt der Funktionskörper ein Beispiel für den *imperativen* Programmierstil dar. Nach außen hin unterscheidet sich EuklidDiv aufgrund der Funktionswertrückgabe mit Hilfe des Return-Befehls jedoch nicht von „reinen" Funktionen. Diese Version stellt also eine Mischung aus imperativem und funktionalem Programmierstil dar. Auch in vielen weiteren Beispielen wird sich zeigen, dass eine derartige Mischung aus „internem" imperativem und „externem" funktionalem Programmierstil unter dem Gesichtspunkt der Laufzeit und des Speicherverbrauchs am effizientesten ist.

Wegen seiner großen Bedeutung sei der Euklidische Algorithmus in dieser Divisionsform im Folgenden zum Vergleich noch in dem Computeralgebrasystem Maxima dargestellt.

```
euclid_div(a, b) :=
  block([x : a, y : b],
    while not(x*y = 0) do
      if x > y then x : mod(x, y) else y : mod(y, x),
    return(x+y) );
euclid_div(136,60);
Ergebnis:  4
```

In jeder der Divisionsformen ist der Euklidische Algorithmus sehr viel schneller als das auf der Primfaktorzerlegung basierende Verfahren zur Ermittlung des größten gemeinsamen Teilers (das bedauerlicherweise meist als einziges Verfahren im Mathematikunterricht behandelt wird). Hierzu sei noch das folgende Zitat zur Effizienz des Euklidischen Algorithmus wiedergegeben; Stan Wagon schreibt in dem Buch *Mathematica in Action* (vgl. Wagon 1991) sinngemäß:

„Mit dem Euklidischen Algorithmus (in einer der Divisionsformen) lässt sich der größte gemeinsame Teiler von zwei 500-stelligen Zahlen in we-

nigen Sekunden ermitteln. Mit dem Verfahren, das auf der Primfaktorzerlegung basiert, würde dies Hunderte von Jahren dauern."

Wenn auch die Computer inzwischen schneller geworden sind und die abso-
luten Laufzeiten im obigen Zitat nicht mehr dieselben sind wie im Jahre 1991,
so ändert sich jedoch nichts an der Relation zwischen den Laufzeiten.

Der Euklidische Algorithmus gehört zur mathematischen Disziplin der
Zahlentheorie. Die Zahlentheorie wird seit jeher als „Königin der Mathematik" bezeichnet, sie galt jedoch lange Zeit als schönes, aber praxisfernes Gebiet
der Mathematik (Zitat aus dem Bereich der mathematischen „Folklore": Die
Zahlentheorie ist nur dafür gut, um Zahlentheoretiker zu werden). In jüngster
Zeit hat jedoch gerade der Euklidische Algorithmus (bzw. der *Berlekamp-
Algorithmus*, eine natürliche Verallgemeinerung des Euklidischen Algorith-
mus) im Zusammenhang mit dem Verschlüsselungsverfahren nach dem Prin-
zip der *Public Key Cryptography* (Verfahren des „öffentlichen Schlüssels",
siehe 9.4.3) eine große praktische Bedeutung erlangt. Einen ausgezeichneten
Überblick über Anwendungsmöglichkeiten der Zahlentheorie enthält das Buch
Number Theory in Science and Communication von M. R. Schroeder (vgl.
Schroeder 1984).

3.2.3 Das Sieb des Eratosthenes

(Eratosthenes von Kyrene, um etwa 200 v. Chr.)

Jede natürliche Zahl n besitzt die „trivialen" Teiler 1 und n selbst; jede von 1
verschiedene natürliche Zahl besitzt also mindestens zwei Teiler. Zahlen, die
genau diese beiden trivialen Teiler besitzen, nennt man *Primzahlen*. Nach dieser Definition wird die Zahl 1 also nicht zu den Primzahlen gerechnet. Dies
hat gute Gründe; einer davon ist, dass sonst der Fundamentalsatz der Zahlentheorie nicht gelten würde.

Die Primzahlen sind einer der ältesten und interessantesten Untersu-
chungsgegenstände der Mathematik. Sie stellen u.a. die Bausteine dar, aus denen die natürlichen Zahlen (multiplikativ) aufgebaut sind. Der **Fundamentalsatz der Zahlentheorie** besagt:

Jede natürliche Zahl n ($n > 1$) ist als Produkt von Primzahlen darstellbar:
$n = p_1 \cdot p_2 \cdots p_s$. Abgesehen von der Reihenfolge der Faktoren ist diese
Darstellung eindeutig.

Auch für andere Zahlsysteme oder algebraische Systeme sind Primzahlen, Primelemente oder dem Primzahlbegriff nachgebildete Begriffe von zentraler Bedeutung. Eine faszinierende Eigenschaft der Primzahlen ist die Unregelmäßigkeit, mit der sie in der Zahlenreihe auftreten. Gesetzmäßigkeiten in der Primzahlreihe zu entdecken, war schon immer eine wichtige Forschungsrichtung in der Mathematik.

Schon im Altertum war man bestrebt, einen möglichst guten Überblick über die Primzahlen zu gewinnen. Euklid zeigte, dass es unendlich viele Primzahlen gibt. Der griechische Mathematiker *Eratosthenes von Kyrene* gab das folgende Verfahren an, um alle Primzahlen bis zu einer bestimmten vorgegebenen Zahl n zu bestimmen. Es sei hier am Beispiel $n = 20$ erläutert.

1. Schreibe alle Zahlen von 1 bis 20 auf:

   1 2 3 4 5 6 7 8 9 10 11 12 13 14 15 16 17 18 19 20

2. Streiche die Zahl 1 (sie wird aus guten Gründen nicht zu den Primzahlen gerechnet):

   ~~1~~ 2 3 4 5 6 7 8 9 10 11 12 13 14 15 16 17 18 19 20

3. Unterstreiche die Zahl 2:

   ~~1~~ <u>2</u> 3 4 5 6 7 8 9 10 11 12 13 14 15 16 17 18 19 20

4. Streiche alle echten Vielfachen von 2; also die Zahlen 4, 6, 8, 10, 12, 14, 16, 18 und 20:

   ~~1~~ <u>2</u> 3 ~~4~~ 5 ~~6~~ 7 ~~8~~ 9 ~~10~~ 11 ~~12~~ 13 ~~14~~ 15 ~~16~~ 17 ~~18~~ 19 ~~20~~

5. Unterstreiche die erste freie (d.h. noch nicht unterstrichene oder gestrichene) Zahl; in diesem Fall also die Zahl 3:

   ~~1~~ <u>2</u> <u>3</u> ~~4~~ 5 ~~6~~ 7 ~~8~~ 9 ~~10~~ 11 ~~12~~ 13 ~~14~~ 15 ~~16~~ 17 ~~18~~ 19 ~~20~~

6. Streiche aus den verbleibenden Zahlen alle echten Vielfachen von 3; also die Zahlen 9 und 15:

   ~~1~~ <u>2</u> <u>3</u> ~~4~~ 5 ~~6~~ 7 ~~8~~ ~~9~~ ~~10~~ 11 ~~12~~ 13 ~~14~~ ~~15~~ ~~16~~ 17 ~~18~~ 19 ~~20~~

7. Unterstreiche die kleinste freie Zahl; in diesem Fall also die Zahl 5:

   ~~1~~ <u>2</u> <u>3</u> ~~4~~ <u>5</u> ~~6~~ 7 ~~8~~ ~~9~~ ~~10~~ 11 ~~12~~ 13 ~~14~~ ~~15~~ ~~16~~ 17 ~~18~~ 19 ~~20~~

8. Streiche aus den verbleibenden Zahlen alle echten Vielfachen der Zahl 5; da die in Frage kommenden Zahlen 10, 15 und 20 bereits gestrichen sind, tritt in diesem Fall (Maximum = 20) keine Veränderung auf.

9. Setze das Verfahren sinngemäß so lange fort, bis jede der Zahlen entweder unterstrichen oder gestrichen ist.

~~1~~ 2 3 ~~4~~ 5 ~~6~~ 7 ~~8~~ ~~9~~ ~~10~~ 11 ~~12~~ 13 ~~14~~ ~~15~~ ~~16~~ 17 ~~18~~ 19 ~~20~~

10. Ende des Verfahrens. Die unterstrichenen Zahlen sind die Primzahlen zwischen 1 und 20.

Durch dieses Verfahren werden, wenn man so will, also genau die Primzahlen „ausgesiebt". Man nennt das Verfahren deshalb auch das *Sieb des Eratosthenes* bzw. kurz das *Siebverfahren*.

Aufgaben

1. Führen Sie das Siebverfahren von Hand für die Obergrenze 200 durch.

2. Geben Sie eine allgemeine Beschreibung des Siebverfahrens, die von der Zahl 20 unabhängig ist; die Obergrenze sei allgemein mit g bezeichnet. Setzen Sie diese Beschreibung in ein Programm um.

3. Zeigen Sie: Ist die natürliche Zahl a zerlegbar, z.B. $a = x \cdot y$ (mit von 1 verschiedenen Faktoren x und y), so ist einer der Faktoren kleiner oder gleich $\sqrt{a}$.

4. Aufgabenteil 3. hat zur Folge, dass das Siebverfahren *erheblich* verkürzt werden kann, denn man ist mit dem Streichen der Vielfachen schon fertig, wenn man die Zahl $\sqrt{g}$ erreicht und verarbeitet hat. Formulieren Sie den Algorithmus so, dass diese Verbesserung der Laufzeiteffizienz realisiert wird und setzen Sie diese effizientere Version des Algorithmus in ein Programm um.

Bemerkungen

(1.) Gelegentlich kann man lesen, dass das Sieb des Eratosthenes dazu dient, *die* Primzahlen (d.h. *alle* Primzahlen) zu ermitteln. Ein Blick auf den Algorithmus genügt aber, um festzustellen, dass er nur dann funktionieren kann, wenn man sich von vornherein auf einen *endlichen* Zahlenabschnitt beschränkt (im Beispiel: die natürlichen Zahlen von 1 bis 20). Das Sieb des Eratosthenes liefert also stets nur die Primzahlen bis zu einer bestimmten, von vornherein festzulegenden oberen Grenze. Diese Grenze lässt sich jedoch durch mehrere „Läufe" des Verfahrens immer weiter nach oben verschieben. Die (unendliche) Menge der Primzahlen wird durch das Sieb des Eratosthenes also als „potentiell" unendliche Menge erschlossen. Es sei an dieser Stelle nochmals an die weitsichtige Formulierung von Euklid erinnert: *„Es gibt mehr Prim-zahlen als jede vorgelegte Anzahl von Primzahlen".*

(2.) Obwohl die eingangs geschilderte Version durchaus noch einige Be-schleunigungsmöglichkeiten zulässt, ist das Siebverfahren ein sehr langsamer Algorithmus. Gerade aufgrund seiner Langsamkeit wurde er lange Zeit be-nutzt, um die Geschwindigkeit von Computern zu messen, denn schnelle Al-gorithmen laufen u.U. so schnell, dass man eine Zeitmessung nicht sinnvoll vornehmen kann. Die renommierte amerikanische Computerzeitschrift BYTE benutzte jahrelang ein auf dem Sieb des Eratosthenes basierendes Verfahren in diesem Sinne für „benchmark tests" (Geschwindigkeitstests für Hard- und Software). Das Sieb des Eratosthenes ist also im zweifachen Sinne klassisch zu nennen: im ursprünglichen Sinne von Eratosthenes zur Ermittlung von Primzahlen und neuerdings auch noch als benchmark test. Das von BYTE verwendete Programm ist ohne weiteres in verschiedene Programmiersprachen übertragbar; es war jedoch im Hinblick auf Ergebnis und Ausgabemeldung fehlerhaft. Das Programm war somit zu überhaupt nichts nutze – außer als Maß für die Laufzeitgeschwindigkeit verschiedener Computersysteme. Das unten dargestellte Programm in Maxima lehnt sich so gut es geht an die BYTE-Version an, ohne allerdings dessen Fehler zu übernehmen.

Bei jeder Umsetzung des Siebverfahrens auf einem Computer stellt sich die Frage, wie der zu bearbeitende Zahlenabschnitt im Speicher des Computers zu realisieren ist. In umgangssprachlich formulierten Algorithmen macht man sich in der Regel wenig Gedanken darüber; man stellt sich oft einfach vor, dass die Zahlen (Daten) nebeneinander auf Papier geschrieben sind. Will man einen solchen Algorithmus in ein Computerprogramm übertragen, so muss man sich aber eingehendere Gedanken über die Speicherung der im Programm zu verarbeitenden Daten machen. Im Hinblick auf das Siebverfahren des Era-tosthenes muss z.B. festgelegt werden, wie der erste Schritt

> Schreibe alle Zahlen von 1 bis 20
> (bzw. allgemein bis zur Obergrenze *a*) auf.

umzusetzen ist. Man benötigt dafür irgendeinen „linear" strukturierten Da-tentyp (vgl. Kapitel 8, Abschnitt 8.5). Im untenstehenden Programm wird dies mit Hilfe einer Variablen vom Datentyp *Feld* (engl. array) realisiert. Dieser Datentyp wird praktisch in jeder Programmiersprache angeboten (wenn auch u.U. in syntaktisch unterschiedlichen Formen). In den meisten Programmiersprachen definiert man Feldvariable zunächst durch Angabe ihres Namens, ihres „Index"-Bereichs und ggf. auch des Datentyps der Komponenten. Das Feld besteht dann aus lauter Komponenten (Zellen) dieses Datentyps. Im einfachsten Fall (so z.B. auch im Siebprogramm) sind die Zellen linear wie die Perlen auf einer Schnur aneinandergereiht. Es gibt aber auch „mehrdimensionale" Felder, die z.B. im Zusammenhang mit der Bearbeitung von Matrizen oder mehrdimensionaler Tabellen zur Anwendung kommen.

Im untenstehenden in Maxima geschriebenen Siebprogramm lautet die entsprechende Deklaration des eindimensionalen Feldes, in dem der zu untersuchende Zahlenabschnitt gespeichert werden soll:

```
A : make_array(fixnum, UpperLimit+1),
```

Die Komponenten sind vom Datentyp `fixnum` (ganze Zahl) und die Konstante des Namens `UpperLimit` enthält den Wert für die Obergrenze. In Maxima beginnt der Indexbereich für Arrays immer bei 0.

Man kann sich das Feld im Siebprogramm im Falle von UpperLimit = 100 etwa folgendermaßen vorstellen (zu Beginn des Programmlaufes wird jede Zelle mit dem Wert versehen, der gleich dem Index ist):

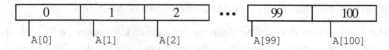

Abbildung 3.10

Beim Aussieben wird der Wert von Zellen, deren Index keine Primzahl ist, auf 0 gesetzt. So wird z.B. durch den Befehl

```
A[6] : 0
```

die Zahl 0 in der Zelle Nr. 6 des Feldes A abgespeichert. Zum Schluss des Verfahrens sind genau die von Null verschiedenen Zahlen die Primzahlen. Durch den Befehl `listarray(A)` wird aus dem Feld A eine Liste gemacht, aus der mit Hilfe von `delete(0, listarray(A))` alle Nullen entfernt werden. Diese Ergebnisliste wird als Funktionswert der Funktion `Eratosthenes` ausgegeben.

Felder haben den Vorteil, dass der lesende und schreibende Zugriff auf die einzelnen Komponenten vergleichsweise schnell ist. Die entsprechenden Operationen lassen sich auch relativ leicht und in einer eingängigen, mathematiknahen Syntax formulieren. Auch mit der Datenstruktur der Liste ließe sich das Sieb des Eratosthenes prinzipiell realisieren. Die Listenverarbeitung ist jedoch aufwendiger und somit auch langsamer als die Verarbeitung von Feldern. Hier also die „Feld"-Version des Sieb des Eratosthenes:

```
Eratosthenes(UpperLimit) :=
/* etwa wie in BYTE - nur richtig */
  block([A, i, k],
    A : make_array(fixnum, UpperLimit+1),
    for i : 0 thru UpperLimit do (A[i] : i),
    A[1] : 0,
    i : 2,
    while i*i <= UpperLimit do
      (k : i+i,
        while k <= UpperLimit do
          (A[k] : 0,
            k : k+i),
        i : i+1),
    delete(0, listarray(A)) );
```

Ein Aufrufbeispiel:

```
Eratosthenes(100);
[2,3,5,7,11,13,17,19,23,29,31,37,41,43,47,53,59,61,
  67,71,73, 79,83,89,97]
```

Als „benchmark" hat das Siebverfahren den Nachteil, dass mit ihm nur wenige Systemkomponenten eines Computers getestet werden – im Wesentlichen nur die arithmetisch-logische Einheit des Prozessors (englisch „arithmetic-logic unit" ALU). Inzwischen wurden neuere Testverfahren entwickelt, mit denen auch andere Komponenten (wie Ein- und Ausgabeoperationen, Zugriffs-geschwindigkeit auf diverse Speicherbereiche und vieles mehr) getestet wer-den können.

Aufgabe: Unter der Internet-Adresse

http://www.ziegenbalg.ph-karlsruhe.de/materialien-homepage-jzbg/Sieb-des-Eratosthenes/Sieb-des-Eratosthenes.htm

finden Sie eine interaktive Realisierung des Sieb des Eratosthenes. Erkun-den Sie diese Realisierungsform und führen Sie damit gezielte Experimente durch. (Experimentieren Sie insbesondere auch mit verschiedenen Werten für die Zahl der Spalten.)

Aufgabe: Realisieren Sie das Sieb des Eratosthenes mit Hilfe von Listen z.B. in Maxima oder Mathematica und stellen Sie Laufzeitvergleiche an.

3.2.4 Die Approximation von π nach Archimedes

(Archimedes von Syrakus, etwa 287–212 v. Chr.)

$$\pi = 3.14159265358979323846264338327950$$
$$28841971693993751058209749445923078 16$$
$$4062862089986280348253421170679 82 \ldots$$

Die Berechnung von Flächen- und Rauminhalten stellt schon bei den Ägyptern, Babyloniern und Hebräern eine der frühesten Anwendungen mathematischer Verfahren dar. Bei der Berechnung von kreisförmigen Flächen entdeckte man (empirisch) sehr bald, dass der Umfang u und der Durchmesser d aller Kreise in einem festen Zahlenverhältnis zueinander stehen:

$$\frac{u}{d} = constant.$$

Diese Konstante, die heute als „Kreiszahl" π bezeichnet wird, ist eine der interessantesten und am besten untersuchten Zahlen überhaupt. Auch heute noch stellt ihre Bestimmung ein lebendiges mathematisches Forschungsgebiet dar, in das viele moderne Forschungsergebnisse eingeflossen sind oder das zur Erschließung neuer Forschungsrichtungen Anlass gegeben hat.

Der erste Wissenschaftler, der sich in systematischer Weise mit der Kreiszahl π beschäftigt hat, war *Archimedes von Syrakus*. Das im Folgenden beschriebene, gedanklich sehr klare und im Prinzip einfache Verfahren geht auf ihn zurück. Natürlich unterscheidet sich die hier verwendete moderne Terminologie von der archimedischen Ausdrucksform.

Archimedes näherte den Kreis durch einbeschriebene und umbeschriebene regelmäßige Vielecke (Dreieck, Sechseck, 12-Eck, 24-Eck, ...) an. An Stelle des unbekannten Kreisumfangs berechnete er (immer wieder unter Verwendung des Satzes von Pythagoras) die Umfänge dieser Vielecke (Polygone). Er stellte fest, dass sich die Umfänge der einbeschriebenen und der umbeschriebenen n-Ecke beständig annäherten und nahm den

Abbildung 3.11
Archimedes

durch das 96-Eck gegebenen Wert als Näherungswert für π an.

In der folgenden Abbildung wurde der Kreis durch ein- und umbeschriebene Dreiecke, Sechsecke und Zwölfecke angenähert. Aus darstellungstechnischen Gründen wurde dabei der Kreisradius variiert.

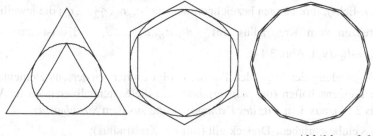

Abbildung 3.12

Nun zur formalen Darstellung des *Verfahrens von Archimedes*: Wir schreiben einem Kreis vom Radius r ein gleichseitiges Dreieck ein und legen ein (größeres) gleichseitiges Dreieck um den Kreis herum, so dass die Seiten des letzteren den Kreis berühren (vgl. Abb. 3.12). Danach verdoppeln wir die Seitenzahlen der ein- und umbeschriebenen Polygone schrittweise. In der folgenden Graphik ist zur Veranschaulichung ein Kreis mit einbeschriebenem Dreieck, Sechseck und Zwölfeck dargestellt.

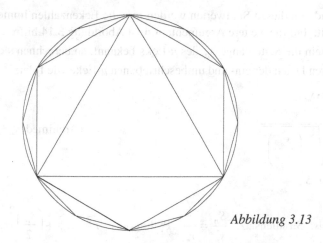

Abbildung 3.13

Die Seitenlängen der einbeschriebenen Vielecke bezeichnen wir im Folgenden mit $s_3, s_6, s_{12}, ..., s_n$, die jeweiligen Umfänge mit $u_3, u_6, u_{12}, ..., u_n$. Für die Seitenlängen und Umfänge der umbeschriebenen Polygone verwenden wir die entsprechenden Bezeichnungen in Großbuchstaben. Als Hilfsgrößen verwenden wir die Lote vom Kreismittelpunkt auf die jeweiligen Seiten des Dreiecks (bzw. n-Ecks); ihre Längen bezeichnen wir mit $r_3, r_6, r_{12}, ..., r_n$; die jeweiligen Differenzen zum Kreisradius mit $d_3, d_6, d_{12}, ..., d_n$. Es ist also stets $r = r_n + d_n$ (vgl. Abb. 3.14).

Die Begründung der folgenden Formeln folgt immer wieder aus elementaren Dreieckseigenschaften (der *Schwerpunkt* teilt die Seitenhalbierenden im Verhältnis 2 : 1), aus dem *Satz des Pythagoras* und aus dem *Strahlensatz*.

Für das einbeschriebene Dreieck gilt (mit r = Kreisradius):

$$s_3 = r \cdot \sqrt{3}$$
$$u_3 = 3 \cdot s_3$$
                                               (Archimedes_1)

Für das umbeschriebene Dreieck gilt:

$$S_3 = 2 \cdot r \cdot \sqrt{3}$$
$$U_3 = 3 \cdot S_3$$
                                               (Archimedes_2)

Aufgabe: Weisen Sie die Gültigkeit der obigen vier Formeln nach.

Ausgehend von diesen Startwerten werden nun die Eckenzahlen immer wieder verdoppelt. Für die weitere Argumentation ist Abbildung 3.14 hilfreich.

Ist allgemein die Seitenlänge s_n des n-Ecks bekannt, so berechnen sich daraus die weiteren Daten der ein- und umbeschriebenen n-Ecke wie folgt:

$$u_n = n \cdot s_n$$

$$S_n = \frac{s_n}{\sqrt{1 - \left(\dfrac{s_n}{2 \cdot r}\right)^2}}$$
                                               (Archimedes_3)

$$U_n = n \cdot S_n$$

Hinweis: Strahlensatz: $\dfrac{S_n}{s_n} = \dfrac{r}{r_n}$, Pythagoras: $r^2 = r_n^2 + \left(\dfrac{s_n}{2}\right)^2$

und somit $\quad r_n = r\sqrt{1-\left(\dfrac{s_n}{2\cdot r}\right)^2}$

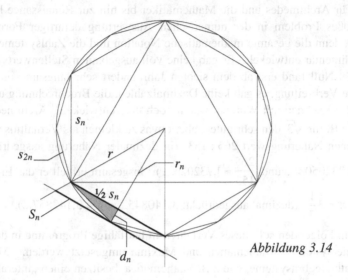

Abbildung 3.14

Schließlich berechnet sich die Seitenlänge des $2n$-Ecks folgendermaßen aus der des n-Ecks:

$$s_{2n} = r\cdot\sqrt{2-2\cdot\sqrt{1-\left(\frac{s_n}{2\cdot r}\right)^2}} \qquad \text{(Archimedes\_4)}$$

Hinweis: Pythagoras: $\quad s_{2n}^2 = \left(\dfrac{s_n}{2}\right)^2 + d_n^2$

$$\text{mit}\quad d_n = r - r_n = r - r\sqrt{1-\left(\frac{s_n}{2\cdot r}\right)^2}$$

und der Iterations-Zyklus kann sich ein weiteres Mal „drehen".

Aufgabe: Führen Sie die Beweise der Formeln in (Archimedes_3) und (Archimedes_4) vollständig aus.

Dies ist der Kern des Verfahrens. Nach den heutigen mathematischen Kriterien wäre natürlich noch die (anschaulich zu vermutende) Konvergenz zu zeigen.

Für Archimedes und die Mathematiker bis hin zur Renaissance bestand ein großes Problem in der numerischen Auswertung derartiger Formelausdrücke, denn die gesamte mathematische Notation und die Zahlsysteme waren nur rudimentär entwickelt. Es gab keine voll ausgebauten Stellenwertsysteme, die Zahl Null fand erst ab dem siebten Jahrhundert sehr langsam von Indien aus ihre Verbreitung, es gab keine Dezimalzahlen, die Bruchrechnung und erst recht das Rechnen mit Wurzeln waren noch unterentwickelt. Archimedes benutzte z.b. für $\sqrt{3}$ den sehr guten, aber etwas zu kleinen als Verhältniszahl angegebenen Näherungswert 265 : 153 (in dezimaler Näherung ausgedrückt ist $\sqrt{3} \approx 1{,}7320508\ldots$ und $\dfrac{265}{153} \approx 1{,}732026\ldots$). Insgesamt erhielt er das Ergebnis:

$$3\frac{10}{71} < \pi < 3\frac{1}{7} \quad \text{(dezimal ausgedrückt: } 3{,}140845\ldots < \pi < 3{,}142857\ldots\text{)}.$$

Im Folgenden soll dieses Verfahren in lauffähige Programme in den Programmiersystemen Mathematica und Maxima umgesetzt werden. Moderne Computeralgebrasysteme, wie z.B. Mathematica, besitzen einen „interaktiven" Betriebsmodus, der sich in Verbindung mit den Fähigkeiten dieser Systeme zum funktionalen Programmieren und zur Symbolmanipulation besonders gut zum Umgang mit den oben entwickelten Formeln eignet.

Zunächst sei das Verfahren im interaktiven Betrieb in Mathematica dargestellt. Durch die folgenden Befehle werden zum Start des Verfahrens die Anfangswerte entsprechend den Formeln in (Archimedes_1) und (Archimedes_2) eingegeben. Man beachte, dass der Radius nicht numerisch festgelegt wird; er wird in der gesamten Berechnung „symbolisch" (als Variable) mitgeführt. Symbolische Variable haben den großen Vorteil, dass mit ihnen exakt gerechnet werden kann. So kürzt sich z.B. der Radius in den weiter unten ausgedruckten Termen oft wieder heraus.

```
s3 = r*Sqrt[3];
u3 = 3*s3;
S3 = 2*r*Sqrt[3];
U3 = 3*S3;
```

Durch den folgenden Druckbefehl (Print) wird der durch das einbeschriebene Dreieck gegebenen Näherungswert für das Verhältnis von Umfang zu Durchmesser (exakt und numerisch-approximativ) ausgedruckt. Der Zusatz //N bedeutet, dass der entsprechende Term *numerisch* ausgewertet wird.

```
Print[u3/(2*r), "        ", u3/(2*r) //N ]

3 Sqrt[3]
---------     2.59808
    2
```

Auch die entsprechenden durch das umbeschriebene Dreieck gegebenen Werte sind natürlich als Näherungswerte für π noch alles andere als befriedigend:

```
Print[U3/(2*r), "        ", U3/(2*r) //N ]

3 Sqrt[3]     5.19615
```

Die interaktive Berechnung der Werte für das Sechseck mit Hilfe der Formeln in (Archimedes_3) und (Archimedes_4)

```
s6=r*Sqrt[2 - 2*Sqrt[1 - (s3/(2*r))^2]]
u6=6*s6
S6= s6/Sqrt[1 - (s6/(2*r))^2]
U6=6*S6
```

liefert die Ergebnisse

```
s6 = r

u6 = 6 r

         2 r
S6 = -------
       Sqrt[3]

U6 = 4 Sqrt[3] r
```

Der Ausdruck des Verhältnisses von Umfang zu Durchmesser beim einbeschriebenen und umbeschriebenen Sechseck liefert schon etwas bessere Näherungswerte für π:

```
Print[u6/(2*r) //N , "        ", U6/(2*r) //N];
3.     3.4641
```

Man könnte sich nun auf diese Weise im interaktiven Betrieb vom jeweiligen n-Eck zum nächsten $2n$-Eck „weiterhangeln". Damit wären aber die Möglichkeiten von Mathematica nur sehr unzulänglich ausgenutzt. Die folgende Lösung ist konzeptionell sehr viel befriedigender. Wir formulieren dazu den Übergang von der Seite s_n zur Seite s_{2n} rein funktional; die Funktion next s (für „nächstes s") berechnet s_{2n} entsprechend der Formel (Archimedes_4) aus s_n.

```
nexts[s_] := r * Sqrt[2 - 2*Sqrt[1 - (s/(2*r))^2]];
```

So erhalten wir, wieder von s3 ausgehend, die Daten für das Sechseck, das 12-Eck, das 24-Eck

```
s6  = nexts[s3];
s12 = nexts[s6];
s24 = nexts[s12];
```

mit den Ergebnissen

```
s6  = r

s12 = Sqrt[2 - Sqrt[3]]

                      -2 + Sqrt[3]
s24 = Sqrt[2 - 2 Sqrt[1 + ------------]] r
                           4
```

Die Mathematica-Funktion Nest ermöglicht die mehrfache Verkettung einer Funktion mit sich selbst; Nest[f, a, n] liefert den Wert f(f(...f(f(a))...)), wobei die Funktion f n-mal angewandt wird. Diese Verkettung ermöglicht es uns, die Seitenlängen und Umfänge der Polygone als Funktionen von n zu definieren. Dabei stellt sich natürlich die Frage, wie oft wir die Funktion nexts jeweils zu verketten haben, um (ausgehend vom 3-Eck) die Werte für das 6-Eck, 12-Eck, 24-Eck zu bekommen. Wir legen dazu zunächst eine kleine Tabelle an.

n-Eck	$n=3$	$n=6$	$n=12$	$n=24$	$n=48$	$n=96$
Anzahl der Iterationen	0	1	2	3	4	5
$n/3$	1	2	4	8	16	32
$n/3$ als Zweierpotenz	2^0	2^1	2^2	2^3	2^4	2^5
Zweierlogarithmus von $n/3$	0	1	2	3	4	5

Die Anzahl der Iterationen ist also gleich dem Zweierlogarithmus von $n/3$ (in der Syntax von Mathematica also gleich Log[2, n/3]). Wir sind nun in der Lage, die Seitenlängen und Umfänge, ausgehend von s3, voll funktional zu beschreiben (vgl. Archimedes_3):

```
s[n_] := Nest[nexts, s3, Log[2, n/3]];
S[n_] := s[n] / Sqrt[1 - (s[n]/(2*r))^2];
u[n_] := n * s[n];
U[n_] := n * S[n];
```

Die beiden folgenden Aufrufe zeigen die Möglichkeiten von Computeralgebrasystemen im Bereich der Symbolmanipulation:

```
s[96]
Ergebnis:
                                            -2 + Sqrt[3]
                             -2 + 2 Sqrt[1 + ------------]
                                                  4
                 -2 + 2 Sqrt[1 + ------------------------------]
                                              4
Sqrt[2 - 2 Sqrt[1 + --------------------------------------------------]] r
                                        4

Simplify[s[96]]
Ergebnis:
Sqrt[2 - Sqrt[2 + Sqrt[2 + Sqrt[2 + Sqrt[3]]]]] r
```

Der folgende Befehl bewirkt die Ausgabe einer Tabelle mit den folgenden
Spalten:

1. Spalte: Anzahl der Iterationen (n)
2. Spalte: Eckenzahl des jeweiligen Polygons
3. Spalte: Verhältnis von Umfang des einbeschriebenen
             Polygons zum Durchmesser
4. Spalte: Verhältnis von Umfang des umbeschriebenen
             Polygons zum Durchmesser

```
TableForm[
  Table[
    {n, 3*2^n, N[u[3*2^n]/(2*r)], N[U[3*2^n]/(2*r)]},
    {n, 0, 11} ] ]

  0      3       2.59808    5.19615
  1      6       3.         3.4641
  2     12       3.10583    3.21539
  3     24       3.13263    3.15966
  4     48       3.13935    3.14609
  5     96       3.14103    3.14271
  6    192       3.14145    3.14187
  7    384       3.14156    3.14166
  8    768       3.14158    3.14161
  9   1536       3.14159    3.1416
 10   3072       3.14159    3.14159
 11   6144       3.14159    3.14159
```

Im Folgenden sei noch eine Version des archimedischen Verfahrens in Maxima gegeben, die sich stärker an die Vorgehensweise in „klassischen" Programmiersprachen orientiert. Dabei sind die *einbeschriebenen* Größen alle mit e,
die *umbeschriebenen* Größen alle mit u gekennzeichnet (wir verwenden also
die Bezeichnungen se, ue, su und uu an Stelle von s, u, S und U).

```
Pi_Archimedes(steps) :=
  block([r:1, se, su, ue, uu, i, n:3],
    se : sqrt(3),   /* initial values              */
    ue : 3 * se,    /* for the "triangle"-polygon */
    su : 2 * sqrt(3),
    uu : 3 * su,
    printf(true, "~2d ~10d ~13, 10h ~13, 10h ~43,
          40h ~%", 0, n, ue/2, uu/2, se*se),
    for i : 1 step 1 thru steps do
      (n  : n * 2,
       se : r*sqrt(2-2*sqrt(1-(se/(2*r))*(se/(2*r))))),
       ue : n * se,
       su : se / sqrt(1 - (se/(2*r)) * (se/(2*r)) ),
       uu : n * su,
       printf(true, "~2d ~10d ~13,10h ~13,10h ~43,
             40h ~%", i, n, ue/2, uu/2, se*se) ),
    bfloat((ue/2+uu/2)/2) );
```

Ein Programmlauf:

```
 0          3   2.5980762114   5.1961524227   3.0000000000000000
 1          6   3.0000000000   3.4641016151   1.0000000000000000
 2         12   3.1058285412   3.2153903092   0.2679491924311227
 3         24   3.1326286133   3.1596599421   0.0681483474218634
 4         48   3.1393502030   3.1460862151   0.0171102772523792
 5         96   3.1410319509   3.1427145996   0.0042821535227930
 6        192   3.1414524723   3.1418730500   0.0010708250472687
 7        384   3.1415576079   3.1416627471   0.0002677241808764
 8        768   3.1415838921   3.1416101766   0.0000669321651978
 9       1536   3.1415904632   3.1415970343   0.0000167331112987
10       3072   3.1415921060   3.1415937488   0.0000041832821996
11       6144   3.1415925167   3.1415929274   0.0000010458208233
12      12288   3.1415926193   3.1415927220   0.0000002614552229
13      24576   3.1415926453   3.1415926710   0.0000000653638068
14      49152   3.1415926507   3.1415926571   0.0000000163409518
15      98304   3.1415926453   3.1415926469   0.0000000040852379
16     196608   3.1415926453   3.1415926457   0.0000000010213095
17     393216   3.1415926453   3.1415926454   0.0000000002553274
18     786432   3.1415923038   3.1415923038   0.0000000000638318
19    1572864   3.1415923038   3.1415923038   0.0000000000159580
20    3145728   3.1415868397   3.1415868397   0.0000000000039895
21    6291456   3.1415868397   3.1415868397   0.0000000000009974
22   12582912   3.1416742650   3.1416742650   0.0000000000002494
23   25165824   3.1416742650   3.1416742650   0.0000000000000623
24   50331648   3.1430727402   3.1430727402   0.0000000000000156
25  100663296   3.1374750995   3.1374750995   0.0000000000000039
```

Ergebnis: 3.137475099502784

Die ausgedruckten Werte sind nicht besonders gut, weil oben nur mit der Standard-Genauigkeit (floating point precision = 16) für Gleitkommazahlen von Maxima gearbeitet wurde. Durch Eingabe des Befehls (exemplarisch)

```
fpprec : 100    (oder 1000)
```

kann die Präzision der Berechnung (allerdings auf Kosten der Laufzeit) beliebig erhöht werden.

In manchen Programiersystemen verschlechtern sich die Näherungswerte ab
einer gewissen Eckenzahl wieder – und schließlich nimmt das Verhältnis von
Polygon-Umfang zu Kreis-Durchmesser den grotesken Wert 0 an. Die Ursache dafür liegt in dem Umstand, dass die in der Iterationsformel (Archime-
des_4)

$$s_{2n} = r \cdot \sqrt{2 - 2 \cdot \sqrt{1 - \left(\frac{s_n}{2 \cdot r}\right)^2}}$$

auftretende Seitenlänge s_n des n-Ecks mit wachsendem n so klein wird, dass
ihr Quadrat bei der numerischen Beschränktheit der Zahldarstellung im Computer zu Null wird (vgl. 6.1). Damit sind dann auch die jeweiligen Umfänge
und ihre Verhältnisse zu dem (konstanten) Kreis-Durchmesser gleich Null.

Es gibt ausgefeilte Verfahren der numerischen Mathematik, mit denen
derartige numerische Instabilitäten überwunden werden können. Eine elementare aber sehr wirksame Methode, das obige Verfahren stabiler zu gestalten, hat A. Engel in seinem Buch *Elementarmathematik vom algorithmischen
Standpunkt* beschrieben (vgl. Engel 1977).

Dieses Beispiel zeigt, dass vom Computer „ausgespuckte" Ergebnisse
nicht einfach kritiklos hinzunehmen sind. Gerade im numerischen Bereich, wo
der Computer von vielen Menschen als ein Paradigma für Exaktheit eingeschätzt wird, kann es aufgrund unzulänglicher computerinterner Zahldarstellungen und arithmetischer Verfahren zu unglaublich falschen Ergebnissen
kommen – und dies betrifft (abgesehen von den Computeralgebrasystemen)
fast alle Programmier- und Anwendersysteme (mehr dazu in Kapitel 6 im Zusammenhang mit dem Thema *Korrektheit von Computerergebnissen*).

3.3 Algorithmisches Definieren und Beweisen

Der besonders aus historischer Sicht zentrale Einfluss der algorithmischen Methode auf das gesamte mathematische Arbeiten spiegelt sich natürlich auch beim Beweisen wider. Zwei besonders schöne algorithmisch durchdrungene Beweise sollen im Folgenden exemplarisch dargestellt werden: Euklids Beweis für die Unendlichkeit der Primzahlmenge und der Beweis der Inkommensurabilität von Seite und Diagonale des Quadrats.

Ein mathematischer Beweis ist die Argumentationskette, durch welche die zu beweisende Aussage (der zu beweisende Satz) in mehr oder weniger formalisierter Form als richtig (bzw. gültig) nachgewiesen werden soll. In Abhängigkeit von der zu beweisenden Aussage kann die jeweilige Beweistechnik, die in irgendeiner Form immer auf der mathematischen Logik beruht, sehr unterschiedlich ausfallen.

Die in den mathematischen Sätzen vorkommenden Objekte sind in der Regel in expliziter Weise konstruiert; man könnte auch sagen: durch eine algorithmische Beschreibung (Definition) gegeben. Als Beispiel sei auf den letzten von Null verschiedenen Divisionsrest im Euklidischen Algorithmus verwiesen, von dem zu zeigen war, dass er der größte gemeinsame Teiler der Ausgangszahlen ist. Wenn mathematische Objekte auf algorithmische Weise konstruiert worden sind, dann ist es nicht verwunderlich, dass sich auch die Beweise von Aussagen, in denen diese Objekte vorkommen, an der algorithmischen Beschreibung orientieren.

Eines der wichtigsten Objekte der Mathematik sind die **natürlichen Zahlen.** Sie sind konstruktiv beschrieben durch die Axiome von *Giuseppe Peano* (1858–1932). Im Folgenden ist der Aufbau der natürlichen Zahlen in Anlehnung an der Formulierung von *Edmund Landau* (1877–1938) wiedergegeben (vgl. Landau 1929):

Axiom 1: 1 ist eine natürliche Zahl.
(Die Menge der natürlichen Zahlen ist also insbesondere nicht leer. Sie enthält ein Ding, das „eins" genannt und mit 1 bezeichnet wird.)

Axiom 2: Zu jeder natürlichen Zahl x gibt es genau eine natürliche Zahl, die der Nachfolger von x heißt und mit x' bezeichnet werden möge.

Axiom 3: Stets ist $x' \neq 1$.
(Es gibt also keine natürliche Zahl, deren Nachfolger 1 ist.)

Axiom 4: Aus $x' = y'$ folgt $x = y$.

(Anders ausgedrückt: Unterschiedliche natürliche Zahlen haben unterschiedliche Nachfolger.)

Axiom 5 (*Induktionsaxiom*): Es sei **M** eine Menge natürlicher Zahlen mit den Eigenschaften:

(I) 1 gehört zu **M**.

(II) Wenn die natürliche Zahl x zu **M** gehört, so gehört x' zu **M**.

Dann umfasst **M** alle natürlichen Zahlen.

Bemerkungen: Der konstruktive, algorithmische Charakter der Definition der natürlichen Zahlen ist durch die Nachfolgerfunktion und durch das Induktionsaxiom gegeben. Die Nachfolgerfunktion garantiert, dass man, ausgehend von der natürlichen Zahl 1 Schritt für Schritt zu jeder beliebigen natürlichen Zahl gelangen kann. Die Zahldarstellung (z.B. im Zehnersystem) ist dabei „nur" eine Frage der Konvention bzw. der Praktikabilität:

$$2 := 1', \ 3 := 2' = 1'', \ 4 := 3' = 1''', \ \dots, \ 9 := 8', \ 10 := 9', \ 11 := 10', \ 12 := 11', \ \dots$$

Die wesentlichen Aussagen über natürliche Zahlen gelten unabhängig von der Darstellung im Zehnersystem. Historisch gesehen, kam die Zahldarstellung im Zehnersystem erst sehr spät – lange nachdem die Griechen (trotz ihrer ungünstigen Zahlschreibweise) fundamentale Eigenschaften der natürlichen Zahlen entdeckt und bewiesen hatten.

So formulierte Euklid viele Aussagen über natürliche Zahlen, z.B. den Satz über die Unendlichkeit der Menge der Primzahlen (vgl. Abschnitt 3.3.1) oder den Satz über „vollkommene" Zahlen, ohne das Zehnersystem zur Verfügung zu haben. Das Zehnersystem stellt aber im Vergleich zu den früher gebräuchlichen Zahldarstellungs-Systemen eine enorme Systematisierung und Vereinfachung für das numerische Rechnen dar.

Eine besondere Rolle in der Definition der natürlichen Zahlen spielt Axiom 5, das sogenannte Induktionsaxiom. Diejenige mathematische Beweistechnik, die auf der Verwendung des Induktionsaxioms beruht, nennt man die *vollständige Induktion* (im Kontrast zu der aus den empirischen Wissenschaften bekannten sogenannten „unvollständigen" Induktion). Praktisch jeder Beweis über natürliche Zahlen beruht direkt oder indirekt auf dem Prinzip der vollständigen Induktion. Jeder Beweis, der auf dem Induktionsaxiom aufbaut, muss strukturell aus den folgenden Teilen bestehen.

Kontext: Eine Aussage **A** (**A** = **A**(n)) über natürliche Zahlen ist zu beweisen. Zunächst sei die Menge **M** als die Menge derjenigen natürlichen Zahlen definiert, welche die Aussage **A** erfüllen.

1. Es ist zu zeigen, dass die Zahl 1 zu **M** gehört. Dieser Schritt wird im Folgenden als *Induktionsverankerung* bezeichnet.
2. Es ist zu zeigen: Wenn eine natürliche Zahl x zu **M** gehört, so gehört auch stets deren Nachfolger x' zu **M**. Dieser Schritt wird im Folgenden als *Induktionsschritt* bezeichnet. Im Induktionsschritt ist also in der Regel unter Verwendung von Axiom 5 zu zeigen, dass für jede beliebige natürliche Zahl x gilt: Aus der *Induktionsannahme* „x gehört zu **M**" folgt der *Induktionsschluss* „der Nachfolger x' von x gehört ebenfalls zu **M**".

Die Wirkungsweise dieses Beweisschemas sei im Folgenden exemplarisch an zwei Beispielen im Zusammenhang mit der Addition natürlicher Zahlen erläutert. Dazu muss die Addition zunächst auf der Basis der Axiome von Peano definiert werden:

Definition (*Addition natürlicher Zahlen*): Den natürlichen Zahlen x und y wird ihre Summe $x+y$ folgendermaßen zugeordnet:

(1) $x + 1 := x'$

(2) $x + y' := (x + y)'$

Verbal: Die Summe von x und dem Nachfolger von y ist definiert als der Nachfolger der Summe von x und y.

Ein *Beispiel zur Wirkungsweise* dieses Definitionsschemas: Mit der allgemeinen Klammer-Konvention $(x')' = x''$ gilt nun:

$$2+3 = 2+2' = (2+2)' = (2+1')' = ((2+1)')' = ((2')')' = (3')' = 4' = 5$$

Die Addition natürlicher Zahlen ist durch das obige Definitionsschema „rekursiv" definiert: Um die Summe von x und dem Nachfolger von y zu erklären, geht man zurück (d.h. „rekurriert" man) auf die Summe von x und y. Das angegebene Beispiel suggeriert sehr stark, dass diese rekursive Definition der Addition „in Ordnung" ist, dass also für je zwei natürliche Zahlen deren Summe in eindeutiger Weise festgelegt ist. In der Mathematik verlässt man sich aber nicht gern auf Suggestion und Augenschein; sie können täuschen. Mit Hilfe des von Peano gegebenen Induktionsschemas lässt sich jedoch zeigen, dass die obige Definition das Gewünschte leistet.

Satz (Sinnhaftigkeit der rekursiven Definition der Addition): Durch das rekursive Definitionsschema für die Addition wird je zwei natürlichen Zahlen in eindeutiger Weise ihre Summe zugeordnet.

Beweis: Zwei Aussagen sind zu belegen: Erstens, dass für je zwei natürlichen Zahlen ihre Summe definiert ist und zweitens, dass diese Summe eindeutig bestimmt ist.

Teilbeweis I („Existenz" der Summe): Im Folgenden sei x eine beliebige, aber feste natürliche Zahl. Wir wollen zeigen, dass für jede natürliche Zahl y die Summe $x+y$ definiert ist. **M** sei die Menge derjenigen natürlichen Zahlen y, für welche die Summe $x+y$ existiert. Dass 1 zu **M** gehört (Induktionsverankerung), folgt aus Definitionsteil 1, und dass mit der Existenz von $x+y$ auch stets die Existenz von $x+y'$ gegeben ist (Induktionsschluss), folgt aus Definitionsteil 2. **M** umfasst nach dem Induktionsaxiom also alle natürlichen Zahlen. Da x als beliebige natürliche Zahl vorausgesetzt worden war, existiert also für je zwei natürliche Zahlen x und y auch ihre Summe $x+y$.

Teilbeweis II („Eindeutigkeit" der Summe): Auch im Folgenden sei x eine beliebige, aber feste natürliche Zahl. Wir wollen zeigen, dass für jede natürliche Zahl y die Summe $x+y$ eindeutig bestimmt ist. **M** sei die Menge derjenigen natürlichen Zahlen y, für welche die Summe $x+y$ eindeutig bestimmt ist. Wir zeigen zunächst, dass 1 zu **M** gehört (Induktionsverankerung). Wäre dies nicht der Fall, so müsste $x+1=a$ und $x+1=b$ sein für verschiedene natürliche Zahlen a und b. Da $x+1$ als der Nachfolger von x definiert ist, wäre dieser im Widerspruch zu Axiom 2 nicht eindeutig bestimmt. Wir halten fest: 1 gehört zu **M**.

Wir haben noch zu zeigen, dass aus der Eindeutigkeit von $x+y$ auch stets die Eindeutigkeit von $x+y'$ gegeben ist (Induktionsschluss). Die natürliche Zahl y gehöre also zu **M**; das heißt, die Summe $x+y$ sei eindeutig bestimmt. Wir haben zu zeigen, dass dann auch y' zu **M** gehört. Wäre dies nicht der Fall, so müsste es (wie oben im Falle $y=1$) verschiedene natürliche Zahlen a und b geben mit der Eigenschaft $x+y'=a$ und $x+y'=b$. Nach Definitionsteil 2 ist aber $x+y'$ gleich $(x+y)'$. Die natürliche Zahl $x+y$ hätte also im Widerspruch zu Axiom 2 zwei verschiedene Nachfolger, nämlich a und b. Dies ist unmöglich, das heißt, die Summe $x+y'$ kann nicht sowohl gleich a als auch gleich b sein; sie ist eindeutig bestimmt.

Mit y gehört also auch stets y' zu **M** und (da 1 zu **M** gehört) umfasst **M** also alle natürlichen Zahlen.

Im folgenden Satz soll noch exemplarisch gezeigt werden, wie die (anschaulich) bekannten Sätze der elementaren Arithmetik aus dem axiomatischen Aufbau der natürlichen Zahlen und der rekursiven Definition der Operationen (hier der Addition) folgen.

Satz (assoziatives Gesetz der Addition): Für alle natürlichen Zahlen x, y und z gilt $(x+y)+z = x+(y+z)$.

Beweis: Im Folgenden seien x und y beliebige, aber festgehaltene natürliche Zahlen. Der Beweis wird mit „Induktion nach z" geführt; d.h., **M** sei die Menge derjenigen natürlichen Zahlen z, für welche die Behauptung des Satzes gilt.

Induktionsverankerung: Die natürliche Zahl 1 gehört zu **M**, denn nach Definition der Addition ist
$$(x+y)+1 = (x+y)' = x+y' = x+(y+1).$$

Induktionsschritt: Wir zeigen: Aus der Induktionsannahme „z gehört zu **M**" folgt der Induktionsschluss „z' gehört zu **M**". Die natürliche Zahl z gehöre also zu **M**, d.h., es gelte
$$(x+y)+z = x+(y+z).$$

Wir haben zu zeigen, dass dann auch
$$(x+y)+z' = x+(y+z') \quad \text{gilt.}$$

Es gilt nun:
$$
\begin{aligned}
(x+y)+z' &= ((x+y)+z)' \qquad \text{(nach Definition der Addition)} \\
&= (x+(y+z))' \qquad \text{(nach Induktionsannahme)} \\
&= x+(y+z)' \qquad \text{(nach Definition der Addition)} \\
&= x+(y+z') \qquad \text{(nach Definition der Addition)}
\end{aligned}
$$

Mit z gehört also auch stets z' zu **M**; die Beweisschritte 1 (Induktionsverankerung) und 2 (Induktionsschritt) führen in Verbindung mit Axiom 5 zu dem Ergebnis: **M** umfasst alle natürlichen Zahlen, d.h., das assoziative Gesetz der Addition gilt ausnahmslos für alle natürlichen Zahlen.

Dass man in der Mathematik (und sicher auch anderswo) manchmal sehr genau sein muss, verdeutlicht die folgende Aufgabe.

Aufgabe: Analysieren Sie die folgende Abbildung

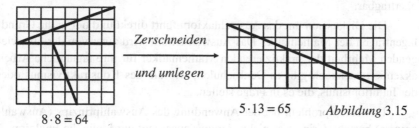

Zerschneiden

und umlegen

$8 \cdot 8 = 64$

$5 \cdot 13 = 65$ *Abbildung 3.15*

Aufgabe: Eine weitere fundamentale Eigenschaft der natürlichen Zahlen ist das *kommutative* Gesetz der Addition. Es besagt, dass für alle natürlichen Zahlen x und y gilt: $x + y = y + x$.

Beweisen Sie das kommutative Gesetz der Addition mit vollständiger Induktion. Hinweis: Es kann sich als nützlich erweisen, dabei zunächst den folgenden Hilfssatz zu beweisen:
Für jede natürliche Zahl y gilt $1 + y = y + 1$.

Aufgabe: Formulieren Sie analog zur Addition eine entsprechende rekursive Definition für die Multiplikation natürlicher Zahlen.

Beweisen Sie das assoziative und das kommutative Gesetz der Multiplikation natürlicher Zahlen.

Das Auswahlaxiom

Gelegentlich kommen in mathematischen Beweisen Objekte vor, die nicht explizit konstruiert werden. Solche Objekte werden meist unter Verwendung des zu Beginn des 20. Jahrhunderts von *Beppo Levi* (1875–1961) und *Ernst Zermelo* (1871–1953) formulierten *Auswahlprinzips* generiert. Es besagt:

> Zu jedem Mengensystem **M** nichtleerer Mengen existiert eine Funktion F, die jedem $X \in M$ ein Element a aus X zuordnet. Es ist also stets $F(X) = a$ mit $a \in X$, d.h. für jedes X wird von F ein Element a aus X *ausgewählt*).

Bemerkungen: Da jede der Mengen $X \in M$ als nicht leer vorausgesetzt war, erscheint es hochgradig plausibel, dass es möglich sein sollte, aus jedem X ein Element a auszuwählen. Für endliche Mengensysteme ist dies auch beweisbar. Aber das Auswahlprinzip kommt vor allem im Zusammenhang mit unendlichen (insbesondere „überabzählbaren") Mengen zum Einsatz – und auf diese Situation sind die Verhältnisse im endlichen Fall nicht ohne weiteres übertragbar.

Die Diskussion um das Auswahlaxiom führt direkt und tief in die Grundlagenfragen der Mathematik. Das Auswahlaxiom wird zwar von der überwiegenden Mehrheit der praktizierenden Mathematiker für ihre tagtägliche Arbeit akzeptiert; dennoch gibt es Denkschulen, wie die des Konstruktivismus oder des Intuitionismus, die es in Frage stellen.

Das Hauptproblem bei der Anwendung des Auswahlprinzips (Auswahlaxioms) besteht darin, dass nichts darüber ausgesagt wird, wie die Funktion F ihre Funktionswerte auswählt; das Auswahlaxiom ist nicht konstruktiv. Wenn es eine nicht-algorithmische und somit nicht-konstruktive Mathematik gibt, dann sind es diejenigen Teile der Mathematik, die auf dem Auswahlaxiom oder auf gleichwertigen Axiomen beruhen.

Die Verwendung des Auswahlprinzips, oder gleichwertiger Prinzipien ist typisch für die Mathematik des 20. Jahrhunderts. Sie ist, historisch gesehen, eher untypisch für das mathematische Arbeiten (vgl. Edwards 1987). Im Folgenden soll an zwei besonders markanten Beispielen gezeigt werden, wie in der Antike auch Existenzbeweise, also Beweise, welche die Existenz oder auch Nichtexistenz gewisser mathematischer Objekte nachweisen, konstruktiv-algorithmisch geführt wurden.

3.3.1 Die Unendlichkeit der Primzahlmenge

Die Formulierung des folgenden Satzes ist eine wortgetreue Wiedergabe von Euklids Text in der Heibergschen[1] Fassung – vgl. Thaer 1991.

Satz von Euklid (*Die Elemente, Neuntes Buch*, §20): Es gibt mehr Primzahlen als jede vorgelegte Anzahl von Primzahlen.

Beweis: Die vorgelegten Primzahlen seien *a, b, c*. Ich behaupte, dass es mehr Primzahlen gibt als *a, b, c*.

Man bilde die kleinste von *a, b, c* gemessene Zahl; sie sei *DE*, und man füge zu *DE* die Einheit *DF* hinzu. Entweder ist *EF* dann eine Primzahl, oder nicht. Zunächst sei es eine Primzahl. Dann hat man mehr Primzahlen als *a, b, c* gefunden, nämlich *a, b, c, EF*.

---

[1] Johan Ludvig Heiberg (1854–1928), dänischer Altphilologe und Mathematiker

Zweitens sei *EF* keine Primzahl. Dann muss es von irgendeiner Primzahl gemessen werden; es werde von der Primzahl *g* gemessen. Ich behaupte, dass *g* mit keiner der Primzahlen *a*, *b*, *c* zusammenfällt. Wenn möglich, tue es dies nämlich. *a*, *b*, *c* messen nun *DE*; auch *g* müsste dann *DE* messen. Es misst aber auch *EF*. *g* müsste also auch den Rest, die Einheit *DF* messen, während es eine Zahl ist; dies wäre Unsinn. Also fällt *g* mit keiner der Zahlen *a*, *b*, *c* zusammen; und es ist Primzahl nach Voraussetzung. Man hat also mehr Primzahlen als die vorgelegte Anzahl *a*, *b*, *c* gefunden, nämlich *a*, *b*, *c*, *g* – q.e.d.

Bemerkung: In seinem Beweis verwendet Euklid die „Bausteine"
- das kleinste gemeinsame Vielfache zweier Zahlen finden
- eine Zahl auf „Primzahleigenschaft" prüfen, bzw. die Primteiler einer Zahl finden
- die Division mit Rest

All dies ist konstruktiv und algorithmisch. Das kleinste gemeinsame Vielfache hängt eng zusammen mit dem größten gemeinsamen Teiler, denn für beliebige natürliche Zahlen a und b gilt

$$KGV(a,b) \cdot GGT(a,b) = a \cdot b \qquad (*)$$

Jeder Algorithmus zur Ermittlung des größten gemeinsamen Teilers zweier natürlicher Zahlen liefert vermöge (*) also auch deren kleinstes gemeinsames Vielfaches.

Euklid zeigt in seinem Beweis nicht nur abstrakt, dass es eine weitere Primzahl gibt, er gibt in expliziter Form eine Konstruktionsvorschrift zur Gewinnung dieser Primzahl an. Das von Euklid angegebene Verfahren funktioniert mit jedem gemeinsamen Vielfachen der Zahlen a, b und c; insbesondere mit deren Produkt $a \cdot b \cdot c$. Ausgehend von der Primzahl 2 erhält man so die Elemente der *Euclid-Mullin Folge*, deren erste Elemente wie folgt lauten: 2, 3, 7, 43, 13, 53, 5, 6221671, 38709183810571, 139, 2801, 11, 17, 5471, 52662739, 23003, 30693651606209, 37, 1741, 1313797957, 887, 71, 7127, 109, 23, 97, 159227, 643679794963466223081509857, 103, 1079990819, 9539, 3143065813, 29, 3847, 89, 19, 577, 223, 139703, 457, 9649, 61, 4357, ... Es ist die Folge Nr. A000945 in Sloanes[1] On-Line Encyclopedia of Integer Sequences (OEIS).

---

[1] N. J. A. Sloane (geb. 1939), britisch-amerikanischer Mathematiker; Gründer der On-Line Encyclopedia of Integer Sequences (1964)

Nach heutigen Standards wäre Euklids Beweis natürlich mit einer beliebigen, endlichen Menge von gegebenen Primzahlen zu führen. Man würde dazu üblicherweise Variable und Indizes verwenden. Euklid erkennt jedoch das für die Situation Wesentliche und führt die Argumentation exemplarisch mit drei gegebenen Primzahlen durch. Dies ist ein gutes Beispiel für die Methode des *paradigmatischen* Beweisens.

Aufgaben
1. Berechnen Sie die ersten Glieder der Euclid-Mullin Folge von Hand.
2. Schreiben Sie ein Programm zur Erzeugung der Glieder der Euclid-Mullin Folge.

Aufgabe: Zeigen Sie, dass für beliebige natürliche Zahlen a und b gilt:
$KGV(a,b) \cdot GGT(a,b) = a \cdot b$.

3.3.2 Inkommensurabilitätsbeweise

Die Vorstellung, dass es zwei Strecken geben soll, für die kein noch so winziges gemeinsames Maß existiert, erscheint den meisten Menschen zunächst als abwegig. „Wenn man die Maßstrecke nur hinreichend klein macht, notfalls ein Tausendstel, oder gar ein Millionstel Millimeter (oder noch viel kleiner), so muss es doch möglich sein, ein Maß zu finden, das in je zwei beliebigen Strecken aufgeht" – so oder ähnlich lautet gewöhnlich die Reaktion auf das „Kommensurabilitätsproblem".

Die Erkenntnis, dass es aber doch solche „inkommensurablen" Strecken gibt, löste bei den Griechen einen Schock aus. Sie kam in mehrfacher Weise wie ein Paukenschlag. Ausgerechnet die Pythagoreer, für die doch alles „Zahl" (d.h. „ganze" Zahl) war, entdeckten Strecken, deren Verhältnis sich nicht mit Hilfe von ganzen Zahlen darstellen ließ. Mehr noch, sie entdeckten diese Ungeheuerlichkeiten auch noch an den ihnen liebsten, hochgradig symmetrischen Figuren, dem Quadrat und dem Pentagramm – die Vollkommenheit dieser Figuren war damit in Frage gestellt. Die Grundlagen des Geheimbundes der Pythagoreer waren in Gefahr.

Satz: Seite und Diagonale eines Quadrats sind inkommensurabel.

Beweis: ABCD sei ein beliebiges Quadrat. Es ist zu zeigen, dass die Seite und die Diagonale kein gemeinsames Maß besitzen. Auch der folgende Beweis macht wieder von der Idee der *Wechselwegnahme* Gebrauch. Er stützt sich zur Verdeutlichung auf die folgende Abbildung.

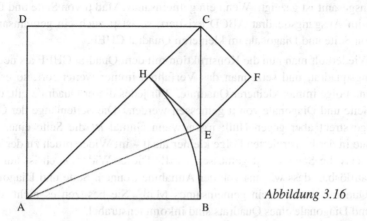

Abbildung 3.16

Wir nehmen, im Widerspruch zur Behauptung an, es gäbe ein gemeinsames Maß μ von Seite BC und Diagonale AC. H sei der Schnittpunkt der Diagonalen AC mit dem Kreis um A mit Radius AB. Da das Maß μ die Strecken AC und AH (=AB) misst, muss es auch die Reststrecke HC messen.

E sei der Schnittpunkt des Lotes auf AC in H mit der Seite BC. Das Dreieck ECH ist gleichschenklig (∠HCE = ∠HEC = ein halber rechter Winkel). Also ist HC=HE.

Auf HE wird in E und auf HC in C jeweils das Lot errichtet; die Lote schneiden sich in F. Das Viereck CHEF ist nach Konstruktion ein Rechteck. Wegen HC=HE ist es sogar ein Quadrat. Die Seiten des Quadrats CHEF werden von μ gemessen (denn es wurde bereits gezeigt, dass μ die Strecke HC misst).

Die Dreiecke AEH und AEB sind kongruent, denn sie stimmen in zwei Seiten und dem der größeren Seite gegenüberliegenden Winkeln überein („Kongruenzsatz" SsW): Die Seite AE ist beiden Dreiecken gemein, AB=AH nach Konstruktion und die rechten Winkel ∠ABE bzw. ∠AHE liegen der jeweils größeren Dreiecksseite gegenüber. Aus der Kongruenz der Dreiecke folgt HE=BE.

Das Maß μ misst mit HC und HE also auch die (gleichlange) Strecke BE. Die Strecke BC misst es nach Voraussetzung, also muss es auch die Reststrecke EC (d.h. die Diagonale des neu konstruierten Quadrats CHEF) messen.

Insgesamt ist gezeigt: Wenn ein gemeinsames Maß μ von Seite und Diagonale im Ausgangsquadrat ABCD existiert, so ist μ auch ein gemeinsames Maß von Seite und Diagonale im kleineren Quadrat CHEF.

Wiederholt man nun die Konstruktion mit dem Quadrat CHEF als neuem Ausgangsquadrat, und setzt man das Verfahren immer weiter fort, so erhält man eine Folge immer kleinerer Quadrate. Für jedes dieser Quadrate gilt, dass seine Seite und Diagonale von μ gemessen werden. Die Seitenlänge der Quadratfolge strebt aber gegen Null; irgendwann einmal ist die Seite eines der Quadrate in der konstruierten Folge kleiner als μ – im Widerspruch zu der Tatsache, dass die Seite von μ gemessen wird! Dieser Widerspruch ist nur dadurch auflösbar, dass wir uns von der Annahme trennen, Seite und Diagonale eines Quadrats besäßen ein gemeinsames Maß. Sie besitzen es nicht, d.h., Seite und Diagonale eines Quadrats sind inkommensurabel.

Aufgabe: Untersuchen Sie, wie sich das Quadrat mit jedem Iterationsschritt
  verkleinert.

Der Philosoph und Mathematiker *Hippasos von Metapont* (etwa 450 v. Chr.) gehörte ebenfalls zum Geheimbund der Pythagoreer. Ihr Erkennungszeichen war das *Pentagramm*, das regelmäßige Fünfeck. Hippasos entdeckte (vgl. Abbildung 3.17), dass auch bei dieser Figur Seite und Diagonale inkommensurabel sind – schlimmer noch, er wagte es, diese Erkenntnis auch Nichtmitgliedern des Geheimbundes mitzuteilen. Hippasos wurde aus dem Bund ausgestoßen. Später kam er bei einem Schiffsunfall ums Leben – als Strafe für seinen Frevel, wie seine Gegner behaupteten.

Aufgabe: Inkommensurabilitätsbeweise werden heute nicht mehr so drastisch geahndet. Zeigen Sie deshalb (ähnlich wie im Falle des Quadrats mit Hilfe des Prinzips der Wechselwegnahme) die Inkommensurabilität von Seite und Diagonale des Pentagramms.

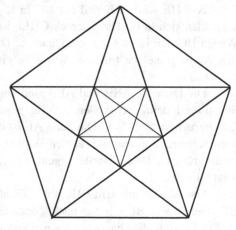

Abbildung 3.17

4 Fundamentale heuristische Strategien des algorithmischen Problemlösens

Draw a figure.
George Polya in How To Solve It

Der Begriff der *Heuristik* stammt aus dem Griechischen. Der Legende nach soll Archimedes, als er beim Bad in einer Wanne eine Möglichkeit für die Messung des Volumens allgemeiner Körper (durch Messung des verdrängten Wassers) entdeckte, auf die Straße gelaufen sein und lauthals *„heureka"* (ich hab's gefunden) ausgerufen haben. (Er war von der Entdeckung offenbar so begeistert, dass er in der Aufregung ganz vergaß, seine Toga anzulegen.) Als *Heuristik* wird heute ganz allgemein die Lehre vom Problemlösen bezeichnet. Die Heuristik ist universeller Natur und beileibe nicht nur auf den Bereich der Algorithmik oder der Informatik beschränkt. Allerdings sind gerade in diesen Wissenschaften allgemeine heuristische Verfahren intensiv untersucht, bewusst gemacht, operationalisiert, verfeinert und praxisnah umgesetzt worden.

Im Folgenden sollen die für das algorithmische Arbeiten wichtigsten heuristischen Verfahren an Problemen aus der Mathematik oder dem Bereich der praktischen Informatik unter besonderer Berücksichtigung schulischer Algorithmen dargestellt werden. Da viele dieser Entwicklungen heute aus dem englischsprachigen Raum kommen, ist häufig (wie auch sonst in der Informatik) die Verwendung der englischen Begriffe üblich. Die Wissenschaft übernimmt ihre Begriffe vorzugsweise von dort, wo sie entstanden sind. So sind z.B. zu Beginn des 20. Jahrhunderts Begriffe wie „Eigenwert" und „Eigenvektor" von der deutschen in die englische Sprache migriert.

4.1 Elementare Methoden

Im Laufe der Jahrtausende hat das methodologische Repertoire der Mathematik einen erheblichen Umfang und eine beachtliche Tiefenstruktur gewonnen. Zu den elementaren, „naiven", direkten Methoden (also den Methoden, die im Englischen als *straightforward* bezeichnet werden), sind raffiniertere, komplexere, effizientere Verfahren hinzugekommen. Die elementaren Verfahren sind dadurch jedoch nicht entwertet worden. Sie stellen natürliche („genetische") Zugangsformen für Nicht-Spezialisten, insbesondere für Schüler oder interessierte Laien dar. Hinzu kommt, dass komplexere Sachverhalte und

Methoden zunächst im elementaren Kontext entwickelt werden müssen. Die elementaren Methoden sind zudem in der Regel allgemeiner als die raffinierteren Verfahren, die häufig nur auf bestimmte Situationen oder Spezialfälle zugeschnitten sind. Raffiniertere Methoden setzen darüber hinaus im Allgemeinen einen sehr hohen Kenntnisstand in der jeweiligen Theorie voraus, der in der Regel erst in einem längeren, intensiven Lernprozess erworben wird. Letztlich geht es im pädagogischen Zusammenhang auch darum, den Gewinn richtig zu würdigen, der mit einem besonders raffinierten Verfahren verbunden ist – und das kann man nur dann, wenn man sich im Kontrast dazu auch mit den elementareren Verfahren beschäftigt hat, mit denen man sich vor der Entdeckung der raffinierteren Verfahren begnügen musste.

4.1.1 Die Methode der rohen Gewalt (brute force method)

Jedem algorithmischen Problem liegt ein *Zustandsraum* zugrunde. Das ist, grob gesprochen, die Gesamtheit aller von einer Ausgangssituation ausgehenden denkbaren Handlungen, bei einem Brettspiel z.B. die Gesamtheit aller denkbaren Spielverläufe. Das Vorgehen nach der Methode der rohen Gewalt entspricht dem systematischen, vollständigen Durchsuchen des kompletten Zustandsraumes nach Lösungen.

Die brute force method ist sehr allgemein und praktisch auf jedes Problem anwendbar. Die Methode führt bei „endlichen" Problemen im Prinzip stets zum Ziel – aber eben nur im Prinzip. Bei vielen Problemen ist der zu durchsuchende Zustandsraum so groß, dass eine unkritische Anwendung der Methode der rohen Gewalt einen enormen Zeitaufwand oder Speicherbedarf erfordern würde, z.B. einen Zeitaufwand, der größer ist als die geschätzte Existenzdauer des Weltalls (von etwa 10 bis 20 Milliarden Jahren) oder einen Bedarf an Speicherzellen, der größer ist als die Anzahl der Elementarteilchen im bekannten Universum, die von Physikern derzeit auf etwa 10^{85} „Quarks" geschätzt wird (vgl. Hawking 1988). Häufig muss man ein Problem erheblich einschränken, um die brute force method anwendbar zu machen. Auch dann, wenn die Anwendung der Methode zu Ergebnissen führt, ist sie dennoch meist höchst ineffizient.

Beispiel: Die Goldbachsche Vermutung

Die Goldbachsche[1] Vermutung besagt, dass jede gerade Zahl größer als 2 als Summe von zwei Primzahlen dargestellt werden kann. So ist z.B. $100 = 3 + 97$ (aber z.B. auch $47 + 53$). Das folgende sehr einfache Maxima-Programm liefert die additiven Zerlegungen der Zahl n als Summe von zwei Primzahlen. Dabei testet der Befehl `primep(x)` ob x eine Primzahl ist (`primep` soll so viel wie prime-property bedeuten) und `next_prime(y)` ermittelt die nächste auf y folgende Primzahl.

```
GoldbachZerlegungen(n) :=
  block([test : 2, G : [] ],
  while 2 * test <= n do
    (if primep(n - test)
       then G : append(G, [[test, n - test]]),
     test : next_prime(test)),
  G );
```

Der Aufruf

```
GoldbachZerlegungen(64)
```

liefert das Ergebnis

```
[[3,61],[5,59],[11,53],[17,47],[23,41]].
```

Das folgende Programm durchsucht den gesamten in Frage kommenden Zahlenraum und stoppt, wenn es ein Gegenbeispiel gefunden hat.

```
GoldbachVermutungGegenbeispiel(start) :=
  block([i : start, gefunden : false],
  while not gefunden do
    (if is(GoldbachZerlegungen(i) = [])
       then return(i),
     i : i+2) );
```

Die Programme `GoldbachZerlegungen` und `GoldbachVermutungGegenbeispiel` sind Beispiele für die Methode der rohen Gewalt.

Im Falle des Programms `GoldbachVermutungGegenbeispiel` stellt sich natürlich die Frage, ob es bei dem Eingabewert 4 jemals stoppt. Wenn es stoppen würde (was als nicht sehr wahrscheinlich angesehen wird), wäre der entsprechende Ausgabewert ein Gegenbeispiel für die Goldbachsche Vermutung.

---

[1] Christian Goldbach (1690–1764), deutscher Mathematiker

Die Methode der rohen Gewalt ist, wenn man so will, der letzte Strohhalm, an den man sich noch klammern kann, wenn man sonst keine besseren, effizienteren, „schlagkräftigeren" oder eleganteren Ideen zur Lösung des jeweiligen Problems hat. Sie hat auch in der frühen heuristischen Phase bei der Beschäftigung mit einem Problem die Funktion, dass man sich z.B. in bestimmten eingeschränkten Teilbereichen des Zustandsraums einen ersten Eindruck von der Sachlage und etwaigen Lösungen verschaffen kann.

Weitere Beispiele für die Anwendung der brute force method sind „kleine" Strategiespiele (wie z.B. Tic-Tac-Toe) oder die Lösung von Gleichungen über endlichen Grundmengen (z.B. ganzzahlige Lösungen einer quadratischen Gleichung zwischen 1 und 1 000). In einigermaßen typischen, komplexen Situationen versagt die Methode aber hoffnungslos. Für das Schachspiel oder für Go, ja schon für sehr viel einfachere Spiele, ist sie praktisch unbrauchbar.

4.1.2 Die gierige Strategie (greedy strategy)

Die gierige Strategie anzuwenden heißt, nach der folgenden Maxime vorzugehen:

> Erledige immer als nächstes den noch nicht bearbeiteten *fettesten* (d.h. größten oder kleinsten, teuersten, billigsten, ...) *Teilbrocken* des Problems.

Was dabei unter klein, groß, billig oder teuer zu verstehen ist, hängt vom jeweiligen Problem ab. Wenn anwendbar, führt die gierige Strategie meist zu recht guten, wenn auch nicht unbedingt immer zu optimalen Lösungen. Einer der Hauptvorteile der gierigen Strategie liegt in der Tatsache, dass der zusätzliche organisatorische Aufwand zur Durchführung des Verfahrens (der sogenannte „overhead") meist relativ gering ist. Die Kombination von geringem zusätzlichen Aufwand und im Allgemeinen gutem bis sehr gutem Erfolg ist ein wesentliches Merkmal dieser Strategie. Die gierige Strategie ist kein filigranes aber dennoch oft höchst wirkungsvolles und sehr „preiswertes" Instrument des Problemlösens.

Beispiel: Ägyptische Bruchrechnung

Die Ägypter hatten (mit Ausnahme des Bruches $2/3$) nur Symbole zur Darstellung von Brüchen des Typs $1/n$, also nur Symbole zur Darstellung von sogenannten *Stammbrüchen*. Wann auch immer im Verlaufe von Rechnungen ein (in unserer heutigen Terminologie) „gewöhnlicher" Bruch $\frac{a}{b}$ auftrat, wurde er als Summe von Stammbrüchen dargestellt; zum Beispiel:

$$\frac{2}{5} = \frac{1}{3} + \frac{1}{15} \quad \text{oder} \quad \frac{3}{7} = \frac{1}{3} + \frac{1}{11} + \frac{1}{231}.$$

Triviale Zerlegungen mit lauter gleichen Nennern waren verboten.

In dieser Situation stellt sich aus unserer heutigen Sicht die Frage: Wie kommt man, bei vorgegebenem gewöhnlichen Bruch zu einer solchen Stammbruchdarstellung? Gibt es einen Algorithmus, der stets eine Stammbruchdarstellung liefert? Im Laufe der Zeit wurden verschiedene solche Algorithmen von unterschiedlicher „Raffinesse" entdeckt. Es ist jedoch naheliegend, zunächst einmal im Sinne der gierigen Strategie an das Problem heranzugehen.

Die *gierige Strategie* für die Stammbruchzerlegung: Gegeben sei also ein gewöhnlicher Bruch $\frac{a}{b}$, für den eine Stammbruchzerlegung gefunden werden soll. Wir halten zunächst fest, dass die Stammbrüche in natürlicher Weise der Größe nach angeordnet werden können: $\frac{1}{2} > \frac{1}{3} > \frac{1}{4} > ... > \frac{1}{n-1} > \frac{1}{n} > \frac{1}{n+1} > ...$

Es erscheint naheliegend, nach der folgenden Strategie vorzugehen:

1. Man suche den größten Stammbruch, der kleiner oder gleich $\frac{a}{b}$ ist; dies sei der Stammbruch $\frac{1}{c}$.

2. Man ziehe diesen Stammbruch von $\frac{a}{b}$ ab; als Differenz erhält man einen neuen (kleineren) Bruch $\frac{a_1}{b_1} := \frac{a}{b} - \frac{1}{c}$.

3. Nun verfahre man mit dem neuen Bruch $\frac{a_1}{b_1}$ wie mit $\frac{a}{b}$. Man erhält einen noch kleineren neuen Bruch $\frac{a_2}{b_2}$. Auch auf diesem Bruch wende man das geschilderte Verfahren an.

4. Das Verfahren ist zu Ende, wenn sich in Schritt 2 als Differenz die Zahl
   Null ergibt.

Wenn das Verfahren im Sinne des vierten Schrittes abbricht, so ist die Summe
der ermittelten Stammbrüche offensichtlich eine additive Stammbruchzerlegung des Ausgangsbruches $\frac{a}{b}$. Der Nachweis, dass das Verfahren stets abbricht, wurde zuerst von Leonardo von Pisa (Fibonacci) erbracht. Der Beweis,
auf den hier nicht eingegangen werden soll, ist z.B. nachzulesen in dem Buch
Elementare Zahlentheorie (Remmert / Ullrich 1987). Er basiert auf der Beobachtung, dass die Zähler der (gekürzten) Differenzbrüche eine streng monoton
fallende Folge natürlicher Zahlen bilden.

Aufgabe: Zeigen Sie, dass die Zähler der Differenzbrüche in dem oben dargestellten Verfahren eine streng monoton fallende Folge bilden, und begründen Sie, dass das Verfahren stets abbricht.

Das folgende Mathematica-Programm ist eine Realisierung dieses Stammbruch-Algorithmus im Sinne der gierigen Strategie.

```
Stammbruch[a_, b_] :=
   Module[{x, n, t},
      n=1; x=a/b; t={Floor[x]}; x=x-Floor[x];
      While[x>0,
         n=n+1;
         If[x>=(1/n), x=x-1/n; t=Append[t,1/n] ] ];
      Return[t] ]
```

Für jede reelle Zahl x liefert der Aufruf `Floor[x]` die größte ganze Zahl, die
kleiner oder gleich x ist (in der traditionellen mathematischen Notation wird
meist die „Gaußsche Klammer" [x] an Stelle von `Floor[x]` verwendet).
Die Operation `x=x-Floor[x]` hat also zur Folge, dass der Ganzzahl-Anteil
von der Variablen `x` abgezogen wird, dass `x` also durch seinen reinen
„Komma-Anteil" ersetzt wird.

Während im obigen Programm noch stur alle natürlichen Zahlen auf ihre Eig-
nung hin durchsucht werden, wird in der folgenden, erheblich effizienteren
Version direkt der nächste abzuziehende Stammbruch ermittelt. Im Sinne der
gierigen Strategie ist dies der größte Stammbruch „unterhalb" von x. Der Kern
des Algorithmus basiert auf der folgenden Beobachtung: Ist x ein (positiver)
Bruch, so gilt für jede positive natürliche Zahl n:

$$x \geq \frac{1}{n} \Leftrightarrow n \geq \frac{1}{x}$$

Der gesuchte *größte* Stammbruch $\dfrac{1}{n}$ *unterhalb* von x entspricht also der *kleinsten* natürliche Zahl n *oberhalb* von $\dfrac{1}{x}$. In Mathematica liefert uns der Aufruf Ceiling[1/x] diese Zahl n. Die effizientere Variante des Programms lautet:

```
StammbruchEffizienter[a_, b_] :=
  Module[{x, n, t},
    x=a/b; t={Floor[x]}; x=x-Floor[x];
    While[x>0,
      n=Ceiling[1/x];
      x=x-1/n;
      t=Append[t,1/n] ];
    Return[t] ]
```

Einige Aufrufbeispiele:

```
Stammbruch[2, 5]  = 1/3 + 1/15
Stammbruch[3, 7]  = 1/3 + 1/11 + 1/231
Stammbruch[2, 13] = 1/7 + 1/91
```

Das folgende Beispiel zeigt, dass die gierige Strategie nicht immer die besten Ergebnisse liefert:

```
Stammbruch[9, 20] = 1/3 + 1/9 + 1/180
```

Zum Vergleich (bei einer etwas weniger gierigen Vorgehensweise):

$$\frac{9}{20} = \frac{1}{4} + \frac{1}{5}.$$

(An dieser Stelle sei nebenbei angemerkt, dass das Thema „ägyptische Bruchrechnung und Stammbrüche" sehr viele schöne Übungsmöglichkeiten zur Bruchrechnung liefert.)

Die gierige Strategie führt schon bei relativ harmlos aussehenden Brüchen zu Stammbruchdarstellungen mit außerordentlich großen Nennern:

```
Stammbruch[5, 31] =
1/7 + 1/55 + 1/3979 + 1/23744683 + 1/1127619917796295
```

Ein weniger gieriges Verfahren liefert: $\dfrac{5}{31} = \dfrac{1}{8} + \dfrac{1}{30} + \dfrac{1}{372} + \dfrac{1}{3720}.$

Hier ein noch extremeres Beispiel, dessen Berechnung in der ersten (ineffizienten) Version des Stammbruch-Algorithmus aus offensichtlichen Gründen außerordentlich zeitaufwendig wäre:

```
StammbruchEffizienter[11, 199]  = 1/19 + 1/379
 + 1 / 159223 + 1 / 28520799973
 + 1 / 92964117837133840861
```

```
+ 1 / 100827150727759239112374252803663417473068l
+ 1 / 121993371886539365536463536806812475671312292 88
113338037867533982110728429484845378 33
+ 1 / 186029784803093665474260839913582139556527440 49
172585333933051473195240095517446845794056490807121802544 0778
073594917951315414364184289245808853654498715375740102588 2029
+ 1 / 461427744451804518464659183232646741135927771 13
359744160828818149864055158885335623320697830678949818509 2448
555334519016077150646002440612786809695136063758274289834 858
262576425271895218431296391169922044160278696744025988461 1658
112124285483283507954326916377593924740308792863127854001 3219
005789996873769359439266988487819344887432709 3
+ 1 / 319373345024819723358653076301392280001870609 41
658399518862518849553429993133277230560087986574331290756 2321
257759988638909632638135892668794066945613509529886628507 5705
337113381917977000360904681520398217910879800530811325813 4895
569927488690118483730232440759428946809423088883213533183 331
831589772702945823153888558609898198946021788527196742446 3995
177739868308369472399967441843572655752351953577001501928 7382
321071804865681731226989916286199314883016472947639367666 2513
682027596918103991950925988922754137770352751823184856527 1387
100004127252444051926205400895394302936525732537083903776 1555
465335452562216651250516983405134378252470216494582635109 7817
12938341456418881
+ 1 / 203998667024685082285342708026863660770353833 04
309581350063508724601887753764023854745753833807011792759 2663
390929392037503778100693883460268328250445667134580048161 1955
97490657735810996675351389943620972575 67
... 972 Ziffern weggelassen ...
166050489690020453974824053091156063468032244658847276378 583
976558863377001620905587457279249893217577849408911646165 4628
549726895871636209026849103988563732410165441
```

Ein raffinierterer Algorithmus (Stichwort: Fakultäts-Strategie) liefert die folgende sehr viel kürzere Darstellung:

$$\frac{11}{199} = \frac{1}{24} + \frac{1}{120} + \frac{1}{199} + \frac{1}{4776} + \frac{1}{23880}$$

Aufgabe: Formulieren Sie (mindestens zwei verschiedene) Optimalitätskriterien für die ägyptische Stammbruchdarstellung und zeigen Sie an Hand geeigneter Beispiele, dass die Kriterien nicht ohne weiteres miteinander verträglich sind.

Beispiel: Arbeitsplanung (job scheduling)

Eine Firma verfügt über eine Reihe gleichartiger Arbeitsplätze zur Erledigung anfallender Aufträge. Um etwas Bestimmtes vor Augen zu haben, stellen wir uns eine Kfz-Reparaturwerkstatt mit gleichartigen Hebebühnen vor. Jeden Morgen müssen die vorliegenden Aufträge (jobs) auf die einzelnen Arbeitsplätze (Prozessoren) verteilt werden. Die Erledigung der jobs sei voneinander unabhängig, d.h., die jobs können in beliebiger Reihenfolge und auf beliebige Prozessoren verteilt werden. Die Zeitspanne vom Beginn des ersten bis zur Beendigung des letzten jobs wird als die *Gesamtzeit* bezeichnet. Die Verteilung der jobs soll so erfolgen, dass diese Gesamtzeit minimiert wird. Dies ist z.B. dann besonders plausibel, wenn die Werkstatt von einem Kunden für die Dauer der Gesamtzeit angemietet werden muss. (Eine ähnliche Problemstellung liegt bei der Verteilung der jobs in einem „multi-user" Computersystem vor.)

Es seien z.B. die folgenden jobs zu verteilen:

Job	A	B	C	D	E	F	G	H	I	K
Dauer	120	80	80	60	100	60	160	50	40	110

Im Falle von 3 Arbeitsplätzen (Prozessoren) ergibt die gierige Strategie die folgende Verteilung:

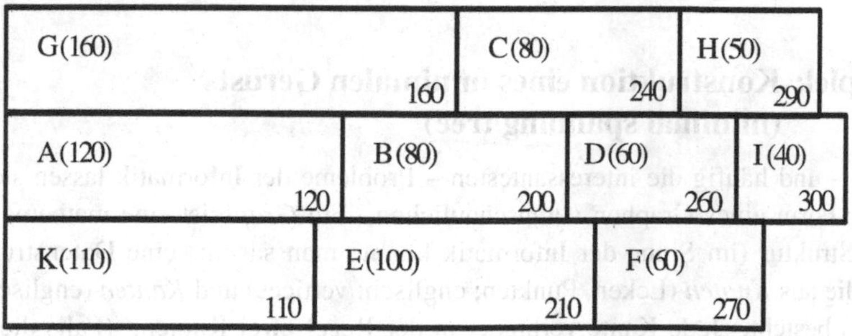

Abbildung 4.1

Das folgende einfache Beispiel mit nur zwei Arbeitsplätzen zeigt, dass die gierige Strategie auch im Bereich des „job scheduling" nicht immer zu der optimalen Lösung führt.

Job	A	B	C	D	E
Dauer	3	3	2	2	2

Die gierige Strategie liefert die folgende Verteilung mit der Gesamtzeit 7:

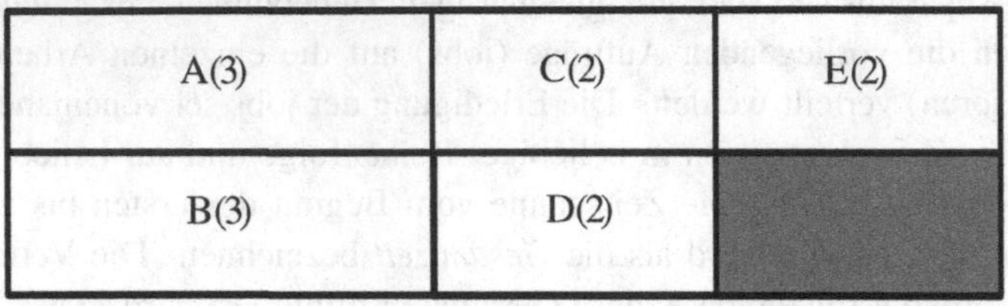

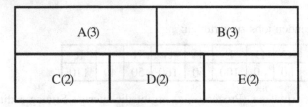

Abbildung 4.2

Die folgende (weniger gierige) Verteilung benötigt dagegen nur die Gesamtzeit 6:

Abbildung 4.3

Beispiel: Konstruktion eines minimalen Gerüsts (minimal spanning tree)

Viele – und häufig die interessantesten – Probleme der Informatik lassen sich in der Form eines Graphen veranschaulichen. Ein *Graph* ist eine mathematische Struktur (im Sinne der Informatik könnte man sagen: eine Datenstruktur), die aus *Knoten* (Ecken, Punkten; englisch: vertices) und *Kanten* (englisch: edges) besteht. Jede Kante verbindet in der Regel zwei Knoten. (Falls diese beiden Knoten zusammenfallen, spricht man von einer *Schlinge*; diese Art von Kanten wird im Folgenden aber keine Rolle spielen.) Die Kanten können, je nach Problemlage, *gerichtet* oder *ungerichtet*, *bewertet* (*gewichtet*) oder *unbewertet* (*ungewichtet*) sein. Ein Graph heißt *zusammenhängend*, wenn je zwei Knoten durch einen „Kantenweg" verbunden sind.

Graphen haben sowohl eine innermathematische als auch eine außermathemathematische Bedeutung. Sie sind bei der Modellierung vieler Anwenderprobleme sehr flexibel und universell einsetzbar. Netzwerke und Durchflussprobleme in Netzwerken werden oft mit Hilfe von Graphen modelliert. Dabei geht es oft um Optimierungsprobleme (Minimierung von Kosten, kürzeste Wege, maximale Durchflüsse, ...). Einen guten Überblick über die Fülle der Probleme gibt der Klassiker Busacker / Saaty (1968).

Graphentheoretische Algorithmen sind oft extrem rechenintensiv. Man muss sich deshalb in der Praxis oft mit Näherungslösungen begnügen. Mit der Zunahme der Rechenleistung von Computern hat aber die Praktikabilität graphentheoretischer Algorithmen deutlich zugenommen.

Im folgenden wird dies am Beispiel der Minimierung der Kosten für den Bau eines U-Bahn-Systems erläutert. Die graphentheoretische Interpretation führt zum Problem des Auffindens eines sogenannten minimalen Gerüsts.

Wir stellen uns vor, dass die Stadtteile einer Stadt durch ein neu zu bauendes U-Bahnsystem verbunden werden sollen. Im entsprechenden Graphen sind die Stadtteile als Knoten und die (sei es aus geologischen, wirtschaftlichen, politischen oder sonstigen Gründen) in Frage kommenden Verbindungen als Kanten dargestellt. Die ungerichteten Kanten sind durch die Baukosten bewertet.

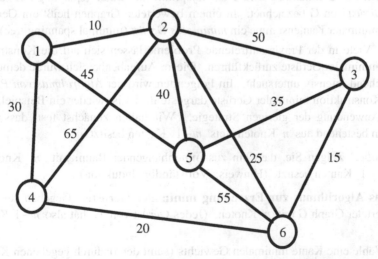

Abbildung 4.4

Das U-Bahnsystem soll möglichst kostengünstig so gebaut werden, dass jeder Stadtteil von jedem anderen Stadtteil aus (durch eine Direktfahrt oder durch die Fahrt entlang einer Kantenfolge) erreichbar ist. In der graphentheoretischen Interpretation bedeutet das, dass aus dem obigen Graphen mit allen möglichen in Frage kommenden Verbindungen ein Satz von Kanten so auszuwählen ist, dass jede Ecke mit jeder anderen Ecke über einen Kantenweg verbunden und dass die Summe der Kantengewichte minimal ist.

Kanten werden häufig durch das Paar (Anfangspunkt, Endpunkt) gekennzeichnet. Eine geschlossene Kantenfolge wie z.B. zwischen den Ecken 2, 3, 6 und 5

$$(2, 3) - (3, 6) - (6, 5) - (5, 2)$$

wird aus naheliegenden Gründen als *Zyklus* oder als *Kreis* bezeichnet. Es leuchtet unmittelbar ein, dass ein Lösungsgraph für das U-Bahnproblem keine Zyklen enthalten darf. Denn aus einem solchen Zyklus könnte man ohne weiteres eine Kante entfernen, ohne den Zusammenhang des Graphen zu zerstören – und der so reduzierte Graph wäre kostengünstiger als der den Zyklus enthaltende Graph.

Ein zusammenhängender Graph, der keine Zyklen enthält, wird als *Baum* bezeichnet. Ist G ein Graph und der Baum T ein Teilgraph von G, der alle Knoten von G enthält, so wird T als *aufspannender Baum* (spanning tree) oder als *Gerüst* von G bezeichnet. In einem bewerteten Graphen heißt ein Gerüst mit minimaler Kantensumme ein *minimales Gerüst* (minimal spanning tree).

Viele in der Praxis auftretende Probleme lassen sich auf die Konstruktion minimaler Gerüste zurückführen. Dieser Aufgabenbereich wurde dementsprechend intensiv untersucht. Im Folgenden wird der *Algorithmus von Prim* zur Konstruktion minimaler Gerüste dargestellt. Es ist wieder ein Beispiel für die Anwendung der gierigen Strategie. Wir halten zunächst fest, dass ein Baum bestehend aus n Knoten stets $n-1$ Kanten besitzt.

Aufgabe: Zeigen Sie, dass ein zusammenhängender Baum mit n Knoten $n-1$ Kanten besitzt. (Hinweis: Vollständige Induktion)

Prims Algorithmus zur Erzeugung minimaler Gerüste: Gegeben sei ein bewerteter Graph G mit n Knoten. (Jedes Gerüst von G hat also $n-1$ Kanten.)

1. Wähle eine Kante minimalen Gewichts (samt den dadurch gegebenen Knoten) aus.

Diese Kante mit ihren Knoten stellt den Anfangsbaum T dar, der im Folgenden systematisch zu einem minimalen Gerüst ausgebaut werden soll.

2. Solange der aufzubauende Baum T weniger als $n-1$ Kanten hat, führe folgendes aus:

Suche unter denjenigen Kanten mit einer Ecke in T und einer Ecke außerhalb von T eine mit minimalem Gewicht aus und füge sie (einschließlich des dadurch bestimmten Knotens) zu T hinzu.

Satz von Prim: Der mit Hilfe des Algorithmus von Prim konstruierte Teilgraph T ist ein minimales Gerüst des ursprünglich gegebenen Graphen G.

Beweisskizze: Der Teilgraph T ist nach Konstruktion kreisfrei (also ein Baum) und zusammenhängend. Dass der Algorithmus abbricht, folgt aus der Endlichkeit des Graphen G und der Tatsache, dass mit jedem Iterationsschritt in (2.) eine neue Kante (und eine neue Ecke) zum Teilgraphen T hinzukommt. Weiterhin enthält der Teilgraph T nach Beendigung des Algorithmus $n-1$ Kanten und somit alle n Knoten des ursprünglichen Graphen G. T ist nach der Terminierung des Algorithmus also ein Gerüst von G.

Die Minimalität des Gerüsts folgt aus seiner Konstruktion. Ein formaler Beweis dafür kann ggf. mit vollständiger Induktion nach der Anzahl K der Kanten im gegebenen Graphen G geführt werden.

Angewandt auf den in Abbildung 4.4 gegebenen Graphen werden die Kanten durch den Algorithmus von Prim folgendermaßen ausgewählt:

1. $k_1 = (1, 2)$ Gewicht = 10
2. $k_2 = (2, 6)$ Gewicht = 25
3. $k_3 = (6, 3)$ Gewicht = 15
4. $k_4 = (6, 4)$ Gewicht = 20
5. $k_5 = (3, 5)$ Gewicht = 35

In der folgenden Graphik ist das minimale Gerüst durch die dick gezeichneten Kanten dargestellt.

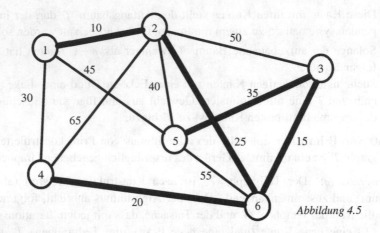

Abbildung 4.5

Schließlich ist an dieser Stelle noch eine relativierende Bemerkung angebracht. Natürlich werden U-Bahnen in der Regel nicht auf einen Schlag und auch nicht ausschließlich nach den Kriterien von minimalen Gerüsten gebaut. Aber die Optimierungs-Problematik lässt sich trotzdem an dem Beispiel gut erläutern. Dieselbe Lösungsstrategie lässt sich bei einer Fülle ähnlicher Problemstellungen in zusammenhängenden Netzwerken anwenden (Minimierung von Kosten bei Straßennetzen, Telephonnetzen, Verkehrsnetzen, elektrischen Netzwerken).

4.2 Methoden, die sich stark am Einsatz von Computern orientieren

Viele Techniken des Problemlösens sind inhärent algorithmischer Natur: Die Lösung des jeweiligen Problems wird im Verlaufe eines längeren, aus Elementarschritten bestehenden Prozesses aufgebaut. Es ist deshalb nur natürlich, dass Mathematik und Informatik im Laufe der Jahrhunderte eine Reihe spezifischer algorithmischer Techniken des Problemlösens entwickelten oder für ihre Ziele adaptierten.

4.2.1 Modularität

Mach es so einfach wie möglich, aber nicht einfacher.
Albert Einstein

Eine fundamentale Methode bei jeder Art des Problemlösens ist die Vorgehensweise nach dem *Baukastenprinzip*. Dies bedeutet, dass ein komplexes, unübersichtliches Problem zunächst in kleinere, einfacher zu handhabende Teilprobleme zerlegt wird. Diese Zerlegung kann u.U. auch kaskadenartig in mehreren Stufen erfolgen. Man versucht dann, zuerst die einzelnen Teilprobleme zu lösen und diese Einzellösungen danach zu einer Gesamtlösung des Ausgangsproblems zusammenzusetzen. Eine solche Vorgehensweise wird auch als *modular* bezeichnet. Schematisch lässt sich dies etwa folgendermaßen darstellen:

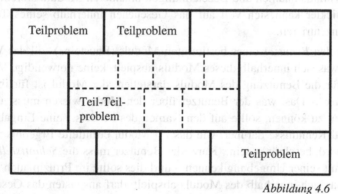

Abbildung 4.6

Mit dem modularen Arbeiten verbinden sich verschiedene Zielsetzungen. Zunächst einmal ist die Annahme plausibel, dass die Lösung der (einfacheren) Teilprobleme im Allgemeinen eher gelingt als die Lösung des (komplexen) Gesamtproblems. Entscheidend ist jedoch, dass man beim modularen Arbeiten nicht das Ganze aus den Augen verliert. Die Lösung aller Teilprobleme würde nichts oder nur wenig nützen, wenn diese Lösungen isoliert nebeneinander stünden. Ein wesentlicher Punkt der modularen Vorgehensweise liegt darin, dass von vornherein darauf geachtet wird, dass die einzelnen Teillösungen später wieder· zu einer Gesamtlösung des ursprünglichen Problems zusammengefügt werden können. Dies setzt voraus, dass auf die Definition der *Schnittstellen* zwischen den Moduln sehr viel Wert gelegt wird.

Für denjenigen, der einen bestimmten Baustein bearbeitet (also denjenigen, der ein bestimmtes Teilproblem löst), liegt ein wesentliches Ziel bei der Umsetzung des modularen Prinzips im *lokalen* Arbeiten. Nehmen wir konkret an, Frau Busse schreibt im Rahmen eines größeren Softwareprojekts einen Modul zur Realisierung der *Bessel*-Funktion. Dann wird sie in ihrem Programm u.a. eine Reihe von Hilfsvariablen benötigen. Herr Werner, der im Rahmen des Projekts an einem Modul für die *Weierstraßsche* Funktion arbeitet, benötigt ebenfalls eine Reihe von Hilfsvariablen. Lokales Arbeiten bedeutet nun für beide, dass jeder die Variablennamen verwenden kann, die er für sein Teilprojekt benötigt, ohne dass sie sich „in die Quere" kommen. Es muss möglich sein, den jeweiligen Modul so nach außen hin abzuschotten, dass intern benutzte Variablennamen und Bezeichnungen sich in keiner Weise mit den Variablennamen und Bezeichnungen in anderen Moduln stören. Jeder der Entwickler kann sich voll auf das Geschehen innerhalb seines Teilproblems konzentrieren.

Für den *Benutzer* eines bestimmten Moduls (Bausteins) soll das Wissen darüber, was sich innerhalb dieses Moduls abspielt, keine notwendige Voraussetzung für die Benutzung des Moduls darstellen; der Modul ist für ihn eine *„black box"*. Das, was der Benutzer über den Modul wissen muss, um ihn verwenden zu können, sollte auf den Namen des Moduls, seine Eingabeparameter und Kenntnisse darüber, wie das im Modul ermittelte Ergebnis weitergeleitet wird, beschränkt sein. Kurz: der Benutzer muss die *Schnittstellen* des Moduls mit seiner Umgebung kennen – und dies sollte im Prinzip auch ausreichen. Was sich innerhalb des Moduls abspielt, darf ansonsten das Geschehen außerhalb des Moduls nicht beeinflussen. Diese Forderung wird gelegentlich auch als das Prinzip des *„information hiding"* bezeichnet. Ich halte diesen Begriff für sehr unglücklich gewählt, denn es hat nichts mit dem Verstecken von Information zu tun, wenn der Benutzer eines Moduls nicht über jede Nebensächlichkeit innerhalb des Moduls informiert wird. So ist es z.B. bei richtig durchgeführter Modularisierung völlig belanglos, welche Namen der Autor des Moduls für lokale Variablen verwendet hat – und wenn diese „Information" vom Benutzer ferngehalten wird, dann wird ihm nicht etwa eine echte Information entzogen, sondern er wird nur nicht mit unbedeutenden Detailinformationen überschüttet. Man sollte in diesem Fall also nicht von *„information hiding"* sondern von *„trivia hiding"* sprechen. Bei guter Modularisierung werden Trivialitäten vom Benutzer ferngehalten – aber keine echten, für ihn wesentlichen Informationen.

Die Bedeutung der *Schnittstellenproblematik* beim modularen Arbeiten kann dagegen kaum überbetont werden. In der konkreten Programmierpraxis wird sie leider oft etwas lieblos behandelt; eines der sichersten Indizien für einen Fall von „quick and dirty"-Programmierung ist mangelnde Modularisierung oder die schludrige Definition der Schnittstellen. Schnittstellen richtig zu definieren heißt, ein sicheres Gespür für die *„natürlichen Parameter"* eines Problems zu entwickeln – und diese in die Parameterstruktur der Moduln zu übertragen. Dies ist nicht zuletzt auch eine der Stellen, wo die ästhetische Qualität des algorithmischen Arbeitens in besonderer Weise zur Geltung kommt.

Das Prinzip der Modularität ist grundlegend für jede nichttriviale Form der Computerprogrammierung. Die Vorteile des modularen Vorgehens liegen vorrangig im Gewinn an „kognitiver Effizienz" (vgl. Abschnitt 5.2) durch eine problemnahe Gliederung des Programms (bzw. Algorithmus). Sie werden besonders deutlich

- in der *Phase des Problemlösens* durch die mit der Modularität verbundenen Chancen zur Reduktion von Komplexität durch problemnahe Gliederung und klare Strukturierung; dies insbesondere auch
- bei der *Entwicklung großer Projekte* (Zerlegung eines Großprojekts in Teilprojekte für mehrere Arbeitsgruppen)
- beim *Nachweis der Korrektheit* von Programmen (bessere Überschaubarkeit durch lokales Arbeiten)
- bei der *Fehlersuche* (bessere Möglichkeiten beim Lokalisieren und Identifizieren von Fehlern)
- bei der *Pflege und Wartung* von Programmen (insbesondere durch die mit der Modularisierung verbundene verbesserte Dokumentation)

Sprachkonstrukte, die eine modulare Vorgehensweise ermöglichen, sind heute unverzichtbarer Bestandteil jeder „ordentlichen" Programmiersprache.

Modularität spielt sowohl im Bereich der Algorithmen als auch im Bereich der Datenstrukturen eine Rolle. Bei den Datenstrukturen tritt die Modularität in der Form von voll strukturierten und beliebig hierarchisierbaren Datentypen auf. Neben dieser programminternen Modularisierung kann man in vielen Programmiersprachen einzelne, häufig benötigte Moduln auch auf externe Datenträger (z.B. eine Festplatte oder eine Internet-Platform) auslagern und von verschiedenen Programmen aus benutzen. Modularität ist somit also auch die Voraussetzung für den Aufbau von Software-Bibliotheken. Auch die mit den Begriffen „Abstraktion" und „Objektorientierung" verbundenen Ziel-setzungen sind letztlich Spielarten des Prinzips der Modularisierung. Die Mo-dularität stellt eine der wichtigsten „fundamentalen Ideen" der Informatik dar. Erst durch das Prinzip der Modularität wird der Computer zum *Denkwerkzeug*.

Das Prinzip der Modularität ist jedoch beileibe nicht auf den Bereich der Informatik beschränkt. Es ist ein fundamentales Prinzip für jegliches mensch-liche Problemlösen, für jegliche Erkenntnisgewinnung. So ist z.b. die Tech-nik, menschliches Wissen begrifflich zu strukturieren, eine der wichtigsten philosophischen Ausprägungen von Modularität: jeder *Begriff* ist ein Bau-stein, ein Modul menschlichen Wissens. Das Prinzip der Modularität ist also auch außerhalb der Informatik von größter Bedeutung, aber die Informatik hat wichtige Techniken entwickelt, um Modularität zu realisieren; bei der Pro-grammierung von Computern z.B. mit Hilfe von Blockstrukturierung, Proze-durkonzept, Funktionskonzept, komplexen Datenstrukturen, Parameterüber-gabe-Techniken und vieles mehr. Auf diese Dinge wird in Kapitel 8 im Zu-sammenhang mit der Diskussion konkreter Programmiersprachen noch aus-führlicher eingegangen.

4.2.2 Rekursion

Die *Rekursion* – in all ihren Spielarten – ist nicht nur ein fundamentales heu-ristisches Prinzip, sondern gemeinsam mit der Modularität eine grundlegende Methode der Erkenntnisgewinnung durch Strukturierung. Aus phänomeno-logischer Sicht heraus stellt sich die Rekursion als *Selbstähnlichkeit* dar. In dieser Form kommt sie gelegentlich in Ornamenten oder in der darstellenden Kunst vor. Die russischen „Matrjoschka"-Puppen[1], wo eine Puppe eine Serie verkleinerter Puppen enthält, stellen eine Veranschaulichung der Rekursion dar. Eines der populärsten Beispiele für Selbstähnlichkeit ist die in den letzten Jahren in vielfältiger Weise diskutierte und dargestellte *Mandelbrot[2]-Menge*.

Die Rekursion ist auch – grundlagentheoretisch gesehen – eines der wichtigsten fundamentalen Prinzipien beim Aufbau der Mathematik. Aus die-ser Sicht ist sie auf das engste mit dem Prinzip der *vollständigen Induktion*

---

[1] gelegentlich auch als „Babuschka"-Puppen bezeichnet
[2] Benoit Mandelbrot (1924–2010), polnischer Mathematiker

verbunden (man vergleiche dazu Abschnitt 3.3). Rekursion und vollständige Induktion sind so etwas wie zwei Seiten derselben Medaille.

Aus der Sicht der Informatik kann man die Rekursion auch als eine Spielart der Modularität ansehen. Während Modularität auf der Zerlegung eines komplexen Problems in (kleinere, aber im Prinzip beliebige) Teilprobleme beruht, bedeutet Rekursion die Zerlegung eines Problems in „kleinere Kopien desselben Problems", der Lösung des Problems in diesen kleineren Versionen und dem daraus erfolgenden Aufbau einer Lösung für das ursprünglich gegebene Problem.

Beispiel: Die Fakultätsfunktion ist für natürliche Zahlen n definiert durch

$$f(n) = \begin{cases} 1 & \text{(für } n=1) \\ n \cdot f(n-1) & \text{(für } n>1) \end{cases}$$

Die Berechnung des Wertes von f mit dem Argument $n=4$ wird zurückgeführt auf die Berechnung des Wertes von f mit dem kleineren Argument $n=3$ u.s.w.

$f(4) = ?$	$4 \cdot f(3)$				
	$f(3) = ?$	$3 \cdot f(2)$			
		$f(2) = ?$	$2 \cdot f(1)$		
			$f(1) = ?$	1 (nach Def.)	
		Also: $f(2) =$	$2 \cdot 1 = 2$		
	Also: $f(3) =$	$3 \cdot 2 = 6$			
Also: $f(4) =$	$4 \cdot 6 = 24$				

Ein „Programm" zur Berechnung der Fakultätsfunktion in Maxima:

```
f(n) := if n = 1 then 1 else n*f(n-1)
```

Der Aufruf f(123) liefert z.B. das Ergebnis

```
12146304367025329675766243241881295855454217088483382315328 91
81618292358923621676688311569606126402021707358352212940477 82
59109157041165147218602951990626164673073390741981495296000 00
0000000000000000000000000
```

Die obige Version der Fakultätsfunktion stellt die direkte Umsetzung der mathematischen Definition in die Syntax der Programmiersprache dar. Noch problemnäher ist ein Programm zur Berechnung der Fakultätsfunktion kaum zu formulieren.

In ähnlicher Weise führt die rekursive Formulierung von Algorithmen häufig zu äußerst eleganten, kompakten Lösungen. Mathematische Probleme eignen sich oft sehr gut für die Anwendung der Rekursion, denn weite Bereiche der Mathematik lassen sich auf dem Prinzip der Rekursion aufbauen (so z.B. die für fast die gesamte Mathematik fundamentale Theorie der natürlichen Zahlen). Rekursion bringt aber Laufzeit- und Speicherplatz-Probleme mit sich. Wie das oben ausführlich dargestellte Auswertungsbeispiel für $f(4)$ zeigt, muss man zur Auswertung einer rekursiven Funktion zunächst im *Hinlauf* vom gegebenen Argument (hier: $n=4$) zu einer „Anfangssituation" hinabsteigen (hier: $n=1$). Dabei bleiben zunächst einige Hilfsrechnungen offen. Im *Rücklauf* werden diese offenen Hilfsrechnungen dann Schritt für Schritt abgeschlossen und aus den so ermittelten Zwischenergebnissen wird schließlich das Endergebnis aufgebaut.

Im Falle der strukturell sehr einfachen Fakultätsfunktion sind also doppelte Wege bei der Auswertung zurückzulegen. Dies bringt einen gewissen Zeitverlust mit sich. Außerdem werden die im Hinlauf erzeugten Hilfsrechnungen zunächst offen gehalten (d.h. im Speicher in einem sogenannten „Rekursionsstack" abgelegt). Im Rücklauf kann dieser Speicher nach Abschluss der Hilfsrechnungen wieder freigegeben werden. Der Aufbau dieses Rekursionsstacks im Hinlauf belastet den Speicher des Computers und kann, wenn nicht genügend Speicherplatz zur Verfügung steht, dazu führen, dass die Auswertung abgebrochen werden muss.

Die Fakultätsfunktion ist strukturell eines der einfachsten Beispiele für Rekursion. Schon bei einfachen Funktionen mit „verzweigter" Rekursion (mehrere Rekursionsaufrufe im Körper des Programms) zieht das Schema von Hin- und Rücklauf den Aufbau eines komplexen Rekursionsbaumes (Berechnungsbaumes) nach sich. Dies führt in der Regel dazu, dass die Laufzeit des Programms sehr schnell ins Unermessliche anwächst. So ist z.B. die *Fibonacci*[1]-*Funktion* mathematisch folgendermaßen definiert:

---

[1] Leonardo von Pisa (etwa 1170–1250), genannt Fibonacci, italienischer Mathematiker, Rechenmeister und Handelsreisender

$$fib(n) = \begin{cases} 0 & (\text{für } n = 0) \\ 1 & (\text{für } n = 1) \\ fib(n-1) + fib(n-2) & (\text{für } n > 1) \end{cases}$$

Man kann diese Funktion in vielen Programmiersprachen ganz entsprechend rekursiv programmieren, so z.B. in Mathematica:

```
fib[n_] := Which[n==0, 0,
                 n==1, 1,
                 n>1,  fib[n-1]+fib[n-2] ]
```

Die Auswertung des Aufrufs `fib[33]` (ein geradezu winziger Wert für n) benötigt knapp eine Minute – und bei Vergrößerung des Arguments von n auf $n + 1$ verdoppelt sich in etwa die Laufzeit. Unter Effizienzgesichtspunkten ist die obige rekursive Formulierung des Algorithmus also praktisch unbrauchbar. (Gelegentlich können rekursiv formulierte Algorithmen aber auch sehr schnell sein. Dies ist besonders bei den im nächsten Abschnitt unter dem Stichwort „Teile und Herrsche" beschriebenen Algorithmen der Fall.)

Eine der am häufigsten angewandten Praktiken, um das Laufzeitverhalten rekursiver Funktionen zu verbessern, besteht in dem Versuch, den Algorithmus in eine *iterative* Version zu überführen. Dies ist nicht immer ohne weiteres möglich; bei der Fibonacci-Funktion ist es jedoch ziemlich einfach:

```
fibit[n_] :=
  Module[{f0=0, f1=1, f2=1, i=0},
     While[i<n, (i=i+1; f0=f1; f1=f2; f2=f0+f1)];
     Return[f0] ]
```

Die Laufzeit des Aufrufs `fibit[33]` ist aufgrund ihrer Kürze praktisch nicht messbar. Für den Aufruf `fibit[100000]` benötigt Mathematica knapp 0,7 Sekunden – die rekursive Version würde dazu Tausende von Jahren brauchen. Die hier angegebenen konkreten Zeitwerte sind nur als Vergleichswerte interessant; ihre absolute Größe hängt natürlich von der Prozessorgeschwindigkeit ab. Für eine eingehendere Analyse von Effizienzfragen bei der Auswertung der Fibonacci-Funktion sei auf Abschnitt 5.1 verwiesen.

Rekursives Denken kann eine sehr mächtige Problemlösestrategie sein. Als Beispiel für einen typischen nichtnumerischen rekursiven Algorithmus behandeln wir das Spiel

Turm von Hanoi

Gegeben sind drei Stäbe (ein Startstab, ein Hilfsstab und ein Zielstab) sowie eine bestimmte Anzahl (in der Abbildung: 4) verschieden großer, gelochter Scheiben.

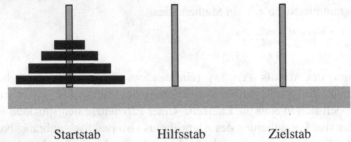

Startstab   Hilfsstab   Zielstab

Abbildung 4.7

Die Aufgabe besteht nun darin, den Stapel von Scheiben so vom Startstab unter möglicher Verwendung des Hilfsstabes auf den Zielstab zu transportieren,

- dass immer nur eine Scheibe bewegt wird, und
- dass nie eine größere Scheibe auf einer kleineren Scheibe liegt.

Es wird erzählt, dass ein Mönch von Buddha den Auftrag bekommen habe, diese Aufgabe mit einem Stapel von 100 goldenen Scheiben durchzuführen. Wenn er fertig sei, sei das Ende der Welt gekommen. Der Mönch dachte sich: „Diese Aufgabe ist wohl zu schwer für mich allein – mein ältester Schüler soll mir dabei helfen." Er rief den Schüler zu sich und erläuterte ihm seinen Plan: *„Lege Du die obersten 99 Scheiben nach der gegebenen Regel vom Startstab unter Verwendung des Zielstabes (als zeitweiligem Hilfsstab) auf den Hilfsstab (als zeitweiligem Zielstab). Wenn Du damit fertig bist, lege ich die unterste Scheibe des Startstabes auf den Zielstab. Danach lege Du die 99 Scheiben vom Hilfsstab unter Verwendung des Startstabes auf den Zielstab. Wenn Du mit dem zweiten Teil Deines Auftrages fertig bist, sind insgesamt alle 100 Scheiben entsprechend der Regel vom Startstab auf den Zielstab gebracht worden, und das Werk ist vollendet."* Der älteste Schüler des Mönchs dachte sich: „Das ist eine ziemlich schwere Aufgabe". Aber er war ein sehr gelehriger Schüler und rief den zweitältesten Schüler zu sich, damit er ihm helfe ...

Die in dieser Geschichte liegende Grundidee wird im Folgenden rekursiven Algorithmus in Mathematica umgesetzt:

```
hanoi[n_, start_, hilf_, ziel_] :=
  If[ n==1, {{start, ziel}},
            Join[hanoi[n-1, start, ziel, hilf],
                 {{start, ziel}},
                 hanoi[n-1, hilf, start, ziel]] ]
```

Das Ergebnis des hanoi-Aufrufs ist stets eine Liste von Paarlisten, die als „Züge" zu interpretieren sind: {X, Y} bedeute „Zug von Stab X nach Stab Y".

Der Aufruf hanoi[4, A, B, C] ergibt insgesamt die folgende „Handlungsvorschrift":

```
{{A, B}, {A, C}, {B, C}, {A, B}, {C, A}, {C, B}, {A, B},
 {A, C},
 {B, C}, {B, A}, {C, A}, {B, C}, {A, B}, {A, C}, {B, C}}
```

Die Züge in der ersten Zeile entsprechen der ersten Hälfte der Züge des ältesten Schülers, der Zug {A, C} in der zweiten Zeile entspricht dem Zug des Mönchs, und die Züge in der dritten Zeile entsprechen der zweiten Hälfte der Züge des ältesten Schülers.

Das hanoi-Programm zerlegt den Aufruf hanoi[4, A, B, C] entsprechend der rekursiven Strategie in die Teilaktivitäten

- hanoi[3, A, C, B]

  mit dem Ergebnis (erste Zugfolge des ältesten Schülers):
  ```
  {{A,B}, {A,C}, {B,C}, {A,B}, {C,A}, {C,B}, {A,B}}
  ```
- „Direktzug" des Mönchs: {{A,C}} und
- hanoi[3, B, A, C]

  mit dem Ergebnis (zweite Zugfolge des ältesten Schülers):
  ```
  {{B,C}, {B,A}, {C,A}, {B,C}, {A,B}, {A,C}, {B,C}}
  ```

Die sich aus den Teilaufrufen ergebenden Teillisten werden durch die Funktion Join zur Ergebnisliste des Aufrufs

```
hanoi[4, A, B, C]
```

zusammengefügt. Der Modul hanoi ist eine Funktion mit vier Eingabeparametern und einer Liste von Paarlisten, den „Zügen", als Funktionswert. Er ist ein typisches Beispiel dafür, dass die Funktionswerte beim listenverarbeitenden funktionalen Programmieren hochgradig komplexer Natur sein können.

Aufgabe: 1. Geben Sie die Anzahl der Züge bei der obigen rekursiven Strategie als Funktion von der Anzahl n der Scheiben an.
2. Wie lange braucht der Mönch, um Buddhas Auftrag zu erledigen, wenn er für jeden Zug eine Sekunde benötigt?

Weitere typische Beispiele für die Anwendung rekursiver Strategien sind schließlich: elementarmathematische Algorithmen und Funktionen (siehe z.B. auch: Euklidischer Algorithmus), kombinatorische und graphentheoretische Probleme, eine Vielzahl von Spielen sowie die im Folgenden unter dem Stichwort „Teile und Herrsche" behandelten Probleme.

4.2.3 Das Prinzip „Teile und Herrsche" (divide et impera, divide and conquer)

Nach dem Prinzip „Teile und Herrsche" zerlegt man das gegebene Problem in (möglichst zwei annähernd gleich große) Teilprobleme, löst die Teilprobleme und setzt die Gesamtlösung aus den Teillösungen zusammen. Die Anwendung des Prinzips „divide and conquer" läuft meist auf eine rekursive Formulierung des Algorithmus hinaus.

Typische Beispiele für die Anwendung dieser Strategie sind „schnelle" Sortierverfahren: Quicksort, Mergesort (d.h. Sortieren durch Mischen) oder auch kombinatorische und graphentheoretische Algorithmen.

Quicksort

Die schnellere Version des in Abschnitt 2.1 beschriebenen Sortierverfahrens wird aus naheliegenden Gründen als *Quicksort* bezeichnet. Es ist ein besonders effizientes Sortierverfahren. Im Folgenden ist eine Realisierung des Quicksort in Mathematica gegeben.

Die zu sortierenden Daten seien in der Liste L gespeichert (auch andere Datentypen, etwa der des Feldes sind denkbar). Zunächst wird ein „Trennelement" TE aus der Liste L ausgewählt – zu diesem Zweck wird einfach das erste Element von L herangezogen. Die Hilfsfunktion kleiner „fischt" alle Elemente aus der Liste L heraus, die kleiner als das „Trennelement" TE sind. Entsprechendes gilt für die Hilfsfunktionen gleich und groesser. In den folgenden Programmen wird intensiv von der Funktion Prepend Gebrauch gemacht; sie tut im Wesentlichen das, was ihr Name besagt. Als Parameter verlangt sie eine Liste und ein Element (Objekt). Der Aufruf Prepend[A, B] bewirkt, dass eine Liste gebildet wird, deren Endstück mit der Liste A übereinstimmt und in die als erstes Element das Objekt B eingefügt wird. Diese Gesamtliste wird von Prepend als Funktionswert zurückgegeben. Ein Beispiel: Prepend[{U, V, W}, X] liefert das Ergebnis {X, U, V, W}. Die Funktion

Drop dient dazu, bestimmte Elemente aus Listen zu entfernen. Drop[L, 1] hat als Ergebnis eine Liste, die sich aus L dadurch ergibt, dass man das erste Element entfernt.

```
kleiner[TE_, L_] :=
  Which[
    L=={}, {},
    First[L] < TE,
      Prepend[kleiner[TE, Drop[L, 1]], First[L] ],
    First[L] >= TE, kleiner[TE, Drop[L, 1]] ]

gleich[TE_, L_] :=
  Which[
    L=={}, {},
    First[L] == TE,
      Prepend[gleich[TE, Drop[L, 1]], First[L] ],
    First[L] != TE, gleich[TE, Drop[L, 1]] ]

groesser[TE_, L_] :=
  Which[
    L=={}, {},
    First[L] > TE,
      Prepend[groesser[TE, Drop[L, 1]], First[L] ],
    First[L] <= TE, groesser[TE, Drop[L, 1]] ]

quicksort[L_] :=
  If[L=={}, {},
      Join[quicksort[kleiner[First[L], L]],
        gleich[First[L], L],
        quicksort[groesser[First[L], L]] ]]
```

Das Ergebnis des Aufrufs quicksort[L] setzt sich mit Hilfe der Listen-vereinigungs-Funktion Join zusammen aus den Ergebnissen der Aufrufe

```
quicksort[kleiner[First[L], L]]
gleich[First[L], L]    und
quicksort[groesser[First[L], L]]
```

Einige Aufrufbeispiele mit der Test-Liste Ltest.

```
Ltest = {6, 3, 7, 5, 19, 4, 6, 2, 5, 1,
         8, 9, 2, 6, 17, 5};

kleiner[6, Ltest]
Ergebnis: {3, 5, 4, 2, 5, 1, 2, 5}

gleich[6, Ltest]
Ergebnis: {6, 6, 6}

groesser[6, Ltest]
Ergebnis: {7, 19, 8, 9, 17}

quicksort[kleiner[6, Ltest]
Ergebnis: {1, 2, 2, 3, 4, 5, 5, 5}
```

```
quicksort[groesser[6, Ltest]
Ergebnis: {7, 8, 9, 17, 19}
```

Der Aufruf `quicksort[Ltest]` fügt die Teilergebnisse mit Hilfe der Funktion `Join` zusammen:

```
quicksort[Ltest]
  = Join[{1, 2, 2, 3, 4, 5, 5, 5}, {6, 6, 6},
         {7, 8, 9, 17, 19}]
  = {1, 2, 2, 3, 4, 5, 5, 5, 6, 6, 6, 7, 8, 9, 17, 19}
```

Das Prinzip „Teile und Herrsche" funktioniert dann am besten, wenn die Aufteilung des zu zerlegenden Objekts in zwei etwa gleich große Teilobjekte gelingt. Diesem Ziel sollen die Hilfsfunktionen `kleiner` und `groesser` dienen – die Einführung der Funktion `gleich` ist erforderlich, damit auf jeden Fall eine Zerlegung in *echt kleinere* Teillisten erfolgt. Das Ergebnis des Aufrufs der Hilfsfunktion `gleich` besteht, wie der Name schon sagt, aus lauter gleich großen Elementen; es braucht deshalb, im Gegensatz zu den Ergebnissen von `kleiner` und `groesser` nicht mehr sortiert zu werden.

In der obigen Version des Quicksort-Algorithmus wurde als Trennelement „ohne viel Federlesen" das erste Element der zu sortierenden Liste verwendet. Dieses Element, dessen Größe völlig zufällig ist, zerlegt die Liste im Allgemeinen nicht in zwei (im Durchschnitt annähernd) gleich große Teillisten. Wenn man mehr Aufwand bei der Auswahl des Trennelements betreibt, kann man günstigere Trennelemente bekommen. Der so verbesserte Quicksort-Algorithmus benötigt dann im Allgemeinen we-

Abbildung 4.8
Teile und Herrsche?

niger Zerlegungsschritte. Allerdings geht in die Effizienz-Bilanz dann noch
der erhöhte Aufwand zur Ermittlung des Trennelements ein. Bei größeren
Datenmengen kann sich dieser Zusatzaufwand aber durchaus lohnen.

Aufgabe: Verbessern Sie den oben gegebenen Quicksort-Algorithmus durch
die Bestimmung eines besseren („mittleren") Trennelements.

Die obige Version des Quicksort-Algorithmus hat unter Effizienzgesichtspunkten noch einen Nachteil, der ohne viel Aufwand beseitigt werden kann.
Die Aufrufe der Hilfsfunktionen kleiner, gleich und groesser bewirken
jeweils ein komplettes Durchlaufen der Liste L. Bei umfangreichen Listen
wäre dies sehr zeitaufwendig. Es ist wesentlich effizienter, die Teillisten der
kleineren, gleichen und größeren Elemente parallel „in einem Durchgang" zu
erstellen. Diesem Ziel dient in der folgenden Version die Funktion sep (für
„separiere"). Ihr Ergebnis ist eine Liste von drei Teillisten von L; den im Vergleich zum Trennelement kleineren, gleichen und größeren Elementen von L.

```
sep[L_, TE_] :=        (* fuer separiere *)
   Module[{L1=L, KL={}, GL={}, GR={} },
      While[L1 != {},       (* != ... ungleich *)
         Which[
            First[L1] < TE, AppendTo[KL, First[L1]],
            First[L1]== TE, AppendTo[GL, First[L1]],
            First[L1] > TE, AppendTo[GR, First[L1]] ];
         L1 = Rest[L1] ];
      Return[List[KL, GL, GR]] ]

qs[L_] :=     (* quicksort unter Verwendung von sep *)
   If[L=={}, {},
      Module[{S=sep[L, First[L]], KL, GL, GR},
         KL=First[S]; GL=First[Rest[S]]; GR=Last[S];
         Return[Join[qs[KL], GL, qs[GR] ] ] ] ]
```

Aufgabe: Gegeben sei eine *n*-elementige Menge *M*. Im ersten Schritt teile
man *M* in zwei möglichst gleichmächtige Teilmengen. Jede der resultierenden Teilmengen werde im zweiten Schritt wieder in zwei möglichst gleichmächtige Teilmengen zerlegt u.s.w.

Sei *s* die Schrittzahl, die notwendig ist, bis man durch dieses Verfahren zu
jeweils höchstens ein-elementigen Teilmengen gelangt. Drücken Sie *s* als
Funktion in Abhängigkeit von *n* aus. Stellen Sie das Wachstum dieser
Funktion im Schaubild dar.

4.3 Methoden, die im Zusammenhang mit der Bearbeitung von Bäumen und Graphen zur Anwendung kommen

Zur Lösung vieler Probleme ist ein *Suchbaum* durch den Zustandsraum zu durchlaufen. Solche Suchbäume können auf höchst unterschiedliche Weise gegeben sein. So wird z.B. bei der Ermittlung der Fibonacci-Zahlen mit Hilfe der in Abschnitt 4.2.2 beschriebenen rekursiven Funktion in der Auswertungsphase ein *Berechnungsbaum* durchlaufen. Ein derartiger Baum ist in Abschnitt 5.1 im Zusammenhang mit der Diskussion der Effizienz von Algorithmen ausführlich dargestellt. Bei der Abarbeitung vieler Algorithmen (so z.B. bei dem weiter unten dargestellten *Damen-Problem* oder dem klassischen *Rucksack-Problem*) wird ein *Entscheidungsbaum* durchlaufen, der garantiert, dass die Lösung des Problems gewissen vorgegebenen Bedingungen genügt.

Was als „Knotenmenge" bzw. „Kantenmenge" des Baumes zu interpretieren ist, hängt vom jeweiligen Problem ab. Oft erweist es sich als notwendig, in einem solchen Suchverfahren jeden Knoten und jede Kante des Suchbaumes zu durchlaufen. Gelegentlich reicht es aber auch, nur die Knoten systematisch zu untersuchen. Im Allgemeinen wächst der Suchbaum eines Problems sehr stark (oft exponentiell) in Abhängigkeit von den „Parametern" des Problems an. Man wird es deshalb in der Regel zu vermeiden versuchen, Suchbäume vollständig zu durchlaufen und letzteres nur tun, wenn es unbedingt notwendig ist. Es gibt verschiedene Strategien („Heuristiken"), um das Durchlaufen von Suchbäumen abzukürzen. Eine davon, das sogenannte „Backtracking", wird in Abschnitt 4.3.2 noch ausführlicher dargestellt. Dennoch bleibt manchmal nichts anderes als ein vollständiges Durchlaufen des jeweiligen Suchbaums übrig. Auch dies ist dann ein Beispiel für die Anwendung der Methode der rohen Gewalt.

4.3.1 Systematisches Durchlaufen von Baumstrukturen

Für das systematische Durchsuchen von Bäumen gibt es die beiden Hauptstrategien:

- Tiefe zuerst („depth first")
- Breite zuerst („breadth first")

Als Beispiel betrachten wir in diesem Abschnitt immer wieder den folgenden Suchbaum.

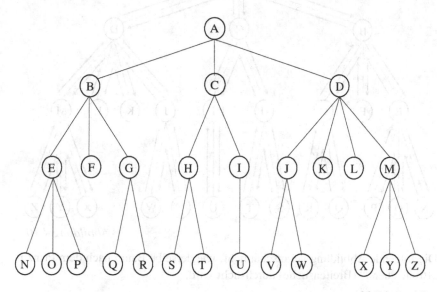

Abbildung 4.9

Die häufigste Form des Durchlaufens von Bäumen dürfte wohl die Methode nach dem Prinzip „Tiefe zuerst" (Tiefensuche) sein. In Abbildung 4.10 ist dieses Verfahren veranschaulicht. Die Abbildung macht deutlich, dass beim Durchlaufen des Baumes nach dem Prinzip „Tiefe zuerst" (im Gegensatz zum Prinzip „Breite zuerst") alle Knoten und alle Kanten des Baumes durchlaufen werden.

Eine Modifikation dieser Strategie wird auch beim sogenannten „Backtracking" verwendet, das in Abschnitt 4.3.2 behandelt wird. Das Backtracking-Verfahren wird in der deutschen Sprache gelegentlich auch als „Rückspurverfahren" bezeichnet.

Suchstrategie: Tiefe zuerst

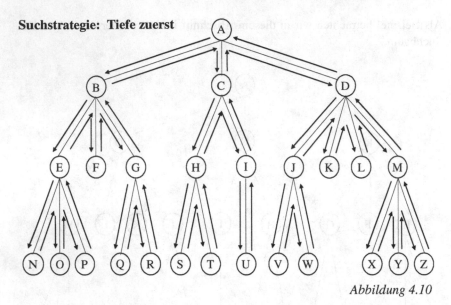

Abbildung 4.10

Die folgende Abbildung veranschaulicht, wie derselbe Baum nach dem Prinzip „Breite zuerst" (Breitensuche) durchsucht wird.

Suchstrategie: Breite zuerst

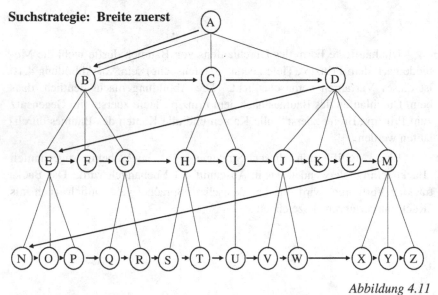

Abbildung 4.11

Bei der Suche nach dem Prinzip „Breite zuerst" werden nur die Knoten des Baumes durchlaufen. Welche Form des Durchlaufens jeweils anzuwenden ist, hängt vom konkreten Problem ab.

Der Suchbaum eines bestimmten Problems ist häufig nicht *explizit* als Datenobjekt, sondern nur *implizit* durch das Protokoll seiner Abarbeitung gegeben. Will man den Baum jedoch explizit als Datenobjekt darstellen, so ist die Baumstruktur zunächst strukturgleich („isomorph") in die Datenstruktur der jeweiligen Programmiersprache zu übertragen. Dies soll hier einmal exemplarisch am Beispiel von Mathematica durchgeführt werden. Die betrachteten Bäume haben die folgende Struktur:

- Unter den Knoten des Baumes gibt es ein ausgezeichnetes Element (das in der graphischen Darstellung als oberstes Element eingezeichnet ist). Man nennt dieses Element die *Wurzel* des Baumes. Ein Baum mit Wurzel wird dementsprechend auch als *Wurzelbaum* bezeichnet.

- Trennt man (durch Kappen aller Verbindungskanten zwischen der Wurzel und dem Rest des Baumes) die Wurzel ab, so erhält man eine *Menge* von Bäumen, die *Folgebäume* des ursprünglich gegebenen Baumes. Auch dies sind alles Wurzelbäume; es ist jedoch möglich, dass die Menge der Folgebäume leer ist. (Im unten graphisch dargestellten Beispiel gibt es drei Folgebäume unterhalb der Wurzel A; diese Folgebäume haben ihrerseits die Wurzeln B, C und D.)

Der Begriff des Baumes ist inhärent rekursiver Natur: Ein Baum besteht aus Teilstrukturen, die wiederum Bäume sind. Es bietet sich daher an, zur Umsetzung von Bäumen in Mathematica den ebenfalls rekursiven Datentyp der *Liste* zu verwenden, denn Listen haben eben diese rekursive Struktur, d.h., Listen können ihrerseits Listen als Elemente enthalten.

Der einfachste Typ des Wurzelbaumes besteht nur aus der Wurzel. Der Wurzelknoten sei mit A bezeichnet. Als Liste dargestellt, wird dieser Baum einfach durch {A} beschrieben.

Betrachten wir nun den folgenden Baum:

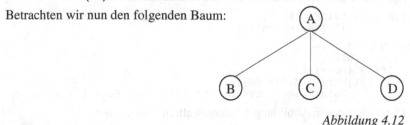

Abbildung 4.12

Nach Abtrennung der Wurzel A bleiben die Folgebäume {B}, {C} und {D} übrig. In der Listendarstellung hat der Gesamtbaum also die Form {A, {B}, {C}, {D}}. Die Operation des Abtrennens der Wurzel wird in Mathematica durch folgende Funktionen erreicht:

```
Wurzel[Baum_] := First[Baum]
Folgebaeume[Baum_] := Rest[Baum]
```

Im obigen Beispiel:

```
Wurzel[{A, {B}, {C}, {D}}]
Ergebnis: A

Folgebaeume[{A, {B}, {C}, {D}}]
Ergebnis: {{B}, {C}, {D}}
```

Wir sind nun in der Lage, die Operationen der Tiefensuche und der Breitensuche algorithmisch präzise zu beschreiben. Beiden Verfahren liegt jeweils eine außerordentlich einfache Idee zugrunde, die zunächst umgangssprachlich formuliert werden soll.

Algorithmus Tiefensuche

1. Trenne die Wurzel von den Folgebäumen ab.
2. Verarbeite die (abgetrennte) Wurzel.
3. Führe die Tiefensuche, angewandt auf jeden der Folgebäume (in der „natürlichen" Reihenfolge von links nach rechts) aus.

In der Notation von Mathematica stellt sich dieses Verfahren wie folgt dar. Die Verarbeitung des jeweiligen Knotens erfolgt dabei in der Form, dass der Name des Knotens einfach ausgedruckt wird. Der Druckbefehl kann bei Bedarf leicht gegen andere Verarbeitungsformen (z.B. durch die Suche nach einem optimalen Wert) ausgetauscht werden. Die Tiefensuche wird mit Hilfe der beiden Funktionen ts und ts1 realisiert. Die „Aufruf"-Funktion ts trennt nur die Wurzel von den Folgebäumen ab und übergibt diese Daten an das eigentliche „Arbeitspferd" in Form der Hilfsfunktion ts1.

```
ts[B_] := ts1[Wurzel[B], Folgebaeume[B]]
        (* Tiefensuche *)

ts1[W_, BB_] :=
   (Print[W];
   If[Not[BB=={}],
      ts1[Wurzel[First[BB]],
         Join[Folgebaeume[First[BB]], Rest[BB]] ] ] )
```

Die Listenform des in Abbildung 4.9 dargestellten Baumes ist:

```
B1 =
 {A,
   {B, {E, {N}, {O}, {P}}, {F}, {G, {Q}, {R}}},
   {C, {H, {S}, {T}}, {I, {U}}},
   {D, {J, {V}, {W}}, {K}, {L}, {M, {X}, {Y}, {Z}}} }
```

Die Tiefensuche durch diesen Baum wird durch den Aufruf `ts[B1]` bewirkt. Er produziert den Ausdruck:

```
   A B E N O P F G Q R C H S T I U D J V W K L M X Y Z
```

(In Mathematica werden die Knoten jedoch untereinander anstatt nebeneinander ausgedruckt.)

Eine interessante, noch stärker funktional orientierte Variante dieses Programms besteht darin, dass als Ergebnis eine (sich aus der Tiefensuche ergebenden) „lineare" Liste der Knoten ausgegeben wird.

In Mathematica sieht das entsprechende Programm wie folgt aus: der Algorithmus, genannt `tsf`, wird als *Funktion* realisiert; ihr Funktionswert ist die aus der Tiefensuche resultierende lineare Liste aller Knoten des Baumes.

```
tsf[B_] :=
  If[B=={}, {},
    Prepend[
      Apply[Join, Map[tsf, Folgebaeume[B]]],
          Wurzel[B] ] ]
```

Die „Verarbeitung" der Wurzel besteht in diesem Fall nur darin, dass sie als erstes Element in die aus der Tiefensuche folgenden linearen Liste aller Knoten des Baumes aufgenommen wird – im Prinzip sind aber auch hier beliebige andere Verarbeitungsformen möglich.

Im Folgenden seien einige Ausführungen zu den typischen listenverarbeitenden Operationen `Map`, `Join`, `Apply` und `Prepend` gegeben.

Durch den Aufruf `Map[tsf, Folgebaeume[B]]` wird die Funktion `tsf` auf die Liste der Folgebäume des Baumes B angewandt. Dies ergibt eine Liste von Listen, von denen jede ein Ergebnis von `tsf` darstellt. Die Funktion `Join` vereinigt mehrere Listen, die als aktuelle Parameter eingegeben werden, zu einer einzigen Liste. Durch den Aufruf von `Apply` wird `Join` auf das Ergebnis des Aufrufs `Map[tsf, Folgebaeume[B]]` angewandt; die Teilergebis-Listen dieses Aufrufs werden also durch die Kombination von `Apply` und `Join` zu einer einzigen großen Liste vereinigt, der dann noch durch den Aufruf `Prepend[ ... , Wurzel[B]]` die Wurzel des Ausgangsbaumes vorangestellt wird.

Das Zusammenwirken dieser Funktionen sei durch eine kleine Fallstudie erläutert. Wir betrachten wieder den zu Beginn dieses Abschnitts als Graphik dargestellten Baum; er sei an die Variable des Namens B1 gebunden. In der Listenform:

```
B1 =
  {A, {B, {E, {N}, {O}, {P}}, {F}, {G, {Q}, {R}}},
  {C, {H, {S}, {T}}, {I, {U}}},
  {D, {J, {V}, {W}}, {K}, {L}, {M, {X}, {Y}, {Z}}} }
```

Die Wurzel des Baumes ist A, die Liste der (drei) Folgebäume ist

```
{ {B, {E, {N}, {O}, {P}}, {F}, {G, {Q}, {R}}},
  {C, {H, {S}, {T}}, {I, {U}}},
  {D, {J, {V}, {W}}, {K}, {L}, {M, {X}, {Y}, {Z}}} }
```

Durch den Befehl Map[tsf, Folgebaeume[B]] wird die Funktion tsf auf jeden der Folgebäume angewandt; das Gesamtergebnis wird als Liste dreier Teillisten zurückgegeben:

```
{ {B, E, N, O, P, F, G, Q, R},
  {C, H, S, T, I, U},
  {D, J, V, W, K, L, M, X, Y, Z} }
```

Wendet man die Funktion Join auf das letzte Ergebnis an, so ändert sich nichts (da das Ergebnis aus *einer* einzigen Liste besteht); die Kombination von Apply und Join bewirkt jedoch, dass Join auf die drei Teillisten angewandt wird, die dadurch zu der folgenden Gesamtliste zusammengefasst werden:

```
{B, E, N, O, P, F, G, Q, R,
 C, H, S, T, I, U,
 D, J, V, W, K, L, M, X, Y, Z}
```

Durch den Befehl Prepend[... , Wurzel[B]] wird schließlich dieser Liste noch die Wurzel A vorangestellt, und das Ergebnis ist komplett:

```
{A, B, E, N, O, P, F, G, Q, R, C, H, S, T, I, U,
    D, J, V, W, K, L, M, X, Y, Z}
```

Das Programm tsf ist ein typisches Beispiel für die Kombination von listenverarbeitendem und funktionalem Programmierstil, der oft zu außerordentlich kompakten und eleganten Formulierungen führt. (Die Erläuterung des Algorithmus ist wesentlich länger als der Algorithmus selber.) Das Programm kann entsprechend in jeder anderen listenverarbeitenden und funktionalen Programmiersprache formuliert werden; die Unterschiede sind nur syntaktischer Natur – strukturell sind diese Programme alle gleich.

Wir kommen nun zur algorithmischen Präzisierung der Breitensuche; zunächst sei die Grundidee umgangssprachlich formuliert.

Algorithmus Breitensuche

1. Trenne die Wurzel von den Folgebäumen ab.
2. Verarbeite die (abgetrennte) Wurzel.
3. Hänge die Folgebäume des ersten Folgebaumes hinten an die Liste der restlichen Folgebäume des Ausgangsbaumes an und führe den Algorithmus Breitensuche für jeden Baum in dieser Liste aus.

Auch in der folgenden Lösung in Mathematica wird ein Funktionenpaar bs und bs1 verwendet, wobei der Aufruf von bs1 in bs nur der Abtrennung der Wurzel des Baumes von den Folgebäumen dient; den Rest erledigt die Prozedur bs1.

```
bs[B_] := bs1[Wurzel[B], Folgebaeume[B]]
           (* Breitensuche *)
bs1[W_, BB_] :=
 (Print[W];
  If[Not[BB=={}],
     bs1[Wurzel[First[BB]],
         Join[Rest[BB],
              Folgebaeume[First[BB]] ] ] ] )
```

Der Aufruf bs[B1] hat nun zur Folge, dass die Namen der Knoten in alphabetischer Reihenfolge ausgedruckt werden (was nicht sehr überraschend ist, denn so waren sie ursprünglich in die Graphik eingetragen worden).

Die außerordentliche Ähnlichkeit der Algorithmen ts/ts1 und bs/bs1 fällt sofort ins Auge; sie unterscheiden sich nur in der Reihenfolge, in der die Folgebäume des ersten Folgebaumes und die restlichen Folgebäume des Ausgangsbaumes zusammengesetzt werden.

Auch für die Breitensuche sei eine noch stärker funktional orientierte Version gegeben:

```
bsf[B_] := bsf1[Wurzel[B], Folgebaeume[B]]
bsf1[W_, BB_] :=
  If[BB=={}, {W},
     Prepend[
        bsf1[Wurzel[First[BB]],
             Join[Rest[BB], Rest[First[BB]]] ],
        W ] ]
```

Zur Illustration einige Aufrufbeispiele mit dem oben gegebenen Baum B1:

```
BB = Folgebaeume[B1]
Ergebnis:
{{B, {E, {N}, {O}, {P}}, {F}, {G, {Q}, {R}}},
 {C, {H, {S}, {T}}, {I, {U}}},
 {D, {J, {V}, {W}}, {K}, {L}, {M, {X}, {Y}, {Z}}}}

First[BB]
Ergebnis:  {B, {E, {N}, {O}, {P}}, {F}, {G, {Q}, {R}}}

Rest[First[BB]]
Ergebnis:  {{E, {N}, {O}, {P}}, {F}, {G, {Q}, {R}}}

Rest[BB]
Ergebnis:
{{C, {H, {S}, {T}}, {I, {U}}},
 {D, {J, {V}, {W}}, {K}, {L}, {M, {X}, {Y}, {Z}}}}

Join[Rest[BB], Rest[First[BB]] ]
Ergebnis:
{{C, {H, {S}, {T}}, {I, {U}}},
 {D, {J, {V}, {W}}, {K}, {L}, {M, {X}, {Y}, {Z}}},
 {E, {N}, {O}, {P}}, {F}, {G, {Q}, {R}}}

bsf1[Wurzel[First[BB]],
     Join[Rest[BB], Rest[First[BB]]] ]
Ergebnis:
{B, C, D, E, F, G, H, I, J, K, L, M, N, O, P, Q,
 R, S, T, U, V, W, X, Y, Z}

bsf[Baum]
Ergebnis:
{A, B, C, D, E, F, G, H, I, J, K, L, M, N, O, P, Q,
 R, S, T, U, V, W, X, Y, Z}
```

Im Folgenden sollen die Verfahren der Tiefensuche und Breitensuche noch im Zusammenhang mit einem nur *implizit* gegebenen Suchbaum dargestellt werden. Der Baum existiert dabei nicht als komplettes Datenobjekt; die wesentlichen Stationen bei der Abarbeitung der Algorithmen können aber als Knoten eines Baumes gedeutet werden. Wir illustrieren dies an einem klassischen Problem der Informatik, dem sogenannten

Rucksack-Problem (knapsack problem)

Gegeben sei eine Reihe von Gütern (ein Warenkorb). Jedes Gut habe ein bestimmtes Gewicht und einen bestimmten Wert. Man stelle eine „Ladung" von maximalem Wert zusammen, die ein vorgegebenes maximales Gesamtgewicht (z.B. ein zulässiges maximales Fluggewicht) nicht überschreitet.

Die Güter seien als Liste von Listen gegeben; jede der Teillisten stelle ein Einzel-Gut in der Form {Name, Wert, Gewicht} dar:

```
Warenkorb = {{a, 40, 700}, {b, 100, 1500},
             {c, 80, 900}, {d, 50, 700},
             {e, 120, 1700}, {f, 130, 2000},
             {g, 30, 500} }
```

Die folgende begriffliche Strukturierung des Problems wird sich als nützlich erweisen (dabei bezeichne G ein Einzel-Gut und Korb bzw. K1 und K2 gewisse Teilmengen des Gesamtwarenkorbes).

```
Name[G_] := First[G]                    (* G:  Einzel-Gut *)
Wert[G_] := First[Rest[G]]
Gewicht[G_] := Last[G]
Namen[Korb_] := Map[Name, Korb]   (* Korb: Teilmenge der
                                           Gueter *)
Werte[Korb_] := Map[Wert, Korb]
Gesamtwert[Korb_] := Apply[Plus, Werte[Korb]]
Gewichte[Korb_] := Map[Gewicht, Korb]
Gesamtgewicht[Korb_] := Apply[Plus, Gewichte[Korb]]
Optimum[K1_, K2_] :=
  If[Gesamtwert[K1] >= Gesamtwert[K2], K1, K2]
```

Die „natürlichen" Parameter des Rucksack-Algoritmus sind also der Warenkorb W und das Gewichtslimit L. Dem Algorithmus liegt die folgende einfache Idee zugrunde:

- Prüfe, ob das Gewicht des ersten Gutes (des jeweiligen Warenkorbs) unterhalb des Limits liegt.

  Ist dies der Fall, dann entnehme dem Warenkorb das erste Element, wende den Algorithmus auf den Rest-Warenkorb und das um das Gewicht des ersten Elements verringerte Limit an. Füge dem Ergebnis dieses Aufrufs das erste Element hinzu. Die so ermittelte Ladung sei mit R1 bezeichnet.

  Ermittle die Ladung R2 für den Rucksack aus dem Rest-Warenkorb und dem ursprünglich gegebenen Limit L.

  Bestimme das Optimum von R1 und R2 und gib es als Wert des Rucksack-Algorithmus zurück.

- Überschreitet das Gewicht des ersten Gutes das Limit, so wende den Algorithmus auf den um das erste Gut verminderten Warenkorb und das ursprünglich gegebene Limit an.

In der Notation von Mathematica lässt sich der Algorithmus folgendermaßen ausdrücken:

```
Rucksack[W_, L_] :=
 (* W:  Warenkorb;  L:  Gewichts-Limit *)
  Module[{G1, GR, W1, WR},
   (*  Print["Protokoll: ", Namen[W], "    ", L]; *)
   If[W == {}, {},
   ( G1 = Gewicht[First[W]];
     GR = Gesamtgewicht[Rest[W]];
     W1 = Wert[First[W]];
     WR = Gesamtwert[Rest[W]];
     Which[
        G1 <= L, Optimum[
                    Prepend[Rucksack[Rest[W], L-G1],
                            First[W]],
                    Rucksack[Rest[W], L] ],
        True, Rucksack[Rest[W], L] ]) ] ]
```

Einige Aufrufbeispiele:

```
R = Rucksack[Warenkorb, 3000]
```
Ergebnis: {{b, 100, 1500}, {c, 80, 900}, {g, 30, 500}}

```
Namen[R]
```
Ergebnis: {b, c, g}

```
Gesamtwert[R]
```
Ergebnis: 210

```
Gesamtgewicht[R]
```
Ergebnis: 2900

Der Rucksack-Algorithmus ruft sich bei seiner Abarbeitung (rekursiv) immer wieder mit veränderten Parameterwerten auf. Die Sätze dieser Parameterwerte können als Knoten eines Suchbaumes gedeutet werden, den der Algorithmus durchläuft. Eine geeignete Methode, um dieses Suchverfahren in der Form eines „Ablaufprotokolls" zu verdeutlichen, besteht im optionalen Ausdruck der Eingabeparameter (im obigen Algorithmus ist diese Ausdrucks-Option „aus-kommentiert"). Ein Ausschnitt aus diesem Ablaufprotokoll sieht folgender-maßen aus.

```
Protokoll: {a, b, c, d, e, f, g}   3000
Protokoll: {b, c, d, e, f, g}   2300
Protokoll: {c, d, e, f, g}   800
Protokoll: {d, e, f, g}   800
Protokoll: {e, f, g}   100
Protokoll: {f, g}   100
Protokoll: {g}   100
Protokoll: {}   100
Protokoll: {e, f, g}   800
Protokoll: {f, g}   800
Protokoll: {g}   800
Protokoll: {}   300
Protokoll: {}   800
```

```
Protokoll: {c, d, e, f, g}    2300
Protokoll: {d, e, f, g}   1400
Protokoll: {e, f, g}   700
Protokoll: {f, g}   700
...
```

Die Wurzel des Suchbaums ist gegeben durch das ursprüngliche Parameterpaar $W=\{a, b, c, d, e, f, g\}$ und $L=3000$. Die Wurzel des ersten Teilbaums besteht aus dem Paar $\{b, c, d, e, f, g\}$ und 2300. Wie das Ablaufprotokoll zeigt, steigt der Rucksack-Algorithmus in die Tiefe, bis er bei einem einelementigen bzw. sogar bei einem leeren Warenkorb angelangt ist. Es ist also in der obigen Form ein Beispiel für die Tiefensuche mit implizit gegebenem Suchbaum.

Durch den folgenden Algorithmus wird im Kontrast dazu die heuristische Strategie der *Breitensuche* für das Rucksack-Problem realisiert.

1. Betrachte alle zulässigen einelementigen Ladungen und bestimme eine Optimale davon.
2. Betrachte alle zulässigen zweielementigen Ladungen und bestimme unter Berücksichtigung der bisherigen optimalen Packung eine u.U. neue optimale Packung.
3. Betrachte alle zulässigen dreielementigen, vierelementigen, ... , n-elementigen Ladungen und bestimme jeweils unter Berücksichtigung der bisher gefundenen optimalen Packung eine u.U. neue optimale Packung. Führe das Verfahren solange durch, bis in einer dieser Stufen keine neuen zulässigen Ladungen mehr entstehen (sei es, weil alle Güter verpackt wurden; sei es, weil alle neuen Verpackungs-Kombinationen das zulässige maximale Gewicht überschreiten).

Zur Betrachtung eines konkreten Beispiels gehen wir wieder von dem oben gegebenen Warenkorb und dem Gewichtslimit von 3000 Einheiten aus. Als Suchbaum betrachten wir die Gesamtheit aller zulässigen Ladungen.

Das Durchlaufen des Suchbaums geschieht nun folgendermaßen in mehreren Stufen (in jeder Zeile ist eine „zulässige" Teilmenge von Gütern sowie deren Wert und Gewicht dargestellt).

```
1. Stufe:
{ {{a},   40,   700},
  {{b},  100,  1500},
  {{c},   80,   900},
  {{d},   50,   700},
  {{e},  120,  1700},
  {{f},  130,  2000},
  {{g},   30,   500} }
  ...    bisheriges Maximum bei: {f}

2. Stufe:
{ {{a, b}, 140, 2200},
  {{a, c}, 120, 1600},
  {{a, d},  90, 1400},
  {{a, e}, 160, 2400},
  {{a, f}, 170, 2700},
  {{a, g},  70, 1200},
  {{b, c}, 180, 2400},
  {{b, d}, 150, 2200},
  {{b, g}, 130, 2000},
  {{c, d}, 130, 1600},
  {{c, e}, 200, 2600},
  {{c, f}, 210, 2900},
  {{c, g}, 110, 1400},
  {{d, e}, 170, 2400},
  {{d, f}, 180, 2700},
  {{d, g},  80, 1200},
  {{e, g}, 150, 2200},
  {{f, g}, 160, 2500} }
  ...    bisheriges Maximum bei:  {c, f}

3. Stufe:
{ {{a, b, d}, 190, 2900},
  {{a, b, g}, 170, 2700},
  {{a, c, d}, 170, 2300},
  {{a, c, g}, 150, 2100},
  {{a, d, g}, 120, 1900},
  {{a, e, g}, 190, 2900},
  {{b, c, g}, 210, 2900},
  {{b, d, g}, 180, 2700},
  {{c, d, g}, 160, 2100},
  {{d, e, g}, 200, 2900} }
  ...    bisheriges Maximum bei:  {c, f} und {b, c, g}

4. Stufe:
  { {{a, c, d, g}, 200, 2800} }
  ... kein neues Maximum
  ... bisheriges Maximum bei:  {c, f} und {b, c, g}

5. Stufe:
  { }  ... d.h. keine weiteren erlaubten Kombinationen

Maximum insgesamt bei: {c, f} und {b, c, g}
```

Der Suchbaum hat in diesem Beispiel die leere Menge als Wurzel. Darunter liegen die einelementigen Teil-Warenkörbe, darunter die zweielementigen, u.s.w.

Aufgabe: Schreiben Sie ein Programm zur Realisierung des Rucksack-Problems mit dem hier geschilderten Verfahren der Breitensuche.

4.3.2 Backtracking

Das Durchlaufen von Bäumen nach dem Prinzip „Tiefe zuerst" ist eine besonders wichtige Technik. Wenn man dabei nur jeweils so weit in die Tiefe hinabsteigt, wie es zum Erkennen einer Lösung (oder der Nicht-Existenz einer Lösung auf dem eingeschlagenen Pfad) notwendig ist, so spricht man vom *Backtracking*. Auch in der deutschen Sprache verwendet man diesen Begriff; gelegentlich (allerdings sehr selten) ist auch vom „Rückspurverfahren" die Rede. In den meisten Programmiersprachen muss man einen Algorithmus explizit so programmieren, dass er im Sinne des Backtracking arbeitet. In der Programmiersprache *Prolog* (Programming in Logic) wurde die Methode des Backtracking intern „eingebaut". Prolog-Programme werden automatisch nach dem Verfahren des Backtracking abgearbeitet.

Beispiel: Das Damenproblem

Ein fast schon als „klassisch" zu bezeichnendes Beispiel für die Anwendung des Backtracking-Verfahrens ist das *n-Damen-Problem*. Gegeben seien ein „Schachbrett" der Dimension *n*-mal-*n* (*n* Zeilen und *n* Spalten), sowie *n* Damen. Diese *n* Damen sind so auf dem Schachbrett zu plazieren, dass keine Dame die andere schlagen kann.

Die folgende Graphik zeigt den Zustandsraum der möglichen Plazierungen. Die Kanten in der ersten (zweiten, dritten, vierten) Stufe symbolisieren die Züge der ersten (zweiten, dritten, vierten) Dame. Die Damen werden spaltenweise plaziert (erste Dame – erste Spalte, zweite Dame – zweite Spalte, ...). Die Kurzbezeichnung *Di=j* bedeutet: Dame Nr. *i* werde in Zeile Nr. *j* (und Spalte *i*) plaziert. Um eine allzu große Redundanz zu vermeiden, wurden schon besetzte Zeilen von vornherein gar nicht als Plazierungsmöglichkeit in Betracht gezogen. Deshalb verringert sich die Zahl der Verzweigungen in jeder Stufe um eins. Aus Gründen der Übersichtlichkeit sind nicht alle Symbole eingetragen. Verbotene Stellungen sind durch fette Kreuze, Lösungen durch fette Quadrate markiert.

Nach dem Verfahren des *Backtracking* vorzugehen bedeutet, dass man im dargestellten Zustandsraum so lange von oben nach unten unter Auswahl der jeweils am weitesten links liegenden Kante voranschreitet, bis man auf eine Lösung oder auf einen „verbotenen" Knoten stößt. Wenn dabei auf dem Weg nach unten eine verbotene Stellung erreicht wird, muss man zum nächsthöheren Knoten zurückkehren („backtracken") und die nächste nach unten führende Kante testen.

Der Zustandsraum des 4-Damen-Problems
(in reduzierter Darstellung)

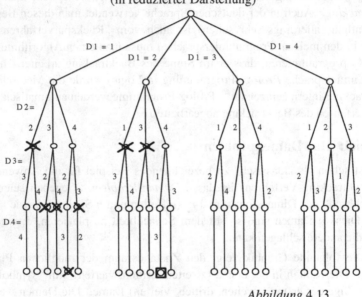

Abbildung 4.13

In dem betrachteten Beispiel werden im Laufe des Backtracking-Verfahrens die folgenden Zugfolgen durchlaufen (es ist höchst illustrativ, die Züge auf einem konkreten Schachbrett nachzuspielen):

1. Zug:	D1=1			
2. Zug:		D2=2 (verboten)		
3. Zug:		D2=3		
4. Zug:			D3=2 (verboten)	
5. Zug:			D3=4 (verboten)	
6. Zug:		D2=4		
7. Zug:			D3=2	
8. Zug:				D4=3 (verboten)
9. Zug:			D3=3 (verboten)	
10. Zug:	D1=2			
11. Zug:		D2=1 (verboten)		
12. Zug:		D2=3 (verboten)		
13. Zug:		D2=4		
14. Zug:			D3=1	
15. Zug:				D4=3 (erste Lösung)

In der nebenstehenden Abbildung ist diese Lösung (D1=2, D2=4, D3=1, D4=3) graphisch dargestellt.

Wenn man mehr (bzw. alle) Lösungen haben will, so ist das Backtracking-Verfahren nach dem Erreichen einer Lösung sinngemäß fortzusetzen – im obigen Beispiel mit den Zügen D4=4 (verboten), D3=2 (verboten), D3=3 (verboten), D3=4 (verboten), ... , D1=3 (erlaubt), u.s.w. Im konkreten Beispiel würde man aber nur noch eine „symmetrische" Lösung erhalten.

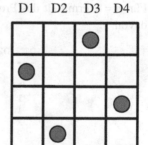

Abbildung 4.14

Im folgenden Maxima-Programm ist das Backtracking-Verfahren umgesetzt.

```
damen(n) :=
 (Position : make_array(fixnum, n+1),
  fillarray(Position, makelist(1, j, 0, n+1)),
  ZL_frei : make_array(fixnum, n+1),
  fillarray(ZL_frei, makelist(1, j, 0, n+1)),
  HD_frei : make_array(fixnum, 2*(n+1)),
  fillarray(HD_frei, makelist(1, j, 0, 2*(n+1))),
  ND_frei : make_array(fixnum, 2*(n+1)),
  fillarray(ND_frei, makelist(1, j, 0, 2*(n+1))),
  anzahl_loesungen : 0,
  plaziere_damen_ab_spalte(1, n),
  anzahl_loesungen
 );

plaziere_damen_ab_spalte(s, n) :=
 for z : 1 thru n do
  (if (ZL_frei[z]=1 and
       HD_frei[z-s+n]=1 and
       ND_frei[s+z]=1)
    then
     (Position[s]:z,
      ZL_frei[z]:0,
      HD_frei[z-s+n]:0,
      ND_frei[s+z]:0,
      if s<n then plaziere_damen_ab_spalte(s+1, n)
       else
        (anzahl_loesungen : anzahl_loesungen+1,
         print("Loesung: ",
                  ·rest(listarray(Position), 1) ) ),
      ZL_frei[z]:1,        /* Freigabe für die Suche */
      HD_frei[z-s+n]:1, /* nach weiteren Lösungen */
      ND_frei[s+z]:1 ),
    anzahl_loesungen
 );
```

Für $n = 8$ ermittelt das Programm 92 Lösungen. Hier ein kleiner Ausschnitt davon:

D1	D2	D3	D4	D5	D6	D7	D8
1	5	8	6	3	7	2	4
1	6	8	3	7	4	2	5
1	7	4	6	8	2	5	3
1	7	5	8	2	4	6	3
2	4	6	8	3	1	7	5
2	5	7	1	3	8	6	4

· · ·

7	4	2	8	6	1	3	5
7	5	3	1	6	8	2	4
8	2	4	1	7	5	3	6
8	2	5	3	1	7	4	6
8	3	1	6	2	5	7	4
8	4	1	3	6	2	7	5

Die letzte dieser Lösungen – in graphischer Darstellung:

D1 D2 D3 D4 D5 D6 D7 D8

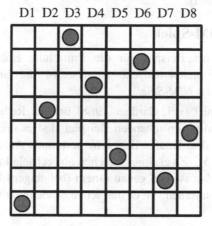

Abbildung 4.15

4.4 Die gezielte mathematische Analyse

Lösungsverfahren, die sich aus einer *gezielten mathematischen Analyse* ergeben, sind meist außerordentlich effizient. Die Suche nach solchen Lösungen macht einen großen Teil der Geschichte der Mathematik aus. Es sei hier nur etwa an die Jahrhunderte dauernde Suche nach der Lösung algebraischer (z.B. quadratischer und kubischer) Gleichungen erinnert. Nicht für alle Probleme existieren jedoch derartige Lösungen „in geschlossener Form". So gibt es z.B. für algebraische Gleichungen fünften oder höheren Grades keine allgemeine Lösungsformel mit Hilfe von Wurzelausdrücken („Radikalen"), wie sie etwa für quadratische Gleichungen des Typs $ax^2 + bx + c = 0$ aus dem Schulunterricht bekannt ist:

$$x_{1,2} = \frac{-b \pm \sqrt{b^2 - 4ac}}{2a}$$

Viele Probleme der „realen Welt" sind darüber hinaus so komplex, dass sie sich der Lösung durch Angabe einer Lösungsformel entziehen. Probleme, deren Mathematisierung etwa durch eine Differentialgleichung erfolgt, sind nur in Ausnahmefällen in geschlossener Form zu lösen. In derartigen Fällen muss man sich meist mit Näherungslösungen oder probabilistischen Lösungen begnügen. Letztere werden meist mit Hilfe von *Simulationsverfahren* ermittelt (vgl. nächster Abschnitt).

Beispiel: Das NIM-Spiel

Ein besonders schönes Beispiel für die Ermittlung einer Lösungsstrategie durch eine gezielte mathematische Analyse ist die Strategie von Bouton / Redheffer[1] für das *NIM-Spiel.*

Bei diesem Spiel (vgl. Gardner 1968) ist eine Reihe von Streichholz-Haufen gegeben. Im nebenstehenden Beispiel sind es drei horizontal dargestellte Haufen. In jedem Haufen liegt eine bestimmte Anzahl von Streichhölzern (hier: 3, 4 und 5). Zwei Spieler ziehen abwechselnd nach der folgenden Regel: Bei jedem Zug ist von genau einem (beliebigen) Haufen mindestens ein Streichholz zu entfernen. Wer das letzte Streichholz wegnimmt, hat gewonnen.

Die Bouton / Redheffer-Strategie ermöglicht es, das NIM-Spiel bei einer beliebigen Anzahl von Haufen und bei beliebiger Bestückung der Haufen optimal zu spielen. Die Strategie beruht letztlich auf dem Prinzip der Symmetrie. *Symmetrie,* in all ihren Spielarten, stellt eine der wichtigsten fundamentalen Ideen der Mathematik dar. Symmetrie ist ein grundlegendes Werkzeug zur Beschreibung mathematischer Objekte und Situationen; das Denken in Symmetrien kann oft auch wirkungsvoll als heuristische Strategie eingesetzt werden.

Da die Strategie von Bouton / Redheffer für das NIM-Spiel auf dem Phänomen der Symmetrie basiert, wird sie im Folgenden auch kurz als *Symmetrisierungs-Strategie* bezeichnet.

Abbildung 4.16

---

[1] Charles Leonard Bouton (1869–1922) und Raymond Redheffer (1921–2005), amerikanische Mathematiker

Nach mehreren Spielen stößt man fast zwangsläufig auf die folgende Beobachtung: Wenn man im Laufe eines Spiels dem Gegner eine Konfiguration mit genau zwei gleich großen Haufen übergeben kann, so hat man praktisch gewonnen, denn zu jedem Zug, den der Gegner macht, braucht man dann nur noch den entsprechenden „symmetrischen" Zug im jeweils anderen Haufen zu machen. Auf diese Weise ist gesichert, dass man stets den letzten Zug hat.

Bouton und Redheffer stellten die Streichholzzahlen in den verschiedenen Haufen im Zweiersystem dar; die Ausgangssituation im obigen Beispiel lässt sich z.B. folgendermaßen beschreiben:

3 Streichhölzer: II
4 Streichhölzer: IOO
5 Streichhölzer: IOI

Sie betrachteten diese Zweierdarstellungen (Binärdarstellungen) nun *spaltenweise* und zählten die „Einsen" in jeder Spalte. Im obigen Beispiel sind es drei Spalten mit 2, 1 und 2 Einsen. Ihre Strategie lautet nun: Man versuche, dem Gegner eine Konfiguration zu übergeben, bei der die Anzahl der Einsen in jeder Spalte eine gerade Zahl ist (bei der im vorigen Absatz beschriebenen Konfiguration mit gleichgroßen Haufen ist dies offenbar trivialerweise erfüllt). Eine Konfiguration, welche die Bedingung erfüllt, dass die Spaltensummen ihrer binär dargestellten Streichholzzahlen alle gerade sind, soll im Folgenden kurz als *symmetrische Konfiguration* bezeichnet werden.

Es stellt sich nun die Frage, ob bzw. unter welcher Bedingung es möglich ist, dem Gegner eine solche symmetrische Konfiguration zu übergeben.

Satz: 1. Jede symmetrische Konfiguration wird durch jeden zulässigen Zug stets in eine nicht symmetrische Konfiguration überführt.
2. Jede nicht symmetrische Konfiguration lässt sich durch einen geeigneten Zug in eine symmetrische Konfiguration überführen.

Beweis: Zu 1.: Es sei eine symmetrische Konfiguration gegeben. Aus dem Haufen H in Zeile h mögen ein oder mehrere Streichhölzer entfernt werden. Die Binärcodierung in Zeile h wird also verändert. Ist s die am weitesten links stehende Stelle, wo sich diese Binärcodierung durch den Zug verändert, so wird an dieser Stelle aus einer I eine O oder umgekehrt. Wenn die Anzahl der Einsen in der Spalte s vor dem Zug gerade war, so ist sie nach dem Zug ungerade und die Konfiguration ist nicht mehr symmetrisch.

Zu 2.: Es sei eine nicht symmetrische Konfiguration gegeben. In der Binärcodierung dieser Konfiguration gibt es eine Spalte mit einer ungeraden Anzahl von Einsen; mit s sei die am weitesten links stehende derartige Spalte bezeichnet. Man wähle einen Haufen H (etwa in Zeile h), dessen Binärcodierung an der Stelle s die „Ziffer" I aufweist. Die Anzahl der Streichhölzer im Haufen H sei mit a bezeichnet. Man mache nun aus dieser Eins eine Null und korrigiere die weiter rechts stehenden Ziffern in Zeile h so, dass die Spaltensummen alle gerade werden. Dies ist durch einen geeigneten Austausch der Ziffern I und O in der Binärcodierung des Haufens H stets möglich. Die so entstehende neue Zahl a_2 in Zeile h ist kleiner als a, denn die numerisch größte Veränderung fand an der Stelle s statt (Austausch von I durch O). Entfernt man $a - a_2$ Streichhölzer aus dem Haufen H, so wird die Konfiguration symmetrisch.

Aufgabe: Schreiben Sie ein Programm zum NIM-Spiel, das die Bouton / Redheffer-Strategie umsetzt.

4.5 Probabilistische Verfahren, Modellbildung und Simulation

> Der Computer ist ein universeller Simulator, der potentiell jeden Prozess nachspielen kann. Diese Potenz wird aktualisiert durch die schöpferische Kunst des Programmierens.
> *Artur Engel*

4.5.1 Computer und Zufall

Probabilistische Verfahren bedeuten Verzicht auf hundertprozentige Sicherheit – sie sind dafür aber meist vergleichsweise elementar und vor allem höchst effizient.

Nicht zuletzt im Zusammenhang mit dem Problemfeld des *Datenschutzes* erlangten solche Verfahren in der jüngsten Zeit eine große Bedeutung. Eine befriedigende Lösung der Probleme des Datenschutzes und der Datensicherheit wird mit dem rasch anwachsenden Einsatz von Computern und elektronischer Kommunikationstechnik zunehmend dringlicher. Die Nutzung elektronischer Kommunikationssysteme (Fax, Electronic Mail, Internet und vieles mehr) breitet sich mit unerhörtem Tempo aus. Jedermann ist im Prinzip von den Problemen des Datenschutzes betroffen.

Die Verfahren zur Erhöhung der Datensicherheit sind in der letzten Zeit erheblich verbessert worden. Von besonderer Bedeutung sind dabei Verschlüsselungsverfahren nach dem Prinzip der sogenannten *Public Key Cryptography* (Verfahren des „öffentlichen Schlüssels"), vgl. Kapitel 9. Eines dieser Verfahren ist das *RSA-Verfahren* (nach Rivest, Shamir und Adleman). In dieses Verfahren gehen relativ elementare zahlentheoretische Kenntnisse ein; die Behandlung dieses Verfahrens dient also nicht nur dem Datenschutz und der Datensicherheit, sie stellt zugleich eine höchst aktuelle Anwendung mathematischer Verfahren in der realen Welt dar.

Ein Problem mit diesem Verfahren ist, dass dabei mit sehr großen natürlichen Zahlen gearbeitet werden muss. Im Gegensatz zur landläufigen Auffassung (man vergleiche dazu auch Kapitel 6) sind die meisten gängigen Computersysteme nicht in der Lage, mit großen Zahlen exakt zu rechnen (was zur Realisierung des Verfahrens unabdingbar ist). Hier kommen nun die Programmiersprachen aus dem Bereich der "Künstlichen Intelligenz" und neuerdings die Computeralgebrasysteme ins Spiel. Sie verfügen (neben einer Reihe weiterer Vorzüge) über eine exakte Ganzzahlarithmetik für im Prinzip beliebig lange natürliche Zahlen. Zur Realisierung des RSA-Verfahrens ist es von entscheidender Bedeutung, dass man in der Lage ist, „große" Primzahlen (mit etwa 100 Dezimalstellen oder mehr) zu erzeugen. Dies ist im Allgemeinen ein außerordentlich zeitaufwendiges Unterfangen. Der Mathematiker Rabin hat jedoch ein Verfahren zur effizienten Generierung großer „Pseudo"-Primzahlen entwickelt. Beim Rabin-Verfahren werden Primzahlkandidaten auf der Basis von raffiniert ausgeklügelten Zufallstests untersucht. Besteht ein Primzahlkandidat eine solche Testserie, so ist die Wahrscheinlichkeit sehr groß, dass es sich in der Tat um eine Primzahl handelt. Mit letzter Sicherheit weiß man das aber im Allgemeinen nicht. Man spricht deshalb von einer Pseudo-Primzahl.

4.5.2 Modellbildung und Simulation

Modellbildung und Simulation sind zwei zentrale Begriffe, wenn es um die Anwendung mathematischer Verfahren in der realen Welt geht. Zunächst sei in Anlehnung an die *BROCKHAUS ENZYKLOPÄDIE* (die Beschreibung aus der 17. Auflage ist hier besonders gut geeignet) eine Erläuterung dieser Grundbegriffe gegeben.

Modell [ital.] das Muster, Vorbild; Nachbildung oder Entwurf von Gegenständen (vergrößert, verkleinert, in natürl. Größe). Modelle können außer wirklichen Gegenständen auch gedankliche Konstruktionen sein. ... In *Naturwissenschaften und Technik* dienen Modelle dazu, die als wichtig angesehenen Eigenschaften des Vorbildes auszudrücken und nebensächliche Eigenschaften außer acht zu lassen, um durch diese Vereinfachung zu einem übersehbaren oder mathematisch berechenbaren oder zu experimentellen Untersuchungen geeigneten Modell zu kommen. So spricht die Astronomie und Kosmologie von Sternmodellen; die Physik von Atommodellen, Kernmodellen oder vom Modell eines metallischen Leiters, eines Halbleiters. ... Äthermodelle, die früher eine große Rolle spielten, gehören der Zeit vor der Relativitätstheorie an. Auch Landkarten, Globen u.ä. können dem Begriff des Modells zugeordnet werden. In der *Technik* dienen Modelle als in verkleinertem, natürlichem oder vergrößertem Maßstab ausgeführte räumliche Abbilder eines technischen Entwurfs oder Erzeugnisses ... In der *Sozialforschung* sind Modelle Analogien, durch die das beobachtete Phänomen mit den Bestimmungen und den Umformungsregeln eines mathematischen Kalküls verbunden wird. ... Man unterscheidet zwischen deterministischen ... und probabilistischen oder stochastischen Modellen. ... In der *Wirtschaftswissenschaft* sind Modelle vereinfachte Abbilder des tatsächlichen Wirtschaftsablaufs, z.T. in mathematischer Fassung. ...

Simulation [lat. simulare >vortäuschen<] ... Sammelbegriff für die Darstellung oder Nachbildung physikalischer, technischer, biologischer, psychologischer oder ökonomischer Prozesse oder Systeme durch mathematische oder physikalische Modelle, wobei die Untersuchung des Modells einfacher, billiger oder ungefährlicher ist als die des Originals und die Erkenntnisse Rückschlüsse auf die Eigenschaften des Originals erlauben. ... Man unterscheidet zwischen deterministischer Simulation, in der die Problemdaten und Entscheidungsregeln im Modell als fest vorgegeben angenommen werden und stochastischer Simulation, bei der zufällige Einflüsse (z.B. unvorhersehbare Umweltbedingungen) auf den Ablauf einwirken. Zur Nachahmung dieser Einflüsse verwendet man in stochastischen Simulationen geeignete Zufallsgeräte (bei Computersimulationen: Zufallsgeneratoren und Zufallszahlen) und bezeichnet eine solche Vorgehensweise (aus offensichtlichen Gründen) auch als *Monte-Carlo-Methode*.

Die Technik der Modellbildung ist für die Anwendung von Mathematik auf Probleme der realen Welt außerordentlich wichtig und in Abhängigkeit von dem jeweiligen Problem extrem vielgestaltig. Dennoch gilt es in Modellbildungsprozessen gewisse gemeinsame Charakteristika. In der folgenden Abbildung ist der Prozess der mathematischen Modellbildung mit seinem Wechselspiel aus Modellbildung und Interpretation schematisch dargestellt.

Grundschema der (mathematischen) Modellbildung

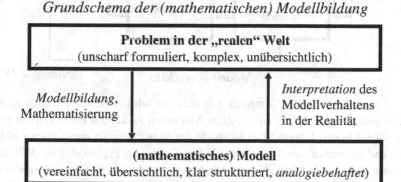

Abbildung 4.17

In komplexeren Situationen gelingt die Konstruktion eines angemessenen oder gar optimalen Modells selten auf Anhieb. Häufig läuft der Prozess der Modellbildung so ab, dass man zunächst ein (in der Regel vergleichsweise einfaches) Modell erstellt, das Modellverhalten mit der Realität überprüft und das Modell ggf. modifiziert, verbessert oder verfeinert. Man spricht bei dieser Vorgehensweise auch vom *Regelkreis* der Modellbildung.

Modellbildung als Regelkreis

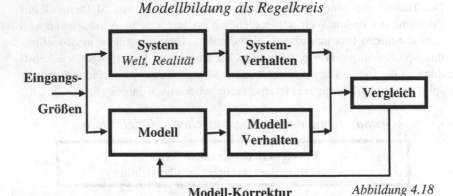

Modell-Korrektur   *Abbildung 4.18*

Das Verfahren der (Computer-) Simulation wird insbesondere auch dann angewandt, wenn man mit analytischen Methoden zu keinen Lösungen (in geschlossener Form) kommt. Die Methode der Simulation ist meist höchst effizient und elementar. Aufgrund ihres hohen Grades an Praktikabilität stellt sie eine der wichtigsten Methoden bei der Anwendung mathematischer Verfahren auf Probleme der realen Welt dar. Sie kann in ihrer Bedeutung für derartige Problemlösungsprozesse kaum hoch genug eingeschätzt werden.

Typische Fälle deterministischer Simulationen sind z.B. Wachstumsprozesse isolierter und insbesondere auch interagierender Populationen – man vergleiche dazu etwa Dürr / Ziegenbalg (1984), Kapitel VI.

Das Thema *Simulation* ist außerordentlich reichhaltig – aus der Fülle der möglichen Anwendungen sollen im Folgenden nur exemplarisch zwei (sehr) kleine Beispiele gegeben werden.

Beispiel: Das Sammlerproblem

(Warten auf einen „vollständigen Satz")

Die *Problemstellung*: In den Haferflockenpaketen eines bestimmten Herstellers sind aus marktstrategischen Gründen kleine Spielmarken („Pennies") enthalten, etwa ein Penny pro Packung. Die Pennies können die Werte 1 bis 6 haben. Ein Satz von Pennies, in dem jeder der möglichen Werte vorkommt, heißt ein *vollständiger Satz*. Wer einen vollständigen Satz hat, kann damit zum Kaufmann gehen und sich ein Geschenk abholen. Im Folgenden sei vorausgesetzt, dass die Pennies zufällig und gleichhäufig auf die Pakete verteilt sind. In dieser Situation ergibt sich ganz natürlich die Frage: Wie lange dauert es durchschnittlich (d.h., wie viele Packungen muss man durchschnittlich kaufen), bis man einen vollständigen Satz hat? Es ist sehr lehrreich, wenn man zunächst einmal versucht, den Wert zu schätzen.

Aufgabe: Führen Sie in Ihrem Bekanntenkreis eine kleine Umfrage zu dem Schätzwert durch.

Es gibt mathematische Theorien (im Kontext der sog. Markoffschen Ketten), die für dieses extrem einfache Beispiel noch „Formellösungen" ermöglichen. Sobald die Situation jedoch etwas komplexer wird, gibt es im Allgemeinen keine Lösungen in geschlossener Form. Dann bleibt nur noch die Simulation mit Hilfe eines geeigneten Modells übrig. Wir wollen die Grundzüge von Simulationsverfahren an diesem sehr einfachen Beispiel aufzeigen. Es wird sich zeigen, dass das Simulationsverfahren (im Gegensatz zu den Techniken, mit denen geschlossene Formellösungen entwickelt werden) außerordentlich *elementar* ist. Insofern kommt die Anwendung von Simulationsverfahren auch ureigensten pädagogischen Zielen entgegen.

Im Folgenden ist die Simulation des Sammlerproblems mit Hilfe eines Programms in Maxima gegeben. Um zu aussagekräftigen Werten zu kommen, sollte man viele Simulationsläufe durchführen.

```
vollstaendiger_Satz() :=
   block([sammler_array, r, i :0 ],
   make_random_state(true),
   sammler_array : make_array(fixnum, 7),
   fillarray(sammler_array, makelist(0, j, 0, 6)),
      /* den sammler_array mit Nullen auffuellen */
   while
      is(apply("*",
         rest(listarray(sammler_array))) = 0)
         /* Test, ob noch ein Feld gleich Null ist */
   do (i : i+1,
         r : random(6)+1,
         sammler_array[r] : sammler_array[r]+1,
         if verbose then print(r) ),
   return([i, rest(listarray(sammler_array))]) ) ;
```

Im Folgenden ist ein exemplarischer Programmlauf (mit der auf „true" gesetzten Kontrollvariablen `verbose`) dargestellt.

```
vollstaendiger_Satz();

5 6 4 5 6 1 3 5 6 4 1 1 3 1 6 3 2
[17, [4, 1, 3, 2, 3, 4]]
```

Die Wartezeit dieses Laufs war also 17. Insgesamt wurde gezogen: Die 1 4-mal, die 2 1-mal, die 3 3-mal, die 4 2-mal, die 5 3-mal, die 6 4-mal.

Aufgabe: Schreiben Sie ein Programm, das eine ganze Testserie (von z.B. 1000 Läufen) durchführt und dabei interessante Parameter ermittelt: Durchschnitt, „Rekorde" (Maxima, Minima), ...

Selbst wenn eine mathematische Frage tatsächlich (oder vermeintlich) theoretisch geklärt ist, kann es sehr hilfreich sein, wenn man sich den Sachverhalt nochmals anhand konkreter Beispiele verdeutlicht. Diese nachträgliche Bestätigung am Beispiel dient der *kognitiven Stabilisierung*, die besonders im Bildungszusammenhang von großer Bedeutung ist (als Plausibilitätsbetrachtung; in der Mathematik oft in Form der „Probe"). Im Folgenden soll der Versuch gemacht werden, dieses Phänomen an einem in der (mathematischen) Öffentlichkeit intensiv diskutierten Beispiel zu verdeutlichen.

Beispiel: Das Ziegenproblem

Vor einiger Zeit gab es in den U.S.A. ein Glücksspiel, das folgendermaßen ablief. Ein Showmaster führte einen Kandidaten vor drei verschlossene Türen. Hinter einer der Türen verbarg sich als Gewinn ein teurer Cadillac, hinter den beiden anderen Türen waren „nur" (vermeintlich sehr viel weniger wertvolle) Ziegen. Der Kandidat musste sich nun für eine der Türen entscheiden; das, was sich hinter der Tür verbarg, bekam er als Geschenk. Wenn der Kandidat nun eine Tür gewählt hatte, blieb sie zunächst verschlossen. Der Showmaster wusste, was sich hinter den Türen befand. Unabhängig davon, ob sich hinter der vom Kandidaten ausgewählten Tür der Gewinn oder eine Ziege befand, sagte der Showmaster dann zum Kandidaten: „Ich will Ihnen mal was zeigen", und er öffnete von den beiden verbleibenden Türen eine, hinter der sich eine Ziege befand. Danach wandte er sich mit den Worten an den Kandidaten: „Wenn Sie wollen, können Sie Ihre Entscheidung revidieren und sich für eine andere Tür entscheiden. Wollen Sie das tun?"

Eine wahrscheinlichkeitstheoretische Analyse zeigt, dass es für den Kandidaten sinnvoll ist, sich umzuentscheiden und eine andere Tür zu wählen. Eine Begründungsmöglichkeit lautet folgendermaßen: Der Kandidat arbeite mit der Strategie „Die Tür wird grundsätzlich gewechselt". Mit dieser Strategie zieht der Kandidat im zweiten Zug genau dann eine „Ziegentür", falls er mit seiner ersten Wahl gerade die „Gewinntür" getroffen hat. Da er bei der ersten Wahl jede der Türen mit derselben Wahrscheinlichkeit auswählt, verliert er den Gewinn mit der Wahrscheinlichkeit 1/3. Wechselt er dann die Tür, bekommt er den Gewinn – und zwar mit der Wahrscheinlichkeit 2/3 (denn nach dem Öffnen der Tür durch den Showmaster bleibt ja nur eine Tür zum Wechseln übrig).

Die Frage, ob es für den Kandidaten ratsam sei, sich umzuentscheiden oder nicht, entzündete in den U.S.A. und anderswo die Gemüter; die hitzigen Diskussionen gingen bis hinein in die Tagespresse (vgl. auch von Randow, 1992). Eine der bemerkenswertesten Forscherpersönlichkeiten des letzten Jahrhunderts war der außergewöhnlich produktive ungarische Mathematiker Pál Erdös (1913–1996). Aber sogar Erdös hat sich schwer getan, die korrekte Lösung zu akzeptieren und konnte erst durch eine Simulation dazu gebracht werden, seine Position zu revidieren (vgl. Vazsonyi 1999).

Hier ist eine Simulation des Ziegenproblems durch ein Maxima-Programm:

```
Ziegenproblem(AnzahlDerVersuche) :=
  block(wert_tuer : 0, offen_tuer : 0,
      wahl1 : 0, wahl2 : 0,
      summe1 : 0, summe2 : 0,
  make_random_state(true),
  for i : 1 thru AnzahlDerVersuche do
   (wert_tuer : random(3)+1,
    wahl1 : random(3)+1,
    offen_tuer : random(3)+1,
    while ( is(offen_tuer = wert_tuer) or
            is(offen_tuer = wahl1) )
      do offen_tuer : random(3)+1,
    wahl2 :
      first(
        listify(
         setdifference({1,2,3},{wahl1, offen_tuer}))),
    if is(wahl1 = wert_tuer) then summe1 : summe1+1,
    if is(wahl2 = wert_tuer) then summe2 : summe2+1,
    if verbose then
      print(i," ", wert_tuer, " ", wahl1, " ",
            offen_tuer, " ", wahl2, " ",
            summe1, " ", summe2) ),
   return([summe1, summe2]) )
```

Der Kandidat treffe seine Wahl zunächst entsprechend dem Wert der Variablen wahl1. Eine Revision seiner Entscheidung entspricht dem Wert der Variablen wahl2. (Die entsprechende Tür liegt dann jeweils eindeutig fest, denn sie muss sich sowohl von der zuerst gewählten als auch von der geöffneten Tür unterscheiden.) In den Variablen `summe1` bzw. `summe2` werden die jeweiligen Treffer aufaddiert und (falls die globale Kontrollvariable `verbose` auf `true` gesetzt ist) ausgedruckt. Man kann sich anhand mehrerer Programmläufe leicht davon vergewissern, dass die Empfehlung, die Entscheidung zu ändern, plausibel zu sein scheint.

```
Lfd.Nr. wert_tuer wahl1 offen_tuer wahl2 summe1 summe2
      1       3      3        2        1     1      0
      2       1      3        2        1     1      1
      3       3      3        1        2     2      1
      4       3      1        2        3     2      2
      5       2      3        1        2     2      3
      6       3      2        1        3     2      4
      7       1      2        3        1     2      5
      8       3      3        2        1     3      5
                            ...
    990       1      1        3        2   330    660
    991       1      1        2        3   331    660
    992       1      2        3        1   331    661
    993       2      2        1        3   332    661
    994       2      3        1        2   332    662
    995       2      1        3        2   332    663
    996       3      2        1        3   332    664
    997       3      1        2        3   332    665
    998       1      1        3        2   333    665
    999       2      1        3        2   333    666
   1000       2      2        1        3   334    666
```

Zusammenfassung

Das Thema *Simulation* ist von derart großer und fundamentaler Bedeutung, dass an dieser Stelle noch einige abschließende Bemerkungen dazu angebracht sind.

- Die Computersimulation stellt eine der wichtigsten Anwendungsformen mathematischer Methoden auf die Probleme der „realen Welt" dar.

- Computersimulationen sind eine der Mathematik angemessene Form, *Experimente* durchzuführen. Die Mathematik ist zwar eine Wissenschaft vorwiegend analytisch / deduktiven Charakters, die im Prinzip keine empirische Bestätigung ihrer Aussagen benötigt; für das Erlernen von Mathematik und für das mathematische Problemlösen ist die empirische Vorgehensweise aber hilfreich, wenn nicht gar unerlässlich. Im Unterricht vollzieht sich das Erlernen mathematischer Begriffe und Vorgehensweisen vornehmlich an gut ausgewählten, typischen Beispielen *paradigmatischen*

Charakters. Und für das mathematische Problemlösen auf allen Ebenen ist die Analyse typischer, aussagekräftiger Beispiele notwendig, um überhaupt zur Formulierung angemessener Hypothesen zu kommen.

Der geniale indische Mathematiker *S. Ramanujan* (1887–1920) beschrieb es (sinngemäß) so: *Für große Mathematiker war das Betrachten konkreter Beispiele schon immer eine wichtige Quelle der Intuition.*

- Viele der Simulationen können (und sollten) auch ohne Computer mit einfachen Zufallsmechanismen (Würfel, Münzwurf, Roulette-Rad, ...) durchgeführt werden. Man wird dadurch aber nur das Prinzip der Simulation veranschaulichen können; zu einer nennenswerten Zahl von Experimenten und dem damit verbundenen (empirisch erworbenen) Erkenntnisgewinn wird meist die Zeit nicht ausreichen.

- Es muss nochmals an den *hochgradig elementaren* und unmittelbar einleuchtenden Charakter der Simulationen erinnert werden. Jeder andere Zugang ist vom begrifflichen und theoretischen Apparat, der zunächst zur Lösung des Problems entwickelt werden muss, sehr viel aufwendiger.

- Die Technik der Computersimulation kann nur dann funktionieren und die so erzielten Ergebnisse sind nur dann aussagekräftig, wenn die Simulation des Zufalls selbst „in Ordnung" ist. Dies ist ein besonders heikler Punkt, denn der Computer ist eine völlig deterministisch arbeitende Maschine, die dem Zufall im Prinzip keinerlei Raum lässt. Echte Zufallszahlen gibt es also nicht im Computer; es gibt bestenfalls „Pseudo-Zufallszahlen", die in weiten Bereichen ähnliche Eigenschaften wie echte Zufallszahlen aufweisen. Die Qualität der Generatoren für Zufallszahlen ist in den einzelnen Computersystemen und Programmiersprachen höchst unterschiedlich. Zufallszahlen-Generatoren sind in den letzten Jahrzehnten sehr gründlich untersucht und verbessert worden. Als Arbeitshypothese wurde in den obigen Beispielen davon ausgegangen, dass die verwendeten Zufallszahlen-Generatoren brauchbare Zufallszahlen liefern.

Die Frage, ob ein bestimmtes Gerät „echte" Zufallszahlen produziert, ist übrigens unabhängig davon, ob es sich bei dem Gerät um einen Computer handelt. Sie stellt sich genauso beim Würfel, beim Roulette-Rad und im Prinzip bei jedem als Generator für Zufallszahlen verwendeten Gerät.

4.6 Parallelität

Der weitaus größte Teil der real existierenden Computer verfügt über eine so-genannte *von Neumann*-Architektur: *ein* Prozessor mit *einer* Steuereinheit ar-beitet die eingegebenen Programme *sequentiell* ab. Muss das Programm z.B. eine Tiefensuche durchführen, so muss (man vergleiche dazu die Graphik zur Tiefensuche) jeder nach unten führende Weg des Zustandsraumes, einer nach dem anderen, „abgeklappert" werden. Es liegt auf der Hand, dass ein Com-putersystem, das in der Lage ist, alle nach unten laufenden Pfade „parallel" zu durchsuchen, sehr viel schneller zum Ergebnis kommt.

In den letzten Jahren wurden energische Versuche unternommen, eine solche Parallelität sowohl auf der Software-Ebene als auch auf der Hardware-Ebene zu realisieren. Dabei wurden erhebliche Fortschritte bei der Konstruk-tion von Mehr-Prozessorsystemen erzielt.

Parallelität wurde geradezu in den Rang eines neuen Paradigmas der In-formatik erhoben. Das in Japan gestartete und mit vielen Vorschusslorbeeren versehene Projekt „Entwicklung von Computersystemen der fünften Genera-tion" sollte massiv auf dem Prinzip der Parallelität aufbauen. Als Program-miersprache war Prolog im Gespräch. Man ging davon aus, dass dessen ein-gebaute Backtracking-Technik von der Parallelität enorm profitieren würde.

In der Praxis sieht dann aber alles doch etwas nüchterner aus, als es die Hochglanzbroschüren erwarten lassen. Parallelität hat auch ihre Kosten, denn das Zusammenwirken sehr vieler parallel arbeitender Prozessoren muss spe-ziell koordiniert werden, und dies erzeugt einen zusätzlichen Verwaltungsauf-wand (overhead). Dennoch – auch wenn es langsamer geht als einige Auguren verkündeten – ist damit zu rechnen, dass Parallelität in der Zukunft in zuneh-mendem Maße Eingang in die Computer-Architekturen finden wird. Erste Anzeichen für diese Entwicklung sind die „Mehrkern"-Prozessoren, die inzwi-schen auch in den internetfähigen Telephonen („smartphones") zu finden sind.

Schließlich muss an dieser Stelle erwähnt werden, dass das Prinzip der Parallelität besonders auch im Zusammenhang mit bestimmten heuristischen Verfahren, wie z.B. den *evolutionären Algorithmen* und *neuronalen Netzen*, (siehe Kap. 10) stark an Bedeutung gewonnen hat.

5   Effizienz von Algorithmen

> Premature optimization is the root of all evil.
> *D. E. Knuth*

Von allen Fragestellungen der Informatik gehört die *Effizienz von Algorithmen* mit zu den am intensivsten untersuchten Teilbereichen. Dieses Forschungsgebiet wird auch als *Komplexitätstheorie* bezeichnet. Ziel dieser Untersuchungen ist der möglichst sparsame Umgang mit den benötigten einschlägigen Ressourcen.

Wenn die Effizienz von Algorithmen bzw. Programmen diskutiert wird, so bezieht man sich meist auf die vergleichsweise leicht quantifizierbaren Fragen der *Laufzeit-* und *Speicherplatz-Effizienz*: Läuft das Programm A schneller als das Programm B? Verbraucht das Programm C weniger Speicher als das Programm D?

Es kann viele Gründe dafür geben, dass ein Programm schneller läuft als ein anderes Programm, das ansonsten dasselbe leistet. Manche der Gründe hängen mit dem Computersystem zusammen, auf dem das jeweilige Programm läuft. Dies betrifft sowohl die Hardware als auch die Software des Systems. So ist es z.B. nicht verwunderlich, wenn ein Programm auf einem „schnell getakteten" Computer schneller läuft als auf einem „langsam getakteten". Andere Gründe für Unterschiede in der Laufzeit-Effizienz beruhen auf den spezifischen Formen der Abarbeitung der Programme und schließlich auch auf der inneren Struktur der Algorithmen.

In manchen Programmiersystemen werden die Programme durch den Vorgang des *Compilierens* in die Maschinensprache des Computers übersetzt (vgl. 8.1 und 8.2) und dann in der übersetzten, maschinennahen Form ausgeführt. In anderen Programmiersystemen werden Programme in *interpretierter* Form verarbeitet. Das heißt, dass jeder Befehl vor seiner Ausführung einzeln übersetzt und danach gleich ausgeführt wird. Es gibt bei dieser Verarbeitungsform kein übersetztes Gesamtprogramm. Wenn ein Befehl in einer Schleife eine Million mal ausgeführt wird, so muss er in einem interpretierten System auch eine Million mal übersetzt werden. Es liegt auf der Hand, dass auf vergleichbaren Computersystemen compilierte Programme schneller laufen als interpretierte, denn bei letzteren müssen die auszuführenden Anweisungen vor ihrer Ausführung auch noch jeweils übersetzt werden. Weiterhin laufen „maschinennah" programmierte Algorithmen in der Regel schneller als weniger maschinennah programmierte. So geht z.B. die Erhöhung eines Zählers in einer Wiederholungsschleife dann schneller, wenn sie mit Hilfe einer „Registererhöhung" anstatt einer gewöhnlichen Addition realisiert wird. Abgesehen von den direkt an der jeweiligen Prozessorstruktur angelehnten Assemblersprachen wird besonders in den höheren Programmiersprachen Forth und C versucht, die Laufzeiteffizienz durch Maschinennähe der Sprache zu steigern.

Bei der Betrachtung von Effizienzfragen gibt es also *systemspezifische* Aspekte und systemunabhängige *algorithmenspezifische* Aspekte. Die systemspezifischen Aspekte ändern sich sehr schnell mit dem (Generations-) Wechsel der Computersysteme. Die algorithmenspezifischen Aspekte sind dagegen zeitlos. Wir werden uns im Folgenden anhand einiger typischer Beispiele mit den algorithmenspezifischen Aspekten der Effizienz beschäftigen.

Eines der Grundprobleme, mit dem wir uns zunächst zu befassen haben, ist dabei der Vergleich zwischen rekursiv und iterativ formulierten Programmen.

5.1 Iteration und Rekursion unter dem Gesichtspunkt der Effizienz

Einen wesentlichen Einfluss auf die Laufzeit-Effizienz eines Programms hat die Entscheidung, ob der Algorithmus in iterativer oder rekursiver Form programmiert wird. Wir greifen auf das Beispiel *Berechnung der Fibonacci-Zahlen* aus Abschnitt 4.2.2 zurück. Zur Erinnerung: Die Fibonacci-Zahlen sind durch die folgende Rekursionsgleichung definiert.

$$fib(n) = \begin{cases} 0 & \text{(für } n = 0) \\ 1 & \text{(für } n = 1) \\ fib(n-1) + fib(n-2) & \text{(für } n > 1) \end{cases}$$

Die beiden folgenden Programmversionen sind jeweils in Maxima geschrieben (man vergleiche damit die entsprechenden Mathematica-Programme in Abschnitt 4.2.2).

Programmversion A (rekursiv):
```
fib(n) :=
    if n<=1 then n else fib(n-1)+fib(n-2)
```

Programmversion B (iterativ):

```
fib_it(n) :=
   block([i : 0, f0 : 0, f1 : 1, f2 : 1],
      while i < n do
         (i : i+1, f0 : f1, f1 : f2, f2 : f1 + f0),   f0 )
```

Vor der detaillierten Analyse sei ein kleiner aber sehr instruktiver Laufzeittest durchgeführt: Die iterative Version benötigt für einen Eingabewert von $n = 100.000$ etwa 2 Sekunden; die rekursive Version braucht für den geradezu winzigen Eingabewert von $n = 32$ schon die „Ewigkeit" von etwa einer Minute – und erhöht man den Eingabewert n um eins, so verdoppelt sich bei der rekursiven Version die Laufzeit annähernd, wie ein Blick auf den in Abbildung 5.1 dargestellten Berechnungsbaum zeigt. Man mache sich klar, was dies für die Laufzeit bei $n = 100.000$ bedeuten würde! (Dass bei „klassischen" Programmiersprachen für großes n der Wert von `fib(n)` meist unglaublich falsch ist – gelegentlich wird er sogar negativ! – steht auf einem anderen Blatt und wird später unter dem Thema „Korrektheit von Algorithmen" aufgegriffen.)

Es ist sehr lehrreich, wenn man einmal die Funktionsweise der rekursiven und der iterativen Version „nachspielt". Dabei erhält man schon bei kleinen Werten von n einen guten Eindruck, welcher Aufwand bei der Auswertung der rekursiven Version getrieben werden muss (bei größeren Werten von n erhöht sich dieser Aufwand beträchtlich).

```
fib(5)
 = fib(4) + fib(3)
 = (fib(3) + fib(2))  +  (fib(2) + fib(1))
 = ((fib(2) + fib(1)) + (fib(1) + fib(0)))
             + ((fib(1) + fib(0)) + 1)
 = (((fib(1) + fib(0)) + 1) + (1 + 0))
             + ((1 + 0) + 1)
 = (((1 + 0) + 1) + 1)  +  (1 + 1)
 = ((1 + 1) + 1)  +  2
 = (2 + 1)  +  2
 = 3  +  2
 = 5
```

Es fällt insbesondere auf, dass beim Aufruf von `fib(5)` Mehrfachaufrufe von `fib(3)`, `fib(2)`, `fib(1)` und `fib(0)` vorkommen. Insgesamt wird

```
fib(4)    1-mal
fib(3)    2-mal
fib(2)    3-mal
fib(1)    5-mal
fib(0)    3-mal
```

aufgerufen. Die Aufrufstruktur der rekursiven Fibonacci-Funktion wird mit ihren Verzweigungen durch die folgende Graphik nochmals verdeutlicht. Die nach unten gerichteten Pfeile stellen die jeweiligen Aufrufe der Fibonacci-Funktion dar; die nach oben gerichtet Pfeile die zugehörigen Rückgabewerte. In den Knoten ist die Nummer des jeweiligen Aufrufs eingetragen.

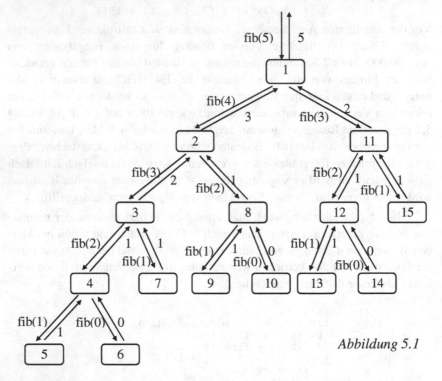

Abbildung 5.1

Der Ablauf der iterativen Version kann anhand einer Tabelle der folgenden Art nachvollzogen werden:

n	i	f0	f1	f2
5	0	0	1	1
5	1	1	1	2
5	2	1	2	3
5	3	2	3	5
5	4	3	5	8
5	5	5	8	13
5	...	...	...	...

Wenn die „Laufvariable" i gleich dem Wert des Eingabeparameters n ist, wird die Iteration beendet und der Wert von f0 wird als Funktionswert zurückgegeben.

Entscheidend für die Laufzeit der beiden Programme ist die Frage, wie oft die jeweilige Wiederholungsstruktur durchlaufen wird. Bei der iterativen Version ist die Wiederholung mit Hilfe der while-Schleife realisiert. Diese wird offensichtlich n-mal durchlaufen.

Bei der rekursiven Fassung steckt die Wiederholung in den rekursiven Aufrufen. Ist $A(n)$ die Anzahl der rekursiven Aufrufe zur Ermittlung von fib(n), so gilt für $n > 1$:

$$A(n) = A(n-1) + A(n-2) + 1 \qquad \text{(A-Fib)}$$

Denn $A(n)$ setzt sich additiv zusammen aus einem Aufruf von fib(n), der Gesamtzahl der Aufrufe von fib(n-1) und der Gesamtzahl der Aufrufe von fib(n-2); man vergleiche dies mit dem obigen Aufruf von fib(5).

Gleichung (A-Fib) ist eine sogenannte inhomogene lineare Differenzengleichung zweiter Ordnung, die der Rekursionsgleichung der Fibonacci-Zahlen sehr ähnlich ist. Ihre explizite Darstellung lautet (vgl. Dürr / Ziegenbalg 1984, S. 99 ff):

$$A(n) = (1 + \frac{\sqrt{5}}{5}) \cdot \left(\frac{1 + \sqrt{5}}{2}\right)^n + (1 - \frac{\sqrt{5}}{5}) \cdot \left(\frac{1 - \sqrt{5}}{2}\right)^n - 1$$

Während die Laufzeit der iterativen Version der Fibonacci-Funktion linear in n ist, ist die Laufzeit der rekursiven Version vom exponentiellen Typ. Unter dem Aspekt der Laufzeit-Effizienz ist die iterative Version der rekursiven also weit überlegen (man beachte dazu auch die Diskussion des Wachstums verschiedener Funktionstypen in Abschnitt 5.6). Bei dieser Überlegung wurden zwar unterschiedliche Operationen gezählt (Durchlauf der while-Schleife gegenüber rekursivem Aufruf), aber dennoch ist das Bild durchaus zutreffend.

Ähnliches gilt für die Speicherplatz-Effizienz. Die iterative Version benötigt nur fünf Speicherzellen für die Werte der Variablen n, i, f0, f1 und f2 (durch einige Tricks könnte man sogar noch eine Speicherzelle einsparen, aber darauf kommt es hier gar nicht an). Dagegen müssen bei der rekursiven Version bei jedem Aufruf von fib Informationen (also Daten) auf dem „Rekursionsstapel" (Rekursionsstack) abgelegt werden, damit die Teilergebnisse beim

„Rücklauf" der Rekursion richtig zusammengefügt werden können. Der Speicherverbrauch wächst also beim Ablauf der rekursiven Version laufend an. Wenn der für den Rekursionsstack benötigte Speicher den freien Speicher des Computers überschreitet, kommt es zu einem Überlauf-Fehler („stack overflow") und der Programmlauf wird ohne Ergebnis abgebrochen. In ungünstigen Fällen, die aber nach *Murphys Gesetz* von der maximalen Gemeinheit immer wieder auftreten, kann ein solcher stack overflow sogar zum Absturz des Computers führen.

Die oben gegebene rekursive Version der Fibonacci-Funktion stellt ein Beispiel für „reine" Rekursion dar. Moderne Programmiersprachen verfügen gelegentlich über unterschiedliche Techniken zur Verbesserung der Effizienz rekursiver Algorithmen. In der Programmiersprache *Scheme,* einer modernen Version aus der Familie der Lisp-artigen Programmiersprachen, werden gewisse einfach strukturierte Rekursionstypen vom Laufzeit- und Übersetzersystem erkannt und intern in iterative Programme umgesetzt, ohne dass der Benutzer dies explizit zu formulieren hat.

Es gibt weiterhin Techniken, den bei der Rekursion auftretenden Mehrfachaufruf von Funktionen dadurch zu vermeiden, dass eine Tabelle mit Zwischenwerten angelegt wird und mehrfach benötigte Funktionswerte bei Bedarf aus dieser Tabelle entnommen werden. Diese gelegentlich als *dynamisches Programmieren* bezeichnete Technik ist z.B. in Mathematica realisiert. Die Laufzeit-Effizienz der Programme erhöht sich dadurch enorm (in Mathematica sind derartige dynamisch-rekursive Versionen sogar noch schneller als rein iterativ programmierte Versionen). Allerdings erhöht sich durch den Aufbau der Tabelle auch der Speicherbedarf. Man hat also eine Verbesserung der Laufzeit-Effizienz durch eine Verschlechterung der Speicherplatz-Effizienz erkauft. Da diese Techniken zur Effizienzverbesserung hochgradig systemabhängig sind, soll hier nicht weiter darauf eingegangen werden. Der Benutzer sollte sich ggf. in den Handbüchern zu der benutzten Software informieren, welche Möglichkeiten der Effizienzverbesserung im konkreten Fall gegeben sind.

5.2 Kognitive Effizienz

Man stelle sich nun einmal vor, dass jemand, der über elementarmathematische Grundkenntnisse verfügt und auch die Fibonacci-Zahlen kennt, die beiden obigen Programme `fib` und `fib_it` kommentarlos vorgelegt bekommt und dass er beschreiben soll, was diese Programme tun. Bei der rekursiven Version sieht man auf einen Blick, dass es sich um die Ermittlung der Fibonacci-Zahlen handelt, denn diese Version ist die direkte Umsetzung der mathematischen Definition. Bei der iterativen Version muss man schon genauer hinsehen, um zu erkennen, dass dieses Programm die Fibonacci-Zahlen liefert. Es ist zwar bei diesem kleinen Programm noch nicht schwer, das zu erkennen, aber bei komplexeren Problemen sind die iterativen Programmversionen meist erheblich schwerer zu durchschauen als die rekursiven. Dies zeigt, dass die rekursiven Programmversionen das Kriterium der sogenannten *kognitiven Effizienz* meist besser erfüllen als die iterativen Versionen.

Im Gegensatz zur Laufzeit- und Speicherplatz-Effizienz wird die kognitive Effizienz von Programmiersprachen im Allgemeinen weit weniger intensiv diskutiert. Sie lässt sich auch nicht gut quantifizieren. Die kognitive Effizienz einer Sprache ist um so größer, je besser sich die Probleme des Anwenders in die Programmiersprache abbilden lassen. In kognitiv effizienten Programmiersprachen lassen sich Problemlösungen im Allgemeinen sehr viel schneller erarbeiten, besser vermitteln, verstehen und dokumentieren als in nicht kognitiv effizienten Sprachen. Kognitiv effiziente Darstellungen eignen sich darüber hinaus gut zum Nachweis der Korrektheit von Algorithmen. Die Modularität der jeweiligen Programmiersprache ist eine wesentliche Grundvoraussetzung für kognitive Effizienz, da sich anders die begriffliche Struktur der Probleme nicht in die Programmiersprache übersetzen lässt.

Laufzeit- und Speicherplatz-Effizienz sind offenbar nur zwei Aspekte der Effizienzbetrachtung von Programmen; es sind Aspekte der maschinellen Effizienz, während bei der kognitiven Effizienz der Mensch im Mittelpunkt steht. Die für reale Anwendungen zweifellos sehr wichtigen Gesichtspunkte der maschinellen Effizienz spielen aus unterrichtlicher Sicht oft keine vorrangige Rolle. Es ist nicht die Aufgabe der Schule, große, laufzeiteffiziente Programmpakete herzustellen, sondern die Prinzipien ihrer Erstellung zu vermitteln. Der Test und die Demonstration derartiger Programmpakete können durchaus im kleineren Rahmen mit bescheidenerem Datenvolumen erfolgen, als es in der Realität praktiziert wird. Unterricht ist eben immer exemplarisch. Da die kognitive Effizienz einer Programmiersprache sehr viel damit zu tun hat, wie gut sich fundamentale Begriffe und heuristische Strategien des jeweiligen Problemkreises in die Programmiersprache übertragen lassen, ist sie gerade für den Unterricht von besonderer Bedeutung.

Laufzeit-Effizienz und kognitive Effizienz stellen jedoch beileibe keinen unversöhnlichen Gegensatz dar. Sie haben in der Programmentwicklung beide ihren Platz. So ist es in der ersten Phase der Entwicklung eines komplexen Programmpakets wichtig, dass man schnell und ohne allzu großen Aufwand prototyp-artige Moduln erzeugen kann, anhand von denen sich überprüfen lässt, ob der gewählte Lösungsansatz (wie z.B. die gewählte Form der Modularisierung) überhaupt sinnvoll ist, ob die Moduln z.B. richtig oder gar optimal interagieren. Für derartige Modul-Prototypen kommen oft rekursive Programmversionen in Frage, die zwar wenig laufzeiteffizient sind, die sich aber vergleichsweise leicht erstellen lassen. Wenn man später sieht, dass der gewählte Ansatz zur Realisierung der Gesamtprojekts sinnvoll ist, kann man darangehen, die nicht laufzeiteffizienten rekursiven Versionen in effizientere iterative Versionen umzuschreiben. Man bezeichnet die hier skizzierte Vorgehensweise auch als den Prozess des *rapid prototyping*.

5.3 Das Prinzip von „Teile und Herrsche" unter dem Aspekt der Effizienz

Die allgemeine Regel scheint zu besagen, dass rekursive Problemlösungen nicht laufzeiteffizient sind. Dies gilt aber vor allem dann, wenn Rekursion gedankenlos dort zur Lösung verwendet wird, wo iterative Algorithmen leicht zu formulieren sind. Es gibt jedoch eine große Klasse von Problemen, für die

- rekursive Lösungsalgorithmen die „natürliche" Beschreibung darstellen und wo es schwierig ist, iterative Algorithmen zu finden (man denke etwa an das Turm-von-Hanoi Spiel)
- rekursive Algorithmen in Verbindung mit dem Prinzip von „Teile und Herrsche" zu sehr effizienten Lösungen führen.

Letzteres haben wir im Zusammenhang mit dem *Quicksort-Verfahren* bereits kennengelernt. Es soll im Folgenden noch an einem weiteren wichtigen Beispiel erläutert werden.

Beispiel: Schnelles Potenzieren

Die Potenzfunktion ist (zunächst für nichtnegative ganzzahlige Exponenten) folgendermaßen rekursiv definiert:

$$a^n = \begin{cases} 1 & (\text{für } n = 0) \\ a \cdot a^{n-1} & (\text{für } n > 0) \end{cases}$$

Aufgabe: Setzen Sie diese Definition in direkter Form in ein rekursiv formuliertes Programm pot um, das etwa in der Form pot(a, n) aufzurufen ist.

Realisiert man die Potenzfunktion durch ein Programm, das genau die obige Definition nachvollzieht, so sind bei dem Aufruf pot(a, n) offensichtlich $n-1$ Multiplikationen auszuführen.

Nach den Potenzgesetzen gilt für geradzahlige Exponenten n:

$$a^n = (a^2)^{n/2}$$

(Zum Beispiel: $3^6 = (3^2)^3 = 9^3 = 729$)

Die konsequente Anwendung dieser Regel führt zu dem folgenden Potenzierungs-Algorithmus (der hier in Mathematica formuliert ist):

```
spot[a_, n_] :=          (* schnelles Potenzieren *)
  Which[
    n==0, 1,
    Mod[n, 2]==0, spot[a^2, n/2],
    True, a*spot[a, n-1] ]
```

Ein Aufrufbeispiel:

```
spot[3, 12]
Ergebnis: 531441
```

Ein „Ablaufprotokoll" dieses Aufrufs sieht folgendermaßen aus:

```
spot[3, 12] = spot[9, 6]
            = spot[81, 3]
            = 81 * spot[81, 2]
            = 81 * spot[6561, 1]
            = 81 * 6561 * spot[6561, 0]
            = 81 * 6561 * 1
            = 531441
```

Die Effizienz dieses Verfahrens lässt sich recht gut und mit einfachen Mitteln analysieren. Entscheidend für die Laufzeit von spot ist die Anzahl der auszuführenden Multiplikationen. Die folgende Funktion T ermittelt diese Anzahl:

$$T(n) = \begin{cases} T(n/2) + 1 & (\text{falls } n \text{ gerade}) \\ T(n-1) + 1 & (\text{falls } n \text{ ungerade}) \end{cases}$$

Als Anfangsbedingung gilt: $T(0) = 0$

Im folgenden Mathematica-Programm ist diese Definition genau umgesetzt:

```
T[n_] :=
  Which[
    n==0, 0,
    Mod[n, 2]==0, T[n/2] + 1,
    True, T[n-1] + 1]
```

Zur Erstellung einer Wertetafel eignet sich die Kombination der Befehle Table und TableForm.

Der Aufruf

```
TableForm[Table[{n, 10^n, T[10^n]}, {n, 0, 10}]]
```

führt zum Ausdruck der folgenden Tabelle:

```
0    1             1
1    10            5
2    100           9
3    1000          15
4    10000         18
5    100000        22
6    1000000       26
7    10000000      31
8    100000000     38
9    1000000000    42
10   10000000000   44
```

Die letzte Zeile besagt, dass für $n = 10^{10}$ beim Aufruf von pot[a, n] 9.999.999.999 Multiplikationen, beim Aufruf von spot[a, n] dagegen nur 44 Multiplikationen auszuführen sind.

Die oben definierte Funktion T beschreibt zwar die gesuchte Anzahl der Multiplikationen sehr genau, sie lässt sich aber in der rekursiven Form nicht gut mit mathematischen Standardfunktionen vergleichen. Sowohl die in der Definition von spot vorkommende Halbierung des Arguments als auch die Tabelle legen die Vermutung nahe, dass sich das Laufzeitverhalten von spot mit Hilfe der Logarithmusfunktion abschätzen lässt.

Für das Weitere werden sich die folgenden Bezeichnungen als nützlich erweisen: $\ln(x)$ = natürlicher Logarithmus von x

>   (in Mathematica: Log[x]; in Maxima: log(x))

$\log_2(x)$ = Zweierlogarithmus von x; es ist also $\log_2(x) = \dfrac{\ln(x)}{\ln(2)}$

$\lceil x \rceil$ = kleinste ganze Zahl größer oder gleich x

>   (in Mathematica: Ceiling[x]; in Maxima: ceiling(x))

$\lfloor x \rfloor$ = größte ganze Zahl kleiner oder gleich x

>   (in Mathematica: Floor[x]; in Maxima: floor(x))

Aus historischen Gründen wird in der mathematischen Literatur meist die „Gaußsche Klammer" $[x]$ an Stelle von $\lfloor x \rfloor$ verwendet. Mit diesen Bezeichnungen gilt der

Satz: Für die Binärdarstellung (d.h. Darstellung im Zweiersystem) der natürlichen Zahl n benötigt man $\lceil \log_2(n+1) \rceil$ Ziffern.

Beweis: Übung. (Hinweis: Mit s binären Ziffern lassen sich genau 2^s Zustände darstellen.)

Dieses Ergebnis ist von eigenständigem Interesse; es erweist sich aber zugleich als nützlich im Beweis der folgenden Aussage.

Satz: Eine obere Schranke für die Laufzeit des auf den Gleichungen

$$a^n = \begin{cases} (a^2)^{\frac{n}{2}} & \text{(falls } n \text{ gerade)} \\ a \cdot a^{n-1} & \text{(falls } n \text{ ungerade)} \end{cases}$$

basierenden schnellen Potenzierungsverfahrens ist

$$2 \cdot \lceil \log_2(n+1) \rceil .$$

Beweis: Für den Exponenten $n = 0$ ist die Aussage trivialerweise richtig, denn es sind gar keine Multiplikationen notwendig. Es sei nun $n > 0$ und der Exponent n sei in der Binärdarstellung gegeben. Dazu reichen nach dem vorigen Satz $\lceil \log_2(n+1) \rceil$ binäre Ziffern. Im Reduktionsschritt des Verfahrens wird das Argument n nun folgendermaßen verkleinert.

1. Fall: Ist n gerade, so ist die letzte Ziffer seiner Binärdarstellung eine Null. Das Argument wird ersetzt durch $n/2$; d.h., die Binärdarstellung des Exponenten verkürzt sich um eine Stelle.

2. Fall: Ist n ungerade, so ist die letzte Ziffer seiner Binärdarstellung eine Eins. Durch den Reduktionsschritt wird der Exponent um Eins verringert. Die Binärdarstellung von $n - 1$ endet dann mit einer Null. Diese Null verschwindet dann im nächsten Reduktionsschritt (1. Fall).

Insgesamt gilt also: Nach jeweils höchstens zwei Reduktionsschritten hat sich die Stellenzahl des Exponenten um Eins verringert. Also gilt für die Laufzeit L des schnellen Potenzierungsalgorithmus:

$$L \leq 2 \cdot \text{Stellenzahl} = 2 \cdot \lceil \log_2(n+1) \rceil .$$

Bemerkung: Wie die folgende Tabelle zeigt, liefert die Abschätzung $2 \cdot \lceil \log_2 (n+1) \rceil$ für die Laufzeit des schnellen Potenzierungsverfahrens im Allgemeinen etwas zu große Werte; dafür lässt sich die Logarithmusfunktion aber gut mit anderen Elementarfunktionen vergleichen.

Lfd. Nr.	n	$T(n)$	$2 \cdot \lceil \log_2 (n+1) \rceil$
1	10	5	8
2	100	9	14
3	1000	15	20
4	10000	18	28
5	100000	22	34
6	1000000	26	40
7	10000000	31	48
8	100000000	38	54
9	1000000000	42	60
10	10000000000	44	68

Dies ist vielleicht eine gute Stelle, um darauf hinzuweisen, dass es in der Komplexitätstheorie nicht um „Erbsenzählerei" geht, sondern darum, den Aufwand von Algorithmen in vernünftiger Weise abzuschätzen. Dabei konzentriert man sich auf das Wesentliche (im obigen Beispiel also etwa auf die Anzahl der Multiplikationen); Nebensächliches wird außer Acht gelassen. Man gelangt so zu mehr oder weniger groben Abschätzungen des Laufzeitverhaltens, bei denen es zwar auf die Funktionstypen ankommt, durch die die Laufzeit beschrieben wird; nicht aber auf jeden einzelnen Parameter in der funktionalen Beschreibung. So ist es im obigen Beispiel wichtig, dass die Laufzeit logarithmisch vom Exponenten abhängt; welcher Logarithmus aber gemeint ist, ist eher nebensächlich. Auch ließe sich der Faktor 2 durch eine eingehende Analyse vielleicht noch etwas verbessern; aber auch das ist nicht ausschlaggebend. Entscheidend ist die Aussage: Die Laufzeit des schnellen Potenzierungsverfahrens ist „von der Ordnung" $\log(n)$, wenn n der Exponent ist (zur Ordnung von Funktionen siehe Abschnitt 5.6).

Aufgabe: Analog zum oben beschriebenen Verfahren des schnellen Potenzierens lässt sich ein Algorithmus für das Multiplizieren zweier natürlicher Zahlen a und b formulieren, bei dem nur auf die arithmetischen Operationen „Verdopple" und „Subtrahiere Eins" zurückgegriffen wird. Dieser Algorithmus war schon den Ägyptern in der Antike bekannt (*ägyptische*

Multiplikation). Eine andere Bezeichnung für den Algorithmus ist *russische Bauernmultiplikation*. (Dadurch soll nicht etwa eine Geringschätzung der russischen Bauern zum Ausdruck gebracht werden – im Gegenteil: die Komplexitätsanalyse des Verfahrens beweist eher ihre Schläue.) Von Hand wird der Algorithmus in der folgenden Form ausgeführt:

1: Schreibe die gegebenen und die wie folgt modifizierten Faktoren zeilenweise auf.

2a: Ist der erste Faktor gerade, so halbiere ihn und verdopple den zweiten Faktor.

2b: Ist der erste Faktor ungerade, so ziehe davon Eins ab und halbiere ihn; verdopple den zweiten Faktor.

3: Wenn der erste Faktor gleich Eins ist, dann beende dieses Verfahren, sonst fahre bei Schritt 2a fort.

4: Streiche alle Zeilen, wo der erste Faktor gerade ist.

5: Die Summe der verbleibenden zweiten Faktoren ist das gesuchte Produkt.

Im Beispiel: Gesucht ist das Produkt $52 * 67$.

```
52 *   67
26 *  134
13 *  268  ┐
12 *  268  │
 6 *  536  │
 3 * 1072  │  +
 2 * 1072  │
 1 * 2144  ┘
----------
      3484  ◄
Ergebnis: 52 * 67 = 3484
```

Analysieren Sie den Algorithmus und begründen Sie seine Korrektheit. Setzen Sie ihn in ein Computerprogramm um – in Analogie zum Programm für das schnelle Potenzieren.

Ein „protokolliertes" Aufruf-Beispiel sollte strukturell z.B. folgendermaßen aussehen:

$$52 * 67 = 26 * 134 = 13 * 268 = 12 * 268 + 268$$
$$= 6 * 536 + 268 = 3 * 1072 + 268$$
$$= 2 * 1072 + 1072 + 268 = 1 * 2144 + 1072 + 268$$
$$= 3484$$

Führen Sie eine Laufzeitanalyse durch.

5.4 Das Horner-Schema

Polynome stellen eine mathematische Grundstruktur von außerordentlicher Anwendungsbreite dar – auch und insbesondere im Zusammenhang mit der Anwendung von Computern. Die effiziente Auswertung von Polynomen ist deshalb ein wichtiges Thema in Mathematik und Informatik.

Ein *Polynom* ist eine Schreibfigur der Art

$$a_n \cdot x^n + a_{n-1} \cdot x^{n-1} + a_{n-2} \cdot x^{n-2} + \ldots + a_3 \cdot x^3 + a_2 \cdot x^2 + a_1 \cdot x + a_0$$

$$(\text{Horner\_1})$$

Dabei sei n eine natürliche Zahl; die *Koeffizienten* $a_n, a_{n-1},\ a_{n-2}, \ldots, a_3, a_2, a_1, a_0$ seien rationale, reelle oder komplexe Zahlen (bzw. Elemente allgemeinerer als *Ring* oder *Körper* bezeichneter algebraischer Strukturen). Um etwas Konkretes vor Augen zu haben, nehmen wir im Folgenden an, es seien reelle Zahlen. Das Symbol x wird als *Unbestimmte* bezeichnet. Ist der führende Koeffizient a_n von Null verschieden, so hat das Polynom den *Grad n*. Als Kurzschreibweise für Polynome werden auch Darstellungen der Art $p(x)$, $q(y)$, $r(z)$ verwendet, wenn es nicht auf die Koeffizienten sondern nur auf die Unbestimmten (hier x, y und z) ankommt.

Wenn man die Unbestimmte x durch eine reelle Zahl (die ebenfalls durch x bezeichnet sei) ersetzt, so lässt sich jedes Polynom $p(x)$ als eine reelle Funktion $x \to p(x)$ deuten. Man sagt, das Polynom werde an der Stelle x ausgewertet. Diese Auswertung von Polynomen ist eine Operation, die in der Praxis sehr häufig vorkommt und für die es sich deshalb lohnt, nach effizienten Algorithmen zu suchen. Bei dieser Auswertung sind arithmetische, logische und datenspezifische Operationen durchzuführen. Als am zeitaufwendigsten schlagen dabei die arithmetischen Operationen (Addition und Multiplikation) zu Buche und von diesen beiden ist wiederum die Multiplikation die sehr viel aufwendigere. Die weitaus „teuerste" Operation bei der Auswertung von Polynomen ist also die Multiplikation; wir wollen uns deshalb im Folgenden damit begnügen, die Anzahl der jeweiligen Multiplikationen zu zählen. Das Polynom

$$a_n \cdot x^n + a_{n-1} \cdot x^{n-1} + a_{n-2} \cdot x^{n-2} + \ldots + a_3 \cdot x^3 + a_2 \cdot x^2 + a_1 \cdot x + a_0$$

lässt sich zwar etwas umständlicher, aber unter ausschließlicher Verwendung von Addition und Multiplikation folgendermaßen schreiben:

$$a_n \cdot \underbrace{x \cdot x \cdots x}_{n \text{ Faktoren}} + a_{n-1} \cdot \underbrace{x \cdot x \cdots x}_{n-1 \text{ Faktoren}} + a_{n-2} \cdot \underbrace{x \cdot x \cdots x}_{n-2 \text{ Faktoren}} + \dots$$

$$+ a_3 \cdot x \cdot x \cdot x + a_2 \cdot x \cdot x + a_1 \cdot x + a_0$$

Erste Auswertungsmethode: Bei ganz „naiver" Ausmultiplikation dieses Ausdrucks sind offensichtlich

$$n + (n-1) + (n-2) + \dots + 3 + 2 + 1, \text{ also } \frac{n \cdot (n+1)}{2}$$

Multiplikationen auszuführen. (Da für große Werte von n das Grenzverhalten des letzten Ausdrucks im Wesentlichen von dem Teilterm n^2 abhängt, sagt man auch: Die Anzahl der Multiplikationen ist von der Ordnung n^2.)

Zweite Auswertungsmethode (das „Horner-Schema"): In der Darstellung (Horner_1) lässt sich die Unbestimmte x folgendermaßen aus den Teilsummen ausklammern:

$$(((\dots((a_n \cdot x + a_{n-1}) \cdot x + a_{n-2}) \cdot x + \dots + a_3) \cdot x + a_2) \cdot x + a_1) \cdot x + a_0$$

(Horner_2)

So kann man zum Beispiel das Polynom

$$a_5 \cdot x^5 + a_4 \cdot x^4 + a_3 \cdot x^3 + a_2 \cdot x^2 + a_1 \cdot x + a_0$$

auch folgendermaßen schreiben:

$$((((a_5 \cdot x + a_4) \cdot x + a_3) \cdot x + a_2) \cdot x + a_1) \cdot x + a_0 .$$

Wertet man das Polynom in der Form (Horner_2) aus, so sind an Stelle von $\frac{n \cdot (n+1)}{2}$ nur noch n Multiplikationen auszuführen und das Verfahren wird erheblich effizienter.

Aufgabe: Schreiben Sie ein Programm `Horner(KL, x)`, das ein durch die Koeffizientenliste `KL` gegebenes Polynom nach dem Verfahren des Horner-Schemas an der Stelle `x` auswertet.

Polynome kommen in außerordentlich vielen Anwendungsbereichen vor – sei es aufgrund einer genuinen Mathematisierung, wie etwa bei Volumeninhalten (Polynome dritten Grades), in der Statistik oder Physik bei der Beschreibung höherer „Momente", sei es in indirekter Form, denn Polynome eignen sich hervorragend, um andere, schlechter auszuwertende mathematische Funktionen zu approximieren; sie spielen also auch im Rahmen der numerischen Mathematik eine große Rolle. Dort stellt man das Horner-Schema traditionell gern in Tabellenform dar. Wir betrachten dazu wieder das Polynom

$$p(x) = a_n \cdot x^n + a_{n-1} \cdot x^{n-1} + a_{n-2} \cdot x^{n-2} + \ldots$$
$$+ a_3 \cdot x^3 + a_2 \cdot x^2 + a_1 \cdot x + a_0$$

Mit den Abkürzungen

$b_n = a_n$ und

$b_k = b_{k+1} \cdot x + a_k \qquad (k = n-1, \ldots, 1)$

lässt sich der Ausdruck Horner_2 auch nach dem folgenden Rechenschema auswerten.

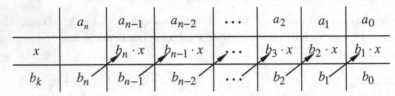

Das Schema wird spaltenweise von links nach rechts abgearbeitet. Dabei wird zuerst, wie graphisch angedeutet, entlang der Pfeile mit der Zahl x (der Auswertungsstelle) multipliziert; danach werden die in den Zeilen 1 und 2 stehenden Zahlen addiert und in Zeile 3 eingetragen. Der letzte Ausdruck b_0 ist offenbar der gesuchte Funktionswert: $b_0 = p(x)$.

Ein Beispiel: Wir wollen das Polynom

$$p(x) = 6 \cdot x^3 + 1 \cdot x^2 + 7 \cdot x + 4$$

an der Stelle $x = 8$ auswerten. Dann läuft das Horner-Schema folgendermaßen ab (mit dem Ergebnis $p(8) = 3196$):

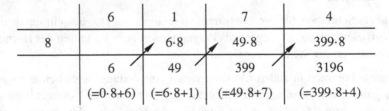

Exkurs: Das Horner-Schema und Stellenwertsysteme

Der im letzten Beispiel berechnete Ausdruck $6 \cdot 8^3 + 1 \cdot 8^2 + 7 \cdot 8 + 4$ lässt sich auch als die ausführliche Darstellung der Zahl 6174 im 8-ter System auffassen. Ihr dezimaler Wert wäre dann 3196. Mit dem Horner-Schema können wir also Zahldarstellungen aus nichtdekadischen Stellenwertsystemen ins Zehnersystem umrechnen.

Wir wollen noch das umgekehrte Problem verfolgen: die Umwandlung von Zahlen, die im Zehnersystem gegeben sind, in ein System zur Basis b („b-System"). Sei also n eine natürliche Zahl, die im System zur Basis b die Zifferndarstellung $rsuvw$ hat. Es ist also

$$n = r \cdot b^4 + s \cdot b^3 + u \cdot b^2 + v \cdot b + w.$$

Wenn wir n im Sinne der Ganzzahldivision mit Rest durch b teilen, dann ist offenbar $w = Mod(n, b)$ und $rsuv = Div(n, b)$.

$Mod(n, b)$ liefert also die letzte Ziffer von n im b-System. $Div(n, b)$ liefert die um die letzte Ziffer reduzierte Darstellung von n. Die vorletzte Ziffer, im Beispiel v, erhalten wir dementsprechend durch $Mod(Div(n, b), b)$. Wir haben es offenbar wieder mit der Rekursion zu tun. Das folgende Mathematica-Programm dient der Umrechnung der natürlichen, dekadisch geschriebenen Zahl n in das Stellenwertsystem mit der Basis b. (Man beachte: In Mathematica heißt die sonst meist als „Div" bezeichnete Funktion „Quotient".)

```
Basis[n_, b_]  :=
   If[n == 0,
      {},
      Append[Basis[Quotient[n, b], b], Mod[n, b] ] ]
```

Ein Aufrufbeispiel:

```
Basis[6174, 8]
Ergebnis:  {1, 4, 0, 3, 6}
```

Um bei der Zifferntrennung nicht in Schwierigkeiten zu kommen, wenn die Basis einmal größer als 9 ist, wurde das Ergebnis als Liste aufbereitet (Listenelemente sind in natürlicher Weise getrennt).

```
Basis[123456789, 16]
Ergebnis:  {7, 5, 11, 12, 13, 1, 5}
```

Natürlich enthält Mathematica eigene Routinen zur Umwandlung von Ziffern-
darstellungen aus einem Stellenwertsystem in ein anderes; aber das obige kleine Programm ist universeller und der Exkurs hatte darüber hinaus vorrangig
das Ziel, die Sachlage transparent zu machen und an einem weiteren Beispiel
die hochgradige Vernetztheit mathematischer Themen (Horner-Schema, Division mit Rest, Stellenwertsysteme) aufzuzeigen.

Exkurs: Das Horner-Schema und die Einkommensteuer

Auch zur Festlegung der *Einkommensteuertarife* wurden und werden Polynome herangezogen. Bei der regelmäßig auftretenden Diskussion der Steuer-
tarife geht es im Grunde um die Koeffizienten dieser Polynome. Der Gesetzgeber schien übrigens früher die Vorteile des Horner-Schemas zu kennen, denn
er schrieb im *Einkommensteuergesetz* (EStG, § 32a) in den bis 2009 gültigen
Versionen ausdrücklich vor, dass diese Polynome nach dem Horner-Schema
auszuwerten seien. Diese Normierung hat neben der höheren Effizienz in diesem Fall noch den Vorteil, dass die Ergebnisse auf den Pfennig (bzw. Cent)
genau normiert sind. Denn im Zusammenhang mit der Rundung auf zwei
Nachkommastellen könnte es sonst vorkommen, dass die Zwischenergebnisse
in den Ausdrücken (Horner_1) und (Horner_2) unterschiedlich gerundet werden und dass sich die Endergebnisse dadurch, wenn auch nur minimal, unterscheiden.

Aufgabe: 1. Schreiben Sie in einer Programmiersprache, die keine eingebauten Operationen zur Polynomauswertung besitzt einen Modul zur Auswertung von Polynomen. Die Koeffizienten sollten dabei mit Hilfe einer Feld-
   oder Listenvariablen eingegeben werden. (Zum Begriff der Feldvariablen
   vgl. Kapitel 8, Abschnitt 8.5)
   2. Informieren Sie sich im Einkommensteuergesetz über die zur Zeit gültigen Einkommensteuertarife und schreiben Sie ein Programm EKST(E), mit
   dem Sie für das zu versteuernde Jahreseinkommen E
   • die jeweilige Einkommensteuer
   • den jeweiligen „Spitzensteuersatz"
   • den jeweiligen durchschnittlichen Steuersatz
   ermitteln.

5.5 Die Zeitkomplexität des Euklidischen Algorithmus

Wir knüpfen hier direkt an die Diskussion des Euklidischen Algorithmus in Abschnitt 3.2.2 an.

Satz (Zeitkomplexität des Euklidischen Algorithmus): Es seien a und b natürliche Zahlen, $a > b$. Dann benötigt der Euklidische Algorithmus weniger als $2 \cdot \log_2(a)$ „Zeilen", d.h. Iterationen der Division mit Rest.

Beweis: Wir erinnern zunächst an das Iterationsschema des Euklidischen Algorithmus

$$a_0 = q_1 \cdot a_1 + a_2 \qquad (0 \le a_2 < a_1) \qquad \text{(Zeile 0)}$$
$$a_1 = q_2 \cdot a_2 + a_3 \qquad (0 \le a_3 < a_2) \qquad \text{(Zeile 1)}$$
$$a_2 = q_3 \cdot a_3 + a_4 \qquad (0 \le a_4 < a_3) \qquad \text{(Zeile 2)}$$
$$\ldots \qquad\qquad \ldots \qquad\qquad \ldots$$
$$a_{k-1} = q_k \cdot a_k + a_{k+1} \qquad (0 \le a_{k+1} < a_k) \qquad \text{(Zeile k - 1)}$$
$$a_k = q_{k+1} \cdot a_{k+1} + a_{k+2} \qquad (0 \le a_{k+2} < a_{k+1}) \qquad \text{(Zeile k)}$$
$$a_{k+1} = q_{k+2} \cdot a_{k+2} + a_{k+3} \qquad (0 \le a_{k+3} < a_{k+2}) \qquad \text{(Zeile k + 1)}$$
$$\ldots \qquad\qquad \ldots \qquad\qquad \ldots$$
$$a_{n-2} = q_{n-1} \cdot a_{n-1} + a_n \qquad (0 \le a_n < a_{n-1}) \qquad \text{(Zeile n - 2)}$$
$$a_{n-1} = q_n \cdot a_n + a_{n+1} \qquad (a_{n+1} = 0) \qquad \text{(Zeile n - 1)}$$

Die letzte Zeile lässt sich also kürzer schreiben als: $a_{n-1} = q_n \cdot a_n$

Für alle k mit $1 \le k \le n-1$ gilt (wegen $a_k > a_{k+1}$)

$$a_{k-1} = q_k \cdot a_k + a_{k+1} > q_k \cdot a_{k+1} + a_{k+1}$$

Das heißt $a_{k-1} > (q_k + 1) \cdot a_{k+1}$.

Bildet man nun jeweils für alle k mit $k = 1, \ldots, n-1$ das Produkt der linken und der rechten Seiten der letzten Gleichung, so folgt:

$$a_0 \cdot a_1 \cdot a_2 \cdot \ldots \cdot a_{n-2} > a_2 \cdot a_3 \cdot a_4 \cdot \ldots \cdot a_{n-2} \cdot a_{n-1} \cdot a_n$$
$$\cdot (q_1 + 1) \cdot (q_2 + 1) \cdot \ldots \cdot (q_{n-2} + 1) \cdot (q_{n-1} + 1)$$

Dividiert man beide Seiten durch den gemeinsamen Faktor $a_2 \cdot a_3 \cdot \ldots \cdot a_{n-2}$, so erhält man

$$a_0 \cdot a_1 > a_{n-1} \cdot a_n \cdot (q_1 + 1) \cdot (q_2 + 1) \cdot \ldots \cdot (q_{n-2} + 1) \cdot (q_{n-1} + 1)$$

Mit $a_{n-1} = a_n \cdot q_n$ folgt

$$a_0 \cdot a_1 > a_n \cdot q_n \cdot a_n \cdot (q_1 + 1) \cdot (q_2 + 1) \cdot \ldots \cdot (q_{n-2} + 1) \cdot (q_{n-1} + 1) \qquad (*)$$

Weiterhin ist für alle k mit $k = 1, \ldots, n-1$ wegen $a_{k-1} > a_k$ auch $q_k \geq 1$, d.h. $q_k + 1 \geq 2$. Auch für q_n gilt $q_n \geq 2$, denn sonst wäre nicht $a_{n-1} > a_n$ (vgl. Zeilenschema).

Setzt man in der Ungleichung (*) a für a_0, b für a_1, $d := GGT(a,b)$ für a_n ein und ersetzt man alle $q_k + 1$ durch 2, so folgt aus Gründen der Monotonie

$$a \cdot b > d^2 \cdot 2^n \qquad (**)$$

Wegen $a > b$ und $d \geq 1$ folgt hieraus durch Vergrößerung der linken und Verkleinerung der rechten Seite von (**) $a^2 > 2^n$.

Die Anwendung des (Zweier-) Logarithmus auf beiden Seiten liefert schließlich $2 \cdot \log_2(a) > n \cdot \log_2(2)$. Für die mit der Anzahl der Divisionen mit Rest übereinstimmenden „Zeilenzahl" n im Euklidischen Algorithmus gilt also: $n < 2 \cdot \log_2(a)$. Dies ist, wie der Beweis gezeigt hat, allerdings eine recht grobe Abschätzung.

Die Komplexitätstheorie des Euklidischen Algorithmus ist ein schönes Beispiel für die interne Verwobenheit mathematischer Themenbereiche. Eine eingehende Analyse der Themen *Euklidischer Algorithmus*, *Kettenbrüche* und *Fibonacci-Zahlen* zeigt, dass der unter Effizienzgesichtspunkten schlechteste Fall („worst case") für den Euklidischen Algorithmus dann eintritt, wenn die Ausgangszahlen a und b aufeinanderfolgende Fibonacci-Zahlen sind (vgl. D. Knuth, *The Art of Computer Programming*; 1969, Volume 2: Seminumerical Algorithms, Abschnitt 4.5.3). Als Motivation dafür, diesen Sachverhalt näher zu untersuchen, mag die Überlegung dienen, dass der Euklidische Algorithmus dann am langsamsten verläuft, wenn die Quotienten q_i die kleinstmöglichen Werte haben. Und dies heißt offensichtlich $q_i = 1$. Wir zitieren nach Knuth den

Satz von Lamé[1]**:** Es sei n ($n \geq 1$) eine natürliche Zahl. Sind a und b (mit $a > b > 0$) natürliche Zahlen mit der Eigenschaft, dass der Euklidische Algorithmus, angewandt auf a und b, genau n Schritte benötigt, und ist b

---

[1] Gabriel Lamé (1795–1870), französischer Mathematiker

die kleinstmögliche Zahl mit dieser Eigenschaft, dann ist a die $n+2$-te und b die $n+1$-te Fibonacci-Zahl.

Ein Beispiel: Sei $n = 8$. Dann ist $Fib(10) = 55$ und $Fib(9) = 34$. Der Euklidische Algorithmus, angewandt auf 55 und 34 lautet

```
55 = 1 * 34 + 21     (1. Schritt)
34 = 1 * 21 + 13     (2. Schritt)
21 = 1 * 13 + 8      (3. Schritt)
13 = 1 * 8  + 5      (4. Schritt)
 8 = 1 * 5  + 3      (5. Schritt)
 5 = 1 * 3  + 2      (6. Schritt)
 3 = 1 * 2  + 1      (7. Schritt)
 2 = 1 * 2  + 0      (8. Schritt)
```

Zum Vergleich: $2 \cdot \log_2(a) = 2 \cdot \log_2(55) = 2 * 5{,}78... = 11{,}56... > 8$

5.6 Einige wichtige Funktionstypen zur Beschreibung der Effizienz von Algorithmen

Zur Beschreibung der Effizienz von Algorithmen ist das Wachstumsverhalten von Funktionen bei „großen" Argumentwerten entscheidend. Für diese Zwecke verwendet man in der Komplexitätstheorie oft die folgende in der mathematischen Analysis zu Beginn des vorigen Jahrhunderts von E. Landau eingeführte „asymptotische Notation" für Funktionen.

Definition: Es seien f und g zwei Funktionen auf dem Definitionsbereich der natürlichen Zahlen mit Werten in der Menge der positiven reellen Zahlen. Man sagt, f sei (höchstens) von der Ordnung von g, wenn es eine natürliche Zahl n_0 und eine (reelle) Konstante c gibt mit der Eigenschaft:

$$f(n) \leq c \cdot g(n) \quad \text{für alle } n \text{ mit } n > n_0$$

Gelegentlich wird dieser Sachverhalt durch die Schreibweisen $f = O(g)$ oder $f \in O(g)$ zum Ausdruck gebracht (obwohl die Verwendung des Gleichheitszeichens durchaus problematisch ist).

Durch diese Definition wird die früher informell verwendete Ausdrucksweise „... ist von der Ordnung ..." präzisiert.

Aufgabe: Sei $p(n) = a_k n^k + a_{k-1} n^{k-1} + ... + a_2 n^2 + a_1 n + a_0$ ein Polynom des Grades k in n (es ist also insbesondere $a_k \neq 0$). Zeigen Sie: p ist von der Ordnung n^k.

Wir werden im Folgenden von dieser Notation jedoch nur sparsam Gebrauch machen. Statt dessen führen wir (wie schon oben im Falle des schnellen Potenzierens oder des Euklidischen Algorithmus) Abschätzungen lieber mit Hilfe elementarer Monotoniekriterien durch, die in den betrachteten Fällen den Vorzug haben, dass sie eindeutige obere Schranken für den Aufwand der diskutierten Algorithmen liefern.

Die Exponentialfunktion / exponentielles Wachstum

Im folgenden Diagramm sind die Funktionen $x \to x^2$ und $x \to 2^x$ dargestellt. Die Funktionsschaubilder unterscheiden sich zwar; es scheint aber kein allzu großer Unterschied zu bestehen.

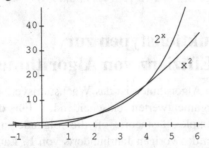

Abbildung 5.2

Für große Argumentwerte steigt aber die Exponentialfunktion sehr viel schneller an als alle polynomialen Funktionen. Das folgende Schaubild zeigt einige bei der Diskussion von Effizienzfragen häufiger vorkommende Funktionen in einer *doppelt-logarithmischen Skalierung*.

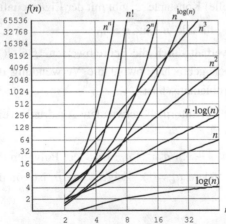

Abbildung 5.3

Dieses Diagramm vermittelt eher eine angemessene Vorstellung vom Wachstum der Exponentialfunktion als Abbildung 5.2. Ihre Werte steigen mit wachsendem Argument derart schnell an, dass Algorithmen mit exponentieller Laufzeit als „nicht praktikabel" angesehen werden müssen. Denn ihre Laufzeit kann bei nicht zu kleinen Eingabewerten leicht mehrere Jahre betragen. Oft kommen bei exponentiellen Algorithmen sogar Laufzeiten zustande, die selbst auf den schnellsten heute verfügbaren Computern die geschätzte Existenzdauer des Universums von ca. 10 bis 20 Milliarden Jahren übersteigen würden (vgl. Hawking 1988). Viele „naiv" formulierte kombinatorische und graphentheoretische Algorithmen weisen jedoch ein exponentielles Wachstumsverhalten auf. Dazu gehören in der Regel auch die auf der *brute force method* basierenden Verfahren. Ein ganze Forschungsrichtung in der Informatik beschäftigt sich damit, exponentielle Algorithmen durch Anwendung raffinierterer Methoden zu beschleunigen und nach Möglichkeit auf polynomiale Laufzeiten „herunterzudrücken".

Durch das Kriterium der *polynomialen Laufzeit* wird in der Informatik die Grenze zwischen praktikablen und nicht mehr praktikablen Algorithmen gezogen. Dabei werden gelegentlich (etwas ungenau) auch alle Algorithmen mit „überpolynomialer" Laufzeit als „exponentiell" bezeichnet, obwohl es natürlich viele überpolynomiale Funktionstypen gibt, deren Wachstumscharakteristik sich von der der „reinen" Exponentialfunktion durchaus unterscheidet. (Aber „exponentiell" wird eben als schlimm genug angesehen.) Auch Algorithmen, deren Zeitkomplexität durch die Fakultätsfunktion beschrieben werden, bezeichnet man in diesem Sinne gelegentlich als „exponentiell", denn asymptotisch betrachtet, wächst die Fakultätsfunktion wegen der *Stirlingschen*[1] *Formel*

$$k! \approx \left(\frac{k}{e}\right)^k \sqrt{2\pi k}$$

mindestens so schnell wie die Exponentialfunktion.

---

[1] James Stirling (1692–1770), schottischer Mathematiker

5.7 Algorithmisch aufwendige Probleme

Eine beliebte Denksportaufgabe unter Kindern beruht auf dem Abzählreim *„Das–ist–das–Haus–des–Ni–co–laus"*. Rhythmisch passend zu dem Reim soll man das „Haus" in Abbildung 5.4 in einem Zug durchlaufen (ohne abzusetzen).

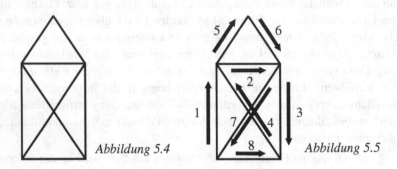

Abbildung 5.4   *Abbildung 5.5*

Nach einigem Probieren kommen die meisten Rätselnden auf eine Lösung; vielleicht finden sie den in Abbildung 5.5 angedeuteten (oder einen ähnlichen) Lösungsweg.

Das Rätsel erinnert an das folgende berühmte, schon von *Leonhard Euler* (1707–1783) untersuchte Problem:

5.7.1 Das Königsberger Brückenproblem

Der Legende nach wunderte sich der Königsberger Philosoph *Immanuel Kant* (1724–1804) in einem Brief an Euler über die Tatsache, dass es ihm auf seinen Spaziergängen durch Königsberg nie gelänge, jede der Brücken genau einmal zu überqueren, bevor er zu seinem Haus zurückkehre. Die Stadt Königsberg lag, wie in der folgenden Skizze angedeutet, am Fluss des Namens *Pregel*. Die einzelnen Stadtteile waren durch sieben Brücken miteinander verbunden. Von Kant dazu angeregt, analysierte Euler die Frage, ob es möglich sei, im Rahmen eines in sich geschlossenen Spaziergangs alle Brücken genau einmal zu überqueren und zum Ausgangspunkt zurückzukehren.

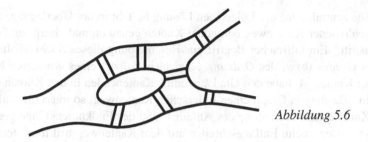

Abbildung 5.6

5.7.2 Eulersche und Hamiltonsche Wege

Das Königsberger Brückenproblem war der Ausgangspunkt für die mathematische Disziplin der *Graphentheorie*. Euler abstrahierte von den konkreten geographischen Gegebenheiten und betrachtete stattdessen den in Abbildung 5.7 dargestellten Graphen bestehend aus sieben (den Brücken entsprechenden) Kanten und vier (den Landmassen entsprechenden) Knoten. Er erkannte: Wenn es für dic Stadt Königsberg einen solchen Weg gibt, dann auch für den abstrakten Graphen – und umgekehrt.

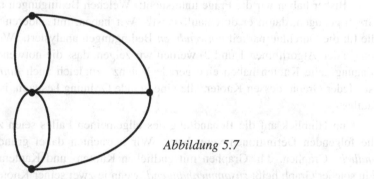

Abbildung 5.7

Auch bei diesem Problem könnte man zunächst nach der *brute force method* vorgehen. Dies würde im Extremfall bedeuten, dass man alle 7! (= 5040) Kantenfolgen aufschreibt und der Reihe nach prüft, ob der gesuchte „Eulersche" Rundweg darunter ist. Die Suche würde negativ ausfallen. Euler ging einen anderen Weg, mit dem er nicht nur dieses Problem, sondern zugleich für beliebige Graphen die Frage löste, ob es einen derartigen geschlossenen Kantenweg gibt (man bezeichnet solche Wege heute als *Eulersche Wege*).

Die zentrale Idee der Eulerschen Lösung besteht in der Überlegung, dass ein geschlossener Kantenweg bei jedem Knoten genau einmal eintritt und einmal austritt. Ein hilfreicher Begriff zur Beschreibung dieses Sachverhalts ist der des *Grades* (bzw. der *Ordnung* oder auch *Valenz*) eines Knotens. Man sagt, der Knoten A habe den Grad k, wenn k Kantenenden in den Knoten einmünden. Besitzt ein Graph einen Eulerschen Kantenweg, so muss die Valenz jedes Knotens (mit Ausnahme des Anfangs- und des Endknotens) eine gerade Zahl sein. Denn beim Entlangschreiten auf dem Kantenweg tritt man stets jeweils in einen Knoten hinein und danach sofort wieder (auf einer noch „unbenutzten" Kante) aus dem Knoten heraus. Jedesmal, wenn ein Knoten durchlaufen wird, erhöht sich also sein momentaner „Durchlaufungs"-Grad um zwei. Als einzige Ausnahme dürfen der Startknoten und der Zielknoten, falls sie verschieden sind, ungerade Valenzen haben.

Wir fassen zusammen: Besitzt ein Graph einen Eulerschen Weg, so darf der Graph entweder keinen oder nur genau zwei Knoten ungerader Ordnung haben. Der zum Königsberger Brückenproblem gehörende Graph hat, wie man sofort sieht, diese Eigenschaft nicht (alle vier Knoten haben eine ungerade Ordnung), er ist also nicht in einem Zug durchlaufbar.

Bisher haben wir die Frage untersucht: Welchen Bedingungen muss ein Graph genügen, damit er durchlaufbar ist? Wir haben, mit anderen Worten, die für die Durchlaufbarkeit *notwendigen* Bedingungen analysiert. Weiter unten (in den Algorithmen 1 und 2) werden wir zeigen, dass die notwendige Bedingung „alle Knoten haben eine gerade Valenz" zugleich auch *hinreichend* ist. Jeder Graph, dessen Knoten alle eine gerade Ordnung besitzen, ist durchlaufbar.

Im Hinblick auf die Behandlung des allgemeinen Falles seien zunächst die folgenden Definitionen vereinbart. Wir betrachten dabei grundsätzlich *endliche* Graphen, d.h. Graphen mit endlichen Knoten- und Kantenmengen. Ein solcher Graph heißt *zusammenhängend*, wenn je zwei seiner Knoten durch einen Kantenweg verbunden sind. Ein zusammenhängender Graph heißt *Eulersch*, wenn jeder seiner Knoten eine gerade Valenz hat. Ein geschlossener Kantenweg in einem Graphen heißt *Eulerscher Weg*, wenn er jede Kante des Graphen genau einmal durchläuft.

Auf einen beliebigen Graphen, bestehend aus k Kanten angewandt, erhält man mit der Eulerschen Methode in höchstens $2k^2$ Schritten die Auskunft, ob es einen Eulerschen Weg gibt oder nicht. Denn ein Graph mit k

Kanten besitzt höchstens $2k$ Knoten. Das „Hochzählen" des Grades an jedem Knoten erfordert maximal k Schritte; insgesamt ist die Antwort also nach maximal $2k \cdot k$ Schritten erreichbar. Verglichen mit den $k!$ Schritten der brute force method ist dies eine enorme Verbesserung.

Eulers Idee liefert nicht nur ein Kriterium für die Durchlaufbarkeit; sie ermöglicht auch die effiziente Konstruktion eines Eulerschen Weges. In den folgenden beiden Algorithmen sei G ein Eulerscher Graph, d.h. ein Graph, bei dem jeder Knoten eine gerade Valenz hat.

Algorithmus 1 (Zyklus): Konstruktion eines Zyklus in einem Eulerschen Graphen G

1. Man wähle (zufällig) eine Startkante k (mit Startknoten A) von G aus.

2. Der Endknoten E von k hat eine gerade Valenz, also münden weitere noch „unverbrauchte" Kanten in E. Man wähle (nach Belieben) eine unverbrauchte in E mündende Kante aus.

   Man hänge auf diese Weise so lange eine weitere, noch unverbrauchte Kante an den bisher konstruierten Kantenweg an, bis am Endpunkt dieses Kantenweges keine unverbrauchten Kanten mehr zur Verfügung stehen. Dies ist nur so möglich, dass der Endpunkt des Kantenweges gleich dem Startknoten A ist. Denn bei allen anderen Knoten wäre die „momentane" Valenz ungerade, und es gäbe also mindestens eine von dem Knoten wegführende Kante. Der so konstruierte Kantenweg ist somit ein Zyklus.

Algorithmus 2 (Eulerscher Weg): Konstruktion eines Eulerschen Weges in einem Eulerschen Graphen G

1. Man konstruiere einen Zyklus Z in G nach dem vorigen Algorithmus.

2. Enthält Z alle Kanten von G, so ist man fertig.

   Ansonsten betrachte man den „Restgraphen", der übrig bleibt, wenn man alle Kanten von Z (und ggf. alle dadurch isolierten Knoten) aus G entfernt. Dieser Restgraph ist selbst wieder Eulersch oder eine (möglicherweise nicht zusammenhängende) Kollektion Eulerscher Graphen.

3. Man konstruiere im Restgraphen solange weitere Zyklen bis alle Kanten verbraucht sind. Jeder der so konstruierten Zyklen hängt mit (mindestens) einem weiteren Zyklus zusammen, denn sonst wäre der Ausgangsgraph nicht zusammenhängend (und somit, entgegen der Voraussetzung, nicht Eulersch).

4. Den Eulersche Weg erhält man nun auf die folgende Weise:

4.1 Man schreite, ausgehend vom Startknoten des ersten Zyklus Z, entlang seiner Kanten, bis man auf einen weiteren Zyklus Z2 stößt.

4.2 Man durchlaufe nun nach demselben Prinzip den Zyklus Z2 und fahre danach mit dem Durchlaufen des Zyklus Z sinngemäß fort. Wenn nun Z vollständig durchlaufen ist, hat man einen Eulerschen Weg für G gefunden. Denn andernfalls würde G in mehrere disjunkte Zyklen zerfallen und wäre nicht zusammenhängend.

Stößt man beim Durchlaufen des Zyklus Z2 auf einen weiteren Zyklus Z21, so wende man das Verfahren des Zyklenpaares (Z1, Z2) sinngemäß auf das Zyklenpaar (Z2, Z21) an, und so weiter, falls beim Durchlaufen von Z21 ein weiterer Zyklus Z211 auftaucht.

Von dem irischen Mathematiker *Sir William Rowan Hamilton* (1805–1865) stammt eine dem Königsberger Brückenproblem sehr ähnliche Aufgabe: Man gebe für den in Abbildung 5.8 dargestellten „Dodekaeder"-Graphen (*Dodekaeder*: griechisch für *Zwölfflächner*) einen geschlossenen Rundweg an, der genau einmal durch jeden *Knoten* geht (es wird aber nicht verlangt, dass auch jede Kante zu durchlaufen sei). In Abbildung 5.9 ist ein Beispiel für einen solchen *Hamiltonschen Weg* gegeben.

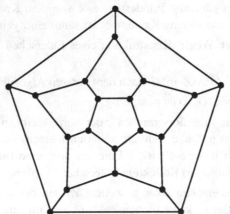

Abbildung 5.8

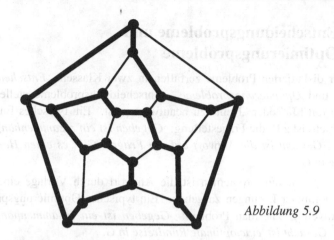

Abbildung 5.9

Obwohl die Probleme „Eulerscher Weg" und „Hamiltonscher Weg" auf den ersten Blick sehr verwandt aussehen, ist für das letztere Problem (im Falle eines beliebigen Graphen) kein effizienter Algorithmus bekannt, mit dem sich ein solcher Weg – oder die Antwort, dass es keinen gibt – finden lässt.

Auch für das folgende Rundreiseproblem ist kein effizienter Algorithmus bekannt.

5.7.3 Das Traveling Salesman Problem

Der nebenstehende Graph soll eine schematisierte Landkarte darstellen. Die Knoten sind von einem Handlungsreisenden zu besuchende Städte, die Kanten sind Verkehrsverbindungen. Bei diesem Problem sind die Kanten durch die Reisekosten *bewertet*, und es gilt nicht nur, *irgendeine* Rundreise, sondern eine unter Kostengesichtspunkten *optimale* Rundreise zu finden, die durch alle Städte geht. (In der Abbildung sind exemplarisch nur einige der Kanten-Bewertungen angegeben.)

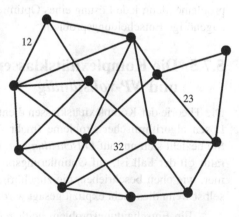

Abbildung 5.10

5.7.4 Entscheidungsprobleme und Optimierungsprobleme

Die bisher diskutierten Probleme zerfallen in zwei Klassen: *Entscheidungsprobleme* und *Optimierungsprobleme.* Entscheidungsprobleme stellen eine Frage, die mit „Ja" oder „Nein" zu beantworten ist. Ein typisches Entscheidungsproblem ist z.B. die Fragestellung: *Gegeben ist ein zusammenhängender Graph G. Gesucht ist die Antwort auf die Frage: Gibt es einen Hamiltonschen Weg in G?*

Bei Optimierungsproblemen ist die Antwort durch Vorlage einer oder mehrerer optimaler Lösungen zu geben. Ein typisches Optimierungsproblem ist das Traveling Salesman Problem: *Gegeben ist ein zusammenhängender Graph G. Gesucht ist eine optimale Rundreise in G.*

Durch eine naheliegende Modifikation kann man leicht aus jedem Optimierungsproblem ein Entscheidungsproblem machen. Dies geschieht, indem man eine geeignete Schranke S für die zu optimierende Größe einführt. Das zu dem jeweiligen Optimierungsproblem gehörende Entscheidungsproblem lautet dann: Gibt es eine Lösung des Problems, welche die Schranke S befriedigt? (Bei dem oben geschilderten Traveling Salesman Problem sieht das z.B. so aus, dass man fragt: Gibt es eine Rundreise, die höchstens 1000 „Einheiten" kostet?)

Optimierungsprobleme sind mindestens so „schwer" wie Entscheidungsprobleme, denn jede Lösung eines Optimierungsproblems löst automatisch das zugehörige Entscheidungsproblem.

5.7.5 Die Komplexitätsklassen *P*, *NP* und *NP-vollständig*

Die Theorie der Komplexitätsklassen dient dazu, die Schwierigkeitsgrade beim Lösen algorithmischer Probleme (mehr oder weniger grob) zu beschreiben. Sie bezieht sich nur auf *Entscheidungsprobleme.* Wenn sie, wie es in der Literatur oft der Fall ist, auf Optimierungsprobleme angewandt wird, so sind immer, wie oben beschrieben, die zugehörigen Entscheidungsprobleme gemeint, selbst wenn dies nicht explizit gesagt wird.

Ein Entscheidungsproblem heißt *polynomial*, falls ein *Lösungsalgorithmus* mit polynomialer Laufzeit existiert. Damit ist gemeint, dass die Laufzeit in polynomialer Weise vom Umfang gewisser charakteristischer Eingabedaten des Problems abhängt. Dies kann z.B. die Anzahl der Knoten in einem Graphen, die Anzahl der Buchstaben in einem Wort, die Länge der Zifferndarstellung einer Zahl oder die Anzahl der Städte in einem Rundreiseproblem sein.

Die Klasse aller polynomialen Probleme wird mit P bezeichnet. Ein typisches in P liegendes Problem ist das des Eulerschen Weges. Die Probleme der Komplexitätsklasse P werden im Allgemeinen als *algorithmisch lösbar* bezeichnet. Probleme, die nicht in polynomialer Zeit lösbar sind, gelten im Grunde genommen als „ungelöst", selbst wenn sie z.B. mit Hilfe der brute force Methode prinzipiell lösbar wären.

Für das folgende ist der Unterschied wichtig, der darin besteht,
- ein Problem zu lösen

oder aber nur
- einen gegebenen Lösungsvorschlag auf seine Gültigkeit hin zu überprüfen (d.h. einen Lösungsvorschlag zu *verifizieren*).

Offensichtlich ist es in der Regel einfacher, für ein gegebenes Problem einen vorgegebenen Lösungsvorschlag zu überprüfen als die Lösung des Problems zu finden. Es ist durchaus möglich, dass ein Problem zwar nicht in polynomialer Zeit lösbar ist, dass aber dennoch ein vorliegenden Lösungsvorschlag in polynomialer Zeit auf seine Gültigkeit hin überprüft werden kann. So ist z.B. für das Problem des Hamiltonschen Kreises kein polynomialer Lösungsalgorithmus bekannt, wenn aber ein konkreter Lösungsvorschlag vorgelegt wird, dann ist der sehr leicht zu überprüfen: Man muss ja nur die vorgelegte Kantenfolge abschreiten und dabei etwas „Buch führen", um zum Schluss feststellen zu können, ob jeder Knoten genau einmal durchlaufen wurde oder nicht. Dies ist offensichtlich in polynomialer Zeit möglich.

Die Komplexitätsklasse NP (aus Gründen, die hier nicht weiter diskutiert werden sollen, steht die Bezeichnung NP für „nondeterministic polynomial") umfasst alle Entscheidungsprobleme, für die ein vorliegender Lösungsvorschlag in polynomialer Zeit verifiziert werden kann.

Offensichtlich gilt $P \subseteq NP$, denn wenn ein Problem in polynomialer Zeit gelöst werden kann, dann ist diese Lösung erst recht in polynomialer Zeit verifizierbar: Die Lösung ist die Verifikation. Das Problem des Hamiltonschen Weges und das Traveling Salesman (Entscheidungs-) Problem liegen nach dem gegenwärtigen Wissensstand in NP aber nicht in P. Ein polynomialer Lösungsalgorithmus für diese Probleme ist nicht bekannt, etwaige Lösungsvorschläge sind aber offensichtlich in polynomialer Zeit verifizierbar. Es ist zwar unwahrscheinlich, aber nicht ausgeschlossen, dass irgendwann einmal noch polynomiale Lösungsalgorithmen für diese Probleme gefunden werden. Entsprechendes gilt für alle anderen Probleme, die zur Zeit als in *NP* aber nicht in *P* angesiedelt betrachtet werden müssen. Ob *P* als *echte* Teilmenge in *NP* enthalten ist oder nicht, d.h., ob die Menge *NP \ P* (*NP* ohne *P*) leer ist oder nicht, ist eine wichtige offene Frage der Theoretischen Informatik.

Im Jahre 1971 veröffentlichte der theoretische Informatiker S. Cook ein in *NP* liegendes Problem (das *Erfüllbarkeits-Problem*; engl. *satisfiability problem*), von dem er zeigen konnte: Wenn *dieses* Problem in polynomialer Zeit lösbar sein sollte, so folgte daraus, dass *jedes* Problem in der Komplexitätsklasse *NP* in polynomialer Zeit lösbar wäre. Das Erfüllbarkeits-Problem ist also „mindestens so komplex" wie jedes andere in *NP* liegende Problem. In der Zwischenzeit wurden eine ganze Reihe weiterer Probleme mit dieser Eigenschaft entdeckt. Probleme dieser Art werden als *NP-vollständig* bezeichnet. Es handelt sich dabei um eine Klasse gleichwertiger, algorithmisch besonders aufwendiger Probleme in *NP* mit der Eigenschaft: Wenn sich von nur *einem* dieser Probleme herausstellten sollte, dass es in polynomialer Zeit lösbar ist, dann wäre *jedes* in *NP* liegende Problem in polynomialer Zeit lösbar. Und in diesem (sehr unwahrscheinlichen) Falle wäre dann *P = NP*.

In den letzten Jahren sind viele weitere *NP-vollständige* Probleme entdeckt worden. Und dennoch ist es nicht gelungen, auch nur eines davon in polynomialer Zeit zu lösen. Dies legt die Vermutung nahe, dass es doch keine polynomialen Lösungsalgorithmen für diese Probleme gibt, dass also *P* eine echte Teilmenge von *NP* ist.

Im Folgenden werden exemplarisch einige der bekannten (um nicht zu sagen „berüchtigten") *NP-vollständigen* Probleme dargestellt. Sofern es sich dabei zunächst um Optimierungsprobleme handelt, wird grundsätzlich davon ausgegangen, dass die jeweils durch Angabe einer Schranke zum Entscheidungsproblem modifizierte Version des Problems gemeint ist.

- **Problem des Hamiltonschen Weges**: Gegeben ist ein (zusammenhängender) Graph. Gesucht ist ein Hamiltonscher Rundweg für diesen Graphen.

- **Problem des Handlungsreisenden** (traveling salesman problem): Gegeben ist ein (zusammenhängender) bewerteter Graph. Gesucht ist eine kosten-optimale Rundreise, die jeden Knoten des Graphen durchläuft.

- **Erfüllbarkeits-Problem** (satisfiability problem): Gegeben ist ein beliebiger Boolescher Ausdruck in der „konjunktiven Normalform", also ein Ausdruck der Form

$$A_1 \wedge A_2 \wedge \cdots \wedge A_i \wedge \cdots \wedge A_n ,$$

wobei jeder der Ausdrücke A_i von der Form

$$b_{i,1} \vee b_{i,2} \vee \cdots \vee b_{i,j} \vee \cdots \vee b_{i,r}$$

ist (die $b_{i,j}$ seien Boolesche Variable oder ihre Negationen).

Gesucht ist eine Belegung der Variablen $b_{i,j}$ mit den Wahrheitswerten W (für „wahr") bzw. F (für „falsch"), durch die der Gesamtausdruck den Wert W annimmt.

- **Rucksack-Problem** (knapsack problem): Gegeben sind n Gegenstände und ein Rucksack („knapsack"); Gegenstand Nr. i habe das Gewicht $w(i)$ und der Rucksack habe die Kapazität M. Der Transport von Gegenstand Nr. i bringe einen Gewinn von $c(i)$ Einheiten. Gesucht ist eine Kombination der Gegenstände, so dass die Summe der Gewichte die Kapazität des Rucksacks nicht übersteigt und dass der durch den Transport realisierbare Gewinn maximal wird.

- **Kasten-Problem** (bin packing problem): Gegeben sind n Gegenstände sowie eine unbestimmte Anzahl von Kästen („bins"); jeder Kasten habe die Kapazität L (mit „Kapazität" sei z.B. das Gewicht, Volumen oder ähnliches gemeint). Gegenstand Nr. i benötige die Kapazität $K(i)$. Gesucht ist die minimale Anzahl von Kästen, in denen man die gegebenen n Gegenstände verstauen kann. (Dabei darf kein Gegenstand auf mehrere Kästen aufgeteilt werden.)

- **Stundenplan-Problem** (time table problem)

Gegeben: (Schul-) Klassen, Fächer, Lehrer und Lehrerinnen
Gesucht: Organisation eines Stundenplanes mit möglichst wenig „Zeitlücken".

- **Teilsummen-Problem**: Gegeben ist eine endliche Menge A. Für jedes Element $a \in A$ sei durch $g(a)$ eine positive ganze Zahl („Gewicht") gegeben. Weiterhin sei eine positive ganze Zahl B gegeben. Gesucht ist eine Teilmenge A_1 von A, deren Elemente genau das Gesamtgewicht B haben.

Ein weiteres notorisch sehr schwer zu lösendes Problem ist die **Primfaktor-zerlegung** von natürlichen Zahlen. Auf der Schwierigkeit dieses Problems basiert ja geradezu das Verschlüsselungsverfahren nach der Methode der „Public Key Cryptography" (vgl. Kapitel 9). Es ist zur Zeit jedoch nicht bekannt, ob das Faktorisierungsproblem *NP-vollständig* ist oder ob es „nur" in *NP* liegt.

Dass es für diese „hartnäckigen" Probleme keine polynomialen Lösungsalgorithmen gibt (und wahrscheinlich auch nie geben wird) heißt nun nicht etwa, dass man einfach die Hände resignierend in den Schoß legen kann und nichts weiter zu unternehmen braucht. Ganz im Gegenteil! Es gibt fast immer die Möglichkeit, das zu untersuchende Problem im konkreten Falle so einzuschränken, zu modifizieren oder zu spezialisieren, dass in einer speziellen Situation doch Lösungen in akzeptabler Zeit erreichbar sind. In anderen Fällen wiederum gibt man sich mit (effizienten) probabilistischen Lösungen zufrieden. Oder man versucht es mit situationsspezifischen „Heuristiken". Gerade die Tatsache, dass es für die *NP*-vollständigen Probleme wahrscheinlich nie polynomiale Lösungsalgorithmen geben wird, eröffnet Informatikern und Mathematikern viele Betätigungsfelder. Auch mit Hilfe der in Kapitel 10 behandelten *evolutionären Algorithmen* und *neuronalen Netze* kommt man im Falle *NP*-vollständiger Probleme gelegentlich immerhin noch zu befriedigenden, wenn auch nicht unbedingt immer optimalen, Lösungen.

Als weiterführende Literatur zu diesem intensiv untersuchten Themengebiet sei abschließend das Standardwerk *Computers and Intractability – A Guide to the Theory of NP-Completeness* von M. R. Garey und D. S. Johnson (1979) genannt. Auch das Buch *Diskrete Mathematik* von M. Aigner (2006) enthält eine erfreulich klare Beschreibung der Sachlage, die ansonsten leider oft durch ein aus „Orakeln" bestehendes pseudo-mystisches Szenarium getrübt wird.

6 Korrektheit von Algorithmen Korrektheit von Computerergebnissen

> Motorola, Inc. general policy does not recommend the use of its components in life support applications where a failure or malfunction of the component may directly threaten life or injury. Per Motorola Terms and Conditions of Sale, the user of Motorola components in life support applications assumes all risk of such use and indemnifies Motorola against all damages.
>
> Aus: MOTOROLA MC68020 32-BIT MICROPROCESSOR USER'S MANUAL

Wer auch immer einen Computer benutzt, erwartet, dass er ihm die richtigen Ergebnisse liefert. Dies ist leichter gesagt als getan. Möglichkeiten, zu falschen, dubiosen oder unbrauchbaren Ergebnissen zu kommen, gibt es genug; angefangen mit dem GIGO-Prinzip „garbage in – garbage out". Wenn man seinen Computer mit „Müll" füttert, braucht man sich nicht zu wundern, wenn dieser auch nur wieder Müll ausspuckt. Dass er seinen Computer nicht mit Müll füttert – dafür ist letztlich jeder Benutzer selber verantwortlich. Wir wollen im Folgenden annehmen, dass dies beherzigt wird und gehen davon aus, dass alles getan wird, damit nur korrekte und sinnvolle Eingabedaten in den Computer eingespeist werden. Denn wenn man nicht einmal von der Korrektheit und Integrität der Eingabedaten ausgehen könnte, dann wäre es sinnlos, die im Folgenden dargelegten weiteren Überlegungen anzustellen.

Aus einer etwas anderen Perspektive gesehen, gilt natürlich entsprechend: Wenn man die Korrektheit von Computerergebnissen beurteilen soll, dann reicht es nicht aus, sich auf die Korrektheit der im Computer ablaufenden Prozesse zu konzentrieren; man muss bei der Überprüfung der Korrektheit der Eingabedaten beginnen.

Aber selbst wenn die Eingabedaten in Ordnung sind, kann noch genug passieren: *Murphys Gesetz* von der maximalen Gemeinheit besagt in seiner einfachsten Form „Wenn etwas schiefgehen kann, dann wird es auch irgendwann schiefgehen". In Computersystemen gibt es mannigfaltige Anlässe dafür. Ein Ausfall der Stromversorgung oder eine starke Spannungsschwankung können unangenehme oder auch katastrophale Konsequenzen haben, besonders dann, wenn der Stromausfall mitten im Abspeichern einer wichtigen Datei erfolgt, und wenn man aus bodenloser Unvorsichtigkeit, z.B. wegen Platz-

mangels, vorher die Sicherheitskopie der Datei gelöscht hat. Einen Stromausfall bemerkt der Benutzer in der Regel wenigstens sofort. Wenn jedoch durch
kosmische Strahlung auch nur ein „Bit" (die kleinste Informationseinheit im
Computer) „umgedreht" wird, so merkt der Benutzer u.U. zunächst gar nichts
davon – die Auswirkungen eines solchen Vorgangs können dennoch beliebig
unangenehm sein (so kann dadurch z.B. ein „Ja" in ein „Nein" oder ein Plus in
ein Minus verwandelt werden).

Nicht genug damit, dass der Computerbenutzer mit solchen „Natur-
gewalten" zu kämpfen hat; eine besonders menschenfreundliche Spezies von
Programmierern hat es in den letzten Jahren auch noch darauf angelegt, seinen
Computer mit „Viren, Würmern, Trojanern" und dergleichen mehr zu verseu-
chen und ihn auf diese Weise unsicher oder unbrauchbar zu machen.

Das bisher Geschilderte waren einige Kostproben für „Attacken von
außen" auf die Zuverlässigkeit der Resultate eines Computers. Doch damit
nicht genug. Selbst die Hard- und Software, die der Computerbesitzer im
besten Glauben erworben hat, dass sie ihn darin unterstützt, seine Arbeit
leichter, besser und effektiver zu erledigen und die fest in sein System inte-
griert ist, stellt eine reichhaltige Quelle für fehlerhafte Ergebnisse dar.

Die Hardware der Computersysteme wird immer komplexer und damit
unüberschaubarer. Miniaturisierungstechniken gehen an die Grenzen des physikalisch Denkbaren und technisch Machbaren. Speichereinheiten und Lei-
tungsbahnen werden so klein, dass Fehlfunktionen nicht auszuschließen sind.
Das „Herz" des modernen (Personal-) Computers ist ein Mikroprozessor von
unvorstellbarer Komplexität. Logische Fehler in der „Architektur" des Prozessors und erst recht Fertigungsfehler kommen immer wieder vor. Kein Hersteller ist vor solchen Fehlern gefeit. Man braucht nur die Zeitung aufzuschla-
gen, um immer wieder Berichte über Fehler in Computersystemen nachlesen
zu können.

Die Hersteller von Mikroprozessoren sowie sonstiger Hard- und Software versuchen, sich vor Regressforderungen der Kunden durch Ausschluss-
klauseln („disclaimer") der zu Beginn dieses Kapitels zitierten Art zu schüt-
zen.

Die „klassischen" Mikroprozessoren wurden als CISC-Prozessoren
entworfen oder entwickelten sich im Laufe der „Generationen-Folge" dazu.
CISC steht dabei für „Complex Instruction Set Computer". Da die Komplexität der CISC-Prozessoren im Laufe der Zeit fast unbeherrschbar wurde und

weil durch die hohe Komplexität die interne Effizienz der Prozessoren gefährdet war, besann man sich wieder auf das Prinzip „mach es einfach" und entwickelte den Typ des RISC-Prozessors (RISC: „Reduced Instruction Set Computer"). Dies ist, wie der Name schon sagt, ein Prozessor-Typ mit einem elementareren Satz an Grundbefehlen, die dafür aber sehr viel schneller ausgeführt werden als die komplexeren Grundbefehle der CISC-Prozessoren. Man muss allerdings in RISC-Prozessoren oft mehrere Elementarbefehle verketten, um dasselbe zu erreichen wie mit dem komplexen Befehl eines CISC-Prozessors. Per Saldo haben die RISC-Prozessoren dennoch die Nase vorn; sie eignen sich darüber hinaus auch besser für die Parallelisierung als CISC-Prozessoren, und aufgrund ihrer besseren Überschaubarkeit sind sie weniger fehleranfällig. Zukünftige Prozessoren werden wahrscheinlich aus einer gut balancierten Mischung aus CISC- und RISC-Komponenten bestehen.

6.1 Fehler in der Arithmetik von Computern

Wenn Computer falsche Ergebnisse liefern, dann kann das auf zwei grundsätzlich unterschiedlichen Fehlerarten beruhen. Zum einen kann die Ursache ein schlichter Fehler in der Konstruktion des Computersystems (sei es in der Hardware oder in der Software) sein. Solche Fehler („Patzer") sind behebbar, indem man die Fehlerursache ausmerzt.

Es gibt jedoch Fehler, die grundsätzlich nicht (jedenfalls nicht durch eine einfache Fehlerbeseitigung) zu bereinigen sind. Sie hängen damit zusammen, dass der Computer eine „endliche" Maschine ist; d.h. einerseits eine Maschine mit einem endlichen Speicher und andererseits eine Maschine, die jede ihrer Aufgaben bei vorgegebener Verarbeitungsgeschwindigkeit in einer endlichen Zeitspanne erledigen muss. Besonders der endliche Speicher des Computers ist die Quelle ernsthafter und tiefer Probleme. Denn Computer sind „mathematische" Werkzeuge; sie dienen als Werkzeug für mathematische Berechnungen, für die mathematische Modellbildung, für Simulationsverfahren aller Art. In der Mathematik gehört jedoch der Umgang mit unendlichen Mengen, insbesondere mit der Menge der reellen Zahlen, zum Alltag. Und solche Mengen lassen sich nicht oder nur sehr schwer im Computer darstellen. Die klassische Software (Programmiersprachen, Anwendersysteme) verwendet meist die „Gleitkomma-Technik" zur Darstellung von reellen Zahlen. Dabei wird jede reelle Zahl in die Form $m_1 m_2 m_3 \ldots m_r \cdot b^{e_1 e_2 e_3 \ldots e_s}$ gebracht, wobei $m_1, m_2,$

$m_3, \ldots, m_r$ die Ziffern der sogenannten *Mantisse* und $e_1, e_2, e_3, \ldots, e_s$ die Ziffern des *Exponenten* sind und b eine geeignete Basis ist (meist ist $b = 2$ oder $b = 10$). Eine Eigenart der üblichen Gleitkomma-Technik ist nun, dass für die Mantissen- und Exponentendarstellung jeder Zahl nur ein *endlicher*, *von Anfang an festgelegter* Speicherbereich, z.B. 6 oder 8 oder 10 Speichereinheiten („Bytes") zur Verfügung gestellt wird – und damit sind wir beim Kern des Problems. Bei dieser Art der Darstellung gibt es im Computer grundsätzlich nur endlich viele Gleitkommazahlen. Jede in der Realität vorkommende reelle Zahl muss bei der Übertragung in den Computer einer dieser Gleitkommazahlen zugeordnet werden. Es ist unausweichlich, dass dabei unterschiedliche reelle Zahlen auf dieselbe Gleitkommazahl abgebildet werden. Auf diese Weise entstehen schon bei der Eingabe von Zahlen kleine Fehler, die sich in komplexen Rechnungen fortpflanzen und in ungünstigen Fällen lawinenartig entwickeln können. Die durch die Gleitkomma-Arithmetik bedingten Fehler sind zudem kaum vorhersehbar oder berechenbar. Ein Themenkreis, in dessen Rahmen sie besonderes Unheil anrichten, ist die sogenannte „Chaos"-Forschung. Es ist manchmal kaum entscheidbar, welche chaotischen Phänomene auf eine interne chaotische Struktur des Gegenstandsbereichs und welche nur auf chaotische Effekte der dabei verwendeten Gleitkomma-Arithmetik zurückzuführen sind.

Man kann den Rechnungen auf der Basis von Gleitkommazahlen, streng genommen, nicht trauen; dennoch wird es tagtäglich milliardenfach getan. Und natürlich wird der Mikroprozessor, vor dessen Benutzung die Herstellerfirma im eingangs gegebenen Zitat warnt, auch in Situationen eingesetzt, wo das Leben und die Gesundheit von Menschen vom „richtigen" Funktionieren des Prozessors abhängen.

Was dabei alles passieren kann, sei exemplarisch durch die folgenden kleinen Kostproben illustriert. Die folgenden Terme sollen ausgewertet werden:

$$z1 = x \cdot x \cdot x \cdot x - 4 \cdot y \cdot y \cdot y \cdot y - 4 \cdot y \cdot y$$

$$z2 = (x^2)^2 - 4 \cdot (y^2)^2 - 4 \cdot y^2$$

$$z3 = e^{4 \cdot \ln(x)} - 4 \cdot e^{4 \cdot \ln(y)} - 4 \cdot e^{2 \cdot \ln(y)}$$

Elementarmathematische Umformungen zeigen, dass die drei Terme auf der rechten Seite gleichwertig sind. In der Zeile für $z2$ wurde der Ausdruck $(x^2)^2$ an Stelle von x^4 verwendet, da manche Programmiersprachen oder

Anwendersysteme zwar eine Quadratfunktion, nicht aber eine allgemeine Potenzfunktion in ihrem Repertoire an Grundbefehlen aufweisen. In den folgenden Beispielen wurde, wenn möglich, von der Quadrierungs-Funktion Gebrauch gemacht.

Welche Werte man auch immer für x und y einsetzt, die sich aus den jeweiligen Termen ergebenden Werte $z1$, $z2$ und $z3$ müssen stets gleich sein. So ist z.B. für $x := 665857.0$ und $y := 470832.0$ der korrekte Wert von $z1$, $z2$ und $z3$ gleich 1, wie man z.B. von Hand oder mit einem Computeralgebrasystem oder mit dem an der Universität Karlsruhe entwickelten System Pascal-XSC nachrechnen kann.

Nun zu einigen konkreten Ergebnissen. Die Werte sind z.T. historischer Natur; man kann sie in ähnlicher Form aber nach wie vor auf den meisten Computersystemen reproduzieren.

Eine seinerzeit sehr populäre Version von Pascal liefert die Werte

- Ohne Verwendung des arithmetischen Coprozessors (Zahlenformat: real) :

```
z1 =    212780538880.0
z2 =   -62097368064.0
z3 = -886731088910.0
```

- Mit Verwendung des arithmetischen Coprozessors (Zahlenformat: extended real):

```
z1 =       7168.0
z2 =       7168.0
z3 = -893952.0000024438
```

Ein modernes, sehr häufig verwendetes Tabellenkalkulationsprogramm liefert (sowohl im Tabellenkalkulations-Modus als auch im BASIC-Makro-Modus auf den beiden am stärksten verbreiteten Betriebssystemen im Personal-Computer-Bereich)

```
z1 =    11885568.0
z2 =    11885568.0
z3 =  -491430912.0
```

Jeder Computerbenutzer kann diese und ähnliche Fehler leicht auf seinem System reproduzieren. Dabei spielt es (fast) keine Rolle, welche Hard- und Software er benutzt.

Das folgende Beispiel in einer populären Version von BASIC zeigt eine kleine Zählschleife, wie sie in ähnlicher Form wahrscheinlich tagtäglich programmiert wurde.

```
FOR X = 0.95 TO 1 STEP 0.01
PRINT X
NEXT X
```

Der Programmlauf ergibt den folgenden Ausdruck:

```
0.95
0.96
0.97
0.98
0.9899999
0.9999999
```

Die letzten beiden ausgedruckten Werte sollten bei korrekter Ausführung des Algorithmus 0.99 und 1.0 sein. „Kein großer Unterschied" mag sich mancher denken. Aber wenn vom Eintreten der Bedingung „$x = 1.0$" abhängt, dass die Raumfähre richtig startet, dass die Kläranlage richtig funktioniert, dass der Computertomograph richtig arbeitet oder dass eine Arznei richtig dosiert wird, so werden die Konsequenzen augenfällig. Und spätestens seit der öffentlichen Diskussion der Themen „Chaos" und „Schmetterlingseffekt" wissen wir, dass kleine numerische Abweichungen zu großen Konsequenzen führen können.

Aufgabe: Führen Sie die obigen Tests mit Ihnen zur Verfügung stehender Software (Programmiersprachen, Anwendersysteme, ...) durch.

Es ist zugegebenermaßen nicht ganz einfach, die Arithmetik reeller Zahlen „korrekt" auf einem Computer umzusetzen (wie man auch sagt: zu „implementieren"). Aber dafür sind die Computerentwickler ja schließlich da – und dass es einigermaßen befriedigend geht, das zeigen z.B. die Computeralgebrasysteme.

Man sollte meinen, dass wenigstens die wesentlich einfachere Ganzzahl-Arithmetik in den meisten Systemen korrekt umgesetzt wird. Aber weit gefehlt. Auch hierbei gibt es eine Fülle unzulänglicher Implementierungen. Das folgende Beispiel zeigt die fehlerhafte Umsetzung einer einfachen Addition in einem populären Pascal-System auf.

```
Program integer_arithmetik_beispiel;
var a, b: integer;
begin
  a := 32767;
  b := a + 1;
  writeln(a);
  writeln(b)
end.
```

Ein Programmlauf produziert den Ausdruck: 32767

−32768

Die Addition zweier positiver Zahlen hat also zu einer negativen Zahl als Ergebnis geführt! Ein ähnliches Phänomen tritt (nicht ganz so offensichtlich) auf, wenn man z.B. in einer Standard-Programmiersprache ein Programm zur Berechnung der Fakultätsfunktion oder der Fibonacci-Zahlen mit Eingabewerten etwa zwischen 30 und 100 laufen lässt. Auch dann kommen mitunter negative Funktionswerte vor, was nach der Funktionsdefinition gar nicht passieren darf.

Dieses Phänomen hängt natürlich damit zusammen, wie der Datentyp *integer* in den diversen Programmiersprachen implementiert ist – man vergleiche dazu Abschnitt 8.5 über die wichtigsten Datenstrukturen. Das Problem lässt sich oft dadurch abschwächen, dass man längere Zahlenformate verwendet (im obigen Fall z.B. das Format *long integer*), aber die kritische Grenze wird dadurch nur etwas verschoben und nicht grundsätzlich eliminiert.

Dass diese Fehler *erklärbar* sind, heißt jedoch nicht, dass sie damit auch *akzeptabel* sind. Wenn der Benutzer eine Standard-Operation, wie z.B. die Addition, in einer bestimmten Programmiersprache verwendet, so sollte er sich darauf verlassen können, dass diese Standard-Operation genau das tut, was man üblicherweise von ihr erwartet – in diesem Fall: zwei Zahlen zu addieren und zwar korrekt. Die Alternative wäre, dass sich der Benutzer erst durch die jeweiligen Handbücher wühlen müsste, um in einem langen und frustrierenden Suchprozess herauszufinden, ob bzw. wo sich durch die konkrete Implementierung der Programmiersprache oder des Anwendersystems (z.B. des Tabellenkalkulations-Programms) irgendwo überraschende Fehler einschleichen können. Dies ist unzumutbar und nicht praktikabel. Vor lauter Suchen käme der Benutzer nie dazu, überhaupt eine sinnvolle und nützliche Arbeit mit seinem Computer durchzuführen, obwohl er ihn doch genau zu diesem Zweck gekauft hatte. Abgesehen davon würde er, selbst wenn er es wollte, die notwendigen Angaben in kaum einem Handbuch finden – schon gar nicht in einem Handbuch zu einem Produkt aus dem Bereich der Anwendersoftware.

Im Folgenden sind noch einmal die häufigsten Fehler und ihre Ursachen zusammengestellt:

1. Fehler, die mit der **Endlichkeit des Speichers** zusammenhängen: In den meisten Softwaresystemen (Programmiersprachen, Tabellenkalkulations-Systeme, sonstige Anwendersysteme, ...) wird für die Werte von Zahlvariablen (Ganzzahl- oder Gleitkommavariablen) ein von vornherein festgelegter, begrenzter Speicher zur Verfügung gestellt. In solchen Systemen können prinzi-

piell nur endlich viele Zahlenwerte dargestellt werden. Da es unendlich viele Zahlen gibt, kommt es zwangsläufig zu Konflikten. So können z.B. bei der Eingabe von der Tastatur oder im Verlaufe komplexer Rechnungen als Zwischenergebnisse Zahlen auftreten, die in solchen Systemen nicht darstellbar sind. Wann immer so etwas passiert, nähern derartige Systeme die nicht darstellbaren Zahlen durch solche Zahlen an, die darstellbar sind; jedesmal natürlich auf Kosten der Korrektheit des Endergebnisses. Die Nicht-Darstellbarkeit einer bestimmten reellen Zahl hat im Wesentlichen einen der beiden folgenden Gründe:

1.1 Aufgrund der Endlichkeit des Speichers gibt es eine kleinste positive und eine dem Absolutbetrag nach größte darstellbare Zahl (sie seien hier als MinPos und MaxAbs bezeichnet). Wenn der Absolutbetrag einer Zahl (z.B. eines Zwischenergebnisses in einer komplexen Rechnung) kleiner ist als MinPos oder größer als MaxAbs, so können die unterschiedlichsten Dinge passieren. In manchen Systemen kommt es zu entsprechenden Fehlermeldungen, und die weitere Rechnung wird unterbrochen. In anderen Systemen (und dies passiert leider oft im Zusammenhang mit der ansonsten vergleichsweise korrekt implementierten Ganzzahl-Arithmetik) wird beim Überschreiten von MaxAbs das Vorzeichen umgedreht! Es kann dann vorkommen (vgl. obiges Beispiel), dass negative Zahlen entstehen, obwohl nur positive Ausgangszahlen addiert oder multipliziert wurden.

Unterschreitet eine (positive) Zahl den Wert von MinPos, so ist sie nicht mehr darstellbar und wird oft in die Null umgewandelt. Taucht nun diese Zahl im Nenner eines Bruches auf, so wird aufgrund dieser Manipulation plötzlich „durch Null" dividiert, obwohl dies ursprünglich gar nicht der Fall war. Auch der in Abschnitt 3.2.4 bei der Approximation von π auftretende Fehler beruhte darauf, dass eine sehr kleine positive Zahl vom Computer automatisch in die Zahl Null überführt wurde.

1.2 Es gibt weiterhin Zahlen, deren Absolutbetrag zwar zwischen MinPos und MaxAbs liegt, die aber dennoch nicht im Zahlsystem der verwendeten Hard- und Software darstellbar sind. Wenn das System z.B. nur über eine Ganzzahl- und eine Gleitkommadarstellung verfügt und nur mit diesen Darstellungen „rechnen" kann, so ist offensichtlich, dass z.B. alle irrationalen Zahlen (und sehr viele Brüche) nicht dargestellt werden können und somit durch „Maschinenzahlen" angenähert werden müssen. Die dabei auftretenden relativen Fehler sind meist klein (vermeintlich vernachlässigbar), aber sie können sich dennoch im Verlauf komplexer Rechnungen zu beachtlicher

Größe akkumulieren. Computeralgebrasysteme sind jedoch in der Lage, auch mit irrationalen Zahlen „symbolisch" – und damit exakt – zu rechnen; so wird z.B. der Ausdruck $e^{2\pi i}$ in derartigen Systemen in der Regel tatsächlich exakt zu 1 ausgewertet.

2. Fehler, die mit der **Binärdarstellung** der Zahlen im Computer zusammenhängen. Der Computer ist grundsätzlich eine *binäre Maschine*, also eine Maschine, die auf dem Prinzip der Zweiwertigkeit aufgebaut ist (vgl. dazu auch Abschnitt 8.1). Deshalb „liegt" ihm auch das Rechnen im Zweiersystem mehr als das im Zehnersystem. Dementsprechend ist die Computerarithmetik intern in vielen Softwaresystemen als *Binärarithmetik* realisiert. Wenn alles gut geht, merkt der Benutzer in der Regel gar nichts davon. Er kann seine Zahlen von der Tastatur aus als Dezimalzahlen eingeben und bekommt die Ergebnisse auch am Bildschirm oder auf Papier dezimal dargestellt. Dabei erfolgen „stillschweigend" aber zwei Umwandlungen: zum einen bei der Eingabe vom Zehnersystem ins Zweiersystem und zum anderen bei der Ausgabe vom Zweiersystem ins Zehnersystem. Auch dabei können (praktisch unvermeidliche) Fehler vorkommen. So ist z.B. der dezimale Bruch 0.2 nicht als abbrechender Bruch im Zweiersystem darstellbar (er entspricht dort dem periodischen Bruch 0.00110011 0011...). Gibt der Benutzer den dezimalen Bruch 0.2 ein, so muss dieser sofort nach der Eingabe durch einen im Zweiersystem darstellbaren Bruch ersetzt werden; die sich unendlich weit ausdehnende Darstellung im Zweiersystem wird dabei einfach irgendwo abgebrochen.

Abhilfe gegen die aus der Dezimal-Binär-Konversion resultierenden Fehler ist dadurch möglich, dass die Systemprogrammierer die interne Arithmetik voll dezimal implementieren. Dies ist etwas aufwendiger und in der Regel auch etwas weniger laufzeiteffizient als der Rückgriff auf die binäre Arithmetik; es hat aber den Vorteil, dass wenigstens die dargestellten Konversionsfehler vermieden werden. Versuche, dies zu realisieren, laufen meist unter der Bezeichnung „BCD-Arithmetik". Die Abkürzung *BCD* steht dabei für *Binary Coded Decimals.*

Der Leser wird sich jetzt vielleicht fragen, ob man auf der Basis des Einsatzes von Computern überhaupt zu halbwegs verlässlichen Ergebnissen gelangen kann. Es soll hier nicht der Eindruck vermittelt werden, dass grundsätzlich alle mit dem Computer ermittelten Ergebnisse unbrauchbar sind. Aber man muss stets auf der Hut sein, die Entstehungsbedingungen solcher Ergebnisse

kritisch hinterfragen, die Ergebnisse auch ohne Computer, nur mit dem eigenen gesunden Menschenverstand, auf Plausibilität hin überprüfen und sich auf
keinen Fall mit dem Hinweis abspeisen lassen, dass „die Ergebnisse ja korrekt
sein müssen, weil sie mit dem Computer ermittelt wurden".

Minimalforderungen zur Arithmetik an jede Form von Computer-Hard-
und -Software sollten sein:

- eine uneingeschränkt korrekte Ganzzahl-Arithmetik
- eine Gleitkomma-Arithmetik (Dezimalzahl-Arithmetik) mit einer vom Benutzer vorgebbaren Genauigkeit in Bezug auf die Nachkommastellen
- wenn jemals die Zwischen- oder Endergebnisse einer Ganzzahl- oder Gleit-
  komma-Rechnung (z.B. aufgrund der Größe der Zahl) nicht mehr korrekt
  im Computer dargestellt werden können, dann muss eine entsprechende
  Warnung oder Fehlermeldung ausgegeben werden – nicht aber ein falsches
  Ergebnis.

Dies zu realisieren ist nicht unmöglich. Ein Softwaretyp, der viele der üblichen (und praktisch alle der oben dargestellten) Fehler in der Computerarithmetik vermeidet, sind die *Computeralgebrasysteme*. Sie erfüllen auch weitgehend die oben formulierten Minimalforderungen.

6.2 Partielle und totale Korrektheit von Algorithmen

Betrachten wir nochmals das im Zusammenhang mit der brute force method in
Abschnitt 4.1.1 diskutierte Programm GoldbachVermutungGegenbeispiel –
bzw. den zugehörigen Algorithmus. Wir wollen dabei annehmen, dass die
Arithmetik des Computers richtig funktioniert.

Gibt man die Zahl 4 als Startzahl ein, so ist offensichtlich, dass durch
den Algorithmus im Laufe der Zeit jede gerade Zahl im Hinblick auf ihre Zer-
legbarkeit überprüft wird. Beim Aufruf GoldbachVermutungGegenbei-
spiel(4) stoppt das Programm, sobald es eine nicht zerlegbare gerade Zahl
gefunden hat. Der Computer wird bei diesem Eingabewert voraussichtlich
sehr lange (vielleicht Hunderte oder Tausende von Jahren) laufen, ohne zu
stoppen. Vielleicht wird er überhaupt nie stoppen und „unendlich lange" laufen. Wenn er aber stoppt, dann hat er ein Gegenbeispiel zur Goldbach-Ver-
mutung gefunden, und dass das Gegenbeispiel numerisch korrekt ist, wird relativ leicht zu überprüfen sein. In diesem Fall liegt das Phänomen eines par-

tiell korrekten Algorithmus vor. Der im Folgenden definierte Begriff der partiellen Korrektheit ist natürlich nur dann sinnvoll, wenn man (etwa im Sinne der Definition von Hermes – vgl. Kapitel 2) auch nichtabbrechende Algorithmen zulässt.

Definition: Ein Algorithmus, der möglicherweise nicht immer (d.h. nicht bei jedem Satz von Eingabedaten) stoppt, der aber im Falle seines Stoppens stets ein korrektes Ergebnis liefert, heißt *partiell korrekt*. Ein Algorithmus, der stets nach endlicher Zeit stoppt und dann auch stets ein korrektes Ergebnis liefert, heißt *total korrekt*.

Ein berühmter Algorithmus, von dem man derzeit nicht weiß, ob es einen Eingabewert n gibt, bei dem er nicht stoppt, ist der *Algorithmus von Ulam* (Stanislaw Ulam (1909–1984), geb. in Lemberg, heute Lvov, Ukraine):

1. Gib eine beliebige natürlichen Zahl n ein.
2. Falls $n = 1$ ist, dann STOP.
3. Falls n gerade ist, ersetze n durch $n/2$;

    ansonsten ersetze n durch $3n + 1$.
4. Fahre bei Punkt 2 fort.

Bei der Eingabe von 24 durchläuft n z.B. die folgenden Werte, bevor der Algorithmus stoppt:

n: 24, 12, 6, 3, 10, 5, 16, 8, 4, 2, 1 .

Es ist kein Eingabewert n bekannt, für den der Algorithmus nicht stoppt; andererseits ist nicht definitiv bewiesen, dass er stets stoppt.

Aufgabe: Schreiben Sie ein Programm, das den Algorithmus von Ulam umsetzt und testen Sie einige Eingabewerte.
Bemerkung: Man wird durch solche Experimente schwerlich ein Beispiel finden, wo der Algorithmus nicht stoppt. Es ist schon sehr viel Rechenzeit, auch auf Großcomputern, in die Suche nach solchen Beispielen „investiert" worden.

6.3 Formale Methoden

> Beware of bugs in the above code; I have only proved it
> correct, not tried it. *D. E. Knuth*

Die Korrektheitsbehauptung für einen Algorithmus muss stets aus zwei Teilen bestehen: dem Algorithmus selber und einer zusätzlichen Behauptung darüber, was der Algorithmus leistet. Der Algorithmus selbst „tut, was er tut". Es ist sinnlos, davon zu behaupten, dies sei korrekt oder nicht. Erst die Zusatz-behauptung „dieser Algorithmus leistet folgendes ..." macht eine verifizier-bare Aussage daraus. So wird z.B. eine Korrektheitsbehauptung für den Eukli-dischen Algorithmus erst durch die Zusatzaussage „Der Euklidische Algorith-mus mit den Eingabewerten a und b liefert den größten gemeinsamen Teiler von a und b" möglich. Im Folgenden gehen wir davon aus, dass der jeweils diskutierte Algorithmus stets mit einer solchen Zusatzaussage versehen ist; in diesem Sinne werden wir trotz des soeben Gesagten kurz und prägnant von der „Korrektheit des Algorithmus" sprechen.

Ein Algorithmus, gemeinsam mit einer Aussage, was der Algorithmus leistet, ist eine mathematische Aussage, die mit den üblichen mathematischen Beweismethoden zu verifizieren ist. Die Basis für einen solchen Beweis bildet die formale Logik. Hinzu kommen die üblichen mathematischen Beweisver-fahren; vor allem das Verfahren der vollständigen Induktion.

Eine der wichtigsten Voraussetzungen für die Korrektheit eines Algo-rithmus ist, dass der Algorithmus möglichst klar und durchsichtig formuliert ist, also seine „kognitive Effizienz". Ein Korrektheitsnachweis erübrigt sich, wenn der Algorithmus die unmittelbare Umsetzung der entsprechenden ma-thematischen Definition ist. Dies ist z.B. bei der rekursiven Version des Algo-rithmus zur Umsetzung der Fakultätsfunktion, der Fibonacci-Funktion oder anderer elementarmathematischer Funktionen der Fall.

Typische Sprachelemente zur Formulierung von Algorithmen sind (man vergleiche dazu die Ausführungen zum Thema „Programmiersprachen und Kontrollstrukturen" in Kapitel 8): Wertzuweisungen, Anweisungsfolgen, Fall-unterscheidungen, Wiederholungsstrukturen sowie (rekursive und nichtrekur-sive) Prozedur- und Funktionsaufrufe. Jeder Korrektheitsbeweis muss diese Sprachelemente berücksichtigen. Dies sei im Folgenden exemplarisch am Beispiel des *schnellen Potenzierens* (vgl. Abschnitt 5.3) demonstriert.

```
1:   spot[a_, n_] :=   (* schnelles Potenzieren *)
2:     Which[
3:       n==0, 1,
4:       Mod[n, 2]==0, spot[a^2, n/2],
5:       True, a*spot[a, n-1] ]
```

Der „Körper" des Algorithmus befindet sich in den Zeilen 2 bis 5. Er besteht im Wesentlichen aus einer Fallunterscheidung, die mit dem Schlüsselwort Which in Zeile 2 beginnt und sich bis zum Ende von Zeile 5 erstreckt.

- Zeile 3 besagt: Wenn $n = 0$ ist, so ist das Ergebnis 1; und dies ist richtig, denn nach Definition der Potenzfunktion ist $a^0 = 1$.

- Zeile 4 besagt: Wenn n durch 2 teilbar ist, ist das Ergebnis gleich $(a^2)^{n/2}$ und dies ist nach den Potenzgesetzen richtig.

- Zeile 5 besagt: Stets (also insbesondere in jedem Fall, der durch die vorangehenden Bedingungen nicht erfasst wurde) ist das Ergebnis gleich $a \cdot a^{n-1}$ und dies ist nach Definition der Potenzfunktion richtig.

Jeder der Einzelfälle in der durch Which „eingeläuteten" Fallunterscheidung liefert also ein korrektes Ergebnis und die Gesamtheit aller behandelten Fallunterscheidungen ist erschöpfend; also ist der Algorithmus insgesamt korrekt.

Schleifeninvarianten

Wiederholungsstrukturen („Schleifen") kommen in Algorithmen besonders häufig vor. Um sicherzustellen, dass der Algorithmus nach Ablauf der jeweiligen Schleife noch auf der „richtigen Spur" ist, wird in der Informatik die Technik des Arbeitens mit sogenannten *Schleifeninvarianten* angewandt, die im Folgenden am Beispiel eines iterativen Programms in Maxima zur Umsetzung des Verfahrens der ägyptischen Multiplikation dargestellt ist.

Als Schleifeninvariante wird dabei der Term a1*b1+c verwendet. Die Variablen a1, b1 und c werden dabei so kontrolliert, dass der Wert des Terms a1*b1+c stets gleich a*b ist. Im Verfahren wird der Wert von a1 stets verkleinert, bis a1=1 und somit b1+c = a*b ist. (Die durch die globale Kontrollvariable „verbose" gesteuerten Druckbefehle dienen nur der Illustration des Verfahrens.)

```
aegyptische_Multiplikation_iterativ(a,b) :=
    block([a1:a, b1:b, c:0],
        while a1 > 1 do
        (if verbose then print(a1, "  ", b1, "  ", c),
            if mod(a1, 2)=0
                then (a1 : a1/2, b1 : b1*2)
                else (a1 : a1-1, c : c+b1) ),
        if verbose then print(a1, "  ", b1, "  ", c),
        return(b1+c) )
```

Die Anwendung formaler Verifikationsmethoden reicht aber in der Praxis nicht aus, um korrekte, lauffähige und benutzerfreundliche Programme zu erstellen. Wie der renommierte amerikanische Informatiker Donald Knuth durch seine grundlegenden Bücher unter dem Obertitel *The Art of Computer Programming* zum Ausdruck bringt, ist das Programmieren (und Algorithmieren) auch eine Kunst, die ihre eigenen informellen, pragmatischen Methoden entwickelt hat. Die wichtigsten davon im Hinblick auf die Korrektheit der Ergebnisse seien abschließend hier noch einmal zusammengestellt.

Voraussetzungen für die Erstellung korrekter Programme:
- Korrektheit der „Programmierumgebung" in Bezug sowohl auf die Hardware als auch auf die Software (Betriebssystem, Compiler, Interpreter, Hilfsprogramme (tools, utilities), Anwendersysteme, ...)
  Spezialproblem: Korrektheit der „eingebauten" Arithmetik

In der *Entwurfs-* und der *Umsetzungsphase*:
- eine möglichst natürliche, direkte Umsetzung des Problems in den Lösungsalgorithmus; kognitive Effizienz
- Zerlegung des Gesamtproblems in kleine, überschaubare Einheiten, Modularisierung, lokales Arbeiten
- sauber definierte Schnittstellen; insbesondere auch durch die Technik des funktionalen Programmierens

In der *Test-* und *Erprobungsphase*:
- systematisches Austesten des Programms mit verschiedenen, reichhaltig ausgewählten, typischen, möglichst unabhängig voneinander variierten Eingabedaten
- gezielter Einsatz von Testhilfen; z.B. Protokollmodus („trace Modus"); individualisierte Formen der Protokollierung; z.B. das Ausdrucken der Werte strategisch ausgesuchter Kontrollvariablen
- Plausibilitätskontrollen aller Art

Dies sind minimale Anforderungen, um das Arbeiten mit Computern etwas weniger fehleranfällig zu machen. Dass es möglich sei, Computersysteme völlig fehlerfrei zu konstruieren, ist ein von manchen Wissenschaftlern, Computerherstellern und Publizisten gepflegter Mythos und ein von vielen Verkaufsstrategen verbreiteter Werbeslogan, dem gegenüber ein gehöriger Schuss Skepsis höchst angebracht ist.

7 Grenzen der Algorithmisierbarkeit Grenzen des Computers

It has ... been an underlying theme of the earlier chapters that there seems to be something non-algorithmic about our concious thinking. In particular, a conclusion from the argument ... concerning Gödel's theorem, was that, at least in mathematics, conscious contemplation can sometimes enable one to ascertain the truth of a statement in a way that no algorithm could. Indeed, algorithms, in themselves, never ascertain truth! ... One needs external insight in order to decide the validity or otherwise of an algorithm.

Roger Penrose in „The Emperor's New Mind"

Wenn man heute über die Grenzen des Computers räsoniert, so spielen dabei die Grenzen der Algorithmisierbarkeit bzw. der Berechenbarkeit eine zentrale Rolle. Man begibt sich damit sehr schnell in das Gebiet der Grundlagenfragen der Mathematik, der sogenannten *Metamathematik*, der Logik und der Philosophie.

In der öffentlichen Diskussion schwanken die Auffassungen darüber, was der Computer kann bzw. was er „können" oder „dürfen" sollte, d.h., was man ihm zu tun erlauben sollte, mit einer erheblichen Bandbreite zwischen den Polen

- der Computer kann alles

und

- der Computer ist ein dummer Rechenknecht, der nichts kann, was man ihm nicht explizit zu tun aufgetragen hat

hin und her.

Wenn es um die Grenzen des Computers geht, werden zum Nachweis seiner Begrenztheit gern Aspekte der folgenden Art angeführt, die dem Menschen vorbehalten seien:

- *Literarische, romantische, emotionale Grenzen*: Der Computer hat keine Gefühle; er kann keine Romane oder Gedichte schreiben.

- *Ästhetische Grenzen*: Der Computer weiß nicht, was „schön" ist. Er hat keine ästhetischen Kriterien, kann keine schönen Bilder malen, keine künstlerisch wertvolle Musik komponieren.

- *Ethische und moralische Grenzen*: Der Computer weiß nicht, was Gut und was Böse ist.

- *Rechtliche und normative Grenzen*: Der Computer weiß nicht, was Recht und Unrecht ist; er sollte nicht Recht sprechen.

- *Quantitative und technologische Grenzen*: Der Computer kann dieses oder jenes nicht, weil sein Speicher dafür zu klein ist oder weil er zu viel Zeit dafür benötigen würde.

Bei der Diskussion dieser Aspekte müssen (unabhängig davon, ob der Mensch immer so genau weiß, was z.B. Gut oder Böse ist) faktische und normative Gesichtspunkte auseinander gehalten werden. Viele der Dinge, die für den Computer zur Zeit aus quantitativen bzw. technologischen Gründen unmöglich sind, wird er früher oder später ganz selbstverständlich bewältigen. So zweifelt kaum jemand daran, dass es demnächst Computer geben wird, die zuverlässig jeden menschlichen Partner beim Schachspielen schlagen oder die sich als Haushaltsroboter in der Wohnung frei bewegen und z.B. als Hilfe für Behinderte gewisse Routine-Haushaltsaufgaben erledigen können. Vieles mehr in dieser Art ist vorstellbar und in Bearbeitung. Die Vertreter aus dem geistigen Umfeld der „Künstlichen Intelligenz" neigen zu der Auffassung, dass es in diesen Bereichen keine Grenzen für das gibt, was ein Computer bewerkstelligen kann. Skeptiker erinnern hingegen zu Recht daran, dass es etwa beim schachspielenden Computer nicht der Computer ist, der den menschlichen Spieler besiegt, sondern dass es im Wesentlichen der (menschliche) Autor des Schachprogramms ist, der die Schachpartien mit Hilfe des Computers als Werkzeug kontrolliert – auch wenn er gar nicht mehr am Spieltisch sitzt. Und selbst wenn zukünftige programme-schreibende Programme als Beispiele für „maschinelle Intelligenz" angeführt werden, so hat auch diese ursprünglich ein menschlicher Autor oder ein Autorenteam erstellt. Für den Benutzer eines Computer- oder Robotersystems wird es aber in der Tat oft so aussehen, als ob der Computer oder der Roboter selbständig handelt.

Anders verhält es sich mit den normativen Grenzen des Computers. Unabhängig davon, was Computer wirklich können oder nicht, gibt es in menschlichen Gesellschaften (wenn wir einmal von den Szenarien der Zukunftsromane absehen, wo die gesamte Gesellschaft von riesigen Computersystemen kontrolliert wird) immer die Möglichkeit zu sagen: Auch wenn der Computer dies *kann*, so *darf* er es dennoch nicht tun; z.B. selbständig ein

Fahrzeug durch das öffentliche Verkehrsnetz einer Stadt lenken oder im Krankenhaus Operationen ausführen oder Recht sprechen.

Alle bisher angeführten Grenzen für den Computer unterliegen dem zeitlichen Wandel. Sehr viele quantitative technologische Grenzen werden mit der nächsten oder übernächsten Computergeneration mit noch leistungsfähigerer Hard- und Software überholt sein. Auch normative Beschränkungen hängen vom Zeitgeist ab. Vielleicht werden Computer einmal besser operieren als menschliche Chirurgen – und dann wird es nicht lange dauern, bis man sie auch operieren lässt. Selbständig fahrende Autos gibt es ja z.B. bereits. Computer werden die zukünftigen menschlichen Gesellschaften in weit höherem Maße begleiten und auch prägen als wir es uns heute vorstellen.

Dennoch gibt es Grenzen prinzipieller Natur, die der Computer nie überwinden können wird: die Grenzen der Algorithmisierbarkeit. Die Diskussion dieser Grenzen, der wir uns im Folgenden widmen wollen, führt auf direktem Weg zu zentralen Grundlagenfragen der Mathematik, der Logik und der Philosophie.

Über die Entwicklung der wissenschaftstheoretischen Grundideen kann im Folgenden nur ein kurzer Überblick gegeben werden. Der interessierte Leser sei auf die vielfältige vertiefende Literatur zur Philosophie und ihrer Geschichte hingewiesen, aus der hier stellvertretend nur die folgenden Titel herausgegriffen sein mögen:

- Hans Hermes: Aufzählbarkeit, Entscheidbarkeit, Berechenbarkeit; Berlin 1971
- Konrad Jacobs: Resultate – Ideen und Entwicklungen in der Mathematik, Band 2, Der Aufbau der Mathematik; Braunschweig 1990
- Herbert Meschkowski: Wandlungen des mathematischen Denkens; Braunschweig 1969
- Bertrand Russell: A History of Western Philosophy; New York, 1945

Sehr kenntnisreiche, klare und kompakte Beschreibungen der einschlägigen mathematisch-logisch-philosophischen Grundbegriffe sind auch in den folgenden Werken zu finden:

- DUDEN INFORMATIK, Mannheim 1988
- Kleine Enzyklopädie Mathematik, Leipzig 1977

7.1 Entwicklung der wissenschaftstheoretischen Grundideen

Die Logik ist die Wissenschaft von den korrekten Schlussweisen; die *formale* Logik ist die Wissenschaft von den aus *formalen* Gründen korrekten Schlussweisen. Offenbar gibt es Aussagen bzw. Schlüsse, die unabhängig von ihrem Inhalt nur aufgrund ihrer Form wahr sind, so z.B. der Satz:

Kräht der Hahn auf dem Mist, so ändert sich das Wetter oder es bleibt, wie es ist.

Die Aussage ist von der Form

Wenn A dann (B oder nicht-B)

und jede solche Aussage ist wahr, unabhängig von den Teilaussagen *A* und *B*. Auch wer behauptet,

Wenn 2*2 = 5 ist, dann fresse ich einen Besen,

wird nicht Gefahr laufen, sich den Magen mit dem Besen verrenken zu müssen, denn die Voraussetzung dafür wird nie erfüllt sein.

Die Entwicklung der formalen Logik setzte mit dem griechischen Philosophen *Aristoteles von Stageira* (384–322 v. Chr.) ein. Er entwickelte ein als *Syllogistik* bezeichnetes System von Schlussformen. Ein *Syllogismus* ist ein Argument, das aus drei Teilen besteht: einer Hauptprämisse, einer Nebenprämisse und einer Konklusion.

Beispiel 1:

Alle Menschen sind sterblich.   (Hauptprämisse)
Sokrates ist ein Mensch.   (Nebenprämisse)
Also gilt: Sokrates ist sterblich.   (Konklusion)

Beispiel 2:

Alle Griechen sind Menschen.
Alle Menschen sind sterblich.
Also gilt: Alle Griechen sind sterblich.

Die *Formalisierung* der letzten Schlussform (die seit der Scholastik auch als „Modus Barbara" bezeichnet wird) lautet:

Alle S sind P.
Alle P sind R.
Also gilt: Alle S sind R.

Die Konklusion im letzten Beispiel ist gültig – unabhängig von den Inhalten der Aussagen S, P und R.

Die Logik, Philosophie und Wissenschaftstheorie von Aristoteles prägten das gesamte wissenschaftliche Denken der griechischen Antike. Aristoteles galt bis weit ins Mittelalter hinein als unumstrittene Autorität; besonders die Theologen und Philosophen der Scholastik orientierten sich an seiner Lehrmeinung.

Der in der Wissenschaftsgeschichte immer wieder auftauchende Begriff der *ars magna* („große Kunst") geht auf den spanischen Mystiker und Theologen Raimundus Lullus (um 1300 n. Chr.) zurück. Er machte den Versuch, alle theologischen und philosophischen „Wahrheiten" mit kombinatorischen Methoden aufzuspüren. Dazu benutzte er ein mechanisches System, bestehend aus drehbaren Scheiben, auf denen grundlegende theologische und philosophische Begriffe und Werturteile eingetragen waren. Die angegebenen Verfahren sind mit viel Magie und Mystik behaftet. Der Mathematikhistoriker Moritz Cantor (1829–1920) beschreibt diese Versuche als „... ein Gemenge von Logik, kabbalistischer und eigener Tollheit, unter welches, man weiß nicht wie, einige Körnchen gesunden Menschenverstandes geraten sind" (vgl. Cantor, Vorlesungen zur Geschichte der Mathematik, Band II).

Die Idee der ars magna tauchte immer wieder in der Wissenschaftsgeschichte auf als der Versuch, durch Anwendung rechnerischer, kalkülhafter oder kombinatorischer Verfahren zu wissenschaftlichen Aussagen (Wahrheiten, Erkenntnissen) zu gelangen. Von den Versuchen Tartaglias, Cardanos und anderer, eine (kleine) ars magna des Gleichungslösens zu schaffen, wurde bereits in Kapitel 3 berichtet. Auf den französischen Mathematiker und Philosophen René Descartes (1596–1650) geht die Methode der Algebraisierung der Geometrie zurück und damit der Versuch, geometrische Probleme mit rechnerischen (kalkülhaften) Verfahren zu lösen.

Gottfried Wilhelm Leibniz (1646–1716), oft als „letzter Universalgelehrter" bezeichnet, griff die Idee der ars magna (der „Lullischen Kunst", wie er sie auch nannte) auf. Mit der Unterscheidung der folgenden zwei Teilbereiche prägte er den wissenschaftstheoretischen Diskurs bis in die heutige Zeit hinein:

- Die Suche nach einer *ars inveniendi* (einem Erzeugungsverfahren) dient der Frage: Wie lassen sich alle wahren Aussagen (und nur diese) erzeugen? Ein solches Erzeugungsverfahren wäre eine Art Maschine, mit deren Hilfe man ununterbrochen neue wissenschaftliche Erkenntnisse generieren könnte. Auf diese Weise könnten Stück für Stück die wahren Aussagen (zumindest einer bestimmten wissenschaftlichen Theorie) produziert werden.

' Ein zentrales Problem der modernen Wissenschaftstheorie ist die Frage nach der *Vollständigkeit* einer Theorie, d.h. nach der Existenz eines Verfahrens, mit dem sich die „Sätze" (d.h. genau die wahren Aussagen) der Theorie erzeugen lassen. Eine ars inveniendi im Leibnizschen Sinne wäre ein solches Erzeugungsverfahren.

- Die Suche nach einer *ars iudicandi* (einem Entscheidungsverfahren) verfolgt das Problem: Wie kann man bei Vorlage einer bestimmten Aussage entscheiden, ob sie wahr oder falsch ist? Hätte man ein solches Entscheidungsverfahren, so könnte man es z.B. auf die Goldbachsche Vermutung (vgl. 4.1.1) anwenden und erhielte als Ergebnis die Aussage: „Die Goldbachsche Vermutung ist wahr" oder „Die Goldbachsche Vermutung ist falsch".

Eine zentrale Frage der modernen Logik ist, ob eine bestimmte Theorie *entscheidbar* ist; d.h., ob es ein Verfahren gibt, mit dessen Hilfe man in Bezug auf jede vorgelegte, syntaktisch korrekte Aussage entscheiden kann, ob sie wahr oder falsch ist. Die Leibnizsche Idee der ars iudicandi kann als seine Vorstellung von einem solchen Entscheidungsverfahren angesehen werden.

Ganz im Sinne der Philosophie des 20. Jahrhunderts sah Leibniz in der Struktur der Sprache ein zentrales Instrument, um der Lösung der aufgeworfenen Probleme näher zu kommen. Er entwickelte die Idee einer logischen Universalsprache, in der alle Probleme kalkülhaft „durch Nachrechnen" gelöst werden können. Seine Vorstellungen davon sind so prägnant und eindrucksvoll, dass sie im Folgenden auszugsweise wörtlich wiedergegeben seien (zitiert nach Specht, 1979; parenthetische Erläuterungen durch den Autor):

„ ... *Ich sann über meinen alten Plan einer vernünftigen Sprache oder Schrift nach, deren geringste Wirkung ihre Allgemeinheit und die Kommunikation zwischen unterschiedlichen Nationen wäre. Ihr wahrer Nutzen bestünde darin, dass sie nicht nur ... das Wort abmalte, sondern die Gedanken, und dass sie eher zum Verstand als zu den Augen spräche. Denn hätten wir sie in der Form, in der ich sie mir vorstelle, dann könnten wir in der Metaphysik und Moral beinahe genauso argumentieren wie in der Geometrie und Analysis, weil die Buchstaben unseren bei diesen Gegenständen allzu schweifenden und allzu flüchtigen Gedanken*

Halt böten; denn die Einbildungskraft leiht uns dabei gar keine Hilfe, es sei denn vermittelst von Buchstaben. Das ist zu erreichen: dass jeder *Paralogismus* (Widervernünftigkeit, Fehlschluss, Trugschluss) *nichts anderes als ein Rechenfehler und dass ein Sophisma* (Scheinbeweis, absichtsvoll unterbreiteter Trugschluss), *wenn es in dieser Art von neuer Schrift zum Ausdruck gebracht wird, in Wahrheit nichts anderes als ein Solözismus* (grober Sprachfehler) *oder Barbarismus ist, der durch die bloßen Gesetze dieser philosophischen Grammatik leicht in Ordnung zu bringen ist.*

Danach wird es zwischen zwei Philosophen nicht größerer Disputation bedürfen als zwischen zwei Rechnern, denn es wird genügen, dass sie zu ihren Federn greifen, an ihren Rechenbrettern niedersitzen (wenn sie wollen, einen Freund hinzuziehen) und sich gegenseitig sagen:
>> Laß uns das nachrechnen! <<

Ich hätte gehofft, eine Art allgemeiner Charakteristik zu geben, in der alle Vernunftwahrheiten auf eine Art von Kalkül zurückgeführt würden. Dies könnte gleichzeitig eine Art universeller Sprache oder Schrift sein, doch wäre sie unendlich verschieden von allen denen, die man bislang projektiert hat. ...

Ich denke, dass Kontroversen nie beendet werden können oder dass die Sektierer zum Schweigen gebracht werden können, wenn wir nicht komplizierte Gedankengänge zugunsten einfacher Rechnungen, unklare Worte und unbestimmte Bedeutungen zugunsten eindeutiger Symbole aufgeben ..."

Die Ideen von Leibniz (besonders, in moderner Terminologie, die der Vollständigkeit und Entscheidbarkeit von formalen Systemen) nehmen noch heute eine zentrale Stellung in der Wissenschaftstheorie ein.

Weitere wichtige Stationen auf dem Weg zur modernen formalen Logik sind mit den Namen George Boole (1815–1864), Gottlob Frege (1848–1925), Giuseppe Peano (1858–1932), Alfred North Whitehead (1861–1947) und Bertrand Russell (1872–1970) verbunden. Der Engländer George Boole unternahm mit dem Buch „An investigation of the laws of thought" den Versuch, die Logik zu „algebraisieren", ähnlich wie René Descartes vorher die Geometrie algebraisiert hatte. Gottlob Frege trug durch seine *Begriffsschrift* viel zur exakteren Fassung der logischen Regeln bei; durch seine Erweiterung der Aussagenlogik zur Prädikatenlogik (Prädikatenkalkül) wurde es möglich, praktisch die gesamte Mathematik im Rahmen dieser Logik zu begründen. Auf den Italiener Giuseppe Peano geht die heute übliche formal-axiomatische Begründung der natürlichen Zahlen zurück (vgl. dazu Abschnitt 3.3).

Die zweite Hälfte des 19. Jahrhunderts war durch eine rasche Entwicklung in vielen mathematischen Themenbereichen geprägt. Die verwendeten mathematischen Begriffe erreichten eine bis dahin ungeahnte Komplexität und Vielfalt. Der Mathematiker Georg Cantor (1845–1918) unternahm mit seiner „Mengenlehre" den Versuch, das gesamte Gebäude der Mathematik auf wenige zentrale Grundbegriffe, allen voran den Begriff der Menge, zu begründen. Er formulierte 1895 in den Mathematischen Annalen:

> „Unter einer *Menge* verstehen wir jede Zusammenfassung M von bestimmten, wohlunterschiedenen Objekten unserer Anschauung oder unseres Denkens zu einem Ganzen."

Der Cantorsche Mengenbegriff war jedoch so allgemein und abstrakt, dass er bei unkritischem Gebrauch zu logischen Widersprüchen (Antinomien) führen konnte.

Die wohl berühmteste Antinomie geht auf den englischen Mathematiker und Philosophen Bertrand Russell zurück. Er bildete, was im Rahmen der Cantorschen Mengenlehre möglich war, *die Menge M aller Mengen, die sich nicht selbst als Element enthalten* und stellte die Frage, ob M sich selbst enthalte oder nicht. Die Annahme, dass M sich selbst als Element enthalte, führt jedoch zur Folgerung, dass sie sich nicht als Element enthält – und die Annahme, dass M sich nicht als Element enthalte, hat die Konsequenz, dass sie sich als Element enthält. Diese Menge M ist also ein in sich widersprüchliches Konstrukt. Dies war nicht tolerierbar.

In der Folgezeit wurden verschiedene Versuche unternommen, die Mathematik auf ein sicheres Fundament zu stellen. Am weitesten gingen dabei die Vertreter der Denkschule des Intuitionismus bzw. des Konstruktivismus. Ihrer Auffassung nach lag das Grundproblem der „naiven" Cantorschen Mengenlehre in dem Umstand, dass sie nicht-konstruktive Beschreibungen unendlicher Mengen (wie die obige Russellsche Menge M) zulasse. Die Intuitionisten forderten, dass sich die Mathematik nur mit konstruktiv beschreibbaren Größen und Begriffen befassen solle. Auf diese Weise lassen sich zwar die bekannten Antinomien vermeiden – allerdings führt die radikale Anwendung dieses Prinzips zur Aufgabe vieler klassischer Bestandteile der Mathematik.

Dies wiederum war für die meisten praktizierenden Mathematiker nicht akzeptabel, so dass die intuitionistisch orientierten Mathematiker immer nur eine sehr kleine Gruppe bildeten.

Inzwischen hatten sich die mengentheoretischen Begriffe und Methoden (bei hinreichend vorsichtiger Handhabung) als so nützlich erwiesen, dass man nicht mehr darauf verzichten wollte. David Hilbert (1862–1943), einer der führenden Mathematiker seiner Zeit, formulierte es einmal so: *„Aus dem Paradies, das Cantor uns geschaffen hat, soll uns niemand vertreiben können!"* Es wurden also andere Wege gesucht, um aus dem Dilemma der mengentheoretischen Antinomien heraus zu kommen. Allen gemeinsam waren gewisse Einschränkungen bei der Freiheit, Mengen zu bilden.

Bertrand Russell, der die „Russellsche" Antinomie entdeckt hatte, entwickelte eine *Typentheorie* zur Vermeidung solch widersprüchlicher Mengenkonstruktionen. In dem gemeinsam mit Alfred North Whitehead zu Beginn des 20. Jahrhunderts verfassten (aber wenig gelesenen) monumentalen Werk *Principia Mathematica* zeigte er, wie sich praktisch die gesamte Mathematik auf der Basis eines an den Ideen von Frege orientierten Logik-Kalküls aufbauen ließe.

Einen anderen Weg schlugen Ernst Zermelo (1871–1953) und Abraham Fraenkel (1891–1965) ein; sie entwickelten einen axiomatischen Ansatz zur Vermeidung der mengentheoretischen Antinomien. Diese (oder eine modifizierte) „*ZF*"-Axiomatisierung der Mengenlehre stellt den grundlagentheoretischen Hintergrund dar, auf dem heute der größte Teil der mathematischen Arbeiten explizit oder implizit basiert.

David Hilbert verkörpert die Kulmination der mathematischen Entwicklung zum *Formalismus* hin. Er fasste die Mathematik als eine formale Sprache auf, bei der es nur auf die logisch-formale Struktur der einzelnen Sprachpartikel, nicht aber auf ihren Inhalt ankommt. Mathematik zu betreiben, heißt in diesem Sinne, gewisse Zeichenketten nach vorgegebenen Regeln in andere Zeichenketten zu transformieren. Seine richtungsweisende axiomatische Begründung der Geometrie (manifestiert in dem 1899 erschienenen Buch *Grundlagen der Geometrie*) beginnt mit den Worten:

Wir denken uns drei verschiedene Systeme von Dingen: die Dinge des ersten Systems nennen wir *Punkte* und bezeichnen sie mit A, B, C, ...; die Dinge des zweiten Systems nennen wir *Geraden* und bezeichnen sie mit *a*, *b*, *c*, ...; die Dinge des dritten Systems nennen wir *Ebenen* und bezeichnen sie mit α, β, γ, ... Wir denken die Punkte, Geraden, Ebenen in gewissen gegenseitigen Beziehungen und bezeichnen diese Beziehungen durch Worte wie „liegen", „zwischen", „kongruent"; ...

Den formalistischen Ansatz soll Hilbert einmal drastisch durch den folgenden Ausspruch veranschaulicht haben: *„An Stelle von Punkten, Geraden und Ebenen könnten wir auch von Bierseideln, Tischen und Stühlen sprechen".*

Die Geometrie ist im Sinne von Hilbert die Gesamtheit derjenigen Zeichenketten, die aus seinem Axiomensystem folgen – und zwar ohne irgendwelche inhaltlichen Vorstellungen und auch ohne irgendeinen Bezug zur Anschauung. Mit der Hilbertschen Axiomatisierung der Geometrie kam eine über zweitausend Jahre anhaltende Entwicklung zum vorläufigen Abschluss; eine Entwicklung, die mit dem ersten Axiomatisierungsversuch durch Euklid begonnen hatte. In seinen *Elementen* hatte Euklid bereits in einem sehr frühen Stadium in der Entwicklungsgeschichte der Mathematik den Versuch unternommen, die geometrischen Grundbegriffe axiomatisch zu beschreiben. Für Euklid waren jedoch die in seinen „Definitionen" beschriebenen Grundbegriffe keine rein formal-syntaktischen Objekte, sondern sie waren mit einer „zwingenden" Anschaulichkeit versehen. Die zu Beginn der Elemente gegebenen *Definitionen*, *Postulate* und *Axiome* waren für ihn unmittelbar einsichtige Tatsachen, die aufgrund ihrer Evidenz nicht weiter hinterfragt zu werden brauchten und die dadurch als Ausgangspunkt für seine Geometrie geeignet waren. Da sie unmittelbar evident sein sollten, mussten sie aber anschaulich beschreibbar sein. Euklid formulierte (*Die Elemente*, I. Buch, Definitionen):

1. Ein *Punkt* ist, was keine Teile hat.
2. Eine *Linie* ist breitenlose Länge.
   ...
5. Eine *Fläche* ist, was nur Länge und Breite hat. ...

Diese von Euklid formulierten Eigenschaften der Begriffe Punkt, Gerade und Linie sind aber nicht „operationalisierbar", d.h. nicht in Schlüssen, Folgerungen und Beweisen verwendbar. Euklid nimmt im weiteren Text auch gar keinen Bezug darauf, sondern er arbeitet nur mit den später von ihm aufgestellten Postulaten und Axiomen, also dem System von Regeln, denen die in den Definitionen festgelegten Grundbegriffe genügen sollen. Insofern war es aus Hilberts Sicht nur konsequent, die geometrischen Grundbegriffe völlig inhaltsfrei einzuführen und die geometrischen Schlüsse ausschließlich auf die in seinem Axiomensystem festgelegten Regeln zu stützen.

Im Übrigen muss aber betont werden, dass sich Hilbert diese Vorgehensweise ausschließlich im Hinblick auf die Diskussion mathematischer Grundlagenfragen zu eigen gemacht hat; es wäre unzulässig, daraus zu schließen, dass er inhaltlichen Überlegungen und der Anschauung grundsätzlich ablehnend gegenübergestanden hätte. Natürlich hat die Anschauung für ihn eine große Bedeutung im Bereich der Heuristik und der mathematischen Intuition. Den besten Beweis dafür liefert sein gemeinsam mit St. Cohn-Vossen (1902–1936) verfasstes Buch mit dem bezeichnenden Titel *Anschauliche Geometrie.*

Die Grundzüge der formalistischen Idee hängen eng mit der Tatsache zusammen, dass jede sprachliche (mathematische oder auch sonstige) Formulierung, sei es ein Axiom, sei es eine Folgerung aus den Axiomen, aus den endlich vielen „Buchstaben" (Elementarzeichen) eines endlichen Alphabets besteht. Die Gesamtheit aller endlichen Zeichenketten über einem endlichen Alphabet ist abzählbar. (Man betrachte z.B. alle Zeichenketten der Länge 1, 2, 3, 4, ... u.s.w. Für jede feste Länge n gibt es nur endlich viele Zeichenketten. Diese ordne man z.B. lexikographisch – man erhält so eine Abbildung, die jeder beliebigen Zeichenkette eine natürliche Zahl zuordnet.) Also ist die Gesamtheit aller gültigen („wahren") Aussagen einer bestimmten axiomatisch begründeten Theorie höchstens abzählbar (denn jede solche Aussage ist eine endliche Zeichenkette). Es liegt somit nahe, dass man versucht, ein „Aufzählungsverfahren" zu konstruieren, das es erlaubt, alle gültigen Aussagen aus der Gesamtheit der endlichen Zeichenketten „herauszufischen". Ein solches Aufzählungsverfahren wäre im Leibnizschen Sinne ein Erzeugungsverfahren für die in einer bestimmten Theorie gültigen Sätze.

Wichtige Kriterien bei dieser Vorgehensweise sind die Forderungen nach *Widerspruchsfreiheit* (*Konsistenz*), *Vollständigkeit* und *Unabhängigkeit* des jeweils zugrunde liegenden Axiomensystems. Die Widerspruchsfreiheit eines Axiomensystems soll gewährleisten, dass sich nicht zugleich eine Aussage und ihre Verneinung aus dem Axiomensystem herleiten lassen. Denn wäre letzteres möglich, so ließe sich jede beliebige Aussage herleiten („ex falso quodlibet"[1]). Es gäbe keinen Unterschied zwischen „wahr" und „falsch", und die Theorie wäre ziemlich wertlos.

Unabhängigkeit der Axiome liegt dann vor, wenn keines der Axiome aus den anderen herleitbar ist. Wäre die Forderung nach Unabhängigkeit verletzt, so könnte man das herleitbare Axiom einfach weglassen; es wäre dann ein „Satz" (eine beweisbare Aussage) der Theorie.

Von besonderer Bedeutung für die axiomatische Fundierung der Mathematik waren die Begriffe der *Vollständigkeit* und der *Entscheidbarkeit* einer Theorie. Die Frage der Vollständigkeit berührt das Verhältnis von Wahrheit (Gültigkeit) und Beweisbarkeit. Es gilt zwar, dass jede im Rahmen einer bestimmten Theorie beweisbare Aussage wahr ist; andererseits ist aber nicht unbedingt gesichert, dass sich auch jede im Rahmen der Theorie formulierbare wahre Aussage aus den Axiomen der Theorie mit den zugrunde liegenden logischen Regeln (in endlich vielen Schritten) herleiten lässt.

Die Frage der Entscheidbarkeit soll durch ein Beispiel verdeutlicht werden. Die *Goldbachsche Vermutung* (vgl. 4.1.1) besagt, dass jede gerade Zahl größer als 2 (auf mindestens eine Weise) als Summe zweier Primzahlen darstellbar ist. Die Goldbachsche Vermutung (G) ist eine Aussage über natürliche Zahlen. Niemand weiß, ob sie wahr oder falsch ist; bei Zugrundelegung der zweiwertigen Logik muss aber eines davon zutreffen. Anders ausgedrückt: Entweder die Aussage G oder ihre Verneinung muss wahr sein. Wenn die Verneinung einer Aussage beweisbar ist, dann sagt man auch, die Aussage sei widerlegbar. Die Frage, ob die Goldbachsche Vermutung aus den Axiomen herleitbar oder widerlegbar ist, ist zur Zeit offen. Falls eine Aussage A (in endlich vielen Schritten) herleitbar oder widerlegbar ist, dann heißt A *entscheidbar*, ansonsten unentscheidbar. Wenn es für eine axiomatisch begründete Theorie stets richtig ist, dass sich jede beliebige im Rahmen der Theorie formulierbare Aussage entweder aus den Axiomen herleiten oder aber widerlegen lässt, dann nennt man die Theorie entscheidbar.

---

[1] Ein Journalist soll den englischen Philosophen und Mathematiker Betrand Russel einmal gebeten haben, ihm das Prinzip „ex falso quodlibet" an folgendem konkreten Beispiel zu erläutern: Wie ist es möglich, dass aus der offensichtlich falschen Aussage „2+2=5" folge, dass er (der Journalist) der Papst sei. Russell antwortete: „Nicht leichter als das. Wenn man von beiden Seiten 3 abzieht, folgt aus 2+2=5, dass 1=2 ist. Sie werden ja wohl nicht bestreiten; dass Sie und der Papst zwei Personen sind. Wenn nun 2=1 ist, dann folgt daraus, dass Sie und der Papst eine Person sind; d.h. dass Sie der Papst sind."

Die Erfolge bei der Anwendung der axiomatischen Methode führten im Laufe der Zeit zu der Vorstellung, dass jede mathematische Theorie vollständig sei oder zumindest durch Hinzunahme geeigneter weiterer Axiome dazu gemacht werden könne. Eine Krönung der Entwicklung war der von Gödel 1930 bewiesene *Vollständigkeitssatz für die Prädikatenlogik*: Im Rahmen der Prädikatenlogik (erster Stufe) ist die Menge der Folgerungen aus einem Axiomensystem aufzählbar (algorithmisch erzeugbar).

Für Hilbert gab es keinen Zweifel, dass jede mathematische Theorie entscheidbar sei; er formulierte es folgendermaßen:

„Ein bestimmtes mathematisches Problem muss notwendigerweise einer exakten Lösung zugänglich sein, entweder in Form einer direkten Antwort auf eine gestellte Frage, oder durch den Beweis seiner Unlösbarkeit und dem damit verbundenen notwendigen Scheitern eines jeden Versuchs ... es gibt kein ignorabimus ...“

David Hilbert war einer der führenden Mathematiker des 20. Jahrhunderts. Im Jahre 1900 legte er auf dem Internationalen Mathematikerkongress in Paris eine Liste mit 23 Problemen vor, die seiner Meinung nach für die Entwicklung der Mathematik des bevorstehenden Jahrhunderts von zentraler Bedeutung sein würden. Er bewies darin eine außergewöhnliche Intuition und einen tiefen Einblick in das Wesentliche von Mathematik und Logik. Die Mathematik des 20. Jahrhunderts ist in weiten Bereichen geprägt durch die Arbeit an den „Hilbertschen Problemen".

Seine Auffassung in der Frage der Vollständigkeit bzw. Entscheidbarkeit mathematischer Aussagen und in der Folge sein „formalistisches Programm" erlangten deshalb eine große Bedeutung unter seinen mathematischen Zeitgenossen. Sie wurden jedoch in der Folgezeit durch die Ergebnisse der modernen Logik, Metamathematik und Wissenschaftstheorie völlig zunichte gemacht. Eine Reihe von Unmöglichkeitsbeweisen (Unvollständigkeitsbeweisen, Unentscheidbarkeitsbeweisen) erschütterten den formalistischen Standpunkt.

Den Auftakt dazu machte der österreichische Mathematiker Kurt Gödel. Noch im Jahre 1930 hatte er die Vollständigkeit der Prädikatenlogik erster Stufe nachgewiesen. Im Jahre 1931 schockierte er die gesamte Wissenschafts-Öffentlichkeit mit der Publikation *Über formal unentscheidbare Sätze der Principia Mathematica und verwandter Systeme I* (Monatshefte für Mathema-

tik und Physik, 1931), in der er die Unentscheidbarkeit der Arithmetik nach-
wies:

> Es gibt keinen Algorithmus, mit dessen Hilfe man für jede arithmetische
> Aussage in endlich vielen Schritten entscheiden kann, ob sie wahr oder
> falsch ist.

Als Konsequenz aus den Gödelschen Ideen ergab sich die Unmöglichkeit eines
Konsistenzbeweises innerhalb des Systems der Arithmetik – hier in einer un-
technischen Formulierung:

> Für ein formales System von der Komplexität der natürlichen Zahlen ist
> es unmöglich, die Widerspruchsfreiheit innerhalb des Systems zu bewei-
> sen.

sowie die Unvollständigkeit der Arithmetik:

> Es gibt keinen Algorithmus, mit dessen Hilfe man genau die gültigen
> (wahren) arithmetischen Aussagen herleiten kann.

Gödel zeigte, dass es keinen Algorithmus geben kann, mit dessen Hilfe sich
genau die wahren Aussagen über die natürlichen Zahlen herleiten lassen, wenn
man die natürlichen Zahlen auf der Basis der in den Principia Mathematica
entwickelten logisch-mathematischen Grundlagen konstruiert. Entsprechendes
gilt für jede hinreichend reichhaltige mathematische Theorie; hinreichend
reichhaltig ist dabei insbesondere jede Theorie, welche die Theorie der natürlichen Zahlen bzw. das Verfahren der vollständigen Induktion umfasst – und das
ist ja bei den meisten mathematischen Theorien der Fall.

In der Folgezeit wurden weitere Unmöglichkeitsbeweise gefunden:

- Gödel (Unvollständigkeit der Prädikatenlogik zweiter Stufe):
  Die Prädikatenlogik zweiter Stufe ist unvollständig, d.h., es gibt keinen
  Algorithmus, mit dessen Hilfe man genau die allgemeingültigen Formeln
  der Prädikatenlogik zweiter Stufe gewinnen kann.

- Church (Unentscheidbarkeit der Prädikatenlogik erster Stufe):
  Die Prädikatenlogik erster Stufe ist unentscheidbar.

Die Gödelschen Sätze können in ihrer philosophischen Bedeutung kaum über-
schätzt werden. Der Logiker Heinrich Scholz[1] nannte Gödels Unentscheidbar-

---

[1] Heinrich Scholz (1884–1956), deutscher Philosoph, Mathematiker und Logiker

keitssatz einmal *die Kritik der reinen Vernunft vom Jahre 1931*. Der zeitgenössische amerikanische Mathematiker und Mathematikhistoriker Lynn Arthur Steen schreibt in seinem Buch *Mathematics Today*:

> *Gödel proved what could well be one of the most profound results in the history of thought ...*

Die Gödelschen Sätze gehören mit Sicherheit zu den wichtigsten mathematischen und philosophischen Ergebnissen des 20. Jahrhunderts. Sie beschreiben explizit in endgültiger, unzweideutiger Form die unumstößlichen Grenzen des Algorithmierens und der Mathematik – und damit implizit auch die Grenzen des Computers sowie letztlich eine der grundlegenden Grenzen der menschlichen Erkenntnis.

Die Gödelsche Ergebnisse haben eine Wirkung weit über die Bereiche der Mathematik, Logik und Informatik hinaus gehabt. Sie haben z.B. den Schriftsteller H. M. Enzensberger zu dem Gedicht *Hommage à Gödel* inspiriert, das folgendermaßen beginnt:

> *Münchhausens Theorem, Pferd, Sumpf und Schopf,*
> *ist bezaubernd; aber vergiß nicht,*
> *Münchhausen war ein Lügner.*
> *Gödels Theorem wirkt auf den ersten Blick*
> *etwas unscheinbar, doch bedenk:*
> *Gödel hat recht.*
> *...*

(H. M. Enzensberger, Gedichte 1955–1970, 1971)

7.2 Formalisierung des Algorithmus-Begriffs / der Begriff der Berechenbarkeit

Der Begriff *berechenbar* wurde in der Mathematik lange Zeit (bis fast in die Mitte des 20. Jahrhunderts) in intuitiver Weise verwendet; etwa im Sinne von „herleitbar", „durch einen Kalkül ermittelbar" oder „maschinell ermittelbar". Er wurde meist synonym zum Begriff „algorithmisierbar" gebraucht. Im Verlauf der oben beschriebenen Grundlagenkrise wurde es jedoch notwendig, den Begriff des Algorithmus oder der Berechenbarkeit exakter zu fassen. Will man mathematische Aussagen über diese Begriffe machen, so muss man sie zunächst derart präzisieren, dass sie der Behandlung durch mathematische Methoden zugänglich werden. Die Diskussion der Berechenbarkeit spitzte sich schließlich zu auf die Frage: *Was soll es heißen, dass eine Funktion natürlicher Zahlen berechenbar ist?*

Eine ganze Reihe von Logikern und Mathematikern (in alphabetischer Reihenfolge: Alonzo Church[1], Kurt Gödel[2], Steven C. Kleene[3], Andrej A. Markoff[4] Junior, Emil Post[5], Alan Turing[6]) widmete sich in der ersten Hälfte des vorigen Jahrhunderts dem Problem der Präzisierung des Begriffs der Berechenbarkeit. Sie gingen dabei von höchst unterschiedlichen Grundkonzepten aus. Zu den bedeutendsten Präzisierungen des Algorithmenbegriffs gehören diejenigen von

- Kurt Gödel und vielen anderen, die das Konzept der *rekursiven Funktionen* zugrunde legten;

- Alan Turing, der das Konzept einer primitiven abstrakten Maschine entwickelte, die ihm zu Ehren heute als *Turing Maschine* bezeichnet wird;

- Alonzo Church mit dem Konzept des sogenannten *Lambda-Kalküls*, der heute in den Programmiersprachen der Lisp-Familie eine große Rolle spielt.

---

[1] Alonzo Church (1903–1995), amerikanischer Mathematiker und Logiker
[2] Kurt Gödel (1906–1978), österreichischer Mathematiker, Logiker und Philosoph
[3] Steven C. Kleene (1909–1994), amerikanischer Mathematiker und Logiker
[4] Andrej Andrejewitsch Markoff Junior (1903–1979), russischer Mathematiker; nicht zu verwechseln mit seinem Vater, dem russischen Mathematiker Andrej Andrejewitsch Markoff Senior (1856–1922), nach dem heute die Markoffschen Prozesse benannt sind
[5] Emil Post (1897–1954), amerikanischer Mathematiker
[6] Alan Turing (1912–1954), britischer Mathematiker, Kryptologe und Computer-Pionier

Alle diese verschiedenen und zunächst völlig unabhängig voneinander entwickelten Fassungen des Begriffs der Berechenbarkeit konnten im Laufe der Zeit als gleichwertig nachgewiesen werden. Dies legte die Auffassung nahe, dass es sich hierbei um geeignete formale Fassungen des zunächst intuitiv verwendeten Begriffs der Berechenbarkeit handelt. Alonzo Church formulierte in den 1930er Jahren seine berühmte

Churchsche These[1] (sinngemäß): Alle bisher bekannten formalen Fassungen des Begriffs der Berechenbarkeit sind gleichwertig. Deshalb kann jede dieser Fassungen als eine angemessene Präzisierung der vorher intuitiv verwendeten Begriffe der Berechenbarkeit bzw. des Algorithmus angesehen werden.

Diese These beschreibt eine hochgradig plausible Konvention. Sie ist aber kein innermathematischer „Satz" und kann deshalb auch nicht mit mathematischen Mitteln bewiesen werden. Sie ist aufgrund der Gleichwertigkeit der verschiedenen Fassungen des Begriffs der Berechenbarkeit jedoch sehr vernünftig und praktikabel. Stand der Dinge ist heute, dass die Begriffe „Algorithmus" und „Berechnung" (bzw. algorithmisierbar und berechenbar) als synonym angesehen und mit den oben gegebenen Präzisierungen identifiziert werden.

   Als Konsequenz aus der Churchschen These ergibt sich übrigens die Folgerung: Was auch immer programmierbar ist, ist im Prinzip in jeder der heute verfügbaren Programmiersprachen formulierbar. Denn jede dieser Programmiersprachen ist (bei hinreichend großem Speicher) mindestens so mächtig wie eine Turing Maschine.

7.3 Einige konkrete, algorithmisch nicht lösbare Probleme

Die soeben diskutierten Gödelschen Sätze sind zwar von außerordentlicher Bedeutung, aber auch sehr abstrakt. Ergänzend zu diesen sehr allgemeinen Er-

---

[1] Sie wird auch als Church-Turing These bezeichnet

gebnissen sollen im Folgenden aber auch noch einige konkrete, algorithmisch nicht lösbare Probleme untersucht werden.

Beispiel 1: *Nicht-Beschreibbarkeit aller Funktionen durch Algorithmen*
Nicht zu jeder Funktion $f : N \to N$ (N sei die Menge der natürlichen Zahlen) gibt es einen Algorithmus, mit dessen Hilfe bei vorgegebenem Argument der Funktionswert ermittelt werden kann.

Begründung: Die Gesamtheit aller Algorithmen ist abzählbar; die Menge der obiger Funktionen ist jedoch überabzählbar (Cantorsches „Diagonal"-Argument). Es gibt also mehr Funktionen $f : N \to N$ als Algorithmen für ihre Beschreibung zur Verfügung stehen.

Beispiel 2: *Das Wortproblem in der Gruppentheorie*
Gesucht ist ein Algorithmus, der für jede Gruppe entscheidet, ob je zwei vorgegebene „Gruppenworte" $a \cdot b \cdot c \cdot \ldots \cdot g$ und $u \cdot v \cdot \ldots \cdot z$ dasselbe Gruppenelement darstellen. P. S. Novikov[1] konnte im Jahre 1955 zeigen, dass es keinen solchen Algorithmus gibt.

Beispiel 3: *Das zehnte Hilbertsche Problem* (*Nicht-Entscheidbarkeit aller diophantischer Gleichungen*)
Gesucht ist ein Algorithmus, mit dessen Hilfe man für jede diophantische Gleichung entscheiden kann, ob sie lösbar ist oder nicht.

Eine *diophantische Gleichung* ist eine Gleichung der Form $p(x_1, x_2, \ldots, x_n) = 0$, wobei p ein Polynom in den Variablen $x_1, x_2, \ldots, x_n$ mit ganzzahligen Koeffizienten ist. Bei einem „diophantischen" Problem sind *ganzzahlige* Lösungen gesucht, welche bei Einsetzung an die Stelle der Variablen, das Polynom „zu Null" machen.

Ein solcher („diophantischer") Algorithmus wäre ein außerordentlich starkes Werkzeug zur Lösung einer Fülle schwierigster mathematischer Probleme. Mit diesem Algorithmus hätte z.B. frühzeitig entschieden werden können, ob die Polynomgleichung

$$p(x, y, z) = x^n + y^n - z^n = 0 \quad (\text{für } n > 2)$$

---

[1] P. S. Novikov (1901–1975), russischer Mathematiker

lösbar ist oder nicht. Anders ausgedrückt: Mit Hilfe dieses Algorithmus hätte sofort die berühmte „Fermatsche Vermutung" entschieden werden können.

Im Jahre 1970 konnte Y. Matiyasevic[1] zeigen, dass das zehnte Hilbertsche Problem nicht algorithmisch lösbar ist.

Beispiel 4: *Das Halteproblem*

In diesem berühmten Problem wird die Frage untersucht, ob es ein Verfahren (einen Algorithmus, ein Programm) gibt, mit dessen Hilfe man in endlich vielen Schritten entscheiden kann, ob ein beliebiges, vorliegendes Programm P bei Eingabe eines beliebigen, vorliegenden Satzes D von Eingabedaten stoppt; anders ausgedrückt, ob der Aufruf P(D) terminiert.

Die Begriff Algorithmus und Programm werden im Folgenden weitgehend synonym verwendet. Man kann überall dort, wo „Programm" steht, auch „Algorithmus" lesen; der Begriff „Programm" wurde gelegentlich verwendet, um die Fragestellung plastischer hervortreten zu lassen.

Zur Bedeutung des Halteproblems: Ein solcher Algorithmus wäre außerordentlich nützlich. Man könnte mit seiner Hilfe z.B. überprüfen, ob ein Programm versteckte Endlos-Schleifen enthält. Endlos-Schleifen können sich in Programme leicht einschleichen; eine leicht zu entlarvende Endlosschleife ist z.B. durch das Programmstück (aufgrund einer Verwechslung der Indizes i und k)

```
..., k : 1, while k<10 do i : i+1, ...
```

gegeben. Viele versteckte Endlos-Schleifen sind jedoch erheblich schwerer zu entarnen. Wenn man also die Entdeckung von Endlos-Schleifen automatisieren könnte, wäre enorm viel gewonnen.

Der Halteproblem-Algorithmus würde z.B. auch sofort das Problem der Goldbachschen Vermutung lösen. Man müsste ihn dazu nur auf das Programm GoldbachVermutungGegenbeispiel (vgl. 4.1.1) anwenden. Der Halteproblem-Algorithmus lieferte dann bei Eingabe des Programms GoldbachVermutungGegenbeispiel das Ergebnis: Das Programm stoppt (oder es stoppt nicht) – und je nachdem wäre dann die Goldbachsche Vermutung falsch oder richtig. Entsprechendes gälte für beliebige andere offene Vermutungen.

---

[1] Y. Matiyasevic (geb. 1947), russischer Mathematiker

Alle diese Überlegungen sind jedoch nur spekulativer Natur, denn es gilt der

Satz: Das Halteproblem ist nicht entscheidbar; d.h., es gibt keinen Algorithmus mit den obengenannten Eigenschaften.

Beweis: Wir nehmen an, es gäbe einen solchen Algorithmus und nennen ihn STOP. Der Aufruf STOP(P, D) gibt dann Auskunft darüber, ob das Programm P bei Eingabe des Datensatzes D stoppt oder nicht.

Der weitere Beweis beruht auf der folgenden Grundidee: Man verwende (unabhängig davon, ob das von der „Pragmatik des Programms" her gesehen sinnvoll ist oder nicht) das zu untersuchende Programm P selbst als einen solchen Eingabe-Datensatz D; man betrachte also den Aufruf P(P) bzw. STOP(P, P). Das Ergebnis eines jeden Aufrufs von STOP sei WAHR oder FALSCH, je nachdem, ob das Programm P bei Eingabe des Datensatzes P stoppt oder nicht.

Jetzt werde ein neuer Algorithmus (ein neues Programm) BAR definiert:

```
Algorithmus BAR(P):
Wenn STOP(P,P) = FALSCH dann stoppe
     sonst führe eine Endlosschleife aus.
```

Dieser Algorithmus wirft nun die folgende *Frage* auf: Auch BAR selbst ist eines der Programme, die an Stelle von P im Hinblick auf ihr Terminieren untersucht werden können. Was macht nun BAR wenn man als Eingabe für P den Algorithmus BAR selbst wieder verwendet? Mit anderen Worten: Was passiert beim Aufruf BAR(BAR) ?

1. Fall: Angenommen, der Aufruf BAR(BAR) führt zum Stop. Dies passiert nach Definition von BAR nur, wenn STOP(BAR, BAR) zum Ergebnis FALSCH führt, wenn also BAR(BAR) nicht stoppt. Dies ist unmöglich!

2. Fall: Angenommen, der Aufruf BAR(BAR) führt nicht zum Stop (d.h., der Algorithmus läuft in eine Endlosschleife). Dies passiert nach Definition von BAR aber nur dann, wenn der Aufruf STOP(BAR, BAR) das Ergebnis WAHR hat, also falls BAR(BAR) stoppt. Auch dies ist unmöglich!

Die Annahme der Existenz des Programms BAR führt zu einem Widerspruch. Die Existenz von BAR folgt aber aus der Existenz des Programms STOP. Wenn es also BAR nicht geben kann, dann kann es auch STOP nicht geben. Das heißt, das Halteproblem ist unlösbar.

Ein erster Beweis dafür, dass das Halteproblem nicht entscheidbar ist, wurde 1937 von A. Turing präsentiert.

8 Programmierung

> Programs are meant to be read by humans and only incidentally for computers to execute. *D. E. Knuth*

Wie in Kapitel 1 beschrieben, umfasst das algorithmische Arbeiten Aktivitäten höchst unterschiedlichen Charakters: zum einen die hochgradig kreative Tätigkeit der Konstruktion neuer Algorithmen und zum anderen die eher monotone Tätigkeit der Abarbeitung vorgegebener Algorithmen. Man hat deshalb schon immer versucht, Maschinen zur Abarbeitung von Algorithmen zu konstruieren. Die ersten derartigen Maschinen waren spezialisierte Konstruktionen, mit denen sich nur ganz spezielle Dinge verrichten ließen (wie etwa die Heronschen Automaten zum Öffnen von Tempeltoren). Am anderen Ende der Skala stehen die heutigen Universalcomputer. Es gibt kaum eine algorithmisch beschreibbare Tätigkeit, die auszuführen sie nicht in der Lage wären.

Bis in das 20. Jahrhundert hinein war es üblich, dass der jeweilige Algorithmus direkt „in die ausführende Maschine hineinkonstruiert" wurde. Man drückte das auch durch die Sprechweise aus: Der Algorithmus ist fest in der Maschine „verdrahtet". Die Entwicklung zum heute üblichen „frei programmierbaren" Computer geht auf den ungarischen Mathematiker John von Neumann (1903–1957) zurück. Er hatte die Idee, das Programm, nach dem der Computer arbeiten sollte, frei (d.h. verschiebbar und der Größe nach variabel) in dem Speicherbereich des Computers abzulegen, der bis dahin nur für die Daten reserviert war. Damit wurde es möglich, Programme als Daten anzusehen und Programme durch andere Programme verarbeiten zu lassen – eine typische Vorgehensweise bei der Übersetzung (Compilierung oder Interpretierung) von Programmen. Letztlich ist es sogar möglich, dass ein gerade laufendes Programm auf seinem eigenen Programmtext operiert, dass es sich also selbst verändert. Solche Techniken kommen gelegentlich (allerdings insgesamt recht selten) im Umfeld der sogenannten „Künstlichen Intelligenz" vor.

8.1 Zum Verhältnis von „Maschinensprachen" und „höheren Programmiersprachen"

Streng genommen kann jeder Computer nur eine einzige Programmiersprache verarbeiten: seine *Maschinensprache*. Diese Maschinensprachen sind außerordentlich unanschaulich und schwer verständlich. Ein Maschinenprogramm besteht im Grunde nur aus einer einzigen langen Folge von 0/1-Symbolen. Die Operationen eines Maschinenprogramms spielen sich auf einer sehr niedrigen, maschinennahen Ebene ab. Das Programmieren in einer Maschinensprache ist eine höchst umständliche, zeitraubende und fehleranfällige Angelegenheit. Müsste man etwa ein mathematisches Lösungsverfahren in der Maschinensprache eines Computers programmieren, so würde die Programmierarbeit sehr weit vom eigentlichen Problem wegführen.

Deshalb wurden Programmiersprachen geschaffen, in denen sich die Problemlösungen sehr viel problemnäher formulieren lassen. Solche Sprachen werden als „höhere" Programmiersprachen bezeichnet. Es gibt inzwischen außerordentlich unterschiedliche Höhenniveaus unter den höheren Programmiersprachen. Einen allerersten Schritt von den 0/1-Folgen der Maschinensprache in die Richtung der höheren Programmiersprachen stellten die sogenannten *Assemblersprachen* dar, bei denen die durch 0/1-Folgen ausgedrückten Maschinenbefehle wenigstens durch anschauliche symbolische Namen beschrieben werden. Man spricht dabei von „mnemotechnischen" Bezeichnungen. Die soeben skizzierte Entwicklung sei im Folgenden noch durch eine kleine Fallstudie verdeutlicht.

Zunächst sei nochmals festgehalten, dass der moderne Computer eine Maschine ist, die ganz zentral auf dem Prinzip der *Zweiwertigkeit* aufbaut. Der Speicher des Computers besteht aus (sehr vielen) „atomaren" Speicherbausteinen, genannt *Bits* (für binary digits), von denen jeder genau einen von zwei möglichen Werten annehmen kann. Diese Zustände können physikalisch sehr unterschiedlich realisiert sein: Strom fließt – Strom fließt nicht; Links-Polarisierung – Rechts-Polarisierung von Magnetkernen; hoher Spannungspegel – niedriger Spannungspegel u.s.w. Fundamental ist, dass es stets eine solche Zweiwertigkeit gibt. Symbolisch werden diese zwei Zustände meist als 0 und 1 oder (in der Elektrotechnik auch als O und L) dargestellt. Im Folgenden werden wir die Symbole 0 und 1 verwenden. Der Speicher des Computers ist also eine riesige (aber endliche) Ansammlung von Zellen, die jeweils einen der beiden Werte 0 (Null) oder 1 (Eins) annehmen können.

Jede solche Verteilung von Nullen und Einsen, etwa die 0/1-Folge (*Binärfolge*)

```
000110001010110100000011010100100110110100000011
010100111000110100000011010101010001100000
```

stellt einen bestimmten *Zustand* des Computers dar. Je nachdem, wie eine solche Verteilung zustande gekommen ist, kann sie für uns etwas mehr oder weniger Geplantes, etwas Sinnvolles oder auch etwas völlig Zufälliges bzw. Sinnloses bedeuten.

So wie praktisch alle modernen Computer gebaut sind, werden einige Zelleninhalte (in geeigneter Gruppierung) als (Maschinen-) *Operationen* des Computers und andere (anders gruppierte) Zelleninhalte als *Daten* interpretiert, auf denen die Maschinenbefehle operieren. So kann zum Beispiel auf manchen Computern die obige Binärfolge eine Addition darstellen – was für den Menschen, wenn überhaupt, dann nur mit großer Mühe zu erkennen ist.

Unmittelbar nach der Entstehung des „von Neumann Computers" versuchte man deshalb, symbolische Notationen für Computerbefehle zu entwickeln, die für den Menschen besser lesbar sind und die sich (auch wieder durch geeignete Computerprogramme – *Assembler* oder *Compiler* genannt) in die Maschinensprache des Computers übersetzen lassen.

Um Binärfolgen, wie die oben dargestellte, schon rein physiologisch besser erfassen zu können, zerlegt man sie in Blöcke von jeweils acht Bits. Ein solcher Speicherblock, bestehend aus acht Bits, wird als *Byte* bezeichnet.

Ein *Byte*, zerlegt in zwei *Halbbytes*

Abbildung 8.1

Jede dieser acht binären Speicherzellen kann den Wert 0 oder 1 annehmen; die Zelleninhalte eines Bytes können also zwischen 00000000 und 11111111 variieren. Dies sind insgesamt 256 verschiedene Zustände ($256 = 2^8$), die unterschiedlich gedeutet werden können, z.B. auch als die Zahlen von 0 bis 255 (in dezimaler Notation). Gruppiert man die obige Binärfolge in Bytes, so nimmt sie die folgende Gestalt an:

```
00011000 10101101 00000011 01010010 01101101 00000011
01010011 10001101 00000011 01010100 01100000
```

Auch diese Darstellung ist noch reichlich unübersichtlich. Man zerlegt deshalb jedes Byte in zwei gleich große Speicherblöcke, genannt *Halbbytes*, bestehend aus jeweils vier Bits. Jedes Halbbyte kann 16 ($16 = 2^4$) Zustände einnehmen. Diese Zustände werden oft mit den Symbolen 0, 1, 2, 3, 4, 5, 6, 7, 8, 9, A, B, C, D, E, F bezeichnet und als Ziffern eines Zahlsystems zur Basis 16 gedeutet. Man spricht dann von einem *hexadezimalen* Zahlsystem bzw. von einer *Hexadezimaldarstellung*.

In der Hexadezimaldarstellung sieht die obige Byte-Folge dann schon etwas übersichtlicher aus:

```
18 AD 03 52 6D 03 53 8D 03 54 60
```

Wenn man will, kann man diese Zahlen auch dezimal umsetzen; man erhält dann die Werte

```
24 173 3 82 109 3 83 141 3 84 96
```
(Die 24 ergibt sich z.B. aus $1 \cdot 16 + 8 \cdot 1$).

In unserem Beispiel mögen die Zahlen 24, 173, 109, 141 und 96 Computerbefehle darstellen. Die Zahlenpaare 3 und 82, 3 und 83 sowie 3 und 84 werden durch eine computerinterne „Adress-Rechnung" zu Speicheradressen zusammengesetzt, auf denen die Computerbefehle operieren:

$$3 \cdot 16^2 + 82 = 850, \quad 3 \cdot 16^2 + 83 = 851 \quad \text{und} \quad 3 \cdot 16^2 + 84 = 852.$$

In einem weiteren Schritt führte man symbolische Namen für die Computeroperationen ein – im diskutierten Beispiel etwa:

```
24:     CLC     (CLear Carry flag)
173:    LDA     (LoaD Accumulator)
109:    ADC     (ADd to aCcumulator)
141:    STA     (STore Accumulator)
96:     RTS     (ReTurn from Subroutine)
```

Der *Akkumulator* ist ein spezieller Speicherbereich des Computers, der zur Ausführung arithmetischer Operationen herangezogen wird. Die obige (binäre oder dezimale) Zahlenfolge lässt sich nun folgendermaßen als „Computerprogramm" deuten.

```
CLC         lösche den Überlauf-Speicher
LDA 850     lade den Inhalt von Zelle 850 in den Akkumulator
ADC 851     addiere den Inhalt von Zelle 851 zum Akkumulator
STA 852     speichere den Akkumulatorinhalt in Zelle 852
RTS         springe an die Stelle zurück, an der sich
            der Computer vor Ausführung dieser Additions-
            Routine befunden hat
```

Auch in dieser als *Assemblersprache* bezeichneten Form ist das gegebene Miniprogramm (und sind erst recht größere Programme) für den Normalmenschen kaum lesbar. Deshalb wurden immer „höhere" Programmiersprachen entwickelt, mit dem Ziel, die Programme besser lesbar, besser dokumentierbar, besser wartbar zu machen und sie den jeweiligen Anwendungsspektren besser anzupassen. Ein wesentliches Ziel jeder Programmiersprachenentwicklung ist, die natürliche, problemnahe Formulierung von Programmen zu ermöglichen, also die mit der kognitiven Effizienz verbundenen Ziele zu unterstützen. Man spricht in diesem Sinne von *problemorientierten* oder *höheren Programmiersprachen*. So wird z.B. heute in vielen Programmiersprachen das obige Programm etwa in der folgenden mathematiknahen Notationsform geschrieben:

```
c := a + b
```

(Addiere die Werte der Variablen a und b und weise die Summe der Variablen c zu.)

Die wichtigsten Schritte auf dem Wege zur Entwicklungen höherer Programmiersprachen sind mit den folgenden Namen verbunden (die Groß- und Kleinschreibung entspricht dabei im Wesentlichen derjenigen Form, wie sie überwiegend in der „user community" praktiziert wird):

- *FORTRAN* (FORmula TRANslator): Entwicklung ab Ende der 50er Jahre durch John W. Backus (Fa. IBM) und andere. Haupteinsatzbereich: numerische Mathematik (für diesen Anwendungsbereich wurden umfangreiche Softwarebibliotheken entwickelt).

- *Lisp* (List Processing Language): Entwicklung ab Ende der 50er Jahre durch John McCarthy (Massachusetts Institute for Technology – MIT) und andere. Haupteinsatzbereiche: Symbolverarbeitung (Termumformung, Algebra, symbolisches Integrieren und Differenzieren, symbolisches Lösen von Differentialgleichungen), Expertensysteme, „wissensbasiertes" Programmieren. Lisp ist *die* Programmiersprache im Bereich der „Künstlichen Intelligenz" (später kam noch Prolog hinzu); trotz ihres hohen Alters ist Lisp nach wie vor eine sehr „junge" Sprache. Moderne Computeralgebrasysteme orientieren sich oft an den Grundideen der Programmiersprache Lisp.

  Logo: Entwicklung ab Ende der 60er Jahre. Logo war ein Dialekt von Lisp, der speziell für den Einsatz im Bildungsbereich vorgesehen war und sehr bald nur noch halbherzig weiterentwickelt wurde. Trotz guter Grundideen ist Logo heute eher von randständiger Bedeutung.

- *ALGOL60* (ALGOrithmic Language): Die Entwicklung setzte in den 60er Jahren unter der Federführung eines ALGOL-Komitees ein. ALGOL war eine der ersten vom sprachstrukturellen Aspekt her systematisch entwickelten Programmiersprachen (mit einer formalen Syntaxbeschreibung in der sogenannten *Backus-Naur-Form*). Sie stellte besonders im Hochschulbereich (außer dort, wo mit Lisp gearbeitet wurde) lange die Standardnotation dar.

- *BASIC* (Beginner's All purpose Symbolic Instruction Code): Entwicklung ab Mitte der 60er Jahre durch J. Kemeny und Th. Kurz vom Dartmouth College, Hanover, New Hampshire. *BASIC* war (und ist z.T. noch) eine sehr populäre Programmiersprache im Bereich der Mikrocomputer vor allem auch für gelegentliche Nutzer („casual users"). Die ursprünglich sehr bescheiden ausgestatteten BASIC-Versionen wurden später erheblich ausgebaut.

- *COBOL* (COmmon Business Oriented Language): Die Entwicklung setzte in den 60er Jahre ein. Federführend war ein COBOL-Komitee in Zusammenarbeit mit dem amerikanischen Verteidigungsministerium (Department of Defense). Haupteinsatzgebiet: kommerzielle und kaufmännische Datenverarbeitung. COBOL muss heute als veraltet angesehen werden.

- *Pascal*: Entwicklung ab Anfang der 70er Jahre durch N. Wirth, Eidgenössische Technische Hochschule (ETH) Zürich. Pascal ließ sich in vielerlei Hinsicht als ein moderner Nachfolger von ALGOL ansehen. Strukturell haben diese Programmiersprachen einen erheblichen gemeinsamen Kern. Ihnen liegen dieselben Grundideen (Paradigmen) zugrunde. Allerdings ging Pascal besonders im Bereich der „Datenstrukturen" weit über ALGOL hinaus. Nicht zuletzt deshalb errang Pascal auch im Bereich der Wirtschaft und der kommerziellen Datenverarbeitung sehr schnell eine gewisse Popularität.

- *C*: Entwicklung ab Anfang der 70er Jahre durch B. Kernighan und D. Ritchie. C ist eine hochgradig effiziente Universalsprache, die Elemente der maschinennahen Programmierung mit den Eigenschaften höherer Programmiersprachen verbindet. Die Entwicklung von C ist eng mit dem Betriebssystem *Unix* verknüpft.

- *SMALLTALK*: Entwicklung ab Anfang der 70er Jahre im Palo Alto Research Center (PARC) der Fa. Xerox. Mit SMALLTALK wurden erstmals die Ideen der objektorientierten Programmierung formuliert und realisiert.

- *Prolog* (Programming in Logic): Die Entwicklung durch Colmerauer (Marseille) und Kowalski setzte in den 70er Jahren ein. Zielsetzung: „Künstliche Intelligenz", insbesondere linguistische Datenverarbeitung.

- *Ada*: Eine ab Mitte der 80er Jahre unter massiver Mitwirkung des amerikanischen Verteidigungsministeriums entwickelte aber wenig verbreitete Programmiersprache. Ada sollte ursprünglich das veraltete COBOL ablösen, hat sich aber nicht durchsetzen können.

- *Java*: Entwicklung ab Mitte der 90er Jahre. Java ist eine Programmiersprache, die (ähnlich wie C) besonders im Hinblick auf Maschinenunabhängigkeit entworfen wurde. Sie erlangte deshalb auch eine große Bedeutung im Zusammenhang mit der Verbreitung des Internet. Java hat sich in Verbindung mit der Internet-Seiten-Darstellungs-Sprache HTML (Hyper-Text Markup Language) zu *der* Sprache des Internet entwickelt.

- *Computeralgebrasysteme* (Axiom, Derive, Macsyma / Maxima, Maple, Mathematica, MuPad, muMath, ...): Die Entwicklung setzte ab etwa Mitte der 80er Jahre ein; bei Macsyma und muMath auch schon früher. Computeralgebrasysteme sind außerordentlich mächtige, reichhaltig ausgestattete, universelle algorithmische Sprachen; sie sind meist auch frei programmierbar mit dem vollen Repertoire an Kontroll- und Datenstrukturen.

8.2 Wie werden die in einer höheren Programmiersprache geschriebenen Programme verarbeitet?

Programme, die in einer höheren Programmiersprache formuliert sind, müssen vor ihrer Ausführung zunächst in die Maschinensprache des jeweiligen Computers übersetzt werden. Es gibt im Wesentlichen zwei Techniken für die Übersetzung von Programmen. Eine Möglichkeit sieht so aus, dass das in der höheren Programmiersprache formulierte Programm (das sogenannte *Quellenprogramm*) vor der Ausführung komplett in das zugehörige Maschinenprogramm (auch *Objektprogramm* genannt) übersetzt wird. Dieses Objektprogramm wird üblicherweise auf einem Datenträger, wie zum Beispiel einer Festplatte, gespeichert. Nach der Übersetzung hat das Quellenprogramm seinen Dienst im Wesentlichen getan. Will man das Programm laufen lassen, so benötigt man nur noch das Objektprogramm, nicht jedoch das Quellenprogramm. Das Quellenprogramm spielt allerdings für die Dokumentation eine wichtige Rolle, denn das zugehörige Objektprogramm ist praktisch unlesbar. Will man zum Beispiel eine Änderung im Programm vornehmen, so tut man dies im ursprünglichen Quellenprogramm und übersetzt es von neuem. Diese Art der Übersetzung von Programmen wird als *Compilierung* bezeichnet. Ein Programm, das diesen Compilierungsvorgang (mit jeweils einem Quellenprogramm als Eingabe und dem übersetzten Objektprogramm als Ausgabe) automatisch durchführt, heißt demgemäß *Compiler*. Natürlich benötigt man für jede höhere Programmiersprache (und für jeden Computertyp) einen eigenen Compiler.

Eine andere Form der Übersetzung liegt dann vor, wenn das Quellenprogramm direkt zur Ausführung gebracht und während der Ausführung zugleich übersetzt wird. Dies geschieht so, dass zur Laufzeit des Programms die einzelnen Befehle des Quellenprogramms „häppchenweise" einzeln übersetzt und nach der Übersetzung jeweils sofort ausgeführt werden. (Die „Übersetzung" kann dabei auch so vor sich gehen, dass die Anweisungen der höheren Programmiersprache jeweils zu bestimmten Aufrufen von Maschinenprogramm-Teilen führen; wir wollen uns hier aber nicht allzu sehr im Detail verlieren, denn die konkrete Realisierung dieses Übersetzungsvorgangs ist von Programmiersprache zu Programmiersprache und von Computersystem zu Computersystem unterschiedlich realisiert.) Man bezeichnet diese Art der Übersetzung und Ausführung des Quellenprogramms als „interpretierende" Verarbeitung. Das Übersetzungsprogramm selbst wird demgemäß als *Interpreter* bezeichnet. Bei der interpretierenden Verarbeitung erhält man kein Objektprogramm. Jedesmal, wenn das Quellenprogramm zur Ausführung gebracht wird, muss es neu übersetzt werden.

Es liegt auf der Hand, dass compilierte Programme im Allgemeinen sehr viel schneller laufen als interpretierte (man vergleiche dazu die Bemerkungen zur Effizienz von Algorithmen in Kapitel 5), denn bei interpretierten Programmen muss jeder Befehl nicht nur ausgeführt, sondern vor seiner Ausführung auch noch übersetzt werden. Wird eine Wiederholungsschleife eine Million mal durchlaufen, so muss sie bei interpretierender Verarbeitung auch eine Million mal übersetzt werden. Für den Anfänger oder den gelegentlichen Benutzer eines Computers sind interpretierende Programmiersprachen aber meist bedienungsfreundlicher. Sie sind „interaktiver" als compilierte Programme und unterstützen dadurch das experimentierende Problemlösen bzw. die Vorgehensweise nach „Versuch und Irrtum" im Allgemeinen besser als compilierende Systeme.

Für manche Programmiersprachen gibt es sowohl Interpreter als auch Compiler. Dies ist besonders günstig, da man die Programmentwicklung mit dem experimentier- und insbesondere testfreundlicheren interpretierenden System, die echten Programmläufe nach Fertigstellung des Programms dann aber mit dem schneller laufenden Objektprogramm durchführen kann.

Im Folgenden soll nun nur noch von den höheren Programmiersprachen die Rede sein. Dabei wird der Schwerpunkt auf diejenigen Aspekte des Programmierens gelegt, die für die algorithmische Erschließung von Anwenderproblemen von besonderer Bedeutung sind. Themen wie zum Beispiel Systemprogrammierung oder Echtzeitverarbeitung stehen dagegen nicht im Vordergrund des Interesses.

8.3 Programmiersprachen-Paradigmen und Programmiersprachen-Familien

Durch die Entwicklung höherer Programmiersprachen wurde es möglich, die „Hardware-Aspekte" des Computers immer stärker in den Hintergrund zu drängen. Der Benutzer einer Programmiersprache oder eines Anwendersystems wird heute kaum jemals noch mit den 0/1-Bitfolgen des Computers konfrontiert. Er braucht, abgesehen von sehr seltenen Ausnahmefällen, auch nicht mehr auf der Ebene der Maschinen- oder Assemblersprache zu arbeiten.

Konzeptionelle Aspekte der Programmierung traten im Laufe der Zeit in den Vordergrund. Einer der wichtigsten davon war das modulare Arbeiten. Es wurde – und wird immer noch – lange und intensiv darum gerungen, durch welche Grundkonzepte der Programmierung Modularität und damit auch kognitive Effizienz am besten zu realisieren seien. Die Entwicklung mündete ein in eine Diskussion, die heute unter dem Stichwort „Paradigmen des Programmierens" geführt wird. Man unterscheidet im Wesentlichen die folgenden vier grundlegenden Paradigmen des Programmierens:

Imperatives Programmieren: Programme sind im Sinne dieses Paradigmas Folgen von Befehlen an den Computer, durch die der Zustand des Computers verändert wird (im Allgemeinen durch die Veränderung der Speicherbelegung). Das Paradigma des imperativen Programmierens lehnt sich am stärksten an die Techniken der Maschinenprogrammierung bzw. Assemblerprogrammierung an. Das imperative Programmieren ist eine vergleichsweise „maschinennahe" Form der Programmierung. Typische (höhere) imperative Programmiersprachen sind ALGOL, BASIC, C, COBOL, FORTRAN, MODULA, Pascal.

Hinter der Idee des imperativen Programmierens steht das algorithmische Grundkonzept der *Turing Maschine*.

Funktionales („applikatives") Programmieren: Programme sind im Sinne dieses Paradigmas Funktionen, die einen Satz von Eingabewerten (die Argumente) in einen Satz von Ausgabewerten (die Funktionswerte) transformieren. Die erste typische funktionale Programmiersprache war Lisp. Scheme ist eine besonders interessante moderne Lisp-Version.

Dem funktionalen Programmieren liegt das algorithmische Konzept des auf A. Church zurückgehenden *Lambda-Kalküls* zugrunde.

Prädikatives (regelbasiertes) Programmieren, Logik-Programmierung: Im Sinne dieses Paradigmas sind Programme Systeme aus Fakten und Regeln („Wissensbasen"), die dazu dienen, vom Anwender gestellte Anfragen zu beantworten. Der Träger für das Konzept der Logik-Programmierung ist die Programmiersprache Prolog. Auch in manchen Computeralgebrasystemen lässt sich das regelbasierte Programmieren gut realisieren (so z.B. in Mathematica).

Dem prädikativen Programmieren liegt als mathematisches Grundkonzept der Kalkül der *Prädikatenlogik* zugrunde.

Objektorientiertes Programmieren: Programme bestehen im Sinne des objektorientierten Programmierens aus „Objekten"; d.h. aus Gesamtheiten von Daten und Anweisungen, die durch Versenden und Empfangen von „Nachrichten" miteinander Informationen austauschen. Spezifische Ziele der objektorientierten Programmierung sind:

- *Polymorphismus*, das bedeutet einheitliche, in der gesamten Objekthierarchie Verwendung findende Bezeichnungen für Funktionen oder Prozeduren – also z.B. einheitliche Bezeichnungen für die Multiplikation zweier Objekte unabhängig davon, ob die Objekte ganze Zahlen, Brüche, Gleitkommazahlen, komplexe Zahlen oder Matrizen sind
- *Kapselung*, das heißt die Verschmelzung von Daten und den die Daten manipulierenden Prozeduren zu einer Einheit, einem Objekt
- *Vererbbarkeit*, damit ist hierarchische Gliederung der Objekte z.B. in der Form von „Objektbäumen" und die Vererbung von Struktureigenschaften und Programmcode von den „Eltern" auf die „Kinder" gemeint

Die Ideen der objektorientierten Programmierung wurden zunächst durch die Programmiersprache SMALLTALK realisiert. Inzwischen gibt es viele „objektorientierte" Erweiterungen anderer Programmiersprachen, die meist durch Zusätze wie „++" oder „OOPS" (für Object Oriented Programming System) gekennzeichnet sind; so ist z.B. C++ eine objektorientierte Erweiterung von C, LOOPS eine objektorientierte Erweiterungen von Lisp, SCOOPS eine objektorientierte Erweiterung von Scheme, u.s.w.

Mathematisches Grundkonzept der objektorientierten Programmierung ist eine Art Typentheorie (einschließlich der Vererbbarkeit von Eigenschaften) für mathematische Begriffe.

Der imperative, funktionale und prädikative Programmierstil entspricht jeweils recht genau den von A. Church als gleichwertig erkannten Fassungen des Algorithmenbegriffs der Turing Maschine, des Lambda-Kalküls und der rekursiven Funktion bzw. des rekursiven Prädikats. Jedes dieser Programmierkonzepte hat eine eigenständige Bedeutung – alle sind aber letztlich gleichwertig und prinzipiell austauschbar.

Während sich aber das imperative, das funktionale und das prädikative Programmierparadigma bei „Stilreinheit" der Programmierung gegenseitig weitgehend ausschließen, ist der objektorientierte Programmierstil gut mit den anderen Programmierstilen kombinierbar; dies ist natürlich auch eine Voraussetzung für die objektorientierten Erweiterungen solcher Programmiersprachen, die eigentlich auf anderen Paradigmen aufgebaut sind .

Aus *unterrichtlicher* Sicht ist das Paradigma der funktionalen Programmierung von besonderer Bedeutung. Es liefert den geeigneten mathematischen Rahmen, um den mathematischen Funktions- bzw. Zuordnungsbegriff (der seinerseits fundamental ist für die Anwendungen von Mathematik in Natur, Wirtschaft und Technik) in die Programmierungs-Praxis umzusetzen. Darüber hinaus ist dieses Paradigma auch für das Arbeiten mit Systemen der Anwendersoftware fundamental. So sind z.B. die zur Steuerung der Arbeitsabläufe notwendigen Kontrollstrukturen in vielen Anwendersystemen als Funktionen realisiert – und zu ihrem Verständnis benötigt man die Vertrautheit mit den Grundlagen des funktionalen Arbeitens. So ist z.B. in den meisten Tabellenkalkulationssystemen die Fallunterscheidung IF eine Funktion mit drei Argumenten IF(B, F1, F2). B ist dabei eine Bedingung, F1 und F2 sind Funktionsaufrufe. Wenn die Bedingung B erfüllt ist, so ist der Wert des Aufrufs F1 der Funktionswert von IF, andernfalls der Wert des Aufrufs F2.

Die Argumente für oder gegen bestimmte Programmiersprachen werden gelegentlich mit fast metaphysischem Eifer vorgetragen. Man erlebt es oft, dass die Anhänger einer bestimmten Programmiersprache die Auffassung vertreten: „Die Programmiersprache XYZ ist völlig natürlich und intuitiv. Sie ist die ideale Sprache, gerade auch für Anfänger. Sie erlernt sich fast von selbst (wenn der Lernende nicht durch andere Sprachen verdorben ist). Die Kenntnis dieser Sprache reicht aus, um alle Probleme zu lösen." Letzteres ist zwar (zumindest im Prinzip) nach der These von Church trivialerweise richtig, aber eine der Urteilsfähigkeit verpflichtete, ausgewogene Bildung verlangt auch eine gewisse Kenntnis über die Stärken, Schwächen und Eigenheiten unterschiedlicher Programmiersprachenkonzepte.

8.4 Die wichtigsten Kontrollstrukturen in strukturierten Programmiersprachen

Jede Programmiersprache verfügt über einen mehr oder weniger reichhaltigen Satz von *Grundbefehlen*, die in unterschiedlichsten Kombinationen und Reihenfolgen ausgeführt werden können. Die *Kontrollstrukturen* der jeweiligen Programmiersprache dienen der Steuerung des Ablaufes von Algorithmen bzw. Programmen. Die wichtigsten dieser Kontrollstrukturen sollen im Folgenden anhand ihrer Realisierung in einigen typischen Programmiersprachen dargestellt werden.

8.4.1 Die Anweisungsfolge (Sequenz)

Werden mehrere Grundbefehle der Programmiersprache in der Form einer Folge von Anweisungen hintereinandergestellt und entsprechend auch hintereinander ausgeführt, dann spricht man von einer *Anweisungsfolge* oder *Sequenz*. Auch der Aufruf selbstgeschriebener Prozeduren und Funktionen kann in Anweisungsfolgen vorkommen. Durch die Sequenzbildung werden diese Einzelanweisungen zu *einem neuen Ganzen*, *einer* neuen Anweisung, zusammengefasst.

Anweisungsfolgen werden in der Regel durch die Verwendung runder Klammern zu einer neuen Anweisung verschmolzen:

```
1:   (
2:       Anweisung_1,
3:       Anweisung_2,
4:       Anweisung_3,
5:       ...
6:       Anweisung_n
7:   )
```

Die Zeilen 2, ..., 6 stellen eine Anweisungsfolge dar, die durch die runden Klammern zu einer neuen Einheit, *einer* neuen Anweisung zusammengefasst wird. Als Trennsymbol zwischen jeweils zwei Anweisungen wird in der Regel das Komma oder das Semikolon verwendet.

8.4.2 Die Fallunterscheidung (Auswahl, Verzweigung)

In den meisten Algorithmen müssen in Abhängigkeit von den zu bearbeitenden Daten unterschiedliche Handlungen vorgenommen werden. So sind zum Beispiel beim Lösen einer quadratischen Gleichung ganz andere Teile des Algorithmus zu durchlaufen, je nachdem, ob die „Diskriminante" positiv, gleich Null oder negativ ist. Jede Programmiersprache benötigt also Sprachkonstrukte der Auswahl, mit der sich solche Fallunterscheidungen realisieren lassen. Im Folgenden sind die gebräuchlichsten Kontrollstrukturen der Auswahl zusammengestellt.

In Maxima und fast allen anderen Programmiersprachen ist die Auswahl etwa folgendermaßen realisiert:

```
if Bedingung then Anweisung_1 else Anweisung_2
```

In umsichtig entworfenen Programmiersprachen können solche Fallunterscheidungen, wie in der Umgangssprache auch, beliebig verschachtelt werden. Das heißt, Anweisung_1 (oder Anweisung_2) können im obigen Beispiel selbst wieder solche `if ... then ... (else ...)` - Anweisungen sein.

Häufig ist beim Ablauf von Programmen eine ganze Reihe gleichrangiger Bedingungen zu überprüfen. Dies ist zwar im Prinzip mit Hilfe geschachtelter `if ... then ... (else ...)` - Anweisungen möglich – solche verschachtelten Formulierungen werden aber schnell sehr unübersichtlich. Deshalb verfügen manche Programmiersprachen über eine Kontrollstruktur der Form:

```
FALLS  Bedingung_1  DANN  Anweisung_1
       Bedingung_2  DANN  Anweisung_2
       Bedingung_3  DANN  Anweisung_3
       ...
       Bedingung_n  DANN  Anweisung_n
ANSONSTEN  Anweisung_n+1
```

Besonders in den Programmiersprachen der Lisp-Familie sind solche Fallunterscheidungen, COND genannt, in sehr allgemeiner und flexibler Form implementiert. In Mathematica gibt es dafür die Funktion `Which`.

8.4.3 Die Wiederholung (Schleife)

In den meisten Algorithmen mathematischer Natur müssen bestimmte Anweisungen mehrmals hintereinander wiederholt („iteriert") werden. Man bezeichnet die entsprechenden syntaktischen Gebilde als *Wiederholungsstrukturen*, gelegentlich auch als „Wiederholungs-Schleifen" oder kurz „Schleifen". Ist die Anzahl der Schleifendurchgänge von vornherein bekannt, so spricht man von *Zählschleifen*.

Ein typisches Beispiel für eine Zählschleifen in Maxima:

```
... , sum : 0, for i : 1 thru 10 do sum : sum + i , ...
```

Häufig lässt es sich aber nicht von vornherein sagen, wie oft eine Wiederholung auszuführen („die Wiederholungsschleife zu durchlaufen") ist. In solchen Fällen muss die Wiederholung dann beendet werden, wenn eine bestimmte Bedingung eingetreten ist. Je nachdem, ob die Bedingung am Anfang oder am Ende des Schleifendurchlaufs überprüft wird, spricht man von einer *abweisenden Schleife* (Wiederholung mit Anfangsbedingung) oder einer *nichtabweisenden Schleife* (Wiederholung mit Endbedingung).

Die abweisende Schleife (z.B. in Maxima):

```
while Bedingung do Anweisung
```

Die nichtabweisende Schleife (z.B. in Pascal):

```
REPEAT Anweisungsfolge UNTIL Bedingung
```

8.4.4 Kontrollstrukturen und Modularität

Neben den bisher behandelten Kontrollstrukturen der Sequenz, der Auswahl und der Wiederholung spielen noch die in Abschnitt 8.6 beschriebenen Techniken des *Proceduraufrufs*, des *Funktionsaufrufs* (einschließlich der Funktionswertrückgabe) und insbesondere auch die Technik des rekursiven Aufrufs eine wichtige Rolle als Kontrollstrukturen.

8.4.5 Der Sprungbefehl

Manche Programmiersprachen sind (oder waren) im Bereich der Kontrollstrukturen etwas „spartanisch" ausgestattet. Sie verfügen häufig über keine oder nur über unzureichende Kontrollstrukturen der Auswahl bzw. der Wiederholung. Man musste diese Kontrollstrukturen in solchen Sprachen meist durch „Sprungbefehle" der folgenden Art ersetzen:

```
GEHE_ZU  Markierung
```
oder
```
WENN  Bedingung  DANN  GEHE_ZU  Markierung
```

Die Markierungen sind im Programm verankerte Punkte, zu denen jeweils ge-sprungen wird. Eine besonders fehleranfällige Form des Springens war in der weit verbreiteten Programmiersprache BASIC anzutreffen, wo auf Zeilennum-mern und nicht etwa vom Benutzer angegebene Markierungen gesprungen werden musste.

Programme, in denen zwischen vielen Stellen hin- und hergesprungen wird, sind unübersichtlich, fehleranfällig und wartungsunfreundlich. In der Flussdiagramm-Darstellung sehen sie oft (von oben gesehen) wie ein Spa-ghetti-Haufen aus – die Technik des Springens wird deshalb auch als „Spa-ghetti-Programmierung" bezeichnet. Solche Programme sind beim Auftreten von logischen Fehlern außerordentlich schwer zu korrigieren. Es wird deshalb allgemein empfohlen, von Sprungbefehlen nur sparsamen (oder am besten gar keinen) Gebrauch zu machen. Dass dies in Programmiersprachen, die über die oben beschriebenen Kontrollstrukturen der Sequenz, der Auswahl und der Wiederholung verfügen, stets möglich ist, haben die italienischen Informatiker C. Böhm und G. Jacopini in einer viel zitierten aber auch kontrovers disku-tierten Veröffentlichung zu begründen versucht (vgl. Böhm / Jacopini 1966).

8.4.6 Flussdiagramme

In der Anfangszeit des Programmierens hat man Programme vielfach durch Flussdiagramme dargestellt. Diese Darstellungsform hat mit der Verbreitung höherer Programmiersprachen weitgehend ihre Bedeutung verloren. Deshalb wird hier auch nicht weiter auf die Methodik der Flussdiagramme eingegangen – mit einer Ausnahme: Aus historischen Gründen sind in Abbildung 8.2 – 8.5 die Kontrollstrukturen des strukturierten Programmierens durch Flussdia-gramme veranschaulicht.

Die Anweisungsfolge

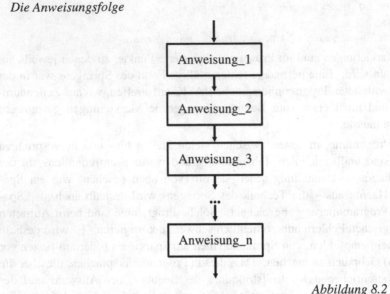

Abbildung 8.2

Die Fallunterscheidung (Auswahl, Verzweigung)

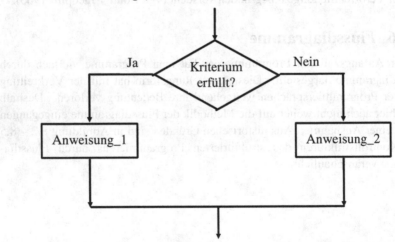

Abbildung 8.3

Die abweisende Schleife

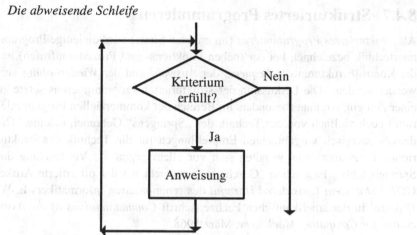

Abbildung 8.4

Die nichtabweisende Schleife

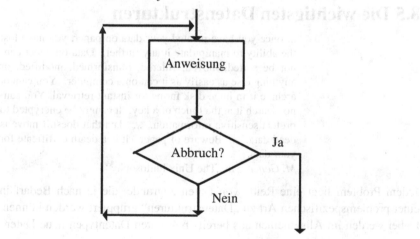

Abbildung 8.5

8.4.7 Strukturiertes Programmieren

Als *strukturiertes Programmieren* (im engeren Sinne) wird diejenige Programmiertechnik bezeichnet, bei der (neben Funktions- und Prozeduraufrufen) nur die Kontrollstrukturen der *Sequenz*, der *Auswahl* und der *Wiederholung* verwendet werden. Die Diskussion des strukturierten Programmierens setzte zu einer Zeit ein, wo man (besonders im Bereich der kommerziellen Programmierung) noch vielfach von der Technik des „Springens" Gebrauch machte. Die damals energisch vorgebrachten Empfehlungen für die Technik des strukturierten Programmierens wandten sich vor allem gegen die Verwendung des Sprungbefehls. Fast schon „Geschichte" gemacht hat der oft zitierte Artikel *GOTO Statement Considered Harmful* des renommierten Informatikers E. W. Dijkstra[1] in der amerikanischen Fachzeitschrift *Communications of the Association for Computing Machinery*, März 1968.

Der Begriff des strukturierten Programmierens wandelte sich im Laufe der Zeit; heute wird (im weiteren Sinne) auch die Anwendung des Prinzips der Modularität unter strukturiertem Programmieren verstanden.

8.5 Die wichtigsten Datenstrukturen

> ... once you have printed your data on paper, you have lost the ability to manipulate it any further. Data on paper cannot be sorted, moved, filtered, transformed, modified, or anything else as easily as it can on a computer. You cannot archive it in huge disk farms for instant retrieval. You cannot search it at the touch of a key. It cannot be encrypted to protect sensitive information. ... data that doesn't move is dead data. ... Beware of paper. It is a death certificate for your data.
> *M. Gancarz* in „The Unix Philosophy"

Jedem Problem liegt eine Reihe von Daten zugrunde, die je nach Bedarf in einer problemspezifischen Art zu „Datenstrukturen" gruppiert werden können. Dabei werden im Allgemeinen aus bereits bekannten Datentypen neue Daten-

---

[1] Edsger Wybe Dijkstra (1930–2002), holländischer Informatiker

typen konstruiert. So konstruiert man zum Beispiel in der Mathematik aus dem Datentyp der Menge den der natürlichen Zahlen, dann aus den natürlichen Zahlen die ganzen, die rationalen, die reellen und die komplexen Zahlen. Aus diesen Datentypen werden wiederum die Datentypen Vektor oder Matrix gebildet. Andere Datenstrukturen, die aus dem Grundtyp der Menge gebildet werden, sind die Datenstrukturen der Algebra, der Geometrie, der Topologie und vor allem alle Arten von Graphen und insbesondere Bäumen. Jede mathematische Theorie ist ganz wesentlich durch die ihr zugrunde liegenden Datenstrukturen geprägt. Dies gilt ebenso für viele mathematiknahe und sonstige Anwendungen.

Natürlich spielt die Gruppierung von Einzeldaten zu Datenstrukturen auch bei der Programmierung von Computern eine entscheidende Rolle. Allerdings geht man dabei im Allgemeinen von anderen Grund-Datentypen aus als in der Mathematik. Die in der Mathematik übliche Freiheit bei der Definition von Datenstrukturen wird beim Arbeiten mit Computern dadurch stark eingeschränkt, dass die zu einem bestimmten Datentyp gehörenden Datenobjekte in irgendeiner Form im Speicher des Computers dargestellt werden müssen. Selbst wenn für bestimmte Datentypen mathematiknahe Bezeichnungen verwendet werden, wie zum Beispiel „ganze Zahl" (integer) oder „reelle Zahl" (real), entsprechen sie ihren mathematischen Gegenstücken im Allgemeinen nur annäherungsweise; in den meisten Programmiersprachen sind diese numerischen Datentypen sogar nur höchst unzulänglich realisiert. Man vergleiche dazu insbesondere die Ausführungen in Kapitel 6 zur Korrektheit von Algorithmen.

Im Folgenden soll der Versuch gemacht werden, die Fülle der in den gängigen Programmiersprachen vorkommenden Datentypen in einer systematischen Weise darzustellen. Als Strukturierungskriterien werden dabei der *Grad der Strukturierung* und die *Dichotomie „statisch / dynamisch"* verwendet. Ein Datentyp wird als *statisch* bezeichnet, wenn sich der Speicherbedarf von Datenobjekten, die zu diesem Datentyp gehören, während des Programmlaufs nicht ändert; andernfalls bezeichnet man den Datentyp als *dynamisch*. In den meisten Programmiersprachen ist z.B. der Datentyp „ganze Zahl" als statischer Datentyp realisiert. Jede ganze Zahl wird in solchen Programmiersprachen unabhängig von ihrer Größe in einem festen Speicherbereich (zum Beispiel von zwei Speichereinheiten, zwei Bytes) untergebracht. Dies hat zur Folge, dass die natürlichen Zahlen in solchen Programmiersprachen irgendwo (zum Beispiel bei 32767) „zu Ende" sind. Ein typischer dynamischer Datentyp ist die Zeichenkette („string"). Zeichenketten können während des Programmlaufes wachsen oder schrumpfen. Der Platz, den sie im Speicher des Computers benötigen, kann sich also während des Programmlaufs ändern – daher die Bezeichnung „dynamischer" Datentyp. Zeichenketten sind in den verschiedenen Programmiersprachen jedoch unterschiedlich implementiert. So ist in Pascal der Datentyp „string" im Wesentlichen identisch mit dem Datentyp „array[1 .. n] of char" und somit im Vergleich zu anderen Implementierungen eher als teilstrukturiert zu bezeichnen. Dies bringt zwar Vorteile für die Effizienz – allerdings auf Kosten der Dynamizität des Datentyps. Ein typischer zugleich voll strukturierter und dynamischer Datentyp ist die *Liste*.

Viele Programmiersprachen betonen die statischen Datentypen, selbst dann, wenn sie den zu bearbeitenden Problemen nur in unzulänglicher Form angemessen sind – man vergleiche hierzu das, was oben zum Thema „ganze Zahlen" gesagt wurde. Diese Neigung zu statischen Datentypen kommt daher, dass sie auf Computern leichter umzusetzen und zu verwalten sind als dynamische Datentypen. Für den Benutzer eines bestimmten Programmiersystems sind die Probleme, die der Compiler-Schreiber oder Interpreter-Schreiber mit den dynamischen Datentypen hat, aber relativ uninteressant. Der Benutzer möchte sein Problem möglichst gut in die Programmiersprache übertragen können. Und wenn das Problem dynamische Datentypen verlangt, wird er eine Programmiersprache vorziehen, die ihm solche anbietet. So gibt es zum Beispiel durchaus Programmiersprachen (meist sind es Versionen der Sprache Lisp oder Computeralgebrasysteme), die über eine beliebig genaue Arithmetik im Ganzzahlbereich verfügen – was natürlich erzwingt, dass die ganzen Zahlen in solchen Systemen als dynamischer Datentyp realisiert sein müssen.

Die nachfolgende Tabelle gibt einen Überblick über die gebräuchlichsten Datentypen in den verschiedenen Programmiersprachen. Dabei werden als *elementar* (bzw. atomar) solche Datentypen bezeichnet, die aus jeweils genau einer nicht weiter untergliederbaren Art von Objekten bestehen. *Homogene* (bzw. linear strukturierte oder teilstrukturierte) Datentypen sind solche, die aus einer linearen Aneinanderreihung gleichartiger Objekte bestehen. Der typische linear strukturierte Datentyp ist das Feld (array). Felder sind zwar in Pascal statisch implementiert, es gibt aber Programmiersprachen (meist Lisp-Versionen oder Computeralgebrasysteme) mit dynamischen Feldern. Bei *voll strukturierten* Datentypen können beliebige Objekte zu einem *Datenverbund* (record bzw. structure) zusammengefasst werden. Der für die Programmiersprache Lisp grundlegende Datentyp der *Liste* darf nicht mit dem Begriff der „linearen Liste" verwechselt werden. Der Datentyp der Liste in Lisp ist geeignet, die mathematischen Begriffe des Baumes oder des Graphen in diese Programmiersprachen zu übertragen. Lisp ist die einzige klassische Programmiersprache, in der dieser wichtige Datentyp ganz zentral in der Sprache selbst verankert ist. Auch die in der jüngsten Zeit entwickelten Computeralgebrasysteme stellen im Allgemeinen den Datentyp der Liste zur Verfügung.

	statisch	*dynamisch*
elementar (atomar)	Ganzzahl (integer) in den meisten Program miersprachen statisch Gleitkommazahl (real) Zeichen (char) Wahrheitswert (boolean)	Ganzzahl (integer) in einigen Lisp-Versionen und Computeralgebrasystemen dynamisch Zeichenkette (string)
homogen (linear strukturiert, teilstrukturiert)	Feld (array) Zeichenkette (array of char - in Pascal statisch)	Datei (file) Stapel, Kellerspeicher (stack) „Schlange" (queue)
voll strukturiert	Verbund (record) in Pascal	Liste, Baum, Graph (list) Feld (array) in Lisp Verbund (structure) in Scheme

Es ist im Rahmen dieses Buches weder möglich noch sinnvoll, einen vollständigen, detaillierten Überblick über die genaue Implementierung aller möglichen Datentypen in den verschiedenen Programmiersprachen zu geben. Im Folgenden werden deshalb *exemplarisch* einige typische und oft gebrauchte Datentypen in größerer Ausführlichkeit dargestellt.

8.5.1 Numerische Datentypen

In traditionellen Programmiersprachen sind die numerischen Datentypen meist in *statischer* Form, d.h. mit festem Speicherbedarf, implementiert. So gab bzw. gibt es dort im *Ganzzahlbereich* die Typen ShortInteger, Integer, LongInteger, Byte und Word mit jeweils unterschiedlichen „Wortlängen". In Computeralgebrasystemen ist das alles „Schnee von gestern". Es gibt dort einfach den Datentyp Ganzzahl (integer) mit im Prinzip beliebig langen ganzen Zahlen und schlichtweg korrekter Arithmetik.

Auch der Datentyp *Gleitkommazahl* ist in Computeralgebrasystemen in der Regel so implementiert, wie es aus mathematischer Sicht angemessen ist. Das heißt insbesondere, dass die gewünschte Genauigkeit (im Bereich der Nachkommastellen) in der Regel vom Benutzer vorgegeben kann. Vielfach wird in manchen Programmiersprachen nur deshalb mit Gleitkommazahlen gerechnet, weil man dort keine Bruchrechnung zur Verfügung hat. Auch dieses Problem entfällt in Computeralgebrasystemen, da sie alle über eine interne Bruchrechnung verfügen.

Außerdem werden in Computeralgebrasystemen Rechnungen mit irrationalen oder gar transzendenten Zahlen soweit wie irgend möglich und sinnvoll *symbolisch* (also mit absoluter Genauigkeit) durchgeführt.

Natürlich geht all dies nur bei der Implementierung der numerischen Datentypen (Ganzzahl, Bruch, Kommazahl) als *dynamische* Typen. Auch die jeweilige Arithmetik muss erheblich raffinierter implementiert werden als es bei den sonst üblichen „Festwort"-Arithmetiken (vgl. Kapitel 6) der Fall ist.

Und natürlich kann nur dann korrekt gerechnet werden, wenn die Ausgangsdaten, die Zwischenergebnisse und das Endergebnis nicht so groß werden, dass sie den Speicher des Computers sprengen.

8.5.2 Der Datentyp des Feldes

Das *Feld* (engl. array) ist ein typisches Beispiel für einen linear strukturierten Datentyp. Die einzelnen Feld-Komponenten sind meist alle vom gleichen Komponententyp und wie auf einer Perlenschnur linear hintereinander aufgereiht und durchnumeriert; jedes Feldelement ist über seinen Index (engl. subscript) ansprechbar. Wenn der Indexbereich bereits bei der Compilierung festliegen muss, spricht man von statischen, sonst von dynamischen Feldern.

Wegen des direkten Zugriffs auf die einzelnen Feldkomponenten über den (Feld-) Index der jeweiligen Komponente ist die Verarbeitung auf der Basis von Feldern (sofern vom Problem her überhaupt möglich) in der Regel sehr viel schneller als die auf der Basis von Listen.

Typische Beispiele für die Verwendung von Feldern stellen das Sieb des Eratosthenes oder auch das Sammlerproblem dar.

8.5.3 Der Datentyp des Verbunds

Der *Verbund* (engl. record) ist typisches Beispiel für einen voll strukturierten, statischen Datentyp. Die einzelnen Komponenten können zu unterschiedlichen Datentypen gehören und selbst auch wieder strukturiert sein. Jede Komponente hat einen Komponenten-Namen, über den sie beim Lesen und Schreiben angesprochen wird.

Beispiel: Variablendeklaration in direkter Verwendung des Typs

```
var a, b: record
            strasse: string;
              (* Komponenten-Name: strasse *)
            hausnr:  integer;
            plz:     string;  (* warum string? *)
            ort:     string;
          end

    k1: record
          nachname: string;
          vorname: string;
          anschrift: record
                       strasse: string;
                       hausnr:  integer;
                       plz:     string;
                       ort:     string;
                     end;
          geschlecht: (M, W);
          alter: 18 .. 99;
          interessen: set of (Garten, Basteln,
                              Sport, Lesen, Musik)
        end
```

Beispiel: mit den benutzerdefinierten Typen `anschrift`, `kunde`, `komplexe_zahl`:

```
type anschrift = record
                    strasse: string;
                    hausnr:  integer;
                    plz:     string;
                    ort:     string;
                 end
     kunde  = record
                 nachname: string;
                 vorname: string;
                 a: anschrift;
                 geschlecht:  (M,W);
                 alter:  18 .. 99;
                 interessen:  hobbies
              end
type komplexe_zahl = record
                        realteil:  real;
                        imaginaerteil:  real
                     end
```

Variablendeklaration auf der Basis benutzerdefinierter Typen:

```
var a1, a2: anschrift
    k1, k2, k3: kunde
    z, u, v: komplexe_zahl
```

Das Beschreiben der Verbunds-Komponenten:

```
a1.strasse := 'Kaiserstrasse'
k2.vorname := 'Herbert'
u.realteil := 2.85
z.imaginaerteil := 1.14
```

Beispiele für das Lesen der Verbunds-Komponenten (f, g, r und s seien Variablen mit kompatiblen Datentypen):

```
f := a1.ort
g := k1.alter
r := u.realteil
s := z.imaginaerteil
```

8.5.4 Der Datentyp der Liste

Für die Programmiersprachen der „Künstlichen Intelligenz" und die meisten Computeralgebrasysteme ist der Datentyp der *Liste* fundamental. Als zugleich voll strukturierter und dynamischer Datentyp ist er außerordentlich flexibel verwendbar. Er ist besonders dort unerlässlich, wo es um die Verarbeitung von Bäumen oder Graphen geht.

Im folgenden kleinen Beispiel soll gezeigt werden, wie man Listen zur Darstellung von Baumstrukturen verwenden kann. Die in der industriellen

Fertigungstechnik verwendeten „Stücklisten" sind typische Beispiele für baumartige Strukturen. Im Folgenden sei exemplarisch ein Auszug aus der Stückliste eines Fahrrades in der Listen- und Baumdarstellung gegeben. Zur Darstellung von Listen werden im Allgemeinen Klammern verwendet; in Lisp sind es runde, in Logo und Prolog eckige und in Mathematica geschweifte Klammern. Wir verwenden im folgenden Beispiel die Syntax von Mathematica.

```
{Fahrrad,
    {Baugruppe: Vorderrad,
        {Felge, Nabe, Speichen} },
    {Baugruppe: Mittelteil,
        {Rahmen, Lenker, Sattel, Kurbel, Pedale} },
    {Baugruppe: Hinterrad,
        {Dynamo, Felge, Nabe, Speichen} } }
```

Das entsprechende Baumdiagramm sieht folgendermaßen aus:

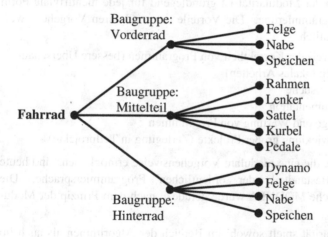

Abbildung 8.6

8.6 Modulares Programmieren mit Prozeduren und Funktionen

Modularität ist (vgl. Abschnitt 4.2.1) gleichbedeutend mit der Anwendung des Baukastenprinzips. Im Folgenden soll, ergänzend zu den allgemeinen Ausführungen in Kapitel 4, näher auf typische Konstruktionen der Informatik eingegangen werden, die der Umsetzung von Modularität in der Programmierung dienen.

Wesentliches Ziel bei der Realisierung von Modularität ist es, wie bereits erwähnt, *lokales* Arbeiten zu ermöglichen. Für den Benutzer eines bestimmten Moduls soll das Wissen darüber, was sich *innerhalb* dieses Moduls abspielt, keine notwendige Voraussetzung für die Benutzung des Moduls sein. Der Benutzer muss die *Schnittstellen* des Moduls mit seiner Umgebung kennen – und dies sollte auch ausreichen. Was sich innerhalb des Moduls abspielt, darf ansonsten das Geschehen außerhalb des Moduls nicht beeinflussen.

Das Prinzip der Modularität ist grundlegend für jede nichttriviale Form der Computerprogrammierung. Die Vorteile des modularen Vorgehens werden besonders deutlich

- beim Nachweis der Korrektheit von Programmen (bessere Überschaubarkeit durch lokales Arbeiten)
- bei der Fehlersuche
- für die Dokumentation
- bei der Pflege und Wartung von Programmen
- bei der Entwicklung großer Projekte (Zerlegung in Teilprojekte)

Sprachkonstrukte, die eine modulare Vorgehensweise ermöglichen, sind heute unverzichtbarer Bestandteil jeder „ordentlichen" Programmiersprache. Die Programmiersprache MODULA wurde geradezu nach dem Prinzip der Modularität benannt.

Die Modularität spielt sowohl im Bereich der Algorithmen als auch im Bereich der Datenstrukturen eine Rolle. Bei den Datenstrukturen tritt die Modularität, wie wir im vorigen Abschnitt gesehen haben, in der Form von voll strukturierten und beliebig hierarchisierbaren Datentypen auf. Neben dieser programminternen Modularisierung kann man in vielen Programmiersprachen einzelne, häufig benötigte Moduln als Bausteine einer Softwarebibliothek auch auf einem Datenträger (z.B. auf einer Festplatte) auslagern und von verschiedenen Programmen aus benutzen.

In den verschiedenen Programmiersprachen haben sich vor allem zwei Konzepte zur Realisierung von Modularität durchgesetzt: Prozeduren und Funktionen.

8.6.1 Prozeduren

Eine *Prozedur* ist ein selbständiger, in sich abgeschlossener Programmteil. Der Prozedurtext besteht aus dem Prozedurnamen und den formalen Parametern („Prozedurkopf") sowie den lokalen Variablen und dem Verarbeitungsteil („Prozedurkörper"). Der Aufruf einer Prozedur erfolgt über ihren Namen und die *aktuellen* Parameter, also den Werten, mit denen die *formalen* Parameter beim Prozeduraufruf belegt werden.

Ein besonders kritischer Punkt ist die Aufbereitung des Ergebnisses in Prozeduren. Hier ist zu unterscheiden zwischen Programmiersprachen, die als Eingabeparameter von Prozeduren nur *Werteparameter* (call-by-value Parameter) und solchen, die zusätzlich noch über *Referenzparameter* (call-by-reference Parameter) zulassen. Im ersten Fall (nur Werteparameter) muss die Prozedur das in ihr ermittelte Ergebnis in einer Variablen abspeichern, die nicht lokal in der Prozedur vorkommt – also in einer relativ zu der Prozedur „freien" Variablen. Denn nur dann kann von außen auf dieses Ergebnis zugegriffen werden. Durch die Notwendigkeit des Einbezugs derartiger freier Variablen wird aber offensichtlich die Lokalität des Arbeitens beeinträchtigt. Durch das Konzept der sogenannten Referenzparameter wird dieser Nachteil zum Teil neutralisiert.

Die syntaktische Form der Prozedurdefinition ist in den verschiedenen Programmiersprachen natürlich höchst unterschiedlich. Was aber stets dazugehört ist

- der Name der Prozedur
- die formalen Parameter („Argumente") der Prozedur
  In manchen Programmiersprachen wird zwischen Werteparametern und Referenzparametern unterschieden. Dies betrifft Unterschiede in der Parameterübergabe-Technik, auf die hier nicht eingegangen werden kann. In *typisierten* Programmiersprachen (z.B. in Pascal) müssen weiterhin die Datentypen der formalen Parameter angegeben werden. Dass dies in nicht-

typisierten Sprachen (z.B. in Lisp) unterbleiben kann, trägt sehr zur Entwicklung eines flexiblen Programmierstils bei, kann aber auch die Fehleranfälligkeit erhöhen.

- der Prozedurkörper
- gelegentlich gehört auch noch zur Definition von Prozeduren: ein Schlüsselwort, das die Prozedurdefinition einläutet (z.B. PROCEDURE in Pascal oder DEFINE in manchen Lisp-Versionen)

Häufig erfolgt die Ausgabe der Ergebnisse aus einer Prozedur durch Druckbefehle oder durch das Beschreiben externer Speichermedien (z.B. Festplatten). Diese Art der Ausgabe bezeichnet man in der Informatik im Allgemeinen als *Seiteneffekt* oder *Nebenwirkung* der Prozedur. Seiteneffekte stellen jedoch vielfach Fehlerquellen dar und sollten nur sparsam verwendet werden.

Abschließend sei festgehalten: Zu den typischen Aufgaben, die mit Hilfe von Prozeduren erledigt werden, gehören Dinge wie

- Variable mit Werten belegen
- Daten einlesen
- Daten auf dem Bildschirm oder auf Papier ausdrucken, auf einen Datenträger schreiben oder in ein Kommunikationsnetz verschicken
- den Zeichenstift eines Plotters oder den Arm eines Roboters bewegen
- die Glocke oder die Soundkarte des Computers zum Tönen bringen
- die Erweiterungsmodule der Computerperipherie ansprechen

und vieles Derartiges mehr. Da der Zustand des Computers (bzw. Computersystems) vor der Ausführung der Prozedur im Allgemeinen ein anderer ist als nach der Ausführung der Prozedur, sagt man auch: *die Aufgabe von Prozeduren ist es, den Zustand des Computers zu verändern.*

8.6.2 Funktionen

> Make every program a filter.
> M. *Gancarz* in „The Unix Philosophy"

Funktionen (als syntaktische Einheiten von Programmiersprachen) unterscheiden sich von Prozeduren dadurch, dass ihre einzige Aufgabe darin besteht, *einen Funktionswert zu ermitteln* und (an den Aufrufenden – wer auch immer das ist) zurückzugeben. Im Vergleich zu Prozeduren zeichnen sich Funktionen durch besonders klare Schnittstellen mit ihrer Umgebung aus. Jede Funktion tritt an genau zwei Stellen mit der „Außenwelt" in Wechselwirkung: bei der

Eingabe der aktuellen Parameter (der „Argumente") und bei der Ausgabe des Funktionswerts. Wegen der größeren Klarheit bei der Schnittstellendefinition eignen sich Funktionen meist besser zur Umsetzung von Modularität als Prozeduren. Außerdem entsprechen die in den verschiedenen Programmiersprachen realisierten Funktionskonzepte meist mehr oder weniger gut dem in der Mathematik üblichen Begriff der Funktion, während es keinen zentralen Grundbegriff in der Mathematik gibt, der dem Begriff der Prozedur entspricht.

Dennoch gibt es gewisse Unterschiede bzw. Akzentverschiebungen zwischen dem Begriff der Funktion als Programmiersprachen-Modul und dem mathematischen Begriff der Funktion. Der mathematische Begriff der Funktion wird heute meist statisch definiert. Man führt ihn dabei auf den Begriff der Relation zurück.

Eine *Relation* R zwischen den Elementen einer Menge A und einer Menge B ist eine Teilmenge des „kartesischen Produkts" $A \times B$ ($A \times B = \{(x, y) \ / \ x \in A \ und \ y \in B\}$). Wenn es zu jedem Element x von A ein Element y von B gibt mit der Eigenschaft, dass das Paar (x, y) in R liegt und wenn aus $(x, y) \in R$ und $(x, z) \in R$ stets folgt, dass $y = z$ ist, so nennt man R auch eine *Funktion* (im mathematischen Sinne). Man verwendet dann meist die symbolische Darstellung:

$$f : A \to B$$
$$f : x \to y \quad \text{mit} \quad y = f(x) \text{ an Stelle von } (x, y) \in R.$$

Anders ausgedrückt ist $R = \{(x, f(x)) / x \in A\}$. Diese Menge bezeichnet man in Analogie zur graphischen Darstellung reeller Funktionen auch als den *Graph* der Funktion f. (Man müsste eigentlich genauer R_f an Stelle von R schreiben, um den Zusammenhang zwischen R und f deutlich zu machen und um im Falle verschiedener Funktionen f und g die entsprechenden Relationen R_f und R_g unterscheiden zu können. Falls jedoch Verwechslungen ausgeschlossen sind, schreibt man einfach R an Stelle von R_f.)

Legt man diese statische Definition des Funktionsbegriffs zugrunde, dann identifiziert man geradezu die Funktion mit ihrem Funktions*graphen*. Dies wurde in der Mathematik nicht immer so praktiziert. Besonders in der Entstehungszeit des Funktionsbegriffs sah man in einer Funktion eher eine

„Rechenvorschrift" bzw. „Zuordnungsvorschrift" zur Ermittlung von Funktionswerten (Dirichletsche[1] Fassung des Funktionsbegriffs). Diese traditionelle Auffassung vom Funktionsbegriff hat im 20. Jahrhundert in der Form des von A. Church entwickelten *Lambda-Kalküls* wieder an Aktualität gewonnen.

Die Funktionen in Programmiersprachen sind in diesem Sinne Rechenvorschriften zur Ermittlung von Funktionswerten (selbst wenn dabei nicht immer, manchmal sogar gar nicht, im engeren Sinne „gerechnet" wird). Dabei kann es vorkommen, dass Funktionen, deren Definitionstexte verschieden sind, dieselbe mathematische Funktion darstellen. So sind z.B. die folgenden beiden reellen Funktionen gleichwertig, obwohl sie sich in ihren Definitionstexten und der Art ihrer Auswertung drastisch unterscheiden:

$$f : x \ \rightarrow \ f(x) = \sin^2(x) + \cos^2(x) \qquad \text{und}$$
$$g : x \ \rightarrow \ 1 \quad (\text{für alle } x)$$

Eine der wichtigsten Eigenschaften von Funktionen ist ihre *Verkettbarkeit*: Es sei f_1 eine Funktion, welche die Eingabe E_1 in die Ausgabe A_1 transformiert und es sei f_2 eine Funktion, welche die Eingabe E_2 in die Ausgabe A_2 überführt. Wenn der Wertebereich der Funktion f_1 im Definitionsbereich der Funktion f_2 liegt, so lassen sich die Funktionen *verketten*. Dabei wird durch die Vorschrift

$$f = f_1 \circ f_2$$
$$\text{mit} \quad f(E_1) := (f_1 \circ f_2)(E_1) := f_2(f_1(E_1)) = A_2$$

eine neue Funktion f definiert. Der Prozess der Funktionsverkettung lässt sich anschaulich wie in der folgenden Graphik darstellen.

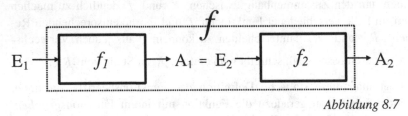

Abbildung 8.7

---

[1] Johann Peter Gustav Lejeune Dirichlet (1805–1859), deutscher Mathematiker

Die syntaktische Form der Funktionsdefinition ist in den verschiedenen Programmiersprachen natürlich sehr unterschiedlich realisiert. Was aber stets dazugehört, ist

- der Name der Funktion
- die formalen Parameter („Argumente") der Funktion
- der Funktionskörper
  Der Funktionskörper muss stets auch Befehle für die Aufbereitung und Übergabe des Funktionswerts enthalten – dies ist in den verschiedenen Programmiersprachen sehr unterschiedlich geregelt.
- gelegentlich gehört auch noch zur Definition von Funktionen: ein Schlüsselwort, das die Funktionsdefinition einläutet (z.B. FUNCTION in Pascal oder DEFINE in manchen Lisp-Versionen)

Schnittstellen der Funktion mit der „Außenwelt" sind auf der Eingabeseite die formalen Parameter. Auf der Ausgabeseite ist es die Funktionswertrückgabe. Die Aufbereitung und Übergabe des Funktionswerts x erfolgt oft durch Befehle wie

`return(x)` oder `output(x)`

Darüber hinaus bewirkt die Ausführung eines solchen Befehls meist das sofortige Verlassen der Funktion. In manchen Programmiersystemen ist der Funktionswert einfach gleich dem Wert des letzten beim Durchlaufen der Funktion ausgeführten Befehls.

Während es das Ziel von Prozeduren ist, Speicherinhalte des Computers zu verändern und dadurch Seiteneffekte zu bewirken, haben Funktionen nur eine einzige Aufgabe, nämlich (in Abhängigkeit von den Eingabeparametern) einen Funktionswert zu ermitteln und an die aufrufende Stelle zu übergeben. Damit ist klar, dass eine der wichtigsten Anforderungen an eine Programmiersprache, die einen funktionalen Programmierstil ermöglichen soll, darin besteht, dass *Datenobjekte jedes beliebigen Datentyps* sowohl als aktuelle Parameter übergeben als auch als Funktionswerte zurückgegeben werden können. In der Familie der Lisp-artigen Programmiersprachen ist diese Eigenschaft ein wichtiger Bestandteil der sogenannten *first-class-property* der einschlägigen Datentypen.

Im Unix-Betriebssystem spielt das Funktionskonzept auf der Betriebssystemsebene eine große Rolle in der Form der sogenannten „filter"-Programme (man vergleiche dazu das eingangs wiedergegebene Zitat von M. Gancarz).

8.7 Diskussion einiger konkreter Programmiersprachen-Familien

> A PRINT statement does not imply that printing will occur, and a WRITE statement does not imply that printing will not occur. (FORTRAN77 Manual). *E. Horowitz* in „Fundamentals of Programming Languages"

Es gibt zwar eine große Vielzahl an existierenden Programmiersprachen; die fundamentalen Ideen und Entwicklungsprinzipien, um die herum sie sich gruppieren, halten sich aber durchaus in Grenzen – es sind im Wesentlichen die in Abschnitt 8.3 beschriebenen Paradigmen des Programmierens.

Heute gibt es, abgesehen von einigen isolierten Entwicklungen im Bereich der Programmiersprachen, zwei große Familien, denen die meisten Sprachen zuzurechnen sind: die Familie der ALGOL-ähnlichen Sprachen und die Familie der Programmiersprachen aus dem Bereich der „Künstlichen Intelligenz".

8.7.1 Die Familie der ALGOL-ähnlichen Programmiersprachen

FORTRAN, COBOL und ALGOL

Der Urvater der ALGOL-ähnlichen Programmiersprachen ist FORTRAN (FORmula TRAnslator). Sie wurde ab etwa Mitte der 50er Jahre von John Backus und seinen Mitarbeitern entwickelt, also zu einer Zeit, als im Wesentlichen in den jeweiligen Maschinensprachen der Computer oder in sehr maschinennahen „Assembler"-Sprachen programmiert wurde. Viele Skeptiker bezweifelten zu jenem Zeitpunkt, dass sich ein „so hohes" Sprachkonzept wie das von FORTRAN überhaupt in praktikabler Form realisieren ließe. FORTRAN war primär für die Bearbeitung rechenintensiver Aufgaben entwickelt worden; für Probleme mit größeren Datenmengen und insbesondere komplexeren Datenstrukturen war FORTRAN nicht gut geeignet. Um diesem Aufgabenkreis Rechnung zu tragen, wurde gegen Ende der 50er Jahre die Programmiersprache COBOL (COmmon Business Oriented Language) entwickelt, die sich in der Folgezeit im Bereich der Wirtschaft sehr stark verbreitete. Diese beiden Programmiersprachen können als Vorläufer von ALGOL

(ALGOrithmic Language) angesehen werden. In ALGOL60 wurden viele der Sprachkonzepte systematisiert, die sich bis dahin ad hoc entwickelt hatten. Mit ALGOL60 wurde die Definition der Syntax einer Programmiersprache erstmals auf der Basis einer formalen Metasprache in der Backus-Naur-Form (BNF) realisiert. Die Programmiersprachen ALGOL68, C, PL/1, Pascal, MODULA und Ada können als Weiterentwicklungen bzw. Variationen (mit jeweils unterschiedlichen Zielsetzungen) des ursprünglichen ALGOL60-Standards angesehen werden.

Charakteristisch für die Programmiersprachen der ALGOL-Familie sind die folgenden Merkmale:

- Es sind *imperative* Sprachen; d.h., ihnen liegt das Konzept eines Speichers in Form von Speicherzellen zugrunde, deren Inhalt durch die Anweisungen der Programmiersprache oder durch benutzergeschriebene Programm-Blöcke (oder Prozeduren) verändert wird. Variablen sind in diesem Konzept Namen für bestimmte Speicherzellen. Die „Welten" der Variablennamen und der Variablenwerte sind völlig voneinander getrennt.

- Es sind block- und prozedurorientierte Sprachen; Funktionen und Funktionsverkettung sind meist nur in eingeschränkter Form realisiert.

- Für Wiederholungen werden vorzugsweise iterative Kontrollstrukturen verwendet; Rekursion wird nur bedingt unterstützt.

- Die Variablen sind typgebunden; es herrscht oft ein strikter Typzwang.

- Die ALGOL-artigen Sprachen bevorzugen statische Datentypen.

- Freie Variable werden „statisch" gebunden. Das heißt, die Bindung solcher Variablen erfolgt entsprechend ihrem Auftreten im Programmtext.

- Die Programme werden compiliert und in compilierter Form verarbeitet.

- ALGOL-artige Systeme bevorzugen meist die Arbeitsform der „Stapelverarbeitung"; sie sind wenig interaktiv. Es gibt im Allgemeinen keinen Direktbetrieb („Taschenrechner-Modus"), bei dem der Benutzer Terme zur sofortigen Auswertung eingeben kann. Prozeduren lassen sich z.B. in Pascal nicht einzeln compilieren und benutzen; sie müssen immer in ein „Gesamtprogramm" eingebunden sein, dessen Lauf von einem Hauptprogramm aus kontrolliert wird.

- Typische Anwendungsbereiche sind die numerische und kaufmännisch-kommerziell orientierte Datenverarbeitung sowie Probleme mit relativ starren Datenstrukturen.

C

Die Programmiersprache C, entwickelt von B. Kernighan und D. Ritchie, ist zwar eine eigenständige Entwicklung; besonders im Bereich der Kontrollstrukturen sowie des Prozedur- und Funktionskonzepts weist sie jedoch viele Gemeinsamkeiten mit den Programmiersprachen der ALGOL-Familie auf. Darüber hinaus bietet C aber viele Möglichkeiten der maschinennahen Programmierung, wie sie sonst nur bei maschinennahen Assembler-Sprachen vorzufinden sind. C ist also eine Programmiersprache, welche die Vorzüge der höheren Programmiersprachen (besonders den der Modularität) mit den Vorzügen der maschinennahen Programmiersprachen (optimale Anpassung an die Hardware und insbesondere den Prozessor) miteinander zu verbinden versucht. Die Programmiersprache C ist eng mit der Entwicklung des Betriebssystems Unix verknüpft, als dessen „Implementierungssprache" sie angesehen werden kann. Sie eignet sich deshalb besonders gut für die Aufgaben der Systemprogrammierung. C wird auch dann gern als Programmiersprache herangezogen, wenn es darum geht, große Programmpakete zu entwickeln, die „portabel" sein sollen, die also auf unterschiedlichen Rechnertypen und unter verschiedenen Betriebssystemen laufen sollen, wie z.B. große Textverarbeitungssysteme, Datenbanksysteme, integrierte Softwarepakete und vieles mehr. Auch die Interpreter anderer Programmiersprachen und Computeralgebrasysteme sind häufig in C geschrieben.

Ein weiterer typischer, moderner Vertreter aus der Familie der ALGOL-ähnlichen Sprachen ist die Programmiersprache

Pascal

Die Programmiersprache Pascal wurde ab etwa Ende der 60er Jahre von Niklaus Wirth[1] (Eidgenössische Technische Hochschule Zürich) entwickelt, also zu einem Zeitpunkt, als man sich vielerorts Gedanken über eine Nachfolgersprache von ALGOL60 machte. Viele Versuche, einen Nachfolger für ALGOL60 zu finden, gingen in die Richtung einer höheren Komplexität der Sprache (z.B. PL/1) oder einer größeren Allgemeinheit der Sprachkonstrukte (z.B. ALGOL68). Der Entwurf von Pascal ging jedoch in eine andere Richtung: Einfachheit, Überschaubarkeit, aber gute Kombinierbarkeit der Kon-

---

[1] Niklaus Emil Wirth (geb. 1934), Schweizer Informatiker und Computer-Pionier

troll- und Datenstrukturen. Man bezeichnet das als *Orthogonalität* des Sprachentwurfs. Besonders im Bereich der Ein- und Ausgabeoperationen und der strukturierten Datentypen ging Pascal weit über ALGOL60 hinaus.

Die Forderung nach Einfachheit der Sprache entsprang zwei Motiven: Pascal sollte einerseits eine Sprache zum Erlernen wichtiger Grundkonzepte der Informatik sein; es sollte andererseits darüber hinaus aber auch möglich sein, effiziente Compiler für und Programme in Pascal zu schreiben. Es stellte sich heraus, dass dies auch recht gute Eigenschaften für eine Programmiersprache waren, um theoretische Konzepte der Informatik zu entwickeln und insbesondere auch Korrektheitsbeweise für Programme zu führen. So entwickelte sich Pascal gegen Ende des 20. Jahrhunderts sehr schnell zur Standardsprache, in der im Hochschul- und Schulbereich Algorithmen dargestellt und diskutiert wurden. Es löste in dieser Hinsicht ALGOL60 ab, das bis dahin diese Rolle eingenommen hatte. Während ALGOL60 aber fast nur im wissenschaftlichen Bereich von Bedeutung gewesen war – in der Praxis hatte es sich gegen FORTRAN und COBOL nicht durchsetzen können – erzielte Pascal beachtliche Erfolge in der Programmierpraxis auch außerhalb des Hochschulbereichs.

Pascal weist aber eindeutig die Charakteristika von Sprachen der ALGOL-Familie auf, darunter auch einige typische Nachteile dieser Sprachfamilie: es ist wenig interaktiv, der starke Typzwang von Pascal wirkt gelegentlich sehr einengend, es bevorzugt deutlich die statischen Datentypen und behandelt die dynamischen Datentypen etwas stiefmütterlich (der ursprüngliche Pascal-Entwurf enthielt nicht einmal den Datentyp der Zeichenkette) und schließlich: Rekursion und funktionales Programmieren sind in Pascal nicht sehr gut umgesetzt. In diesen Punkten weist die viel ältere Programmiersprache Lisp weit mehr Stärken auf als das jüngere Pascal.

Zu einer Würdigung der Programmiersprache Pascal gehört aber noch ein weiterer Aspekt. Er hängt damit zusammen, dass sich die Entwicklung von Programmiersprachen in den letzten Jahrzehnten stark in die U.S.A. verlagert hat. Pascal ist dagegen wieder einmal (neben Konrad Zuses Plankalkül und der Programmiersprache Prolog) ein Beispiel für eine europäische Entwicklung. Das Grundkonzept basiert auf Ideen von Niklaus Wirth von der ETH Zürich, das außerordentlich erfolgreiche Turbo Pascal wurde von dem dänischen Schüler Anders Hejlsberg geschaffen und später von der Firma Borland weiterentwickelt. Schließlich wurde an der Universität Karlsruhe unter der

Leitung von U. Kulisch die Sprachversion Pascal-XSC entwickelt, deren Zielsetzung einerseits die Entwicklung numerisch korrekter Programme war (man vergleiche dazu die Ausführungen in Kapitel 6) und die andererseits viele der obengenannten Schwächen von Standard Pascal vermeidet.

Abschließend sei hier zur Bedeutung und „Fernwirkung" von Pascal noch ein Zitat des renommierten Informatikers C.A.R. Hoare[1] wiedergegeben: *„Recently, I took a look at the very popular programming language called VISUAL BASIC. Well, it's quite nice, but – forget about the BASIC. It's Pascal!"*

8.7.2 Programmiersprachen aus dem Bereich der „Künstlichen Intelligenz"

Lisp

Gegen Ende der 50er Jahre entwickelte der Mathematiker und Informatiker John McCarthy mit seinen Mitarbeitern am Massachusetts Institute of Technology (MIT) mit der Programmiersprache Lisp ein völlig neuartiges Sprachkonzept. Lisp (list processing language) ist eine außerordentlich mathematiknah und hochgradig universell angelegte Sprache. Zu ihren zentralen Grundelementen gehören: im algorithmischen Bereich ein auf dem Lambda-Kalkül (und somit auf der Rekursion) basierendes Funktionskonzept und im Bereich der Datenstrukturen die Betonung des dynamischen, strukturierten und rekursiven Datentyps der Liste, mit dem sich besonders baumartige Datenstrukturen gut darstellen lassen.

Erste wichtige Anwendungen der Programmiersprache Lisp gab es im Bereich der „symbolischen Mathematik", also (im Gegensatz zu den sonst mit Hilfe von Computern bearbeiteten Problemen der numerischen Mathematik) in solchen Themenkreisen wie: symbolisches Differenzieren und Integrieren von Funktionen, Potenzreihenentwicklung, geschlossene Lösungen von Differentialgleichungen, Umformung algebraischer Terme, symbolische Lösung algebraischer Gleichungen u.s.w. Softwarepakete im Bereich der symbolischen

---

[1] Sir Charles Antony Richard Hoare, geb. 1934 in Colombo, Ceylon (heute: Sri Lanka), britischer Informatiker

Mathematik, wie etwa das am MIT entwickelte Macsyma (oder neuere Entwicklungen wie Maxima oder Mathematica) basieren nach wie vor entscheidend auf den Grundideen der Programmiersprache Lisp. Aufgrund der leichten Erweiterbarkeit und Modifizierbarkeit von Lisp entstanden aus Lisp-Grundsystemen sehr schnell neue Dialekte (wie zum Beispiel: Maclisp, Interlisp, Scheme, Logo, u.s.w.) oder Anwenderpakete (wie Macsyma, muMath, ...). In den 90er Jahren wurde mit *Common Lisp* ein Versuch zur Standardisierung im Bereich der vielfältigen Lisp-Dialekte unternommen.

Charakteristisch für die Programmiersprachen der Lisp-Familie sind folgende Merkmale:

- Es sind „applikative" Sprachen, d.h., sie basieren ganz zentral auf der Verwendung von Funktionen und auf der Funktionsverkettung.
- Sie unterstützen die dynamischen Datentypen (durch den Datentyp der Liste) sehr gut.
- Sie basieren entscheidend auf dem Grundprinzip der Rekursion sowohl im algorithmischen als auch im datenstrukturellen Bereich.
- Sie machen einen durchgängigen Unterschied zwischen dem *Namen* und dem *Wert* von Variablen; der Wert einer Variablen kann dadurch insbesondere wieder ein Variablenname sein. (Auf dieser Eigenschaft beruht, in Verbindung mit der Listenverarbeitung, u.a. die Stärke dieser Programmiersprachen im Bereich der symbolischen Mathematik).
- Freie Variable werden meist „dynamisch" gebunden, d.h., die Bindung ergibt sich aus dem dynamischen Aufrufverhalten der Funktionen, nicht aus ihrem „statischen" Programmtext. Die Lisp-Versionen Scheme und Common Lisp lassen allerdings auch das Verfahren der statischen Variablenbindung zu.
- Die Variablen sind nicht typgebunden, es gibt dementsprechend auch keinen Typzwang. Es gibt aber „Erkennungs"-Funktionen, mit denen man bei Bedarf den Typ von vorliegenden Datenobjekten ermitteln kann. Der Benutzer kann für selbstdefinierte Datentypen auch eigene „Erkennungs"-Funktionen schreiben.
- Die Lisp-ähnlichen Sprachen verarbeiten Programme meist in interpretierender Form. Es gibt zu einigen Lisp Versionen aber zusätzlich auch „inkrementelle" Compiler, mit denen benutzergeschriebene Funktionen einzeln compiliert und in das Grundsystem eingegliedert werden können.

- Lisp macht keinen so großen Unterschied zwischen Daten und Programmen wie die ALGOL-ähnlichen Sprachen. Lisp-Programme haben intern eine Listenstruktur. Deshalb ist es leicht möglich, Programmtexte als Daten zu interpretieren, die wiederum von anderen Programmen manipuliert werden können. Oder es ist möglich, Daten durch Lisp-Funktionen oder -Prozeduren in lauffähige Programme zu transformieren, wobei die Daten als „Programmspezifikationen" angesehen werden können. Diese Arbeitstechniken spielen besonders in der „Künstlichen Intelligenz" eine wichtige Rolle.
- Lisp-Systeme sind meist hochgradig interaktiv. Termauswertung und beliebige Funktionsaufrufe sind stets auch im „Direktbetrieb" möglich. Zwischen denjenigen Operationen, die aufgrund von Direkteingaben ausgeführt werden und denjenigen Operationen, die innerhalb von Programmen (Prozeduren, Funktionen) vorkommen dürfen, gibt es kaum einen Unterschied.
- Für Lisp-Systeme ist die Erweiterbarkeit der Sprache ein weiteres kennzeichnendes Merkmal. Benutzerdefinierte Funktionen werden unmittelbar bei ihrer Definition organisch in das Lisp-Grundsystem eingegliedert und können weitgehend genau wie die Lisp-Grundbefehle verwendet werden.
- Typische Anwendungsbereiche sind: symbolische Mathematik, Themenbereiche der sogenannten „Künstlichen Intelligenz", wie zum Beispiel Mustererkennung, Expertensysteme, Spracherkennung, linguistische Datenverarbeitung, Steuerung von Robotern u.s.w.

Logo

Die Programmiersprache Logo wurde etwa ab Ende der 60er Jahre am Massachusetts Institut of Technology entwickelt. Als Dialekt der Programmiersprache Lisp hat Logo die typischen Eigenschaften der Sprachen der Lisp-Familie. Insbesondere in den Bereichen des funktionalen Programmierens, der Rekursion, der Modularität, der dynamischen Datenstrukturen und der Symbolverarbeitung weist Logo ähnliche Charakteristika auf wie Lisp.

Hauptunterschiede zu Lisp sind:

- Während Lisp strikt „Präfix"-orientiert ist, werden die algebraischen Verknüpfungen bei Logo in der gebräuchlicheren „Infix"-Notation geschrieben. Die Summe der Zahlen 2 und 3 wird zum Beispiel folgendermaßen ausgedrückt:

    in Lisp: `(PLUS 2 3)`
    in Logo: `2 + 3`

- Logo enthält im Gegensatz zu den frühen Lisp-Versionen sehr gute und vielseitige Graphik-Routinen (nicht nur, aber insbesondere auch: die sogenannte „turtle geometry"). Neuere Lisp-Versionen (wie überhaupt fast alle neueren Programmiersprachen) verfügen heute aber auch über diese graphischen Möglichkeiten.

Ebenso wie für Lisp ist die Erweiterbarkeit der Sprache ein weiteres kennzeichnendes Merkmal von Logo. Eine gewisse Schwäche der existierenden Logo-Versionen lag und liegt darin, dass Logo-Programme bei vielen Aufgaben vergleichsweise langsam sind. Ursache hierfür ist die interpretierende Verarbeitung, insbesondere in Verbindung mit der starken Rolle, welche die Rekursion in Logo spielt und mit der aufwendigen Verwaltung, die für die dynamischen Datentypen (besonders die Listen) notwendig ist. Da Logo „nur" für den Einsatz im Bildungsbereich vorgesehen war, wurden Fragen der Laufzeit- und Speicherplatz-Effizienz in den verschiedenen Logo-Implementierungen meist vernachlässigt. Im Gegensatz zu den meisten Versionen von Lisp lief Logo seinerzeit bereits auf MicroComputern (Apple II) und erzielte dadurch einen gewissen Erfolg im Bildungsbereich.

Scheme

Eine erste Sprachbeschreibung erfolgte 1975 durch G. J. Sussman und G. L. Steele vom MIT. Scheme ist ein Mitglied der Lisp-Familie; es ist jedoch ein sehr „moderner" Dialekt von Lisp, in den viele gute Ideen anderer Programmiersprachen aufgenommen wurden. Es gibt gewisse Ähnlichkeiten zu Common Lisp, aber im Vergleich dazu hat Scheme ein außerordentlich einfaches, klares und konsequentes Sprachdesign. Eine Reihe der in Scheme entwickelten Ideen und Konzepte wurde in das Computeralgebrasystem Mathematica aufgenommen.

Grundlegende Charakteristika, die Scheme mit Lisp gemeinsam hat:

- Listenverarbeitung
- Symbolverarbeitung
- Rekursion (bei Algorithmen und Daten); insbesondere eine effiziente Implementierung der „End"-Rekursion („tail" recursion)
- hochgradige Modularität, insbesondere durch ein universelles Funktionskonzept basierend auf dem *Lambda-Kalkül*
- hochgradige Interaktivität
- sehr gute Erweiterbarkeit

Daneben unterstützt Scheme aber auch bewährte Konzepte aus anderen Programmiersprachen, die normalerweise selten in Lisp-Versionen zu finden sind, wie z.B.:

- Blockstrukturierung (wie in ALGOL oder Pascal, ...)
- statische und dynamische Variablenbindung
- iterative Kontrollstrukturen
- iterativ „zugängliche" Datentypen, wie z.B. arrays
- structures (ein dem RECORD ähnlicher Datentyp)
- Objektorientiertes Programmieren in Form der SCOOPS-Erweiterung
- neuartige Datenobjekte: streams, continuations, environments, engines

Eines der wichtigsten Ziele jeder höheren Programmiersprache ist es, die Entwicklung von korrekten Programmen zu fördern. Die Methoden, dieses Ziel zu erreichen, unterscheiden sich allerdings stark. Die Grundeinstellung der Entwickler von Pascal zu dieser Frage ist, dass schon zur Compilierungszeit alle möglichen Fehlerquellen beseitigt sein sollten. Dies geschieht dadurch, dass dem Benutzer eine vergleichsweise restriktive Syntax auferlegt wird, die von vornherein alles zu unterbinden versucht, was irgendwann einmal zu einem Fehler führen könnte. Besonders der rigorose Typzwang von Pascal wird von vielen Benutzern aber oft als ein zu starres Korsett empfunden. Die Programmiersprachen der Lisp-Familie gehen hier einen anderen Weg. Diese Programmiersprachen räumen dem Benutzer einen möglichst großen Freiraum zur Entwicklung neuer Ideen, Konzepte und Methoden ein. Die Syntax der Sprache sollte dabei so wenig wie möglich einengend wirken. Die Entwicklung korrekter Programme wird in Lisp besonders auch dadurch gefördert, dass der Benutzer durch den hohen Grad an Modularität und Interaktivität dieser Sprachen in die Lage versetzt wird, jeden Modul (also jede Prozedur und jede Funktion) einzeln zu entwickeln und auch im Direktbetrieb auszutesten. Dadurch wird gewährleistet, dass der Prozess der Programmentwicklung immer auf der Basis von bereits ausgetesteten, stabilen Moduln verläuft. Die stärkere Basierung auf dem Funktionskonzept und die damit gegebene gute Modularisierbarkeit dient ebenfalls dem Ziel der Entwicklung korrekter Programme.

Prolog

Auch Prolog ist eine europäische Entwicklung im Bereich der Programmiersprachen. Die Entwicklung des Sprachkonzepts fand zu Beginn der 70er Jahre statt (R. Kowalski, Universität Edinburgh sowie Imperial College London und A. Colmerauer, Universität Marseille).

Grundlegende Charakteristika der Programmiersprache Prolog sind:

- Prolog ist eine *prädikative Programmiersprache*. Die logische Basis der Prolog-Programmierung ist der Prädikatenkalkül. Der Programmierstil von Prolog wird deshalb auch als *Logik-Programmierung* bezeichnet.
- In Prolog zu „programmieren" heißt, Wissen über das zu lösende Problem zu formulieren und Prolog dazu zu bringen, dass es mit dieser Wissensbasis die Lösung(en) des Problems „selbständig" findet. (So einfach, wie dies klingt, ist es in der Praxis meist jedoch nicht!). Man spricht deshalb auch von einem *deklarativen* oder auch *deskriptiven* Programmierstil.
- Die jeweilige Wissensbasis ist eine Ansammlung von Fakten und Regeln (Klauseln), die in der speziellen syntaktischen Form der sogenannten *Horn-Klauseln* zu formulieren sind:
  Der Prolog-typische Ausdruck A ← B ist zu lesen als: A, wenn B.

Wesentliche Elemente des Sprachdesigns von Prolog sind:

- automatisches „eingebautes" Backtracking (man vergleiche dazu die Ausführungen in Abschnitt 4.3.2)
- Listenverarbeitung
- Rekursion (bei Algorithmen *und* Datenstrukturen), insbesondere End-Rekursion (tail recursion)

Ein Vergleich zwischen *funktionaler* und *prädikativer* Notation zeigt, dass beide Notationsformen letztlich austauschbar sind. Die Funktionsschreibweise $f(x, y, z) \to u$ entspricht in prädikativer Terminologie der Erfülltheit eines Prädikats $p(x,y,z,u)$: Das Objekt u ist der Funktionswert von f, angewandt auf die Argumente x, y und z, genau dann, wenn das Prädikat p, angewandt auf die Argumente x, y, z und u wahr ist. Daher haben Programm-Moduln in prädikativen Programmiersprachen im Allgemeinen einen formalen Parameter mehr als die entsprechenden Moduln in funktionalen Programmiersprachen.

Beispiele (Programm-Skizzen): Die Summe zweier Zahlen als Funktion in Pascal und Lisp bzw. als Prädikat in Prolog

- in Pascal:

```
FUNCTION sum(a, b: INTEGER): INTEGER;
BEGIN
    sum := a+b
END;
```

- in Lisp:

```
(DEFINE (SUM  A  B)
    (+  A  B) )
```

- in Prolog: `sum(A, B, C)  if  C = A + B`

Eine auf Mikrocomputern recht populäre Version von Prolog war das von den Firmen Borland bzw. PDC (Prolog Development Center) entwickelte „Turbo"-Prolog. Während Prolog Programme meist im interpretierenden Modus verarbeitet werden, wurden Turbo Prolog Programme compiliert. Dadurch entstanden vergleichsweise laufzeiteffiziente Programme, die man auch als rein binäre „Objektprogramme" weitergeben konnte. Negativ schlug jedoch zu Buche, dass Turbo Prolog (ähnlich wie Pascal) eine mehr oder weniger starke Typbindung erzwang. Typbindung ist für alle Programmiersprachen aus dem Bereich der „Künstlichen Intelligenz" ein Fremdkörper und ein eher störendes Stilelement.

Als Beispiel für den prädikativen Programmierstil von Prolog, verbunden mit Rekursion und Backtracking, soll im Folgenden noch eine Prolog-Version zur Ermittlung der „Kombinationen mit Wiederholung" (im Folgenden kurz: Kombinationen) behandelt werden. Dabei sind die „Kombinationen der Länge N über dem Alphabet A" alle Symbolfolgen bzw. „Wörter" der Länge N über dem Alphabet A, wobei die Reihenfolge der Buchstaben keine Rolle spielt. Das heißt, zwei Wörter, bei denen die Buchstaben in unterschiedlicher Reihenfolge auftreten, werden miteinander identifiziert. Der Terminus „... mit Wiederholung" besagt, dass jeder der Buchstaben auch mehrmals in demselben Wort vorkommen darf.

Im folgenden Prolog-Programm formulieren wir es so: Das Prädikat `kmw(N, A, X)` sei erfüllt, wenn `X` eine Kombination der Länge `N` über dem Alphabet `A` ist (`A` und `X` seien dabei als Listen implementiert).

Ein *Beispiel*: Der Aufruf `kmw(3, [a, b, c, d], X)` liefert die Kombinationen (mit Wiederholung) der Länge 3 über dem Alphabet `[a, b, c, d]`. In der Listen-Darstellung von Prolog (Listen werden in Prolog durch eckige Klammern gekennzeichnet) lautet das Ergebnis:

```
 1:   X = [a, a, a]        11:   X = [b, b, b]
 2:   X = [a, a, b]        12:   X = [b, b, c]
 3:   X = [a, a, c]        13:   X = [b, b, d]
 4:   X = [a, a, d]        14:   X = [b, c, c]
 5:   X = [a, b, b]        15:   X = [b, c, d]
 6:   X = [a, b, c]        16:   X = [b, d, d]
 7:   X = [a, b, d]        17:   X = [c, c, c]
 8:   X = [a, c, c]        18:   X = [c, c, d]
 9:   X = [a, c, d]        19:   X = [c, d, d]
10:   X = [a, d, d]        20:   X = [d, d, d]
```

Das Beispiel ist sehr lehrreich. Es zeigt, dass sich die Kombinationen mit Wiederholung durch ein einfaches rekursives Bildungsgesetz beschreiben lassen: Lässt man (linke Spalte) in den Fällen 1-10 jeweils das erste Element der Ergebnisliste weg, so erhält man gerade alle Lösungen des Aufrufs

```
kmw(2, [a, b, c, d], X)
```

In der rechten Spalte stehen alle Lösungen des Aufrufs

```
kmw(3, [b, c, d], X)
```

Das Ergebnis des Aufrufs `kmw(3, [a, b, c, d], X)` ist also im Wesentlichen gleich der Gesamtheit der Ergebnisse der Aufrufe `kmw(2, [a, b, c, d], X)` und `kmw(3, [b, c, d], X)` – man beachte die jeweils „reduzierten" Parameter. (Dass die beiden Aufrufe gleichviele Elemente als Lösung haben, ist ein Zufall). Die im Beispiel erkannte rekursive Struktur lässt sich ohne weiteres auf den allgemeinen Fall übertragen. Die Prolog-Lösung sieht also folgendermaßen aus:

```
1:   kmw(0, _, []).

2:   kmw(N, [A1 | AT], [A1 | XT]) if
3:       N > 0,
4:       N1 = N-1 and
5:       kmw(N1, [A1 | AT], XT).

6:   kmw(N, [_ | AT], X) if
7:       N > 0,
8:       kmw(N, AT, X).
```

Zunächst sei auf die Syntax der Listendarstellung in Prolog hingewiesen. Listen werden durch eckige Klammern gekennzeichnet. Ist die Liste A in der Form [A1 | AT] dargestellt, dann soll das bedeuten, dass A1 das erste Element von A und AT die Restliste ist. So ist z.B. für A = [a, b, c, d]: A1 = a und AT = [b, c, d].

Das obige Prolog-„Programm" besteht aus drei Regeln für das Prädikat kmw (Kombinationen mit Wiederholung). Die erste Regel (Zeile 1) besagt:

Die Menge der Kombinationen der Länge 0 über einem beliebigen Alphabet ist leer. Die zweite Regel (Zeile 2-5) besagt: Jede Kombination der Länge N-1 über dem (vollen) Alphabet [A1 | AT] wird eine Lösung, wenn man ihr an der ersten Stelle das Element A1 hinzufügt. Und die dritte Regel (Zeile 6-8) besagt schließlich: Jede Kombination der Länge N über dem Rest-Alphabet AT ist auch eine Kombination der Länge N über dem vollen Alphabet [A1 | AT].

Das Prolog-Programm ist im Wesentlichen also nur eine Beschreibung dessen, was unter „Kombination mit Wiederholung" zugelassen ist. Man sagt deshalb auch, der Programmierstil von Prolog sei „deklarativ". Das Programm enthält keine klassischen Kontrollstrukturen. Der Ablauf des Programms wird durch den in Prolog eingebauten „Backtracking-Automatismus" gesteuert. Der Programmierstil von Prolog ist zwar zunächst etwas gewöhnungsbedürftig; er ermöglicht aber, wie das Beispiel zeigen sollte, sehr „kompakte" Formulierungen mit einer eigenen, innewohnenden Ästhetik.

Die Betonung des deklarativen Programmierstils in Verbindung mit der Vermeidung klassischer Kontrollstrukturen führt gelegentlich zu Äußerungen der Art, Prolog sei keine „algorithmische" Programmiersprache, denn Prolog-Programme enthielten doch keine while-Schleifen, keine IF...THEN...ELSE – Konstrukte, keine Wertzuweisungen und dergleichen mehr. Eine solche Auffassung und ihre Begründung zeigt jedoch nur, dass der Begriff des Algorithmus gelegentlich mit dem des imperativen Programmierparadigmas verwechselt wird.

R. Kowalski, einer der „Väter" von Prolog, formulierte knapp und prägnant (vgl. „Computer Persönlich", August 1986): „Prolog ist eine algorithmische Sprache". Sie unterliegt nur eben nicht dem imperativen Programmierparadigma.

Computeralgebrasysteme

Es sollte schließlich nicht unerwähnt bleiben, dass die Computeralgebrasysteme viele der besten Eigenschaften mit den Programmiersprachen der „Künstlichen Intelligenz" gemein haben (Listen- und Symbolverarbeitung, funktionales Programmieren, hochgradige Modularität, Rekursion, Interaktivität, Erweiterbarkeit). Zusätzlich verfügen sie in der Regel über eine ganze Reihe weiterer, für den Anwender höchst willkommener Eigenschaften (weitgehend korrekte Arithmetik, exzellente Sound- und Graphikunterstützung, großer Vorrat an eingebauten Funktionen, vergleichsweise hohe Effizienz). Es sind hervorragende Werkzeuge für die Behandlung jeglicher Art von algorithmisch gelagerten Problemen in der Mathematik und den Naturwissenschaften.

8.7.3 Stapelverarbeitung und Interaktivität

Die Diskussion der bisher beschriebenen Programmiersprachen bezog sich im Wesentlichen auf sprachstrukturelle Merkmale. Zu Anfang der 60er Jahre vollzog sich in der Computertechnologie eine Entwicklung, von der auch die Programmiersprachen nicht unberührt bleiben sollten. Bis dahin spielte sich die Entwicklung von Programmen meist so ab, dass zunächst auf informeller Basis mit Papier und Bleistift ein Algorithmus entwickelt wurde. Dieser Algorithmus wurde – ebenfalls auf Papier – in einen Programmtext transformiert, der dann auf Lochkarten übertragen wurde. Diesen Stapel von Lochkarten gab der Programmierer in einem Rechenzentrum zum Compilieren ab. Etwa einen Tag später holte er das Ergebnis des Compilierungslaufes dort wieder ab. Meist erhielt er in der Anfangsphase der Programmentwicklung nicht das gewünschte Objektprogramm, sondern eine lange Liste mit Fehlermeldungen (Syntax-Fehlern). Er korrigierte die Fehler so gut er konnte und gab einen neuen Kartenstapel für einen zweiten Compilierungsversuch ab. Auch der bestand im Allgemeinen wieder aus einer Reihe von Fehlermeldungen; darunter auch solchen, die durch die „Korrektur" erst neu hinzugekommen waren. In einigen weiteren Zyklen dieses Prozesses verbesserte der Programmierer sein Programm so weit, bis es schließlich frei von syntaktischen Fehlern war. Damit war der triviale Teil der Arbeit erledigt, und der Programmierer konnte sich den eigentlichen Problemen widmen. Denn sein Objektprogramm war nur in den seltensten Fällen frei von logischen Fehlern. Der Programmierer erstellte also einen Stapel Lochkarten mit Testdaten und gab das Objektprogramm zusammen mit den Testdaten von neuem im Rechenzentrum zum Zwecke eines Probelaufes ab. Das zunächst im Allgemeinen unbefriedigende Ergebnis musste in weiteren solchen Testzyklen verbessert werden, bis das Programm schließlich das Gewünschte leistete. Seit den ersten Compilierungsversuchen waren inzwischen meist einige Tage, oft sogar Wochen, vergangen. Das soeben beschriebene zähe Szenario der Programmentwicklung wird auch kurz durch den Begriff *Stapelverarbeitung* charakterisiert.

Natürlich wurden Anstrengungen unternommen, diesen lästigen Produktionszyklus effektiver zu gestalten. Die Eingabe wurde von den Lochkarten weg zur Tastatur hin verlagert, die Ausgabe vom Papierdrucker oder Lochkartenstanzer zum Bildschirm. Dadurch erhielt jeder Programmierer die Möglichkeit, über ein sogenanntes „Terminal" direkten Kontakt zum Computer aufzunehmen, den Compiler selbst zu starten und die syntaktischen und logischen Fehler an Ort und Stelle zu korrigieren. Für viele Anwendungen nahm der Computer in einem derartigen Direktbetrieb die Rolle eines sehr mächtigen „Taschenrechners" ein.

Im Bereich der Programmiersprachen kam es zu einigen Entwicklungen, deren Ziel es war, diesen taschenrechnerartigen Direktbetrieb zu unterstützen. Die Gesamtheit dieser Zielsetzungen wird meist durch den Begriff der *Interaktivität* beschrieben. Einer der wichtigsten Schritte in diese Richtung war die Entwicklung von interpretierenden Übersetzerprogrammen. Typische interaktiv angelegte Programmiersprachen sind: die von K. Iverson entwickelte Programmiersprache APL (A Programming Language) und die Sprache BASIC. Aber auch Lisp und später entwickelte Programmiersprachen wie Forth sowie die Computeralgebrasysteme weisen einen hohen Grad an Interaktivität auf.

Die Entwicklung interaktiver Systeme hing besonders stark mit der rasch anwachsenden Verbreitung des „Personal Computers" zusammen.

BASIC

Die Programmiersprache BASIC (Beginner's All purpose Symbolic Instruction Code) wurde von J. G. Kemeny und T. Kurtz etwa ab 1965 am Dartmouth College, Hanover (New Hampshire) entwickelt. Eines der Ziele war, wesentlich mehr Studenten der Hochschule an die Nutzung der hochschuleigenen Computeranlage heranzuführen, als es im bis dahin praktizierten Stapelbetrieb möglich gewesen war. Nach den aus der Zeit des Stapelbetriebs gewonnenen Erfahrungen war klar, dass dies nur auf der Basis eines interaktiv angelegten Systems gelingen konnte. Dazu gehörte auch eine interaktive Programmiersprache – BASIC. Entsprechend diesen Zielsetzungen stellte die Entwicklung von BASIC keine Innovation im Bereich der Programmiersprachenstrukturen dar; im Vergleich zu den damals schon bekannten Sprachen (wie etwa ALGOL und Lisp) ist BASIC aus sprachstruktureller Sicht sogar eher als ein Rückschritt zu bezeichnen. Es war eine Sprache mit einer gewissen Minimalausstattung, in die der Benutzer leicht einsteigen und in der er relativ schnell kleine Programme schreiben konnte, bei der er aber auch schnell an die Grenzen des Möglichen bzw. Sinnvollen stieß.

Aufgrund der Minimalität der Sprache ließen sich leicht BASIC-Interpreter für die mit sehr kleinen Speichern ausgestatteten Mikrocomputer der ersten Generationen entwickeln. In der Folgezeit wurde praktisch jeder Mikrocomputer mit einem BASIC-Dialekt ausgestattet, welcher in etwa der von der Firma Microsoft entwickelten BASIC-Version entsprach. BASIC wurde so fast zur „kanonischen" Programmiersprache der Mikrocomputer.

Sehr bald stellten sich einige entscheidende Defizite dieser BASIC-Versionen heraus. Da die für ein strukturiertes Programmieren notwendigen Kontrollstrukturen meist gar nicht oder nur unzulänglich implementiert waren, musste zur Steuerung des Programmablaufes immer wieder auf den Sprungbefehl zurückgegriffen werden. Dies machte die Programme schwer lesbar, fehleranfällig und wartungs-unfreundlich. Es gab darüber hinaus weder benutzerdefinierbare Prozeduren noch (allgemeine) Funktionen. Ebenso wenig gab es benutzerdefinierbare, strukturierte Datentypen. Manche BASIC-Versionen enthielten gerade noch den Standard-Datentyp des Feldes (array of real), meist aber mit einer sehr niedrigen maximalen Dimension.

Die Programmiersprache BASIC eignete sich also nicht zum strukturierten, gegliederten Programmentwurf. Modulares Programmieren war in diesen BASIC-Versionen völlig unmöglich.

Es gab und gibt immer wieder Versuche zur Verbesserung von BASIC. Einen der konsequentesten Versuche stellt die im Alleingang von B. Christensen (Dänemark) entwickelte Sprache COMAL (COMmon Algorithmic Language) dar, die allerdings von der Computerindustrie und in der Folge auch von den Nutzern weitestgehend ignoriert wurde. Eine andere entscheidende Weiterentwicklung der von den ursprünglichen BASIC-Entwicklern auch als „street-BASIC" bezeichneten Mikrocomputer-Versionen war das BBC-BASIC, also das in den Kursen der British Broadcasting Corporation vermittelte BASIC, das auf dem Computer desselben Namens vorzufinden war.

Für die moderneren Mikrocomputer und Personal Computer gab es in der Folgezeit verbesserte BASIC-Versionen. Diese Neuentwicklungen stellten zwar im Bereich der Algorithmen entscheidende Verbesserungen dar, sie verfügten über die Kontrollstrukturen des strukturierten Programmierens sowie über relativ allgemeine Prozedur- und Funktionskonzepte. Im Bereich der Datenstrukturen gab und gibt es aber nach wie vor keine entscheidenden Verbesserungen in der BASIC-Landschaft.

8.8 Programmierumgebungen, Betriebs- und Anwendersysteme

> An operating system is a living, breathing software entity.
> The soul of the computing machine, it is the nervous system
> that turns electrons and silicon into a personality. It brings
> life to the computer.
> *M. Gancarz* in „The Unix Philosophy"

Wenn man ein Programm erstellen möchte, dann reicht es nicht aus, dass man einen Compiler und ein Laufzeitsystem hat. Man braucht ein Textsystem, um den Programmtext zu schreiben, ein Dateisystem, um den Quellcode, den Objektcode und eventuell weitere Dateien zu speichern und vieles mehr, wie z.B. Testhilfen („debugger"), Programme zur Erstellung von Laufzeit-Statistiken („profiler"), Hilfsprogramme im Bereich der Graphik, der Kommunikation u.s.w.

Die Grundlage für das Zusammenwirken all dieser Programme ist das *Betriebssystem* des Computers. Das Betriebssystem ist diejenige Software (Programme und Dateien), die das Zusammenwirken sämtlicher Hard- und Softwarekomponenten kontrolliert. Aus der Sicht des Benutzers ist das Betriebssystem das fundamentale Werkzeug, um eigene oder fremde Programme zu verarbeiten. Das Betriebssystem übernimmt insbesondere die folgenden Aufgaben:

- Start des Computers nach dem Einschalten (dem sogenannten „bootstrap"-Prozess)
- die Unterstützung aller Datentransfer-Prozesse: Ein- und Ausgabe, Speichern, Kopieren und Umleiten von Daten und Dateien
- die Ansteuerung sämtlicher Peripheriegeräte: Tastatur, Bildschirm, Drucker, CD-, DVD-, Disketten- und Festplattenlaufwerke, Plotter, Kommunikations-Schnittstellen („Modems", „Router"), Soundkarten, ... insbesondere auch die Bereitstellung eines Dateiverarbeitungssystems
- Bereitstellung von „Bibliotheks-Routinen" und Hilfsprogrammen („tools", „utilities") aller Art
- Bereitstellung eines Laufzeitsystems für das Starten und die Kontrolle des Ablaufs von Programmen aller Art, insbesondere von *Anwenderprogrammen*

in „multitasking"-Situationen: Überwachung („scheduling") der diversen „jobs"

- Bereitstellung und Koordination der Hard- und Software für die Vernetzung, insbesondere die Einbindung in das Internet

Das Betriebssystem eines Computers ist zum Teil im Festspeicher (ROM: Read Only Memory) des Computers gespeichert, und zum Teil auf „flüchtigen" Speichermedien (etwa der Festplatte). Beim Start des Computers wird im Allgemeinen zunächst der „Kern" des Betriebssystems in den Schreib- und Lesespeicher (RAM: Random Access Memory) des Computers geladen; weitere Moduln können später bei Bedarf nachgeladen werden.

Die meisten Betriebssysteme sind „kommando-getrieben". Wenn der Benutzer dem Grund-Betriebssystem eigene Befehle (Moduln) hinzufügen kann, nennt man das Betriebssystem *erweiterbar*. Manche Betriebssysteme sind zusätzlich mit „shells" versehen, die eine auf bestimmte Benutzergruppen zielende Interaktion ermöglichen. Solche Shells können kommando-getrieben sein; moderne Betriebssysteme verfügen im Allgemeinen aber auch über graphisch aufgebaute Shells, sogenannte guis (gui: *graphical user interface*), in denen der Benutzer seine Wünsche mit Hilfe der „Maus" in einem graphisch aufgebauten „Menü" artikuliert. Gelegentlich ist dem Benutzer, je nach persönlicher Vorliebe, eine Wahlmöglichkeit zwischen der kommando-getriebenen und der Maus- und Menü-getriebenen Benutzung des Betriebssystems gegeben.

Bis weit in die 70er Jahre waren die Betriebssysteme vorwiegend herstellerabhängig. Jeder Computerhersteller hatte im Wesentlichen sein eigenes Betriebssystem. Ab etwa Anfang der 70er Jahre begannen K. Thompson, D. Ritchie und andere ein Betriebssystem zu entwickeln, das herstellerunabhängig ist, das also auf unterschiedlichen Computersystemen läuft. Es war multi-user- und multi-tasking-fähig; mehrere Benutzer konnten zur selben Zeit mit diesem Betriebssystem unterschiedliche Programme auf *einem* Computersystem laufen lassen. Das Betriebssystem heißt heute *Unix*. Es war zunächst nur auf „Workstations" und ist seit einigen Jahren auch auf Personal Computern (z.B. in der Version von *Linux*) verfügbar. Betriebssysteme wie Unix, die auf unterschiedlichen Hardwaresystemen laufen, nennt man *portabel*.

Viele Einsatzgebiete des Computers sind hochgradig normiert. Das heißt, dass eine sehr große Zahl von Benutzern ähnlich gelagerte Wünsche an eine bestimmte Klasse von Programmen hat. Typische derartige Standardanwendungen sind die Textverarbeitung, die Tabellenkalkulation („spread-sheets"), die Statistik, kleinere Dateiverarbeitungssysteme oder Datenbanken, die elektronische Kommunikation, die Computergraphik, Sound- bzw. „Multi-media"-Anwendungen und ähnliches mehr. Es wäre höchst unvernünftig, wenn sich jeder Computerbenutzer seine eigenen Programme zur Bewältigung dieser Aufgaben schreiben wollte, denn es gibt eine Fülle preiswerter und pro-fessionell geschriebener Standardprogramme in diesen Anwendungsbereichen. Gelegentlich ist diese *Standardsoftware* eng mit dem jeweiligen Betriebs-system oder der jeweiligen Shell verflochten (dies hat besonders mit der Ver-breitung der „tablet"-Computer wieder stark zugenommen).

Man spricht bei dieser Art von Programmen auch von Anwenderpro-grammen bzw. *Anwendersystemen* – im Kontrast etwa zu Systemprogrammen. Es wäre jedoch ein Irrtum zu glauben, dass die Nutzung von Anwendersoft-ware keine algorithmische Tätigkeit sei. Sehr deutlich wird dies bei den Ta-bellenkalkulationssystemen. Im Sinne unserer weit gespannten Definition der Begriffe des Algorithmus und des Programms (man vergleiche Abschnitt 2.1) sind auch Tätigkeiten wie z.B. das Erstellen eines Tabellenkalkulationsblattes Beispiele für algorithmisches Arbeiten. Schließlich ist auch die Gestaltung und Nutzung von „software tools" ist eine algorithmische Tätigkeit. Der Be-griff der *software tools* wurde von den Autoren B.W. Kernighan und P.J. Plauger geprägt. In der Einleitung ihres Buches „Software Tools" (1976) for-mulieren sie: „Whatever your application, your most important tool is a good programming language".

9 Informationstheorie, Codierung und Kryptographie

> Information is the resolution of uncertainty.
> *Claude Shannon[1]*

9.1 Entwicklung der Grundbegriffe

Wir wollen uns zunächst der Klärung einiger Grundbegriffe zuwenden. Unter einem *Zeichen* versteht man in der Informationstheorie ein Element aus einer zur Darstellung von Information vereinbarten endlichen Menge, einem *Zeichenvorrat*. Ist im Zeichenvorrat eine Reihenfolge (Ordnung) der Elemente vereinbart, so heißt dieser ein *Alphabet*.

Ein *Wort* der Länge n ($n \in \mathbb{N}$) über einem Alphabet A ist ein n-Tupel $(z_1, z_2, ..., z_n)$ von Elementen aus A. Es wird in der Codierungstheorie meist ohne Klammern und Kommata geschrieben: $z_1 z_2 ... z_n$. Dabei heißt z_i die *i*-te *Komponente* (bzw. der *i*-te *Buchstabe*) des Wortes. Alternative Bezeichnungen für den Begriff des Wortes sind in anderen Zusammenhängen: *Zeichenkette* (englisch: *string*) in der Informatik und *Variation mit Wiederholung* in der Kombinatorik.

Die Menge A^n aller Wörter der Länge n über dem Alphabet A ist rekursiv (als kartesisches Produkt) definiert durch:

$$A^n := \begin{cases} A & \text{für } n = 1 \\ A \times A^{n-1} & \text{für } n > 1 \end{cases}$$

Mit A^* wird die Menge aller Wörter endlicher Länge über dem Alphabet A bezeichnet (A^* enthält insbesondere das *leere* Wort $\emptyset$).

Bemerkung: Man kann sich A^* als Vereinigung aller einstelliger, zweistelliger, ..., n-stelliger, ... Wörter und der das leere Wort enthaltenden Menge vorstellen:

---

[1] Claude Shannon (1916–2001), amerikanischer Ingenieur und Mathematiker; einer der Begründer der Informationstheorie

$$A^* = \bigcup_{n=0,1,2,\dots} A^n \quad \text{mit} \quad A^0 := \{\varnothing\}.$$

A^0 enthält also genau ein Element: das leere Wort, geschrieben $\varnothing$.

Die Haupt-Operation für Wörter ist die *Konkatenation* (Verkettung, Zusammensetzung). Sie ist praktisch in allen Programmiersprachen realisiert. In Maxima und vielen anderen Programmiersprachen heißt diese Operation concat, in Mathematica StringJoin. Im englischen Sprachraum wird diese Operation gelegentlich auch sehr anschaulich als „juxtaposition" (Nebeneinanderstellung) bezeichnet.

Zwei Aufruf-Beispiele (jeweils mit dem Ergebnis: KA = Karlsruhe):

in Maxima: concat("KA = Karls", "ruhe")

in Mathematica: StringJoin["KA = Karls", "ruhe"]

Die Länge des Konkatenations-Ergebnisses ist gleich der Summe der Längen der konkatenierten Wörter.

Das *leere Wort* $\varnothing$ hat die Länge 0. Es ist dadurch ausgezeichnet, dass es ein beliebiges Wort w nicht verändert, wenn es diesem Wort hinzugefügt (mit diesem Wort konkateniert) wird. Es ist also, in der Sprache der Algebra ausgedrückt, das neutrale Element in Bezug auf die Operation des Konkatenierens. Das leere Wort ist nicht zu verwechseln mit der leeren Menge (die typographisch allerdings meist sehr ähnlich geschrieben wird) oder mit dem „Leerzeichen" (blank), das den ASCII-Wert 32 und die Länge 1 hat.

Als **Code** wird einerseits (vgl. DIN 44300, Borys 2011, Schulz 1991)

• eine Vorschrift zur Zuordnung der Zeichen eines Alphabets (A) zu den Zeichen eines zweiten Alphabets (B)

und andererseits

• der bei der Codierung als Bildmenge auftretende Zeichenvorrat.

bezeichnet.

Die Notwendigkeit zur Codierung entsteht im Zusammenhang mit den unterschiedlichsten Eigenheiten und Problemen der Nachrichtenübermittlung. Wir betrachten zunächst das folgende Schema.

Das Grundschema der Nachrichtenübermittlung

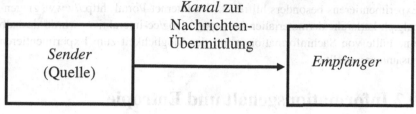

Abbildung 9.1

Bei der Übermittlung von Nachrichten kann es zu einer Vielzahl von Realisierungsformen und damit verbundenen Problemen kommen wie z.B.

- technische Besonderheiten von bestimmten Übertragungswegen („Kanälen"): optische, akustische, taktile, elektromechanische, elektronische Kanäle; technische Beschränkungen („Kapazität") der Übertragungskanäle
- Störungen des jeweiligen Kanals („Rauschen")
- Lauschangriffe auf die Nachricht
- Verfälschungen der Nachricht

Entsprechend gibt es eine Fülle von Gründen für die Anwendung von Codierungsverfahren:

- Anpassung an technische Gegebenheiten der Erfassung, der Weiterleitung oder des Empfangs von Nachrichten. Typische Beispiele sind Flaggen-Code (Winker-Code), Morse-Code, Lochstreifen-Code, Lochkarten-Code, Braille-Code, ASCII-Code, Unicode
- Reduzierung der Datenmengen (Kompression)
- Sicherung vor Übertragungsfehlern, zufälligen Veränderungen, Rauschen (fehlererkennende und fehlerkorrigierende Codes)
- Geheimhaltung, Sicherung vor unbefugter Kenntnisnahme (Chiffrierung, Kryptographie)
- Schutz vor unbefugter Veränderung, Nachweis der Urheberschaft (Identifikation, Authentifikation)
- Verbesserung der strukturellen Einsicht (z.B. bei kombinatorischen Problemen)

Die Fülle der speziellen Codierungsverfahren ist insgesamt viel zu umfangreich, um an dieser Stelle auch nur halbwegs umfassend dargestellt werden zu können. Es sei deshalb auf die einschlägige Literatur verwiesen. Zum Verständnis der diversen Codierungsverfahren ist die Möglichkeit des interaktiven Experimentierens besonders hilfreich. Im Internet-Portal http://www. ziegenbalg.ph-karlsruhe.de/materialien-homepage-jzbg/cc-interaktiv/ wurde deshalb eine Fülle von Sachinformationen mit der Möglichkeit zum Experimentieren zusammengestellt.

9.2 Informationsgehalt und Entropie

Die im Folgenden beschriebene Theorie des Informationsbegriffs wurde für sogenannte „diskrete Quellen ohne Gedächtnis" entwickelt. Eine diskrete Quelle ist eine Quelle, die Signale aus einem endlichen Alphabet verschickt, wobei jedes Signal mit einer bestimmten Häufigkeit (bzw. Wahrscheinlichkeit). versandt wird. Mit dem Zusatz „ohne Gedächtnis" ist gemeint, dass das Auftreten eines Zeichens x (auch im Sinne der Wahrscheinlichkeitsrechnung) unabhängig davon ist, welche Zeichen die Quelle vorher versandt hat.

Wir beginnen im Hinblick auf die Entwicklung des Informationsbegriffs mit einer Plausibilitätsbetrachtung: Je spezifischer, eingegrenzter, rarer, seltener, präziser eine Mitteilung ist, desto größer ist ihr Informationsgehalt. Wenn die Polizei z.B. einen Verbrecher sucht, dann ist der Hinweis „Er wurde am Kaiserstuhl gesehen" aus informationstheoretischer (und sicher auch aus kriminalistischer) Sicht wertvoller als der Hinweis „Er wurde in Süddeutschland gesehen".

Im Folgenden bereiten wir die Definition des Informationsbegriffs im Zusammenhang mit der Suche nach bestimmten Elementen in vorgegebenen Mengen vor. Es sei M eine beliebige (endliche) Menge und $P(M)$ die Menge ihrer Teilmengen (Potenzmenge). Ist ein Element x von M gesucht und sind A und B Teilmengen von M mit $A \subseteq B$, dann hat die Aussage $x \in A$ einen mindestens so hohen Informationsgehalt wie die Aussage $x \in B$.

Zur Verdeutlichung betrachten wir das folgende Spiel „eine Zahl suchen": Es wird von zwei Partnern, Anna und Bruno gespielt. Anna denkt sich eine natürliche Zahl zwischen 1 und 40 aus und notiert sie versteckt auf einem Zettel. Bruno muss die Zahl in möglichst wenig Schritten erraten. Er darf Anna Fragen stellen, die sie stets mit „ja" oder „nein" zu beantworten hat.

Ein konkretes Szenario: Der ursprüngliche Suchraum ist $\{1, 2, 3, ..., 39, 40\}$.

Anna denkt sich die Zahl 18 aus.

Bruno: Ist die Zahl kleiner als 20?

Anna: ja (d.h. der neue Suchraum ist $\{1, 2, 3, ..., 18, 19\}$)

   Bruno: Ist die Zahl kleiner als 10?

   Anna: nein (d.h. der neue Suchraum ist $\{10, 11, 12, ..., 18, 19\}$)

      Bruno: Ist die Zahl kleiner als 15?

      Anna: nein (d.h. der neue Suchraum ist $\{15, 16, 17, 18, 19\}$)

         Bruno: Ist die Zahl kleiner als 18?

         Anna: nein (d.h. der neue Suchraum ist $\{18, 19\}$)

            Bruno: Ist die Zahl kleiner als 19?

            Anna: ja (d.h. der neue Suchraum ist $\{18\}$)

Da der Suchraum auf ein einziges Element zusammengeschrumpft ist, kennt Bruno jetzt die Zahl.

Aufgaben

1. Spielen Sie Brunos Halbierungsstrategie mit einigen anderen von Anna ausgedachten Zahlen durch.

2. Zeigen Sie: Bei dem gegebenen Suchraum $\{1, 2, 3, ..., 39, 40\}$ findet man die jeweils gesuchte Zahl mit der Halbierungsstrategie nach maximal 6 Fragen.

3. Stellen Sie die im Beispiel gegebene Halbierungsstrategie graphisch mit Hilfe eines Entscheidungsbaums dar.

4. Begründen Sie: Auch beim Suchraum $\{1, 2, 3, ..., 63, 64\}$ findet man die gesuchte Zahl mit der Halbierungsstrategie jeweils nach maximal 6 Fragen.

5. In welchen Fällen hat bei der Halbierungsstrategie der neue Suchraum immer genau den halben Umfang des alten Suchraums?

Die Anzahl der Fragen bis zur Identifikation des gesuchten Elements werde als die *Länge* des Suchprozesses bezeichnet. Im obigen Beispiel ist diese Länge in Abhängigkeit von dem zu suchenden Element gleich 5 oder gleich 6. Man beachte: $2^5 < 40 < 2^6$. Allgemein gilt der

Satz: Die Menge S (Suchraum) habe n Elemente: $|S| = n$. Dann sind zur Identifikation eines beliebigen Elements von S mit Hilfe einer Halbierungsstrategie höchstens k Fragen nötig, wo die Zahl k durch die Bedingung $2^{k-1} < n \leq 2^k$ gegeben ist.

Beweis: Man fülle die Menge S mit so vielen weiteren Elementen zum neuen Suchraum $\tilde{S}$ auf, dass die Elementezahl $\tilde{n}$ $(=|\tilde{S}|)$ des erweiterten Suchraums die kleinste Zweierpotenz größer oder gleich n ist: $\tilde{n} := 2^k$, mit $2^{k-1} < n \leq 2^k$. (Falls die Elementezahl von S bereits eine Zweierpotenz ist, bleibt S unverändert).

Die Halbierungsstrategie, wiederholt angewandt auf den neuen Suchraum $\tilde{S}$, führt zu der Gleichung: $\tilde{n} \cdot \dfrac{1}{2^k} = 1$. Und daraus folgt $n \leq \tilde{n} = 2^k$. Dass $2^{k-1} < n$ ist, folgt unmittelbar aus der Tatsache, dass 2^k die kleinste Zweierpotenz größer oder gleich n war.

Folgerung: Die Menge S (Suchraum) habe n Elemente: $|S| = n$. Dann sind zur Identifikation eines beliebigen Elements von S mit Hilfe einer Halbierungsstrategie höchstens k Fragen nötig, wo die Zahl k durch $k = \lceil ld(n) \rceil$ gegeben ist. Dabei ist:

$ld(x) = log_2(x) = $ *Zweierlogarithmus* von x und

$\lceil y \rceil = $ kleinste ganze Zahl, die größer oder gleich y ist

(in vielen Computeralgebrasystemen: ceiling).

Der Informationsbegriff in wahrscheinlichkeitstheoretischer Interpretation

Gegenüber der Umgangssprache hat der Begriff der *Information* in Mathematik und Informatik eine formalere, präzisierte Bedeutung. Das subjektive Interesse an einer Nachricht bleibt unberücksichtigt. Der Informationsgehalt einer Nachricht soll nur von der Wahrscheinlichkeit der Quellensignale abhängen. Der Informationszuwachs nach Empfang eines Signals wird als Abbau der vorher bestehenden Unsicherheit über sein Eintreten aufgefasst. Dabei gilt: Je kleiner die Wahrscheinlichkeit eines Signals ist, desto größer ist die Ungewissheit ihres Eintretens und desto größer ist der Informationsgewinn, durch den diese Ungewissheit beseitigt wird. Der Begriff der Information wird also dadurch definiert, wie man den Informationsgehalt einer Aussage misst; kurz und prägnant: Eine Information ist eine Aussage mit einem Maß für den Informationsgehalt der Aussage.

Eine *Plausibilitätsbetrachtung*: Nehmen wir an, wir haben Lotto gespielt und eine Quelle mit dem Alphabet $A = \{0,1,2,3,4,5,6\}$ versendet nach der Lotto-Auslosung an uns ein Signal x (mit $x \in A$) mit der Bedeutung „(genau) x Richtige". Dann ist offensichtlich, dass die Signale $0,1,2,3,4,5,6$ mit unterschiedlicher Wahrscheinlichkeit auftreten und es erscheint plausibel, dass die Nachricht „6" einen höheren Informationsgehalt hat als z.B. die Nachricht „3".

Wir kehren nun zum obigen Beispiel (Halbierungsstrategie) zurück und wollen annehmen, dass das gesuchte Element x durch einen Zufallsmechanismus ausgewählt werde. Alle der n Elemente mögen zunächst mit derselben Wahrscheinlichkeit gewählt werden („Laplace[1]"-Experiment). Die Wahrscheinlichkeit des Ereignisses „das Element x wurde gewählt" ist dann $p_x = \dfrac{1}{n}$.

Die Aussage „das Element x wurde gewählt" stellt eine *Information* dar; ihr *Informationsgehalt* wird definiert als: $I(x) = ld(\dfrac{1}{p_x}) = ld(n)$.

Der Informationsgehalt der Aussage „das Element x wurde gewählt" ist also im Wesentlichen gleich der Anzahl der Schritte, die bei der Halbierungsstrategie zur Identifikation des Elements x nötig sind. Die obige Definition des Informationsgehalts lässt sich nun problemlos auf den allgemeinen Fall übertragen.

Definition: Eine *diskrete Informationsquelle ohne Gedächtnis* ist gekennzeichnet durch ein Quellen-Alphabet $A = \{a_1, a_2, ..., a_n\}$ bestehend aus n Symbolen (Zeichen, Buchstaben, Signalen) $a_1, a_2, ..., a_n$ und einer Wahrscheinlichkeitsverteilung $p_1, p_2, ..., p_n$, aus der hervorgeht, mit welchen Wahrscheinlichkeiten die jeweiligen Symbole auftreten:

Signal	a_1	a_2	...	a_k	...	a_{n-1}	a_n
Wahrscheinlichkeit	p_1	p_2	...	p_k	...	p_{n-1}	p_n

$$\left(\text{mit } \sum_{k=1}^{n} p_k = 1 \right)$$

---

[1] Pierre-Simon Laplace (1749–1827), französischer Mathematiker, Physiker und Astronom

Der *Informationsgehalt* des Symbols a_k wird definiert durch:

$$I(a_k) := ld\left(\frac{1}{p_k}\right).$$

Die Maßeinheit für den Informationsgehalt ist *bit* oder *Sh* (für *Shannon*). Der Informationsgehalt eines bestimmten Symbols spiegelt also den „Seltenheitswert" dieses Symbols wider.

Nach den Logarithmengesetzen gilt (für jede Basis b) $\log_b\left(\dfrac{1}{p}\right) = -\log_b(p)$.

Deshalb wird der Informationsgehalt in der Literatur gelegentlich auch folgendermaßen definiert: $I(a_k) = -ld(p_k)$.

Einige *Plausibilitätsbetrachtungen*:

1. Je kleiner die Wahrscheinlichkeit p_k eines Signals a_k ist, desto größer ist ihr Kehrwert und (wegen der Monotonieeigenschaft der Logarithmus-Funktion) auch der Informationsgehalt der entsprechenden Nachricht.

2. Ist die Wahrscheinlichkeit p_k für ein Signal a_k gleich 1, dann ist das Eintreffen des Signals a_k das *sichere* Ereignis. Entsprechend der obigen Definition ist dann $I(a_k) = ld(1) = 0$. Dies ist plausibel, denn die Nachricht, dass ein sicheres Ereignis eingetreten ist, hat ersichtlich keinen Informationsgehalt.

3. Ist die Wahrscheinlichkeit p_k für ein Signal a_k gleich $\dfrac{1}{2}$, dann gilt: $I(a_k) = ld(2) = 1$. Ihr Informationsgehalt ist also gleich 1 *bit*. Im Sinne einer platzsparenden Codierung könnte man z.B. die Ereignisse „Das gesendete Signal war a_k" bzw. „Das gesendete Signal war nicht a_k" folgendermaßen codieren:

   1: Das Signal a_k wurde gesendet

   0: Das Signal a_k wurde nicht gesendet

Eine Nachricht mit dem (informationstheoretischen) Informationsgehalt „1 *bit*" kann also genau in einem Computer-Bit verschlüsselt werden. Die informationstheoretische Fassung der Einheit „*bit*" passt somit genau zusammen mit dem Begriff des Computerspeicher-"*Bits*" (vgl. Abschnitt 8.1).

Ist Q eine Quelle mit dem Alphabet A und der obigen Wahrscheinlichkeitsverteilung, dann heißt

$$H(Q) := \sum_{k=1}^{n} p_k \cdot I(a_k) \quad \text{bzw.} \quad H(Q) := \sum_{k=1}^{n} p_k \cdot ld(\frac{1}{p_k})$$

die *Entropie* der Quelle Q. Wegen $\log\dfrac{1}{p} = -\log p$ kann die Entropie, wie es in der einschlägigen Literatur gelegentlich praktiziert wird, auch folgendermaßen beschrieben werden:

$$H(Q) := -\sum_{k=1}^{n} p_k \cdot ld(p_k).$$

Deutet man (aus wahrscheinlichkeitstheoretischer Sicht) die Werte $I(a_k)$ als Werte der Zufallsvariablen I, dann entspricht der Begriff der Entropie der Quelle genau dem Begriff des *Erwartungswertes* dieser Zufallsvariablen. Hinter dem Begriff der Entropie einer diskreten Quelle steht also nichts anderes als die Idee des mittleren, bzw. durchschnittlichen, Informationsgehalts. Die Begriffe Entropie, Erwartungswert und Mittelwert sind also auf das Engste miteinander verknüpft.

Im engen Zusammenhang mit dem Informationsbegriff steht auch das Codierungsverfahren nach Huffman.

9.3 Huffman-Code

David A. Huffman (1925–1999), einer der Pioniere der Codierungstheorie, entwickelte ein hochgradig effizientes Verfahren zur verlustfreien binären Verschlüsselung von Daten, das ihm zu Ehren heute als Huffman-Codierung bezeichnet wird. Es ist ein Spezialfall für die sogenannte Entropiecodierung, einer Methode, die den einzelnen Zeichen eines Textes (potentiell) unterschiedlich lange binäre Codewörter zuordnet. Leitgedanke ist die Maxime, dass ein Buchstabe, der häufiger vorkommt, mit weniger Bits codiert werden sollte als ein Buchstabe, der selten vorkommt – so ähnlich wie bei unseren Kfz-Kennzeichen, wo große Städte mit vielen Autos in der Regel auch kürzere Kennzeichen haben als kleine Städte mit weniger Autos.

Der Huffman-Code ist (im Gegensatz z.B. zum Morse-Code) aufgrund seiner Konstruktion *präfixfrei*. Das heißt, dass kein Codewort zugleich der

Anfangsteil (Präfix) eines anderen Codeworts ist. Beim Morse-Code sind z.B. die Buchstaben A und L folgendermaßen codiert:

A: • —   und   L: • — • •

Der Morse-Code des Buchstaben A ist also als Anfangsstück (Präfix) im Morse-Code des Buchstaben L enthalten. So etwas kommt beim präfixfreien Huffman-Code nicht vor und dies hat zur Konsequenz, dass man beim Huffman-Code kein besonderes Trennzeichen zwischen zwei Codewörtern benötigt.

Ein entscheidender Schritt bei der Huffman-Codierung ist die Erstellung des jeweiligen Huffman-Baums. Er hängt maßgeblich vom zugrundeliegenden Alphabet und der Häufigkeit seiner Buchstaben ab. Beim Start des Verfahrens wird jeder Buchstaben des Alphabets als ein (trivialer) Baum aufgefasst. Dann werden die beiden Teilbäume mit den jeweils niedrigsten Wahrscheinlichkeiten solange zu einem neuen (binären) Teilbaum (mit der Summe der Wahrscheinlichkeiten seiner Teilbäume) zusammengeführt, bis es nur noch einen einzigen Baum gibt.

Wir entwickeln das Verfahren im Folgenden anhand eines konkreten Beispiels. Als Alphabet wählen wir die verschiedenen Buchstaben des Wortes „MISSISSIPPISCHIFF" und als Häufigkeiten die relativen Häufigkeiten, mit denen der jeweilige Buchstabe in diesem Wort auftritt. Die Häufigkeitstabelle sieht (der Häufigkeit nach geordnet) also folgendermaßen aus:

Buchstabe	C	H	M	F	P	I	S
Häufigkeit	1/17	1/17	1/17	2/17	2/17	5/17	5/17

Die Buchstaben mit den niedrigsten Wahrscheinlichkeiten sind C, H und M. Mit zweien von ihnen wird die Konstruktion des (binären) Codebaums gestartet, bis es nur noch einen einzigen Baum gibt. Das folgende Protokoll zeigt die Erzeugung der Teilbäume. Die zunächst in der Listenform rein textlich dargestellten Ergebnisse sind danach in der üblichen graphischen Form als Bäume bzw. Kollektion von Bäumen veranschaulicht. Wenn die Wahrscheinlichkeiten zweier oder mehrerer konkurrierender Teilbäume gleichgroß sind, kann einer von ihnen beliebig ausgewählt werden. Im Beispiel erfolgt die Auswahl entsprechend der alphabetischen Reihenfolge.

Ausgangspunkt:
```
{ {1/17, C},
  {1/17, H},
  {1/17, M},
  {2/17, F},
  {2/17, P},
  {5/17, I},
  {5/17, S} }
```

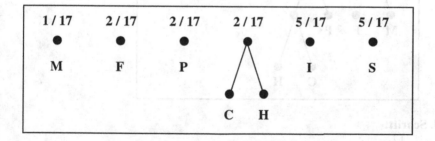

1. Schritt:
```
{ {1/17, M},
  {2/17, F},
  {2/17, P},
  {2/17,
-    { {1/17, C}, {1/17, H} } },
  {5/17, I},
  {5/17, S} }
```

2. Schritt:
```
{ {2/17, P},
  {2/17,
     { {1/17, C}, {1/17, H} } },
  {3 / 17,
     { {1/17, M}, {2/17, F} } },
  {5/17, I},
  {5/17, S} }
```

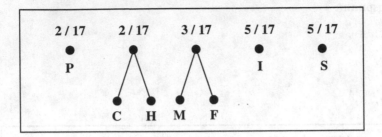

3. Schritt:

```
{ {3 / 17,
      { {1/17, M}, {2/17, F} } },
   {4 / 17,
      { {2/17, P},
        {2/17,
           { {1/17, C}, {1/17, H} } } } } },
   {5/17, I},
   {5/17, S} }
```

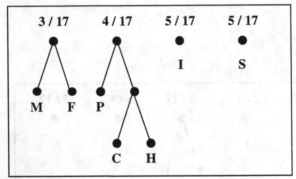

4. Schritt:

```
{ {5/17, I},
   {5/17, S},
   {7/17,
      { {3 / 17,
           { {1/17, M}, {2/17, F} } },
        {4 / 17,
           { {2/17, P},
             {2/17,
                { {1/17, C}, {1/17, H} } } } } } } }
```

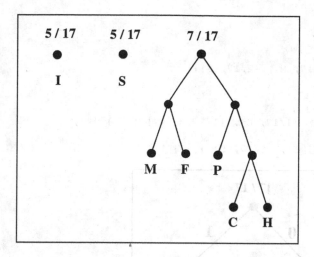

5. Schritt:

```
{ {7/17,
    { {3 / 17,
        { {1/17, M}, {2/17, F} } },
      {4 / 17,
        { {2/17, P},
          {2/17,
            { {1/17, C}, {1/17, H} } } } } } } },
  {10/17,
    { {5/17, I}, {5/17, S} } } }
```

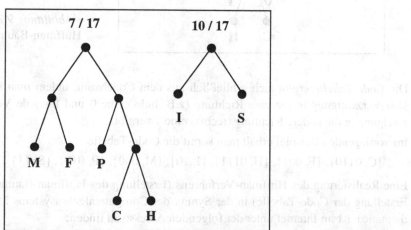

6. Schritt:

```
{ {1
    { {7/17,
        { {3 / 17,
            { {1/17, M}, {2/17, F}}},
        {4 / 17,
            { {2/17, P},
            {2/17,
                { {1/17, C}, {1/17,H} } } } } } } },
        {10/17
            { {5/17, I}, {5/17, S} } } } } } }
```

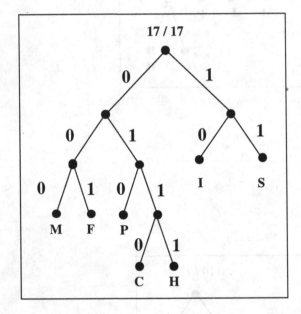

Abbildung 9.2
Huffman-Baum

Die *Code-Tabelle* ergibt sich schließlich aus dem Codebaum, indem man für jede Verzweigung in die eine Richtung (z.B. links) eine 0 und für jede Verzweigung in die andere Richtung (rechts) eine 1 vergibt.

Im vorliegenden Beispiel erhält man somit die Code-Tabelle

{ {C, 0110}, {F, 001}, {H, 0111}, {I, 10}, {M, 000}, {P, 010}, {S, 11} }

Eine Realisierung des Huffman-Verfahrens (Erstellung des Huffman-Baumes, Erstellung der Code-Tabelle) in der Syntax des Computeralgebrasystems Mathematica ist im Internet unter der folgenden Adresse zu finden:

http://www.ziegenbalg.ph-karlsruhe.de/materialien-homepage-jzbg/materials-in-english/index.html

Dabei wird massiv von der Fähigkeit der Programmiersprache von Mathematica zur Listenverarbeitung und Rekursion Gebrauch gemacht.

Eine wichtige Größe zur Beschreibung der Effizienz eines binären Codierungsverfahrens ist die *mittlere Codewortlänge*.

Ist $A = \{a_1, a_2, \ldots, a_n\}$ ein Quellen-Alphabet bestehend aus den n Symbolen $a_1, a_2, \ldots, a_n$ mit der folgenden Wahrscheinlichkeitsverteilung

Buchstabe (Signal)	a_1	a_2	$\ldots$	a_k	$\ldots$	a_{n-1}	a_n
Wahrscheinlichkeit	p_1	p_2	$\ldots$	p_k	$\ldots$	p_{n-1}	p_n

und ist l_k die Länge des zu a_k gehörenden binären Codeworts, so ist

$$\sum_{k=1}^{n} p_k \cdot l_k$$ die mittlere Codewortlänge des Quellen-Alphabets (man beachte die Verbindung zum Begriff der Entropie.) Die Bedeutung des Huffman-Verfahrens resultiert nicht zuletzt aus dem folgenden Ergebnis (vgl. Schulz, 1991):

Satz (Optimalität der Huffman-Codierung):
Keine präfixfreie binäre Codierung der Einzelzeichen einer diskreten Quelle ohne Gedächtnis hat eine kleinere mittlere Codewortlänge als die Huffman-Codierung.

Die Huffman-Codierung stellt in diesem Sinne also eine optimale binäre Codierung dar.

9.4 Kryptographie: drei typische Verschlüsselungsverfahren

Die Kryptographie ist in ihrer historischen Entstehung die Lehre von den Geheimschriften, also vom Schutz von Nachrichten vor Lauschangriffen. Moderne Verfahren der Kryptographie, insbesondere die mit „öffentlichen Schlüsseln" arbeitenden Verfahren (public key cryptography) liefern zugleich fast ohne Zusatzaufwand die Möglichkeit zur Authentifizierung der jeweiligen Nachricht, also des Nachweises, dass die Nachricht wirklich von demjenigen Sender kommt, von dem zu kommen sie vorgibt.

Ein historisch frühes Codierungsverfahren war das folgende, dem römischen Imperator Caesar[1] zugeschriebene Verfahren.

9.4.1 Caesar-Codierung

Die Caesar-Codierung ist heute nur noch aus historischer Sicht von Interesse. Man kann an ihr aber auch schon gewisse allgemeine Probleme (insbesondere im Hinblick auf das „Knacken" des Schlüssels) verdeutlichen.

Beim Caesar-Verfahren schreibt man das Alphabet in seiner gegebenen Reihenfolge auf.   Die Codierung basiert auf einer natürlichen Zahl s als Schlüssel: Von jedem Buchstaben aus geht man im Alphabet s Schritte nach rechts und erhält so den zugehörigen Code-Buchstaben (falls dabei das Ende des Alphabets erreicht wird, setzt man das Verfahren ggf. am Anfang des Alphabets fort).

a	b	c	d	e	f	g	h	i	j	k	l	m	n	o	p	q	r	s	t	u	v	w	x	y	z
D	E	F	G	H	I	J	K	L	M	N	O	P	Q	R	S	T	U	V	W	X	Y	Z	A	B	C

Das Verfahren wird am besten durch drehbare Scheiben (ein äußerer Ring ist drehbar auf einer inneren Scheibe gelagert) verdeutlicht:

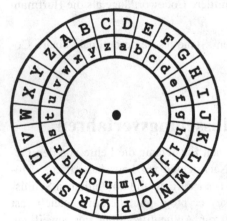

Abbildung 9.3   Caesar-Scheibe

---

[1] Gaius Julius Caesar (100 v.Chr–44 v. Chr.), römischer Feldherr und Staatsmann

Diese Verschlüsselung soll bereits von Gaius Julius Caesar verwendet worden sein. Es ist ein *symmetrisches* Verfahren, d.h. die Kenntnis des Schlüssels *s* dient sowohl der Verschlüsselung (*s* Schritte nach rechts) als auch der Entschlüsselung (*s* Schritte nach links). Es liegt auf der Hand, dass das Verfahren sehr leicht durch systematisches Probieren aller möglichen Werte für *s* geknackt werden kann.

Das Caesar-Verfahren ist zudem ein *mono-alphabetisches* Verfahren, d.h. jeder Buchstabe des Klartexts wird immer durch genau denselben Code-Buchstaben ersetzt. Bei mono-alphabetischen Verfahren stellen die Code-Buchstaben eine Permutation (Vertauschung) der Buchstaben des Ausgangs-Alphabets dar. Alle diese Verfahren sind sehr leicht durch eine Häufigkeitsanalyse zu knacken, denn in jeder natürlichen Sprache weisen die Buchstaben eine charakteristische Häufigkeitsverteilung auf.

Aufgaben

1. Schreiben Sie ein Programm `VerschluesselungCaesar(K, s)`, das einen Klartext `K` mit Hilfe des Schlüssels `s` nach dem Caesar-Verfahren verschlüsselt.

2. Schreiben Sie ein Programm EntschluesselungCaesar(G, s), das einen Caesar-verschlüsselten Geheimtext G mit Hilfe des Schlüssels s entschlüsselt.

3. Schreiben Sie ein Programm `EntschluesselungCaesar(G)`, das in der Lage ist, einen Caesar-verschlüsselten Geheimtext G ohne Kenntnis des Schlüssels s (z.B. durch systematisches Probieren) zu entschlüsseln.

4. Informieren Sie sich über die Häufigkeitsverteilung der Buchstaben in der deutschen Sprache und schreiben Sie ein Programm als Analysewerkzeug, um einen mono-alphabetisch verschlüsselten deutschsprachigen Geheimtext mit Hilfe der Häufigkeitsanalyse zu entschlüsseln. (Das Programm muss nicht perfekt sein. Es reicht in der Regel aus, das das Programm Substitutionsvorschläge für die „manuelle" Bearbeitung des teilentschlüsselten Texts macht.)

Im Hinblick darauf, wie leicht es ist, mono-alphabetische Verschlüsselungen zu entschlüsseln, ist es erstaunlich, wie lange es gedauert hat, bis nicht-mono-alphabetische Verfahren (d.h. *poly-alphabetische* Verfahren) zur Anwendung kamen. Das bekannteste davon ist die

9.4.2 Vigenère[1]-Codierung

Das nach Vigenère benannte Verfahren dient dem Ziel, die Häufigkeits-Entsprechung zwischen den Buchstaben im Klartext und im Geheimtext zu „stören", um so eine Dechiffrierung auf der Basis einer einfachen Häufigkeitsanalyse zu vereiteln. Zu diesem Zweck erfolgt die Chiffrierung mit variablen Tauschalphabeten. Zur Vigenère-Chiffrierung gehört die Verwendung eines Vigenère-Quadrats (vgl. Tabelle) und eines „Schlüsselworts".

Man wählt zunächst ein Schlüsselwort und schreibt dies, notfalls in wiederholter Form, solange über die Buchstaben des Klartexts bis der letzte Buchstabe erreicht ist.

Ein Beispiel: Das Schlüsselwort sei KARLSRUHE . (In einer modifizierten Form des Vigenère-Verfahrens werden doppelte Buchstaben im Schlüsselwort vermieden; das Verfahren läuft aber ansonsten gleich ab.)

Der zu verschlüsselnde Klartext sei: `mississippischifffahrt`.

Klartext-Alphabet mit darüber stehendem Schlüsselwort:

```
K A R L S R U H E K A R L S R U H E K A R L
m i s s i s s i p p i s c h i f f f a h r t
```

Der Klartext wird nun folgendermaßen verschlüsselt:

1. Buchstabe: m. Da über dem m das K (von Karlsruhe) steht, wird das Chiffren-Alphabet in Zeile „K" zur Verschlüsselung des Buchstaben m verwendet (siehe schematische Darstellung in der Tabelle). Ergebnis: m → W .

2. Buchstabe: i. Die erste (mit A beginnende) Zeile des Vigenère-Quadrats wird verwendet. Ergebnis: i → I u.s.w.

Insgesamt wird der Klartext `mississippischifffahrt` in den Text `WIJDAJMPTZIJNZZZMJKHIE` verschlüsselt. Mit dem (nur dem Sender und Empfänger bekannten) Schlüsselwort `KARLSRUHE` kann der Empfänger den verschlüsselten Text durch Rückwärts-Anwendung der Verschlüsselungsstrategie leicht entschlüsseln.

---

[1] Blaise de Vigenère (1523–1596), französischer Diplomat und Kryptograph

Klartext-Alphabet:

a b c d e f g h i j k l m n o p q r s t u v w x y z

Chiffren-Alphabete (zyklisch verschoben, quadratisch angeordnet):

```
A B C D E F G H I J K L M N O P Q R S T U V W X Y Z
B C D E F G H I J K L M N O P Q R S T U V W X Y Z A
C D E F G H I J K L M N O P Q R S T U V W X Y Z A B
D E F G H I J K L M N O P Q R S T U V W X Y Z A B C
E F G H I J K L M N O P Q R S T U V W X Y Z A B C D
F G H I J K L M N O P Q R S T U V W X Y Z A B C D E
G H I J K L M N O P Q R S T U V W X Y Z A B C D E F
H I J K L M N O P Q R S T U V W X Y Z A B C D E F G
I J K L M N O P Q R S T U V W X Y Z A B C D E F G H
J K L M N O P Q R S T U V W X Y Z A B C D E F G H I
K L M N O P Q R S T U V W X Y Z A B C D E F G H I J
L M N O P Q R S T U V W X Y Z A B C D E F G H I J K
M N O P Q R S T U V W X Y Z A B C D E F G H I J K L
N O P Q R S T U V W X Y Z A B C D E F G H I J K L M
O P Q R S T U V W X Y Z A B C D E F G H I J K L M N
P Q R S T U V W X Y Z A B C D E F G H I J K L M N O
Q R S T U V W X Y Z A B C D E F G H I J K L M N O P
R S T U V W X Y Z A B C D E F G H I J K L M N O P Q
S T U V W X Y Z A B C D E F G H I J K L M N O P Q R
T U V W X Y Z A B C D E F G H I J K L M N O P Q R S
U V W X Y Z A B C D E F G H I J K L M N O P Q R S T
V W X Y Z A B C D E F G H I J K L M N O P Q R S T U
W X Y Z A B C D E F G H I J K L M N O P Q R S T U V
X Y Z A B C D E F G H I J K L M N O P Q R S T U V W
Y Z A B C D E F G H I J K L M N O P Q R S T U V W X
Z A B C D E F G H I J K L M N O P Q R S T U V W X Y
```

Wir betrachten nochmals Schlüsseltext, Klartext und Geheimtext

```
K A R L S R U H E K A R L S R U H E K A R L
m i s s i s s i p p i s c h i f f f a h r t
W I J D A J M P T Z I J N Z Z Z M J K H I E
```

und halten fest: Gleiche Buchstaben des Klartextes werden i.A. in verschiedene Buchstaben des Geheimtextes konvertiert. Ebenso gilt: Gleichen Buchstaben des Geheimtextes entsprechen i.A. verschiedene Buchstaben des Klartextes. Obwohl das Vigenère-Verfahren eine wesentliche Verbesserung im Vergleich zu den mono-alphabetischen Verfahren darstellt, ist es nicht perfekt. So kann z.B. das Schlüsselwort KARLSRUHE u.U. deshalb eine Schwachstelle darstellen, weil der unter dem A stehende Buchstabe des Klartextes nicht verändert wird. Aber auf jeden Fall wird durch dieses Verschlüsselungsverfahren eine Dechiffrierung mit Hilfe einer einfachen Häufigkeitsanalyse verhindert.

Ein perfektes Verschlüsselungsverfahren gibt es nicht. Allerdings dauerte es bis in die Mitte des 19. Jahrhunderts, dass systematische Strategien zur Entschlüsselung Vigenére-verschlüsselter Texte bekannt wurden (Charles Babbage, britischer Mathematiker 1854, Friedrich Kasiski, preußischer Offizier 1863). Ein wesentlicher Teilschritt im „Kasiski-Test" ist die Ermittlung der Länge des Schlüsselworts.

Aufgaben

1. Schreiben Sie ein Programm `VerschluesselungVigenere(K, S)`, das den Klartext `K` mit Hilfe des Schlüsselworts `S` verschlüsselt.

2. Schreiben Sie ein Programm `EntschluesselungVigenere(G, S)`, das einen Vigenère-verschlüsselten Geheimtext `G` mit Hilfe des Schlüsselworts `S` entschlüsselt.

9.4.3 Verfahren mit öffentlichen Schlüsseln

Historisch gesehen, waren zunächst *symmetrische* Verschlüsselungsverfahren in Gebrauch. Das sind Verfahren, bei denen die Kenntnis des Schlüssels zur Verschlüsselung gleichbedeutend ist mit der Kenntnis des Schlüssels zur Entschlüsselung (wer verschlüsseln kann, kann mit demselben Schlüssel auch entschlüsseln). Beispiele dafür sind die bereits von Caesar verwandte *Verschiebemethode* (die Kenntnis der Verschiebezahl dient zugleich der Ver- und der Entschlüsselung) oder die Vigenère-Methode, bei der die Ver- und Entschlüsselung auf der Kenntnis des Schlüsselwortes beruht.

Bei *asymmetrischen* Verfahren hat man getrennte Schlüssel zum *Verschlüsseln* und zum *Entschlüsseln*. Aus der Kenntnis des Schlüssels zum Verschlüsseln können keine Rückschlüsse über die Entschlüsselung abgeleitet werden. Die auf dem Prinzip des „öffentlichen Schlüssels" basierenden Verschlüsselungsverfahren (englisch: public key cryptography) stellen eine besonders wichtige Variante der asymmetrischen Verfahren dar. Dabei wird für jeden Teilnehmer ein *Schlüsselpaar* erzeugt; es besteht aus einem Schlüssel zum Verschlüsseln und einem Schlüssel zum Entschlüsseln. Der Verschlüsselungs-Schlüssel (public key) wird *öffentlich* gemacht (z.B. in der Zeitung oder im Internet oder bei einer Schlüsselverwaltungsstelle). Der Entschlüsselungs-Schlüssel (private key) wird jedoch stets geheim gehalten.

Das Grundprinzip von öffentlichen Verschlüsselungsverfahren

Jeder Teilnehmer T hat ein Paar von Schlüsseln:

- einen *öffentlichen* Schlüssel E $(= E_T)$ $(E$ für Encryption) zum Verschlüsseln und
- einen *privaten* Schlüssel D $(= D_T)$ $(D$ für Decryption) zum Entschlüsseln

mit den folgenden Eigenschaften:

1. Für jede Nachricht m gilt: $D(E(m)) = m$ und $E(D(m)) = m$.

2. Aus der Kenntnis des öffentlichen Schlüssels E ist der private Schlüssel D (praktisch) nicht zu erschließen.

Ein Szenario

1. *Vorbereitung*: In einer Gruppe von Kommunikationspartnern besitze jeder Teilnehmer ein solches Paar von Schlüsseln: den öffentlichen Schlüssel E $(= E_T)$ und den privaten Schlüssel D $(= D_T)$. Alle zusammen veröffentlichen nun ihre öffentlichen Schlüssel E_T in einem allgemein zugänglichen Publikationsorgan (Zeitung, Internet, ...) oder übergeben ihn an eine Schlüsselverwaltungsstelle („Zertifizierungs-Stelle"). Seinen privaten Schlüssel D_T behält jeder Teilnehmer für sich.

2. *Versendung und Empfang einer Botschaft*: Will Teilnehmer A an B die Nachricht m senden, so sucht er aus der öffentlich zugänglichen Liste den Schlüssel E_B von B heraus, verschlüsselt die Nachricht mit Hilfe des öffentlichen Schlüssels E_B und sendet die verschlüsselte Nachricht $E_B(m)$ an B.

3. *Entschlüsselung*: Der Teilnehmer B empfängt die verschlüsselte Nachricht $E_B(m)$ und kann sie mit Hilfe seines (nur ihm bekannten) privaten Schlüssels D_B entschlüsseln: $D_B(E_B(m)) = m$.

4. *Sicherheit des Verfahrens*: Kein anderer Teilnehmer kann die verschlüsselte Botschaft $E_B(m)$ entschlüsseln, da ihm die Kenntnis des privaten Schlüssels D_B fehlt.

Ein stark vereinfachtes Modell: System von Briefkästen

Dem öffentlichen Schlüssel entspricht der offen auf dem Briefkasten stehende Name des Empfängers; dem privaten Schlüssel entspricht der (physische) Schlüssel des Biefkasteninhabers.

- *Verschlüsseln und Versenden*: *A* steckt seine Nachricht in den Schlitz des (geschlossenen) Briefkastens von *B*.

- *Empfangen und Entschlüsseln*: *B* hat (als einziger) den Schlüssel für seinen Briefkasten und kann ihn öffnen, um die Nachricht entgegenzunehmen.

Im Zeitalter der Massenkommunikation per Email läuft das entsprechende Verfahren technisch natürlich anders ab. Wichtig hierfür ist das Konzept der sogenannten *Einweg-Funktionen* (auch *Falltür*-Funktionen, englisch: *one way function* oder *trapdoor function* genannt).

Eine Funktion $f : A \rightarrow B$ mit $x \rightarrow y = f(x)$ heißt *Einweg-Funktion*, wenn der Funktionswert y relativ leicht aus dem Argument x berechnet werden kann, wenn es aber andererseits bei Kenntnis von y nur mit sehr großem („astronomischem") Aufwand möglich ist, das Argument x zu ermitteln, das zum Funktionswert y gehört.

Ein stark vereinfachtes Beispiel (ohne Computer): Die Telephonbuch-Methode. Wir legen das Telephonbuch einer großen Stadt (z.B. Berlin, Hamburg, München, ...) zugrunde und stellen uns vor, dies geschehe in einem Kontext, wo die Telephonbücher nur als auf Papier gedruckte Dokumente vorliegen, die keine „Rückwärtssuche per Mausklick" ermöglichen. Die Funktion f soll zu gegebenem Namen x die Telephonnummer y ermitteln. Dies ist relativ leicht möglich; man schlage nur im alphabetisch geordneten Telephonbuch nach. Ist umgekehrt eine Telephonnummer y gegeben, so ist es ungleich schwerer, den zugehörigen Namen zu finden.

Zum Entschlüsseln bräuchte man so etwas wie ein nach Telephonnummern sortiertes Telephonbuch, das im konkreten Fall nur mit großem Aufwand herzustellen ist. In der Praxis wäre die Telephonbuch-Methode natürlich kaum praktikabel, denn für jeden Teilnehmer bräuchte man ein anderes Telephonbuch (öffentlich) und ein dazugehöriges nach Telephonnummern sortiertes (privates) Exemplar des Telephonbuchs.

Eine besonders interessante Methode zur Erzeugung von Einweg-Funktionen ist das von den Mathematikern *Rivest*, *Shamir* und *Adleman* entwickelte

Verfahren, das heute nach seinen Entdeckern als RSA-Verfahren bezeichnet wird.

Das RSA-Verfahren

Das RSA-Verfahren wurde etwa 1977 von den Mathematikern Rivest[1], Shamir[2] und Adleman[3] entwickelt. Es basiert auf Methoden und Gesetzen der elementaren Zahlentheorie, insbesondere auf dem Euklidischen Algorithmus und dem (kleinen) Satz von Fermat, sowie auf der Tatsache, dass kein schneller Algorithmus zur Primfaktorzerlegung „großer" natürlicher Zahlen bekannt ist. Ein Zitat aus Horster, 1985: „Die Faktorisierung einer 200-stelligen Dezimalzahl benötigt mit dem schnellsten zu dem Zeitpunkt bekannten Algorithmus durchschnittlich etwa 4 000 000 000 Jahre". Auch wenn es inzwischen etwas schneller geht, gibt es immer noch keine wirklich schnellen Verfahren für die Zerlegung großer natürlicher Zahlen in Primzahlen. Will man die Sicherheit erhöhen, so nehme man einfach größere Zahlen. Besonders schwer sind große natürliche Zahlen zu zerlegen, die das Produkt aus zwei Primzahlen ähnlicher Größenordnung sind („RSA-Zahlen"). Im Jahre 2009 gelang es z.B., die aus 232 Dezimalstellen bestehende Zahl RSA-768 durch Einsatz parallel arbeitender Rechner zu zerlegen. Die Rechenzeit entsprach einer Zeit von fast 2000 Jahren auf einem „single-core" 2.2 GHz Computer (vgl. en.wikipedia.org/wiki/RSA_numbers).

Die beim RSA-Verfahren verwendete Falltür-Funktion ist die Funktion p, die je zwei natürlichen Zahlen ihr Produkt zuordnet:

$$p : (x, y) \rightarrow p(x, y) := x \cdot y$$

Gleichgültig, wie die Zahlen x und y lauten, ihr Produkt $x \cdot y$ ist stets leicht zu berechnen. Wenn jedoch x und y ähnlich große (etwa 200-stellige oder besser noch größere) Primzahlen sind, dann sind die Faktoren x und y nur mit extrem hohem zeitlichen Aufwand aus dem Produkt $x \cdot y$ zu erschließen.

Zu den mathematischen Grundlagen des RSA-Verfahrens gehört der *Euklidische Algorithmus*, bzw. die *Vielfachsummendarstellung* des größten gemeinsamen Teilers (GGT) zweier natürlicher Zahlen.

---

[1] Ronald Rivest (geb. 1947), amerikanischer Mathematiker und Kryptologe
[2] Ade Shamir (geb. 1952), israelischer Mathematiker und Kryptologe
[3] Leonard Adleman (geb. 1945), amerikanischer Informatiker und Molekularbiologe

Satz (erweiterter Euklidischer Algorithmus): Zu je zwei natürlichen Zahlen a und b $(b > 0)$ gibt es stets ganze Zahlen x und y mit der Eigenschaft $GGT(a,b) = a \cdot x + b \cdot y$

Hinweis: Die Zahlen x und y können mit Hilfe des erweiterten Euklidischen Algorithmus (Berlekamp[1] Algorithmus) gewonnen werden (siehe z.B. Ziegenbalg 2015: Lemma von Bachet[2] bzw. Lemma von Bézout[3]).

Folgerung: Sind a und b teilerfremd, d.h. ist $GGT(a,b) = 1$, dann gilt $a \cdot x = 1 - b \cdot y$ bzw. $a \cdot x \equiv 1 \pmod{b}$

In der Sprechweise der Algebra ausgedrückt heißt dies: x ist das Inverse von a modulo b. Der Euklidische Algorithmus (in seiner erweiterten Form) liefert also nicht nur den größten gemeinsamen Teiler, sondern auch im Falle von teilerfremden Ausgangszahlen die jeweiligen multiplikativen Inversen im „Ring" der Restklassen modulo b.

Ein Beispiel: $a = 14$, $b = 51$

Dann ist $GGT(a,b) = 1$. Mögliche Werte für x und y sind: $x = 11$ und $y = -3$. Probe: $14 \cdot 11 + 51 \cdot (-3) = 1$ bzw. $14 \cdot 11 \equiv 1 \pmod{51}$

Mit anderen Worten: 11 ist das Inverse von 14 modulo 51.

Für das weitere ist der („kleine") Satz von Fermat[4] von Bedeutung:

Satz (Fermat): Ist p eine Primzahl und a eine zu p teilerfremde natürliche Zahl, so ist $a^{p-1} \equiv 1 \pmod{p}$.

Beispiel: $p = 7$; $a = 5$: $a^{p-1} = 5^6 = 15625 = 2232 \cdot 7 + 1 \equiv 1 \pmod{7}$

Gewinnung des öffentlichen und privaten Schlüssels beim RSA-Verfahren

Zur Durchführung des RSA-Verfahrens hat jeder einzelne Teilnehmer T folgendermaßen vorzugehen:

---

[1] Elwyn Ralph Berlekamp (geb. 1940), amerikanischer Mathematiker
[2] Claude Gaspar Bachet de Méziriac (1581–1638) französischer Mathematiker
[3] Etienne Bézout (1730–1783) französischer Mathematiker
[4] Pierre de Fermat (1601–1665), französischer Rechtsanwalt und Mathematiker

1. T ermittelt zwei (sehr) große Primzahlen p und q. („Sehr groß" heißt im Hinblick auf die heutige Computer-Technologie mindestens 200-stellig im Dezimalsystem.)

2. T berechnet die Zahlen

$$n := p \cdot q \qquad\qquad\qquad (\text{* RSA-1 *})$$

und

$$f := (p-1) \cdot (q-1) \qquad\qquad\qquad (\text{* RSA-2 *})$$

3. T ermittelt zwei (positive) Zahlen e und d (e für *encryption*, d für *decryption*) mit der Eigenschaft:

$$e \cdot d \equiv 1 \pmod{f} \qquad\qquad\qquad (\text{* RSA-3 *})$$

Dies ist stets möglich, denn für e kann man z.B. eine Primzahl nehmen, die kein Teiler von f ist. Nach dem erweiterten Euklidischen Algorithmus gibt es Zahlen d und k mit der Eigenschaft:

$$e \cdot d + f \cdot k = 1 \qquad\qquad\qquad (\text{* RSA-4 *})$$

D.h. d ist multiplikativ invers zu e modulo f.

Bemerkung 1: Die Zahlen d und k sind nicht eindeutig bestimmt; genauer: Für jede beliebige ganze Zahl v gilt $e \cdot d + f \cdot k = e \cdot (d + v \cdot f) + f \cdot (k - v \cdot e)$. Es ist also insbesondere stets möglich, d so zu wählen, dass es positiv ist.

Bemerkung 2: Die Zahlen p, q und somit auch f sind positiv. Wenn weiterhin die Zahlen e und d so gewählt werden, dass sie positiv sind, dann kann (offensichtlich, wegen (* RSA-4 *)) nicht k auch noch positiv sein. D.h., bei positiven Zahlen e und f ist genau eine der Zahlen d oder k positiv und eine negativ.

Zusammenfassung: Teilnehmer T ermittelt (zu den gegebenen Primzahlen p und q) also Zahlen d und k (z.B. mit dem erweiterten Euklidischen Algorithmus) und wählt dabei d so, dass es positiv ist (denn mit d soll später potenziert werden); k ist dann automatisch negativ.

4. Der öffentliche Schlüssel von T besteht aus dem Zahlenpaar n und e; der private Schlüssel besteht aus der Zahl d.

5. T veröffentlicht den öffentlichen Schlüssel (n, e) an geeigneter Stelle (z.B. im Internet, in der Zeitung oder aus Gründen der Minimierung von Manipulationen bei einer Zertifizierungsstelle - vgl. dazu die Ausführungen

weiter unten zum Stichwort „Schlüsselverwaltung") als seinen öffentlichen Schlüssel und hält seinen privaten Schlüssel d geheim.

6. Die Zahlen p, q, f und k werden nun nicht mehr benötigt und können aus Gründen der Sicherheit gelöscht werden.

Versenden und Empfangen einer Nachricht

Teilnehmer A möchte die Nachricht m an Teilnehmer B senden. Die Nachricht m sei eine natürliche Zahl kleiner als n (n wie in (* RSA-1 *)). Es ist also: $0 \le m < n$. Durch eine geeignete „Vor-Codierung" z.B. durch Aufteilung in Blöcke lässt sich ggf. jede Nachricht z.B. mit Hilfe des ASCII-Codes ihrer Zeichen in eine solche Zahl oder in eine Folge solcher Zahlen übersetzen.

1. A informiert sich über den öffentlichen Schlüssel (n_B, e_B) von B.

   (Im Folgenden wird kurz n für n_B und e für e_B geschrieben.)

2. A berechnet die Zahl $c = m^e$ (mod n) und sendet sie an B.

3. B empfängt die codierte Nachricht c und berechnet mit Hilfe seines privaten Schlüssels $d = d_B$ die Zahl $m_2 = c^d$ (mod n).

Behauptung: $m_2 = m$

Beweis: Es ist $m_2 \equiv c^d \equiv (m^e)^d \equiv m^{e \cdot d}$ (mod n) .

Also ist zu zeigen: $m^{e \cdot d} = m$ (mod n).

Hilfssatz 1: Es ist $m \equiv m^{e \cdot d}$ (mod p), wobei p die eine der anfangs gewählten Primzahlen ist.

Beweis des Hilfssatzes: Es ist $n = p \cdot q$.

1. *Fall*: m sei nicht teilerfremd zu p. Da p eine Primzahl ist, muss p ein Teiler von m sein, d.h. $m \equiv 0$ (mod p). Erst recht gilt dann

   $m^{e \cdot d} \equiv 0$ (mod p). In diesem Fall ist insgesamt also

   $m^{e \cdot d} \equiv m$ (mod p).

2. *Fall*: m sei teilerfremd zu p. Nach dem Satz von Fermat gilt dann

   $m^{p-1} \equiv 1$ (mod p). Die Zahlen d, e, f und k waren so gewählt, dass $e \cdot d + f \cdot k = 1$ gilt, wobei d positiv und k negativ ist. D.h. es ist

$e \cdot d = 1 - k \cdot f$ und mit $t := -k$, also $t > 0$, ist dann
$e \cdot d = 1 + t \cdot f = 1 + t \cdot (p-1) \cdot (q-1)$.

Insgesamt ist

$$m^{e \cdot d} = m^{1 + t \cdot (p-1) \cdot (q-1)}$$

$$= m^1 \cdot m^{t \cdot (p-1) \cdot (q-1)} = m \cdot (m^{p-1})^{t \cdot (q-1)} \equiv m \cdot 1^{t \cdot (q-1)} \equiv m \pmod{p}.$$

Damit ist Hilfssatz 1 bewiesen.

Hilfssatz 2: Es ist $m \equiv m^{e \cdot d} \pmod{q}$, wobei q die andere der anfangs gewählten Primzahlen ist.

Beweis (Symmetrie-Argument): Die Primzahlen p und q sind völlig gleichwertig.

Abschluss des Beweises der Behauptung: $m_2 = m$:

Sei $z := m^{e \cdot d} - m$. Nach den beiden Hilfssätzen wird z sowohl von p als auch von q geteilt. Da p und q verschiedene Primzahlen sind, folgt (z.B. nach dem Fundamentalsatz der Zahlentheorie), dass z *auch* vom Produkt $p \cdot q$ $(= n)$ geteilt wird. Somit gilt $z := m^{e \cdot d} - m \equiv 0 \pmod{n}$, also $m^{e \cdot d} \equiv m \pmod{n}$. Wenn der Repräsentant der zu $m^{e \cdot d}$ gehörenden Restklasse so gewählt wird, dass er zwischen 0 und $n-1$ liegt (was immer möglich ist), muss er also gleich m sein.

Aufgabe: Zeigen Sie: Zwei natürliche Zahlen zwischen 0 und $n-1$, deren Differenz von n geteilt wird, müssen gleich sein.

Bemerkung: Das Potenzieren mit großen Zahlen (vor allem mit hohen Exponenten) führt sehr schnell zu außerordentlich großen, relativ schwer zu handhabenden Zahlen. Da man sowieso nur am Ergebnis modulo n interessiert ist, empfiehlt es sich, die Reduktion modulo n nach jedem Rechenschritt durchzuführen. Computeralgebrasysteme verfügen in der Regel über „eingebaute" Funktionen zum modularen Potenzieren. Die Funktionen zur Auswertung des Terms $a^k \pmod{n}$ lauten in Mathematica PowerMod[a, k, n] und in Maxima power_mod(a, k, n).

Zur Sicherheit des Verfahrens

Voraussetzung für die Dekodierung einer von T versandten Nachricht ist die Kenntnis der Zahl d. Diese kann leicht wie oben ermittelt werden, wenn die Ausgangs-Primzahlen p und q bekannt sind. Sie sind es aber nicht, sondern nur ihr Produkt n ist bekannt. Um an p bzw. q zu gelangen, müsste man die Zahl n in ihre Primfaktoren zerlegen. Nach dem gegenwärtigen Stand der Mathematik ist jedoch kein „schnelles" Verfahren zur Faktorisierung natürlicher Zahlen bekannt. Die Faktorisierung großer natürlicher Zahlen mit einer Stellenzahl von etwa ab 200 Stellen aufwärts, die keine kleinen Primfaktoren besitzen, ist nur mit extrem hohem Zeitaufwand möglich.

Ein Beispiel mit sehr kleinen Zahlen

Generierung der Ausgangszahlen (demonstrationshalber mit extrem kleinen Primzahlen):

$p = 29$

$q = 43$

$n = p \cdot q = 1247$

$f = (p-1) \cdot (q-1) = 1176$

$e = 593$

$d = 353$

$k = -178$

Probe: $e \cdot d + f \cdot k = 1$

Die Nachricht sei: $m = 827$. Dann ist sie in codierter Form:

$c = m^e = 1204390065...6090406267$ (insgesamt: 1731 Dezimalstellen);
modulo n: $c \bmod n = 68$.

Dekodierung: $c^d = 7510108048...4543085568$ (insgesamt: 647 Dezimalstellen); modulo n: $c^d \bmod n = 827$.

Eine Bemerkung zur Syntax der Zahldarstellung in Maxima: Die Voreinstellung des Systems ist so, dass große Zahlen (ähnlich wie oben) in abgekürzter Form dargestellt werden, so dass sie maximal etwa eine Bildschirmzeile benötigen. Mit Hilfe des Befehls `set_display(ascii)` werden Zahlen in voller Länge dargestellt.

Authentifizierung durch digitale Signaturen

Ähnlich wichtig wie die Abwehr von Lauschangriffen ist in Kommunikations-
prozessen das Problem der *Authentifizierung*. Der Empfänger einer Nachricht
sollte sicher sein können, dass die Nachricht wirklich von demjenigen Kommunikationspartner stammt, der zu sein er in der Nachricht vorgibt. Die Nachricht sollte also vom Absender in verlässlicher, verifizierbarer Form *signiert*
(unterschrieben) sein. Im Falle elektronischer Kommunikation kommt hierfür
natürlich nur eine elektronische (bzw. digitale) Form der Signatur in Frage.
Auch hierfür eignet sich die Technik des „öffentlichen Schlüssels".

Nehmen wir an, Teilnehmer A möchte eine signierte (aber zunächst
noch nicht geheime) Mitteilung m an Teilnehmer B übermitteln. Dies kann
folgendermaßen geschehen:

- A verschlüsselt m mit Hilfe seines eigenen privaten Schlüssels
  $m \rightarrow m_s := D_A(m)$ und versendet die „signierte" Mitteilung m_s an B.

- B decodiert die Nachricht m_s durch Anwendung des öffentlichen Schlüssels von A: $E_A(m_s) = E_A(D_A(m)) = m$ und erhält so wieder die ursprüngliche Nachricht m.

B kann sicher sein, dass die Nachricht von A stammt, da nur A über den privaten Schlüssel D_A verfügt. Niemand anders als A hätte die Nachricht m
derart verschlüsseln können, dass sie bei Anwendung des öffentlichen Schlüssels von A wieder zum Klartext wird. Allerdings war die Botschaft m nicht
gegen Lauschangriffe verschlüsselt. Jeder andere Teilnehmer, dem die Botschaft m_s von A in die Hände fällt, kann sie genau so leicht wie B mit dem
öffentlichen Schlüssel von A entschlüsseln. Dies stellt jedoch kein grundlegendes Problem dar, denn die beiden geschilderten Verfahren (Geheimhaltung und Signatur) können leicht wie folgt kombiniert werden.

Szenario: A möchte B eine geheime, signierte Botschaft m schicken.

Dies kann durch die folgende Vorgehensweise erreicht werden:

1. A verschlüsselt die Mitteilung m durch Anwendung des öffentlichen
   Schlüssels von B: $m \rightarrow m_1 := E_B(m)$

2. A „signiert" m_1 durch Anwendung seines eigenen privaten Schlüssels:
   $m_1 \rightarrow m_2 := D_A(m_1) = D_A(E_B(m))$ und verschickt m_2 an B.

3. B wendet auf die Nachricht m_2 zunächst den öffentlichen Schlüssel E_A von A und danach seinen eigenen privaten Schlüssel D_B an. Er erhält insgesamt:

$$D_B(E_A(m_2)) = D_B(E_A(D_A(E_B(m)))) = D_B(E_B(m)) = m$$

Fazit: Die Botschaft ist geheim, da nur B über den privaten Schlüssel D_B verfügt. Sie kann nur von B entschlüsselt werden. Und sie ist authentisch, da nur A über den privaten Schlüssel D_A zum Signieren verfügt. Beide Schlüssel sind notwendig, um die Botschaft m zu verschlüsseln und zu unterzeichnen. Und nur mit den dazugehörigen „inversen" Schlüsseln kann die Botschaft entschlüsselt und ihre Authentizität überprüft werden.

Schlüsselverwaltung

Ein erhebliches praktisches Problem für das Verfahren der public key cryptography stellt die Verwaltung der öffentlichen Schlüssel dar. Damit das Verfahren funktioniert, muss natürlich zunächst jeder der Kommunikationspartner seinen privaten Schlüssel absolut geheim halten. Weiterhin müssen die öffentlichen Schlüssel von einer vertrauenswürdigen „Agentur", einer sog. *Zertifizierungsstelle*, nach strengen Grundsätzen verwaltet werden. Denn wenn das Verfahren für die Organisation der öffentlichen Schlüssel zu lax gehandhabt wird, kann ein Lauscher L vorgeben, B zu sein und einen gefälschten öffentlichen Schlüssel $\overline{E_B}$, zu dem nur er den passenden privaten Schlüssel $\overline{D_B}$ besitzt, in das System der öffentlichen Schlüssel einschleusen. Mit diesem falschen Schlüsselpaar könnte er dann an B gerichtete (von ihm abgefangene) Nachrichten entschlüsseln, während B selbst das dann nicht mehr kann, oder er könnte „als B" signieren. Dies würde in der Regel nicht über einen sehr langen Zeitraum klappen. Denn B könnte dann an ihn gerichtete Nachrichten nicht mehr entschlüsseln und würde der Zertifizierungsstelle melden, dass mit seinem Schlüssel irgend etwas nicht stimmt; in kritischen Fällen kann aber auch schon eine einzige gegen den Willen von B entschlüsselte Nachricht oder eine einzige gegen seinen Willen falsch signierte Nachricht einen erheblichen Schaden anrichten. Und natürlich müsste sich der echte Teilnehmer B erst einmal selbst in einem vergleichsweise aufwendigen Verfahren gegenüber der Zertifizierungsstelle legitimieren.

10 Evolutionäre Algorithmen und neuronale Netze

> It has, indeed, been an underlying theme of the earlier chapters ... *Roger Penrose* in „The Emperor's New Mind"

Die Bedeutung von Mathematik und Informatik für unsere Kultur- und Wissenschaftsgeschichte (und damit auch für die Allgemeinbildung) beruht einerseits auf ihren fachlichen Inhalten, andererseits aber auch ganz wesentlich auf ihren Beiträgen zur allgemeinen Methodologie, zum Problemlöseverhalten, zur Heuristik. Die Entwicklung heuristischer Strategien in Mathematik und Informatik ist permanent in Bewegung; es ist nach wie vor eine der aktivsten Entwicklungslinien in diesen Wissenschaften. Wir wollen an dieser Stelle noch auf zwei besonders aktuelle und bemerkenswerte Entwicklungen eingehen: die *evolutionären Algorithmen* und die *neuronalen Netze*.

Das menschliche Gehirn ist das Ergebnis eines langen Evolutionsprozesses, eines Wechselspiels zwischen Mutation, Kreuzung, Selektion und einer gehörigen Portion Zufall. Jede Spezies hat auf diese Weise eine lange Stammesgeschichte durchlebt; man bezeichnet diesen historischen Prozess auch als *Phylogenese*. Der Biologe und Philosoph E. Haeckel (1834–1919) formulierte 1866 das „biogenetische Grundgesetz", wonach die Individualentwicklung eines Lebewesens (auch als *Ontogenese* bezeichnet) eine verkürzte Rekapitulation der Phylogenese darstellt – in prägnanter Formulierung wird dieses Gesetz gelegentlich auch folgendermaßen ausgedrückt: „Die Ontogenese folgt der Phylogenese".

Ob man die Entwicklung der Arten mit ihrem heutigen Ergebnis für gut hält oder nicht, sei dahingestellt. Auf jeden Fall hat diese Entwicklung zu höchst beachtlichen Resultaten geführt. Es ist deshalb nur natürlich, dass Wissenschaftler, die sich mit dem Problemlösen befassen, versuchen, dieses Evolutionsgeschehen zu simulieren. In den jüngsten Entwicklungen in der Informatik und in der computerorientierten Mathematik geschieht dies im Rahmen der Forschungsrichtung der sogenannten *evolutionären* bzw. *genetischen Algorithmen*.

Das weitaus komplexeste biologische System, das die Evolution hervorgebracht hat, ist zweifellos das (menschliche) Gehirn. Es ist geprägt von einem unvorstellbar großen System von Nervenzellen und ihren Verbindungen. Der Mensch ist das, was er ist, vornehmlich aufgrund seines Gehirns;

die Problemlösefähigkeiten des Menschen ergeben sich fast gänzlich aus den Fähigkeiten seines Gehirns. Mit dem Problemlösen befasste Wissenschaftler haben deshalb immer wieder versucht, die Funktionalität des menschlichen Gehirns zu simulieren. Einer der konsequentesten Versuche, dies zu tun, ist die Methode der *neuronalen Netze*.

10.1 Evolutionäre Algorithmen

George Bernard Shaw wurde einmal auf einer Gesellschaft von einer für ihr gutes Aussehen bekannten Schauspielerin gefragt: „Stellen Sie sich vor, wir hätten ein Kind miteinander und es hätte Ihre Intelligenz und meine Schönheit! Wäre das nicht wunderbar?". Worauf Shaw antwortete: „Aber meine Gnädigste, stellen Sie sich vor, es hätte Ihre Intelligenz und meine Schönheit!".

Die in den Kapiteln 3 und 4 vorgestellten Algorithmen waren die Ergebnisse bewusster menschlicher Willensakte: Man hatte ein konkretes Problem vor sich und es galt, dieses Problem zielgerichtet zu lösen. Die Probleme waren recht genau spezifiziert und vergleichsweise „filigran" strukturiert.

Ein Problem ganz anderer Natur ist das des Überlebens unter gewissen, recht unspezifisch vorgegebenen Lebensumständen. Es ist das allgemeine Problem, vor das sich alle Lebewesen (Arten, Spezies) gestellt sehen. Nach der Evolutionstheorie des Biologen *Charles R. Darwin* (1809–1882) haben sich die Arten im Laufe der Weltgeschichte so entwickelt, dass sie dieses Problem in ihrem jeweiligen Umfeld möglichst gut zu lösen in der Lage waren. Man kann also, wenn man so will, die Evolution, d.h. die Entwicklung der Arten, als einen umfassenden Problemlöseprozess ansehen.

Die Problemlösefähigkeit der Lebewesen ist ein Merkmal ihrer Erbanlagen, ihrer Gene. Manche Individuen sind besser in der Lage als andere, ihre Lebensumstände zu meistern. Sie überleben länger und vermehren sich stärker als andere. Ihr Erbgut setzt sich im Laufe eines langen, auch durch viele zufällige Entwicklungen geprägten Prozesses durch und führt zur Entwicklung einer den jeweils gegebenen Lebensumständen besonders gut angepassten Art.

Bei der geschlechtlichen Fortpflanzung wird das Erbgut zweier Eltern kombiniert. Dieser Prozess unterliegt einer Reihe von Zufallsbedingungen. Die Erbanlagen der Nachkommen können besser, ähnlich gut oder schlechter zur Bewältigung der Lebensumstände geeignet sein. Darwins Theorie besagt, dass sich im Laufe eines langen Selektionsprozesses diejenigen Erbanlagen durchsetzen, die zur Bewältigung bestimmter vorgegebener Lebensumstände am besten geeignet sind.

Im Sinne der Evolutionstheorie folgt der sich vollziehende Artenwandel den Prinzipien der Mutation, der Rekombination und der Selektion. Die *Mutation* entspricht einer zufälligen kleinen, lokalen Änderung in der Erbstruktur eines Individuums. Mit *Rekombination* (*Kreuzung*; englisch *Crossover*) wird der Vorgang bezeichnet, bei der sich die Erbinformation der beiden Elternteile auf die nächste Generation überträgt. Bei der Rekombination werden die Erbanlagen des Elternpaares neu kombiniert; auf diese Weise entstehen die Erbanlagen der Nachkommen als Kombination aus den Erbanlagen der Eltern. Die *Selektion* ist nach Darwin die „natürliche Auslese" unter den sich im ständigen Kampf um ihr Fortbestehen befindenden Arten. Dabei besitzen die besser an ihre Umwelt angepassten Lebewesen eine höhere Überlebenswahrscheinlichkeit – und allein schon deswegen auch bessere Fortpflanzungsmöglichkeiten – als die anderen („survival of the fittest").

So wird zum Beispiel ein Antilopenrudel regelmäßig von hungrigen Löwen heimgesucht. Auf der Flucht retten sich eher die schnellen und wendigen Tiere, die langsamen werden von den Löwen gerissen. Natürlich überleben mit viel Glück auch einige langsame Antilopen, doch wenn die Paarungszeit ansteht, sind entsprechend weniger von ihnen übrig. Die Erbanlage „schnell zu sein" setzt sich so gegenüber der Erbanlage „langsam zu sein" durch. Von Generation zu Generation stellt sich nun das Rudel besser auf die Angriffe der Löwen ein, es entwickelt Antilopenschnelligkeit und eine Art „Antilopenschläue". Allerdings schleichen sich auch die Löwen immer listiger und raffinierter an. Ab und zu greift „die Natur" in das Geschehen ein und verändert ein wenig die Erbinformation einzelner Tiere. Dann beobachtet man Antilopen mit anderem Fell oder längeren Hörnern. Von diesen haben dann wieder die besser getarnten oder wehrhafteren Antilopen die größeren Überlebens- und Fortpflanzungschancen.

In Analogie zu den skizzierten „natürlichen" Prozessen lässt sich ein allgemeines Schema für evolutionäre Algorithmen erstellen, welches dann auf konkrete Problemstellungen angewandt werden kann; die Entsprechungen seien durch die folgende Tabelle verdeutlicht.

allgemeines Problem der bestmöglichen Lebensbewältigung	konkret vorliegendes, „genetisch" codiertes Problem
Individuum	konkreter Lösungsvorschlag
Population	Gesamtheit („Pool") von Lösungsvorschlägen
Mutation	problemspezifische Codierung der Mutation
Rekombination	problemspezifische Codierung der Rekombination
Selektion	problemspezifische Codierung des Selektionsvorgangs
Evolutionsziel	„Fitness"-Kriterium

Zur Umsetzung der Methode der evolutionären Algorithmen ist das vorliegende Problem zunächst einmal formal zu beschreiben und durch geeignete Codierungen der Lösungsvorschläge sowie der Mutation, Selektion und Rekombination in eine algorithmische Repräsentation zu übertragen.

In der Genetik spielen die Begriffe des Genotyps und des Phänotyps eine grundlegende Rolle. Der *Genotyp* ist das, was in den Erbanlagen festgelegt ist; der *Phänotyp* ist die nach außen hin sichtbare Realisierung dieser Erbanlagen. So kann z.B. eine normalsichtige, nicht farbenblinde Frau durchaus die Erbanlage zur Farbenblindheit in sich tragen. Zwei Frauen können also denselben Phänotyp besitzen (in diesem Fall „normalsichtig") und sich dennoch vom Genotyp her unterscheiden: Die eine hat die Erbanlagen für Farbenblindheit und kann die Farbenblindheit vererben, die andere nicht. Wenn man so will, entspricht im obigen Schema das informell vorgegebene Problem dem Phänotyp, seine Codierung dem Genotyp.

Die Umsetzung dieser Grundideen in technischen Systemen (Computern) ist bestenfalls rudimentär möglich. Zunächst einmal muss die ungeheure Vielfalt natürlicher genetischer Prozesse enorm eingeschränkt werden. Weiterhin muss die Beschreibung des jeweiligen Evolutionsprozesses im Vergleich zur natürlichen Evolution auch noch sehr viel stärker formalisiert und quantifiziert werden.

Um einen Vergleich der einzelnen Lösungsvorschläge (m.a.W. der Genotypen) zu ermöglichen, wird jedem Genotyp ein seine Güte bewertender *Fit-*

nesswert zugeordnet. Ausgehend von einer Initialpopulation (d.h. einem Pool anfänglicher Lösungsvorschläge) durchlaufen ihre Individuen (d.h. die einzelnen Lösungsvorschläge) eine Art Generationenwandel. Sie unterliegen dabei dem simulierten Evolutionsgeschehen, also der natürlichen Auslese, der Mutation und der Rekombination. Die so entstandene neue Population unterliegt ihrerseits auch wieder diesen Transformationen, und zwar so lange, bis ein gültiges Abbruchkriterium erreicht ist. Abbruchkriterien sind in der Regel akzeptable Lösungen oder das Überschreiten einer maximalen Anzahl von Generationen.

Evolutionäre Algorithmen folgen somit einem sehr allgemeinen Schema. Jeder evolutionäre Algorithmus baut auf den „Moduln" Selektion, Crossover und Mutation auf, die im Folgenden in noch informeller Weise beschrieben sind.

```
Selektion(P, K)   :=
    (* P: Ausgangs-Population,
       K: Fitness-Kriterium     *)
    Erzeuge auf der Basis des Kriteriums K aus P eine
    neue Population P'.
    (Selektionsmethode:  z.B. der direkte Vergleich -
    „Duell").
    Ergebnis:  Die so entstandene neue Population P'.

Crossover(P, CW)  :=
    (* P:  Ausgangs-Population,
       CW: Rekombinations- bzw.
           Crossoverwahrscheinlichkeit *)
    Führe eine Rekombination der Erbanlagen auf der
    Basis der jeweiligen „Rekombinationswahrschein-
    lichkeit" CW durch.  Die Population P der „Eltern"
    wird durch die jeweilige Population P' der Nach-
    kommen ersetzt.
    Ergebnis:  Die so entstandene Generation P' der
               Nachkommen.

Mutation(P, MW)   :=
    (* P: Ausgangs-Population,
       MW: Mutationswahrscheinlichkeit *)
    Mutiere die Erbanlagen der Individuen aus P auf der
    Basis der gegebenen Mutationswahrscheinlichkeit MW.
    Ergebnis:  Die auf diese Weise mit einem neuen Satz
               von Erbanlagen ausgestattete Population.
```

Mit Hilfe dieser Bausteine des evolutionären Prozesses lässt sich nun das Grundschema der evolutionären Algorithmen sehr einfach beschreiben:

```
EvolutionaererAlgorithmus(P, K, CW, MW, S);
 (* P:  Ausgangspopulation
    K:  Fitness-Kriterium
    CW: Rekombinationswahrscheinlichkeit(en)
    MW: Mutationswahrscheinlichkeit(en)
    S:  Stop-Kriterium *)
 Wiederhole
    P := Selektion(P, K);
    P := Crossover(P, CW);
    P := Mutation(P, MW);
 bis das Stop-Kriterium S erfüllt ist.
 Ergebnis:  Die neue Population P.
```

Ein Beispiel: Anhand des *job scheduling* Problems aus Kapitel 4 lässt sich dieses generelle Schema leicht veranschaulichen. Angenommen, die Kfz-Werkstatt besitzt drei gleichartige Hebebühnen, auf denen insgesamt neun Aufträge zu erledigen sind.

Jede Verteilung der Aufträge auf die Hebebühnen ist eine mögliche Lösung des Problems. So ist es z.B. auch zulässig, alle Aufträge auf einer einzigen Hebebühne hintereinander auszuführen; sinnvoll ist dies (im Hinblick auf die Minimierung der Gesamtzeit) natürlich nicht. Als genetische Repräsentation der Lösungsvorschläge bietet sich die Codierung in Form einer neun-elementigen Liste an. So soll der codierte Verteilungsvorschlag

(1 1 2 3 2 2 3 3 2)

bedeuten, dass Auftrag 1 auf Hebebühne 1, Auftrag 2 auf Hebebühne 1, Auftrag 3 auf Hebebühne 2, Auftrag 4 auf Hebebühne 3, ..., Auftrag 9 auf Hebebühne 2 ausgeführt wird. Addiert man die Ausführungsdauer aller auf Hebebühne 1 ausgeführten Aufträge, so erhält man die Gesamtarbeitszeit dieser Maschine. Der „kritische Fall" ist die Hebebühne mit der längsten Arbeitszeit. Haben im obigen Verteilungsvorschlag alle Aufträge die Dauer eins, so ist die Gesamtdauer dieses Lösungsvorschlags gleich vier (Hebebühne 2). Die „Fitness" eines Lösungsvorschlags ist um so höher, je niedriger die Gesamtdauer ist.

Die Initialpopulation wird nun z.B. mit 50 zufällig ausgewählten Verteilungsvorschlägen gebildet. Aus dieser werden die Job-Verteilungen mit kurzer Gesamtdauer (also gutem Fitnesswert) zur Mutation und Rekombination herausgepickt. Eine Mutation könnte z.B. folgendermaßen aussehen:

$$(3\ 2\ 2\ \mathbf{1}\ 1\ 3\ 3\ 2\ 1) \quad \rightarrow \quad (3\ 2\ 2\ \mathbf{3}\ 1\ 3\ 3\ 2\ 1)$$

Das heißt, Auftrag Nr. 4 wird von Hebebühne eins auf die Hebebühne drei verlagert.

Eine mögliche Rekombination (also ein Verschmelzen zweier Verteilungen) wäre z.B.:

Elternpaar	*Nachkommen*
(1 3 3 2 3 | **2 2 1 1**)	(1 3 3 2 3 | **3 1 3 1**)
(2 2 1 1 1 | **3 1 3 1**)	(2 2 1 1 1 | **2 2 1 1**)

Die Tabelle bringt zum Ausdruck, dass die Aufträge Nr. 6, 7, 8 und 9 der beiden Lösungsvorschläge „en bloc" ausgetauscht werden. (Bei dieser Art von evolutionären Algorithmen soll, wie in der Tabelle angedeutet ist, jedes Elternpaar stets zwei Nachkommen haben.)

Die durch Mutation und Rekombination veränderten Individuen (Lösungsvorschläge) bilden eine neue Population (also einen Pool von Lösungsvorschlägen), aus der wiederum die fittesten Individuen zur weiteren Transformation herausselektiert werden. Man erhofft sich dadurch im Laufe der Zeit eine Verbesserung der Auftragsverteilung und somit kürzere Gesamtarbeitszeiten.

Die in Kapitel 4 behandelten heuristischen Verfahren beschrieben recht genau, was zur Lösung eines bestimmten Problems jeweils konkret „zu tun" war (z.B. Mittelbildung beim Heronschen Algorithmus). Das, was sich im Rahmen evolutionärer Algorithmen abspielt, entspringt dagegen einem wenig zielgerichteten Zufallsprozess – insofern sind evolutionäre Algorithmen auch Beispiele für stochastische Simulationen. Evolutionäre Algorithmen eignen sich eher für Probleme, für die es keine problemspezifisch ausformulierten Lösungsansätze und insbesondere keine effizienten Lösungsverfahren gibt. Dazu gehören z.B. auch die NP-vollständigen Probleme aus Kapitel 5. Eines dieser hartnäckigen Probleme ist das Traveling Salesman Problem, an dem im Folgenden die Funktionsweise der evolutionären Algorithmen einmal im Detail (mit Hilfe des Computeralgebrasystems Mathematica) dargestellt werden soll.

10.1.1   Die Methode der evolutionären Algorithmen – erläutert am Traveling Salesman Problem

Beim Traveling Salesman Problem (man vergleiche dazu die Ausführungen in Abschnitt 5.7) muss ein Handlungsreisender im Rahmen seiner Tätigkeit verschiedene Städte aufsuchen. Dabei ist es gleichgültig, in welcher Reihenfolge er die Städte anläuft. Er plant eine Rundreise, die durch jede der Städte geht und danach zum Ausgangspunkt zurückkehrt. Die Kosten seiner Reise hängen im Wesentlichen von der zurückzulegenden Gesamtstrecke ab. Um diese Kosten so niedrig wie möglich zu halten, versucht er, die kürzeste Rundreise durch die Städte zu finden.

Die Städte seien im Folgenden als Punkte in einem kartesischen Koordinatensystem dargestellt. Als Maß für die Reisekosten zwischen zwei Städten verwenden wir den *euklidischen* Abstand der entsprechenden Punkte. Besitzt Berlin z.B. die Koordinaten (7 , 9) und Frankfurt die Koordinaten (4 , 5), so ist der Abstand dieser Städte

$$d = \sqrt{(7-4)^2 + (9-5)^2} = 5.$$

Natürlich sind auch beliebige andere Bewertungen der Reisekosten (z.B. durch die *Fahrtdauer*) möglich.

Ist die Anzahl der Städte entsprechend gering, so hat der Handlungsreisende gute Chancen, den kürzesten Rundweg „mit Papier und Bleistift" zu finden. Steigt jedoch die Anzahl, so ist er dazu nicht mehr in der Lage und benötigt ein maschinell durchführbares Lösungsverfahren. (Schon bei 100 Städten ist die Zahl der möglichen Rundwege größer als die Anzahl der Atome im bekannten Teil unseres Universums).

Zur algorithmischen Erschließung des Problems muss man die Städte und die Touren codieren. Die Position jeder Stadt sei im Folgenden einfach durch die Liste ihrer Lagekoordinaten {x, y} gegeben. Wir stellen uns weiterhin vor, die Städte seien durchnumeriert. Eine Tour durch die Städte kann dann anhand einer Liste mit den entsprechenden Städte-Nummern beschrieben werden. Wenn der Handlungsreisende jede Stadt nur einmal besucht, entspricht jede so dargestellte Rundreise einer Permutation der Städte. Die Permutation (4, 2, 7, 6, 3, 1) besagt z.B., dass er, ausgehend von Stadt Nr. 4 in die Städte Nr. 2, 7, 6, 3 und 1 reist, bevor er wieder zum Ausgangspunkt (Stadt Nr. 4) zurückkehrt. Das Traveling Salesman Problem hängt ab von den aufzusuchenden Städten, von der oben beschriebenen Bewertung der Fahrtkosten und von gewissen Parametern zur Steuerung der Selektions-, Rekombinations- und Mutationsprozesse.

Die Implementierung des evolutionären Algorithmus

In der folgenden Fallstudie wird die Realisierung des evolutionären Algorithmus mit Hilfe von Mathematica beschrieben. Die Programm-Moduln sind relativ kompakt; man vergleiche das Ganze etwa mit der Realisierung in anderen Programmiersprachen. Die Prinzipien, nach denen die Moduln arbeiten, werden jeweils diskutiert. Da diese Darstellung nicht eine Einführung in Mathematica sein will, wird im Hinblick auf die Syntax jedoch nur das Allernotwendigste kommentiert. Der Leser sollte im jetzigen Stadium in der Lage sein, sich die notwendigen Informationen zur Syntax von Mathematica aus dem (sehr umfangreichen) Handbuch *Mathematica – A System for Doing Mathematics by Computer* von S. Wolfram, bzw. aus der dazu gleichwertigen online-Hilfe von Mathematica zu beschaffen. Die dargestellten Programme sind komplett und lauffähig; einige Hilfsmoduln (z.B. zur Initialisierung oder zur graphischen Aufbereitung) wurden nicht abgedruckt, da dies eher von der Konzentration auf das Wesentliche abgelenkt hätte; ihre Realisierung sei dem Leser als Übungsaufgabe überlassen.

Wir arbeiten in der folgenden Fallstudie mit 15 fest vorgegebenen Städten, die in der globalen Variablen `StaedteListe` abgelegt sein mögen.

```
StaedteListe = { {1, 7}, {2, 3}, {2, 12}, {3, 9},
    {5, 1}, {5, 12}, {7, 5}, {8, 2}, {8, 10}, {9, 6},
    {10, 1}, {10, 12}, {11, 9}, {12, 4}, {12, 11} }
```

Zur leichteren Beschreibung der Rundreisen werden die Städte einfach durchnummeriert; die Stadt mit den Koordinaten $\{1, 7\}$ erhält die Nummer 1, Stadt $\{2, 3\}$ erhält die Nummer 2, ... , Stadt $\{12, 11\}$ erhält die Nummer 15. Jede Rundreise lässt sich nun als eine 15-elementige „Permutations"-Liste, bestehend aus den Städte-Nummern, darstellen; z.B. in der Form $\{4, 7, 8, 2, 13, 5, 3, 1, 10, 15, 11, 6, 12, 9, 14\}$. Im Rahmen des evolutionären Algorithmus müssen derartige Permutationen unter Verwendung eines Zufallsmechanismus „en gros" hergestellt werden. Man kann sie z.B. auf bequeme Art mit Hilfe der Mathematica-Funktion `RandomPermutation` generieren, die sich mit dem Befehl `<<discrete`Permutat`` aus dem entsprechenden externen Mathematica Paket hinzu laden lässt.

Zum Start des evolutionären Algorithmus generieren wir einen Pool von Lösungsvorschlägen; er möge aus 25 Rundreise-Vorschlägen bestehen, die in einer globalen Variablen (des Namens InitialPopulation) gespeichert werden. Im konkreten Fall sei

```
InitialPopulation =
  {{8,  6, 12,  7, 13,  4,  1, 10,  5, 14, 15,  2, 11,  9,  3},
   {11,  2,  9, 10,  3,  8, 14, 12, 13,  1,  4,  6,  5, 15,  7},
   {13, 11, 12,  7,  4,  1,  6, 15,  5,  8,  2,  3, 10,  9, 14},
   ...
   {13,  6, 12, 11,  8,  9,  4,  7,  1,  2, 14,  3,  5, 10, 15},
   {3,  5,  4, 10,  9,  2, 14,  7,  6,  8, 12, 15, 13,  1, 11},
   {12,  8, 13,  5,  9,  1,  6, 14, 10, 11,  2,  7, 15,  3,  4}}
```

Die erste Rundreise aus diesem Pool sieht in der graphischen Darstellung z.B. folgendermaßen aus:

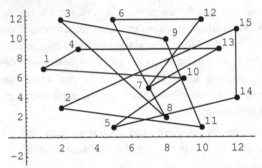

Kosten: 116,88   *Abbildung 10.1*

Die im Folgenden beschriebene Funktion Distanz ermittelt den euklidischen Abstand zweier Städte (die Funktion N erzwingt die numerische Auswertung des ansonsten möglicherweise nur als Wurzelausdruck ermittelten Resultats).

```
Distanz[S1_, S2_] :=
  (* Abstand zwischen den Staedten S1 und S2 *)
  N[Sqrt[(S1[[1]]-S2[[1]])^2 + (S1[[2]]-S2[[2]])^2]]
```

Die Kosten einer Rundreise werden durch die folgende Funktion berechnet:

```
Kosten[Rundreise_] :=
  (* Kosten der Rundreise bezueglich der
     (globalen) StaedteListe  *)
  N[Sum[Distanz[StaedteListe[[Rundreise[[i]] ]],
                StaedteListe[[Rundreise[[i+1]] ]],
        {i, 1, Length[Rundreise]-1} ]
    + Distanz[StaedteListe[[Last[Rundreise]]],
              StaedteListe[[First[Rundreise]]] ] ]
```

Schließlich fischt die folgende Funktion eine kosten-optimale Lösung aus dem Pool der Lösungsvorschläge heraus.

```
OptimaleLoesung[Population_] :=
  Module[{KL, OptimalesElement, PosOpt},
        (* KL:   Kosten-Liste
           PosOpt: Position optimales Elements *)
    KL = Map[Kosten, Population];
    OptimalesElement = Min[KL];
    PosOpt = First[
             First[Position[KL, OptimalesElement]]];
    Return[Population[[PosOpt]]] ]
```

Die im folgenden Modul festgelegte Selektion lehnt sich an das Prinzip des „Duells" an. Jeweils zwei zufällig ausgewählte Lösungsvorschläge werden verglichen, und der bessere von ihnen wird in den neuen Pool übernommen. Um den „Selektionsdruck" zu erhöhen, wird als erstes Element gleich der bislang beste Lösungsvorschlag in den neuen Lösungspool aufgenommen. Das Ganze wird so lange durchgeführt, bis die neue Population dieselbe Elementezahl wie die vorherige Generation besitzt.

```
Selektion[Pop_] :=
  Module[{NeuPop={OptimaleLoesung[Pop]}},
     (* Diese Initialisierung dient nur dazu, den
        Selektionsdruck zu erhoehen *)
    For[j=1, j<Length[Pop], j=j+1,
      r1 = Random[Integer, {1, Length[Pop]} ];
      r2 = Random[Integer, {1, Length[Pop]} ];
          (* Zwei Zufallszahlen werden ausgewählt *)
      If[Kosten[Pop[[r1]]] <= Kosten[Pop[[r2]]],
        NeuPop = Append[NeuPop, Pop[[r1]]],
        NeuPop = Append[NeuPop, Pop[[r2]]] ] ];
          (* Die beiden zufällig ausgewählten
             Lösungsvorschläge werden verglichen
             und der mit der kürzeren Tour
             wird ausgewählt, d.h. zu NeuPop
             hinzugefügt *)
    Return[NeuPop] ]
```

Bemerkung: Es ist durchaus möglich, dass in der neuen Population eine Rundreise mehrmals vorkommt. Aufgrund des Selektionsdruckes sollte dies in der Regel eher für die „fitteren" (d.h. kostengünstigeren) Rundreisen der Fall sein.

Der Modul Crossover dient der Realisierung des Rekombinationsvorgangs. In Abhängigkeit von der „Crossoverwahrscheinlichkeit" CW wird die Paarung zweier zufällig ausgewählter Eltern (elt1 und elt2) simuliert. Zwei „Schnittstellen" – im wörtlichen Sinne – (Schnitt1 und Schnitt2) werden ebenfalls durch ein Zufallsverfahren bestimmt. Sie definieren dasjenige Segment, das im Erbgut der Eltern ausgetauscht werden soll. Im Falle der Paarung werden die beiden so erzeugten „Kinder", ansonsten die Eltern, in die neue Population übernommen. Nach Ablauf des Moduls hat die neue Population dieselbe Anzahl an Individuen (d.h. Rundreisevorschlägen) wie die vorhergehende.

Der Crossover-Modul realisiert den Typ des sogenannten OX-Crossover (ordered crossover): Man trennt aus dem Erbgut von beiden Elternteilen die durch die Schnittstellen definierten Segmente heraus und tauscht sie aus. Im nächsten Schritt füllt man die verbleibenden Stellen mit den fehlenden Zahlen auf. Dies geschieht „ordnungserhaltend", d.h. unter Berücksichtigung der relativen Ordnung der Zahlen im ursprünglichen Zustand. (So ist z.B. die relative Ordnung der Zahlen 1,3,4,6 in der Zeichenkette 236518479 3,6,1,4).

Der größeren Anschaulichkeit wegen sei dies an einem konkreten Beispiel erläutert. Dabei seien die beiden „Eltern" gegeben durch die Codierungen (2 4 3 1 9 6 5 8 7) und (3 9 8 2 1 5 6 4 7). Durch einen Zufallsprozess wird festgelegt, dass die Segmente 4–7 (je einschließlich) auszutauschen sind. Die senkrechten Striche in der nächsten Zeile sollen die Schnittstellen darstellen; die fett dargestellten Segmente sind auszutauschen:

$$(243 \mid \mathbf{1965} \mid 87) \quad \text{und} \quad (398 \mid \mathbf{2156} \mid 47).$$

Dazu wird zunächst beim ersten Elternteil das neue Segment eingefügt; danach werden die nicht in dem Segment vorkommenden Städte (in der folgenden Tabelle als „Reserve"-Ziffern bezeichnet) ordnungserhaltend aufgefüllt:

Elternteil 1	Einfügen des neuen Segments	Reserve-Ziffern	ordnungserhaltende Auffüllung mit den Reserve-Ziffern
(243|**1965**|87)	(---|2156|--)	(-43|-9--|87)	(439|**2156**|87)

Entsprechend ergibt sich für den zweiten Elternteil

Elternteil 2	Einfügen des neuen Segments	Reserve-Ziffern	ordnungserhaltende Auffüllung mit den Reserve-Ziffern
(398|**2156**|47)	(---|1965|--)	(3-8|2---|47)	(382|**1965**|47)

Man erhofft sich von diesem Crossover, dass auf diese Weise gute Teiltouren einer Rundreise ausgeschnitten und mit guten Teiltouren einer anderen Rundreise kombiniert werden.

```
Crossover[Pop_, CW_] :=
  Module[{NeuPop={},
          Schnitt1, Schnitt2, Segment1, Segment2,
          kind1, kind2 },
    For[j=1, j<Length[Pop], j=j+2,
      elt1 = Pop[[j]];
      elt2 = Pop[[j+1]];
        (* Das Elternpaar wird aus der Population
           ausgewählt. *)
      If[Random[Real] < CW,
        Schnitt1 = Random[Integer, {1, Length[elt1]}];
        Schnitt2 = Random[Integer, {Schnitt1,
                                    Length[elt1]}];
          (* Ein Segment wird zufällig ausgewählt. *)
        Segment1 = Take[elt1, {Schnitt1, Schnitt2}];
        Segment2 = Take[elt2, {Schnitt1, Schnitt2}];
          (* Diese Segmente werden bei den Eltern
             ausgeschnitten. *)
        kind1={}; kind2={};
          (* Die Kinder werden initialisiert. *)
        For[i=1, i<=Length[elt2], i=i+1,
          If[FreeQ[Segment1, elt2[[i]]],
            kind1 = Append[kind1, elt2[[i]]] ];
          If[FreeQ[Segment2, elt1[[i]]],
            kind2 = Append[kind2, elt1[[i]]] ] ];
              (* Alle Werte des elt2-Segments werden
                 bei elt1 geloescht.
                 Alle Werte des elt1-Segments werden
                 bei elt2 geloescht.
                 Die uebrigbleibenden Listen sind
                 kind1 und kind2. *)
        kind1 = Flatten[
                  Insert[kind1, Segment1, Schnitt1]];
        kind2 = Flatten[
                  Insert[kind2, Segment2, Schnitt1]];
          (* Die Segmente der Eltern werden bei kind1
             und kind2 an ihren urspruenglichen
             Positionen wieder eingesetzt. *)
        NeuPop = Join[NeuPop, {kind1}, {kind2}],
          (* Die Kinder werden in die neue Population
             eingefuegt. *)
        NeuPop = Join[NeuPop, {elt1}, {elt2}] ] ];
          (* Falls nicht gepaart wurde, werden die
             Eltern unveraendert uebernommen. *)
    Return[NeuPop] ];
```

Im Mutations-Modul wird jeweils in Abhängigkeit von der Mutationswahrscheinlichkeit MW entschieden, ob ein individueller Lösungsvorschlag (d.h. eine Rundreise) zu mutieren ist oder nicht.

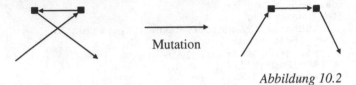

Mutation

Abbildung 10.2

Im Falle der Mutation werden zwei zufällig ausgewählte Städte der Rundreise ausgetauscht. Das mutierte (bzw. das unveränderte) Individuum wird wieder in die Population eingefügt, so dass sich deren Individuenzahl durch den Mutationsvorgang nicht ändert.

Die Mutation stellt eine zufällige lokale Veränderung einzelner Lösungsvorschläge dar, getragen von der Wunschvorstellung, dass durch diesen Zufallsprozess überraschende neue Lösungsvorschläge entdeckt werden. Von der Mutation erhofft man sich z.B., dass sie kleine „Verknotungen" innerhalb einer Tour auflösen kann. Angenommen, der Handlungsreisende muss zur optimalen Rundreise nur noch die Reihenfolge zweier aufeinanderfolgender Städte vertauschen, so lässt sich dies durch einen Crossover fast nicht bewerkstelligen. Mit etwas Glück bewirkt die Mutation genau diese Veränderung.

Natürlich ist aber auch die Verschlechterung eines Lösungsvorschlags durch Mutation möglich. Dies soll dann hauptsächlich durch die Selektion wieder „in Ordnung gebracht" werden. Alle diese Argumente gelten wegen der Zufallsbedingtheit des gesamten Prozesses natürlich nicht bezogen auf den Einzelfall sondern nur im statistischen Sinne.

```
Mutation[Population_, MW_] :=
  Module[{Pop=Population, r1, r2, Individuum,
          Hilfsvariable},
    For[i=1, i<=Length[Pop], i=i+1,
      If[Random[Real] < MW,
            (* Der Zufall hat entschieden, dass das
               Element Nr. i mutiert wird. *)
        Individuum = Pop[[i]];
        r1 = Random[
             Integer, {1, Length[Individuum]}];
        r2 = Random[
             Integer, {1, Length[Individuum]}];
        (* Zwei Zufallszahlen werden ausgelost. *)
```

```
    Hilfsvariable = Individuum[[r1]];
    Individuum[[r1]] = Individuum[[r2]];
    Individuum[[r2]] = Hilfsvariable;
        (* Die Städte an den Positionen r1 und r2
           werden ausgetauscht. *)
        Pop[[i]] = Individuum ] ];
    Return[Pop]]
```

Nach diesen Vorbereitungen sind wir nun in der Lage, das Hauptprogramm zu beschreiben, das allerdings nichts weiter zu tun hat, als den Kreislauf des Generationenwandels zu steuern. Dieser Prozess wird so oft durchlaufen, wie durch die (in der Variablen MaxGen gespeicherte) maximale Generationenzahl festgelegt wurde. Für den Programmstop sind, abgesehen von der Generationenzahl, noch andere Abbruchkriterien denkbar. Häufig verwendet man vordefinierte Optimalitätsschranken oder man bricht ab, wenn über eine gewisse Anzahl von Generationen keine Änderung mehr auftrat und die Entwicklung scheinbar festgefahren ist (man sagt, die Population sei in einem *lokalen Extremum* stecken geblieben).

Durch den Selektionsprozess werden die Individuen bunt durcheinander gewürfelt. Deshalb können beim Crossover der Reihenfolge nach immer zwei benachbarte Eltern miteinander rekombiniert werden. Diese gehen, je nach Losglück, gekreuzt oder ungekreuzt in die nächste Generation über, bis eine komplette, teilweise verjüngte neue Population entstanden ist. Nach der Mutation ist eine Runde des evolutionären Prozesses beendet, und der Algorithmus tritt in die nächste Runde ein.

Es ist natürlich auch bei noch so hoher Generationenzahl nicht gesichert, dass dieser Algorithmus immer eine optimale Lösung findet. Je nach Anzahl der Städte können bessere Resultate auch durch Feineinstellungen der Parameter oder der Rahmenbedingungen (z.B. der Rekombinationswahrscheinlichkeit CW, Mutationswahrscheinlichkeit MW oder der Größe der Initialpopulation) erzielt werden. Für das Verständnis der Vor- und Nachteile evolutionärer Algorithmen sowie ihrer internen Strategien ist letztlich das praktische Experimentieren mit verschiedenen Rekombinations-, Mutations- und Selektionsstrategien unerlässlich.

```
TravelingSalesman[CW_, MW_, MaxGen_] :=
(* Der Modul verwendet die globalen Variablen
   StaedteListe und InitialPopulation;
   die formalen Parameter haben folgende Bedeutung:
     CW: Crossoverwahrscheinlichkeit
     MW: Mutationswahrscheinlichkeit
     MaxGen: maximale Anzahl an Generationen   *)
Module[{P = InitialPopulation, BL},
   For[n=1, n<=MaxGen, n=n+1,
       P = Selektion[P];
       P = Crossover[P, CW];
       P = Mutation[P, MW];
       BL = OptimaleLoesung[P];
       Print[n, ":    ", BL, "    ", Kosten[BL]] ];
   Return[P] ]
```

Betrachten wir zum Schluss noch die Ergebnisse eines Probelaufs anhand einiger Grafiken (die Programmteile zur graphischen Umsetzung möge der Leser zur Übung selbst erstellen). Eingegeben wurden 15 Städte mit zufällig erzeugten Koordinaten. Die Größe der mit der Hilfsfunktion Random-Permutation erzeugten Initialpopulation betrug 25, die Crossoverwahrscheinlichkeit 0,4 und die Mutationswahrscheinlichkeit 0,1. Die folgenden Grafiken zeigen die Entwicklung der jeweils kürzesten Tour zu verschiedenen Zeitpunkten (Generationswechseln).

Nach 20 Generationswechseln:

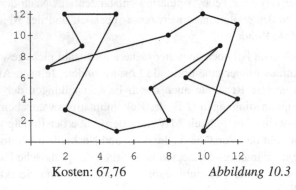

Kosten: 67,76   *Abbildung 10.3*

Nach 50 Generationswechseln:

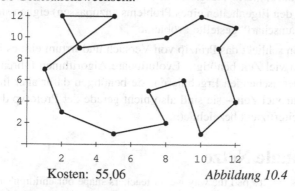

Kosten: 55,06   *Abbildung 10.4*

Nach 100 Generationswechseln:

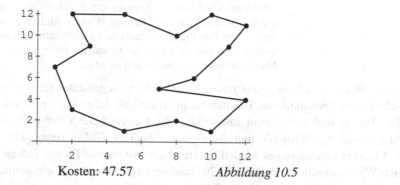

Kosten: 47.57   *Abbildung 10.5*

Wie man sieht, haben sich die Lösungsvorschläge deutlich verbessert; ob man wirklich eine optimale Lösung gefunden hat, ist aber im Allgemeinen nicht ohne weiteres zu erkennen.

Ausblick

Spätestens jetzt stellt sich die Frage, ob bzw. wo die Methode der evolutionären Algorithmen einen Vorteil gegenüber herkömmlichen heuristischen Verfahren besitzt. Wenn man sich das generelle Schema nochmals vergegenwärtigt, so fällt auf, dass es unabhängig von jeder konkreten Problemstellung formuliert ist. Diese Methode besitzt also einen hochgradig universellen Charakter, der sie befähigt, unterschiedlichste Aufgaben durch ein und denselben Ansatz zu lösen. Dennoch sind evolutionäre Algorithmen für ganz bestimmte

Problemklassen prädestiniert. Aufgrund ihrer hohen Selbstadaptivität (das ist die Fähigkeit, sich den Eigenheiten eines Problems anzupassen) eignen sie sich besonders gut für „unscharf" gestellte Probleme.

Die Evolution schließt das Prinzip von Versuch und Irrtum ein; es ist ein Prozess, der enorm viel Zeit benötigt. Evolutionäre Algorithmen führen zwar gelegentlich zu überraschenden Ergebnissen, sie benötigen dafür aber im Allgemeinen auch sehr viel Zeit – sie sind also nicht gerade der Prototyp dessen, was man als laufzeiteffizient bezeichnet.

10.2 Neuronale Netze

> It's bad the way we let teachers shape our children's mathematics into slender, shaky tower chains instead of robust, cross-connected webs. A chain can break at any link, a tower can topple at the slightest shove. And that's what happens in a mathematics class to a child's mind whose attention turns just for a moment to watch a pretty cloud.
> *Marvin Minsky* in „The Society of Mind"

Schon in der Antike war das menschliche Gehirn Gegenstand reger wissenschaftlicher Spekulationen. Besonderes Interesse galt dabei seinem strukturellen Aufbau und seiner Funktionsweise. So entwarf bereits der griechische Mathematiker, Philosoph und Mediziner *Claudius Galen* (etwa 129–199 n. Chr.) ein mechanisches Modell unseres Nervensystems. Es war jedoch erst den Wissenschaftlern des 19. und 20. Jahrhunderts vorbehalten, einigermaßen gesichertes Wissen über die tatsächlichen Vorgänge in unserem Gehirn zu sammeln. Ab 1850 entdeckte man nach und nach die Aktivierbarkeit der Nervenzellen durch elektrische Impulse, die Rolle dieser Zellen als Bausteine des menschlichen Gehirns, die funktionale Struktur der Nervenverbindungen sowie deren chemische Zusammensetzung. Der rasante technologische Fortschritt (insbesondere die Computertomographie) eröffnete in jüngster Zeit noch genauere Einblicke in die Strukturen, die dem menschlichen Gehirn solch herausragende Fähigkeiten verleihen. Der Wunsch, diese Eigenschaften „im Kleinen" zu simulieren, sowie die durch immer exaktere Analysen des Gehirns gegebenen Möglichkeiten zur mathematischen Modellierung ließen das Forschungsgebiet der *Neuro-Informatik* entstehen.

Über die Frage, warum das menschliche Gehirn so faszinierend für die Informatik ist, lässt sich vortrefflich spekulieren. Eine der wichtigsten Aufgaben des Computers ist es, als „Denkwerkzeug" die intellektuellen Fähigkeiten des Menschen zu verstärken. Das „intelligente" Verhalten des Menschen ist aber weitestgehend eine Funktion seines Gehirns.

Es gibt gewisse Parallelen zwischen dem Gehirn und dem Computer; beide sind z.B. in der Lage, Daten zu speichern, zu verknüpfen, zu analysieren und zu verarbeiten. Gelegentlich werden Computer in übertriebener Form auch als *„Elektronengehirne"* bezeichnet. Besonders einige Vertreter aus dem Bereich der „Künstlichen Intelligenz" neigen zu der Auffassung, dass es keine Grenzen gibt, wenn es um die Simulation der intellektuellen Fähigkeiten des menschlichen Gehirns durch Computersysteme geht. In gewissen eng umgrenzten Teilgebieten ist der Computer sogar heute schon dem menschlichen Gehirn überlegen; so z.B. bei der Speicherung großer Datenmengen und beim Suchen von Einzeldaten in großen Speicherbereichen oder z.B. auch dort, wo es primär um die Geschwindigkeit und Zuverlässigkeit bei umfangreichen Routineaufgaben geht.

Computer scheitern dafür aber an für uns alltäglichen Dingen, wie der schnellen Erfassung und Verarbeitung von Sprache oder von Bildern. Unser Gehirn erlaubt es uns darüber hinaus, höchst unterschiedliche Problemstellungen zu bewältigen, ohne dabei seine Struktur grundlegend verändern zu müssen. Von seiner Umwelt fortlaufend mit neuen und variierenden Aufgaben konfrontiert, entwickelt es sich in einem kontinuierlichen evolutionären Prozess selbständig weiter. Das dafür notwendige Maß an Selbstadaptivität und die Notwendigkeit zum autodidaktischen Verhalten gehen dabei weit über die derzeitigen Möglichkeiten des Computers hinaus. Im Gegensatz zum Computer kontrolliert sich das biologische Nervensystem, losgelöst von einer intervenierenden Zentralinstanz, durch Kommunikation miteinander vernetzter Nervenzellen selbst. Ein weiterer Effekt dieser starken Vernetzung ist eine sowohl nach außen wie auch nach innen hin wirkende Fehlertoleranz. Das Gehirn ist in der Lage, unvollständige oder fehlerhafte Muster zu erkennen und zu korrigieren. Der Mensch kann bis zu einem gewissen Grad bruchstückhafte oder verstümmelte sprachliche Äußerungen oder Schriftstücke richtig erkennen und verarbeiten; er versteht Dialekte, ohne sie vorher explizit erlernt zu haben, und er kann auch dann mit anderen kommunizieren, wenn ihre Äußerungen durch Sprachfehler verfremdet sind. Bemerkenswert ist weiterhin, dass selbst der Ausfall einzelner Nervenzellen die Funktionalität des Nervensystems insgesamt praktisch nicht beeinträchtigt.

Obwohl das Gehirn in seiner exakten Funktionsweise noch längst nicht vollständig verstanden ist, herrscht doch überwiegend die Auffassung vor, dass viele der angeführten Unterschiede zwischen dem menschlichen Gehirn und dem Computer auf die unterschiedlichen Vernetzungsstrukturen der beiden Systeme zurückzuführen sind.

Während ein nach dem traditionellen *von Neumann Prinzip* konstruierter Computer Prozesse streng sequentiell mit nur *einer* zentralen Verarbeitungseinheit (CPU) abarbeitet, entspricht das menschliche Gehirn einem komplexen, hochgradig parallel arbeitenden System von hierarchisch angeordneten, äußerst elementaren Verarbeitungseinheiten. Durch Simulation dieses Prinzips versucht die Neuro-Informatik, einige der Eigenschaften des Gehirns für praktische Zwecke nutzbar zu machen. Die auf der Basis dieser Ideen konstruierten Modelle werden als *neuronale Netze* bezeichnet. Trotz der unterschiedlichen Ansätze in ihrer Konstruktion basieren alle neuronalen Netze auf einer gemeinsamen, der Struktur des menschlichen Gehirns nachempfundenen Grundidee. Sie bestehen im Wesentlichen aus einer beschränkten Anzahl untereinander vernetzter Elementareinheiten („units" oder Neuronen), die über ein Geflecht von Verbindungskanälen Informationen untereinander austauschen können.

Das biologische Modell

Die Großhirnrinde (der *Kortex*) des Menschen besteht aus etwa einhundert Milliarden Nervenzellen (*Neuronen*). Jede einzelne dieser Zellen ist mit bis zu 10.000 weiteren Neuronen verbunden. Ein Schnitt durch den Kortex zeigt, dass die Neuronen hierarchisch in bis zu sechs verschiedenen Schichten angeordnet sind, denen unterschiedliche Aufgaben zufallen, wie etwa das Empfangen oder Verarbeiten von Sinneseindrücken. Obwohl die Gesamtheit dieses Systems unwahrscheinliche Leistungen vollbringen kann, ist jedes einzelne Neuron von extrem einfacher Struktur und Funktionsweise: Es empfängt elektrische Signale und gibt Signale an andere Neuronen weiter.

Jedes Neuron besteht im Wesentlichen aus einem *Zellkörper* (dem *Soma*), einem *Axon* sowie einer variablen Anzahl von *Synapsen* und *Dendriten* (siehe Abbildung).

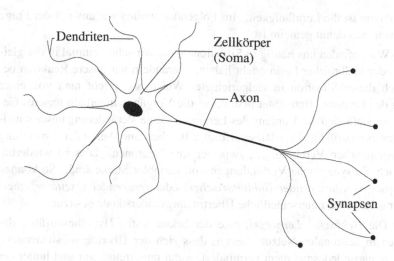

Abbildung 10.6 Neuron (schematisch)

Die Dendriten sind die „Eingangskanäle" des Neurons. Sie geben die von den Synapsen empfangenen Signale der vorgeschalteten Neuronen an den Zellkörper weiter. Signale sind elektrische Impulse, die im Zellkörper aufaddiert werden. Überschreitet die Summe der elektrischen Impulse einen gewissen Schwellenwert, so „feuert" das Neuron selber ein Signal ab. Die aus dem Zellkörper austretende lange Nervenfaser, das Axon, dient dabei als „Ausgangskanal". Das Ausgangssignal gelangt über das Axon zu den Synapsen. Dies sind die Kontaktstellen des Neurons zu den benachbarten Nervenzellen. Durch das Signal wird die Synapse zu einer chemischen Reaktion angeregt. Dieser Vorgang wird *präsynaptische* Aktivität genannt. Der dadurch erzeugte elektrische Impuls gelangt über die Dendriten auf der „Empfängerseite" zum Zielneuron. Regt die Gesamtheit der eingehenden Signale das Zielneuron nun ihrerseits wieder zum Feuern an, so bezeichnet man das als eine *postsynaptische* Aktivität.

Lernen im biologischen Modell

Wie schon in der Einleitung erwähnt, zielt die Entwicklung künstlicher neuronaler Netze auf die Simulation der besonderen Fähigkeiten unseres Gehirns ab.

Eine davon ist die Lernfähigkeit. Im Folgenden wollen wir uns mit der Frage befassen, was damit gemeint ist.

Wir befinden uns häufig in Situationen, die wir schon einmal in der gleichen oder in ähnlicher Form erlebt haben. Verändern wir unsere Reaktion bezüglich dieser Situation in zielgerichteter Weise, so spricht man von einer Form des Lernens. Betrachtet man dabei die Vorgänge innerhalb unseres Gehirns, so stellt sich der Vorgang des Lernens als eine Veränderung unserer neuronalen Netzstruktur dar. Diese erfolgt z.B. über eine Auf- oder Abwertung der synaptischen Verbindungen zwischen den Neuronen. Dies ist wiederum möglich, da synaptische Verbindungen von variabler Stärke sind. So können Synapsen von *hemmender* (*inhibitorischer*) oder *erregender* (*exzitatorischer*) Natur sein, sowie unterschiedliche Übertragungswiderstände besitzen.

Die *Hebbsche*[1] *Lernregel*, eine der bekanntesten Hypothesen über das Lernen in neuronalen Netzen, besagt, dass sich der Übertragungswiderstand einer Synapse jedesmal dann vermindert, wenn unmittelbar vor und hinter der Synapse eine neuronale Aktivität (d.h. eine prä- und postsynaptische Aktivität) besteht.

Das mathematische Modell

Jedes mathematische Modell eines neuronalen Netzes sollte die vom biologischen Modell her bekannten Bausteine enthalten. Das folgende Schaubild stellt die einfache, schematische Darstellung eines künstlichen Neurons dar.

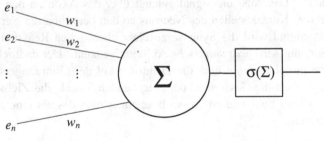

Abbildung 10.7

---

[1] Donald Olding Hebb (1904–1985), kanadischer Biologe und Psychologe

Mit $e_1,...,e_n$ sind die Eingangsimpulse des simulierten Neurons bezeichnet; dies können direkte Sinneseindrücke der äußeren Welt oder Signale von anderen Neuronen sein. Die Eingangssignale werden mit den Gewichten $w_1,...,w_n$ bewertet. Wie im Falle der Synapsenkontakte können die Gewichte hemmend (durch ein negatives Gewicht) oder verstärkend (durch ein positives Gewicht) wirken. Im (kreisförmig dargestellten) Zellkörper werden die gewichteten Eingangswerte zur Summe $S = \sum_{i=1}^{n} w_i e_i$ aufaddiert. Entsprechend dieser Summe entscheidet nun die Aktivierungsfunktion σ, ob das Neuron einen Impuls weiter gibt oder nicht. Als Aktivierungsfunktion kommen mehrere Möglichkeiten in Frage.

Die Treppenfunktion

Im biologischen Modell „feuert" ein Neuron, wenn die gewichtete Summe der von den Dendriten empfangenen elektrischen Impulse einen gewissen Schwellenwert überschreitet. Im mathematischen Modell wird das Feuern eines Neurons dadurch zum Ausdruck gebracht, dass die Aktivierungsfunktion eine Eins ausgibt. Dies ist der Fall, wenn die gewichtete Summe $S = \sum_{i=1}^{n} w_i e_i$ der Eingangssignale einen bestimmten Schwellenwert θ erreicht (oder übersteigt). Im anderen Fall, wenn S kleiner ist als der Schwellenwert, wird das Neuron nicht aktiviert, d.h., die Aktivierungsfunktion gibt eine Null aus. Formal lässt sich dies folgendermaßen darstellen:

$$\sigma(S) := \sigma\left(\sum_{i=1}^{n} w_i e_i\right) = \begin{cases} 1 & \text{falls} \quad \sum_{i=1}^{n} w_i e_i \geq \theta \\ 0 & \text{sonst} \end{cases}$$

Die Treppenfunktion ist eine der am häufigsten verwendeten Aktivierungsfunktionen. Sie realisiert nur die beiden Zustände aktiv (1) oder nicht aktiv (0). In manchen Fällen ist es allerdings sinnvoll, eine feinere Abstufung der Neuronenaktivität vorzunehmen; dazu wird oft die (differenzierbare) „Sigmoidfunktion" verwendet.

Die Sigmoidfunktion

Der Eingabeparameter der Sigmoidfunktion bleibt, wie bei der Treppenfunktion, die gewichtete Summe $S = \sum\limits_{i=1}^{n} w_i e_i$. Diese wird nun aber nicht mit einem Schwellenwert verglichen, sondern in die Sigmoidfunktion

$$\sigma : x \rightarrow \sigma(x) = \frac{1}{1+e^{-x}}$$

eingesetzt, die sich für sehr kleine bzw. sehr große Werte von x asymptotisch den Werten 0 bzw. 1 annähert. Der Aktivierungsvorgang mit Hilfe der Sigmoidfunktion wird also mathematisch beschrieben durch den Ausdruck

$$\sigma(S) := \sigma\left(\sum_{i=1}^{n} w_i e_i\right) = \frac{1}{1+e^{-S}}$$

Am besten lässt sich den Unterschied zwischen Treppenfunktion und Sigmoidfunktion anhand ihrer Schaubilder (10.8 und 10.9) verdeutlichen.

Treppenfunktion
(mit Schwellenwert 2)

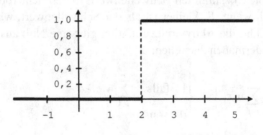

Abbildung 10.8

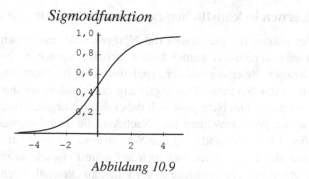

Sigmoidfunktion

Abbildung 10.9

Zur Verdeutlichung der Arbeitsweise künstlicher neuronaler Netze ist im folgenden Beispiel die Boolesche Funktion *OR* mit Hilfe eines Neurons realisiert.

Beispiel: Die Boolesche *OR*-Funktion $OR(x_1, x_2)$ bzw. $x_1 \vee x_2$ ist folgendermaßen definiert:

$$0 \vee 0 = 0$$
$$0 \vee 1 = 1$$
$$1 \vee 0 = 1$$
$$1 \vee 1 = 1$$

Mit der Technik der neuronalen Netze lässt sie sich folgendermaßen modellieren:

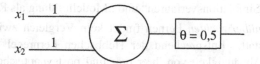

Abbildung 10.10

Als Aktivierungsfunktion wird dabei die Treppenfunktion mit dem Schwellenwert $\theta = 0{,}5$ gewählt. Die Netzgewichte sind beide auf den Wert 1 gesetzt (siehe Schaubild). Sobald mindestens eines der beiden Eingangssignale x_1 oder x_2 mit dem Eingabewert 1 belegt ist, erreicht (oder überschreitet) die gewichtete Summe den Schwellenwert 0,5 und das nur aus einem Neuron bestehende „Netz" gibt eine 1 aus.

Lernen in künstlichen neuronalen Netzen

Im obigen Beispiel waren die Netzgewichte, mit denen die Boolesche *OR*-Funktion realisiert werden konnte, schon vorgegeben. Normalerweise ist eine derartige Belegung von der Problemstellung her nicht möglich. In diesem Fall muss das Netz eine *Trainingsphase* durchlaufen, um die passenden Gewichte zu finden. Das Netz passt sich dabei durch Vorgabe von „Trainingsbeispielen" an die Problemstellung an. Nachdem die Trainingsphase abgeschlossen ist, findet keine Veränderung der Netzparameter mehr statt. Man kann das Netz nun auf die gelernten und auch auf neue Beispiele anwenden. Dabei ist das Netz in begrenztem Maße in der Lage, zu „generalisieren", d.h., es verarbeitet auch Beispiele, die nicht gelernt wurden, in korrekter Weise. Um ein neuronales Netz zu trainieren, existieren zwei unterschiedliche Ansätze.

Beim *überwachten* Lernen liegen zu einem vorgegebenen Problem eine Menge von Eingabedaten und die ihnen zugeordneten Ausgabedaten vor. Das vor Beginn des Lernalgorithmus in zufälliger Weise mit Gewichten initialisierte Netz wird nun mit Eingabebeispielen gespeist. Man vergleicht den *Ist-Wert* jeder vom Netz erzeugten Ausgabe mit ihrem *Soll-Wert*. Stimmen die beiden Werte nicht überein, so müssen die Netzgewichte korrigiert werden. Durch diese Korrektur wird versucht, die Differenz zwischen tatsächlicher und gewünschter Ausgabe (Ist- und Soll-Wert) zu minimieren. Diese Vorgehensweise entspricht im übrigen exakt den Ausführungen in Abschnitt 4.5 zu den Stichworten „Simulationsverfahren" und „Modellbildung als Regelkreis".

Beim *unüberwachten* Lernen findet kein Vergleich zwischen Soll- und Ist-Ausgabe statt. Entsprechend der Hebbschen Lernregel werden hier die Gewichte in Abhängigkeit von ihrer prä- und postsynaptischen Aktivität verändert. Unüberwachte Lernverfahren werden angewandt, wenn zu den Eingabedaten keine Soll-Werte zur Verfügung stehen.

Anhand des folgenden Beispiels soll das Lernverfahren für überwachtes Lernen demonstriert werden. Das unten abgebildete Netz soll die Boolesche *AND*-Funktion lernen. Die *AND*-Funktion $AND(x_1, x_2)$ bzw. $x_1 \wedge x_2$ ist folgendermaßen definiert.

$$0 \wedge 0 = 0$$
$$0 \wedge 1 = 0$$
$$1 \wedge 0 = 0$$
$$1 \wedge 1 = 1$$

Das folgende neuronale Netz soll diese Funktion modellieren. Die Anfangsbelegung der Gewichte sei dabei gleich 1.

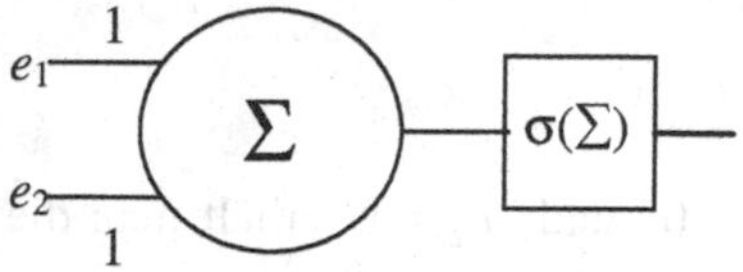

$$\sigma(\Sigma) := \begin{cases} 0 & \text{für } \Sigma < 1 \\ 1 & \text{sonst} \end{cases}$$

Abbildung 10.11

Wird als erstes Trainingsbeispiel $e_1 = 0$ und $e_2 = 0$ eingegeben, so ist die Ausgabe des Netzes

$$\sigma(e_1 w_1 + e_2 w_2) = \sigma(0 \cdot 1 + 0 \cdot 1) = \sigma(0) = 0.$$

Wegen $0 \wedge 0 = 0$ ist dies gleichzeitig die Soll-Ausgabe, d.h., für dieses Trainingsbeispiel müssen die Netzparameter nicht geändert werden. Anders verhält es sich im Fall der Eingabe $e_1 = 0$ und $e_2 = 1$. Hier produziert das Netz die Ausgabe $a_{Ist} = \sigma(0 \cdot 1 + 1 \cdot 1) = 1$. Der Vergleich zeigt, dass $a_{Soll} = 0$ (siehe obige Tabelle) und a_{Ist} nicht übereinstimmen. Die Netzgewichte müssen nun so verändert werden, dass $a_{Ist} = \sigma(e_1 w_1 + e_2 w_2)$ bei der Eingabe $e_1 = 0$ und $e_2 = 1$ kleiner wird. Die Lernregel, die dabei verwendet wird, heißt

Delta-Regel: Die Netzgewichte werden für jedes Eingangssignal proportional zur Differenz der Soll- und Ist-Ausgabe verändert. Mathematisch lässt sich dieser Vorgang durch die Gleichung

$$w_i^{neu} = w_i^{alt} + \alpha \cdot (a_{Soll} - a_{Ist}) e_i, \ (i = 1,2)$$

beschreiben, wobei e_i den Wert des Eingangssignals und w_i das zugehörige Gewicht darstellt. Der Wert der Proportionalitätskonstanten α bestimmt die *Lernrate*.

Je größer die Lernrate ist, um so stärker verändert sich das Netzgewicht in Richtung des aktuellen Eingabebeispiels. Das Training kann (vor allem bei hoher Lernrate) im Einzelfall allerdings zur Folge haben, dass andere, vom Netz bereits richtig zugeordnete Eingabebeispiele, wieder „verlernt" werden. Um das Ausgabeverhalten des Netzes bezüglich der anderen Eingaben nicht allzu sehr zu verschlechtern, ist im Allgemeinen eine gemäßigte Lernrate angebracht (im obigen Beispiel wurde $\alpha=0{,}5$ gewählt). Anhand der Delta-Regel kann jetzt ein *Lernschritt* durchgeführt werden:

$$w_1^{neu} = 1 + 0{,}5 \cdot (0-1) \cdot 0 = 1 \quad \text{und}$$

$$w_2^{neu} = 1 + 0{,}5 \cdot (0-1) \cdot 1 = 0{,}5.$$

Als neue Ausgabe bei Eingabe von $e_1 = 0$ und $e_2 = 1$ erhält man die gewünschte Ausgabe $a_{Ist} = \sigma(0 \cdot 1 + 1 \cdot 0{,}5) = \sigma(0{,}5) = 0$. Führt man einen weiteren Trainingsschritt mit der Eingabe $e_1 = 1$ und $e_2 = 0$ durch, so verändert die Delta-Regel die Netzgewichte auf $w_1 = 0{,}5$ und $w_2 = 0{,}5$. Das neuronale Netz ist nun so konfiguriert, dass es das gestellte *AND*-Problem löst. Wie schon erwähnt, ist das vorliegende Netz in der Lage, zu „generalisieren". So wurde das Eingabebeispiel $e_1 = 1$ und $e_2 = 1$ nicht erlernt, das Netz ordnet ihm trotzdem die korrekte Ausgabe $a_{Ist} = \sigma(1 \cdot 0{,}5 + 1 \cdot 0{,}5) = \sigma(1) = 1$ zu.

Wir sind nun in der Lage, den Algorithmus für das überwachte Lernverfahren allgemein zu formulieren.

```
Algorithmus ueberwachtes_Lernverfahren(Netzparameter,
       Trainingswerte, Sollwerte)
   Wiederhole
      waehle ein Trainingsbeispiel aus und berechne aIst;
      wenn aIst ≠ aSoll, dann korrigiere die Gewichte
                    mit Hilfe der Delta-Regel
   bis alle Trainingsbeispiele korrekt erlernt wurden.
```

Normalerweise bestehen neuronale Netze aus mehr als einem Neuron. Damit ihre Darstellung übersichtlich bleibt, wird meistens auf die explizite Angabe der Aktivierungsfunktion verzichtet. Wird die Treppenfunktion zur Neuronenaktivierung verwendet, so schreibt man den Schwellenwert an Stelle des Summenzeichens in den Kreis. Eine weitere Konvention betrifft die Eingabe und die Ausgabe des Netzes. Man ordnet ihnen jeweils eine Eingabe- und eine Ausgabeschicht zu. Ein einfaches, *einschichtiges* neuronales Netz sieht somit folgendermaßen aus:

einschichtiges Netz

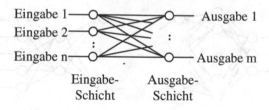

Abbildung 10.12

Netze mit dieser Struktur nennt man *Perzeptrons*. Perzeptrons lernen mit der Delta-Regel und sind auf eine gewisse Problemklasse anwendbar, die sogenannten *linear trennbaren* Probleme. Wie wir vorhin gesehen haben, gehören das *AND*- und das *OR*-Problem zu dieser Klasse. Doch schon die Boolesche Funktion *XOR* – ihr Wert ist genau dann gleich 1, wenn einer der beiden Eingangswerte gleich 1 und der andere Eingang gleich 0 ist – gehört nicht mehr zu den linear trennbaren Funktionen. Um solche „schwierigeren" Probleme bearbeiten zu können, benötigt man komplexere Netzarchitekturen, die in den folgenden drei Abschnitten vorgestellt werden.

10.2.1 Backpropagation-Netze

In der Einleitung wurden bisher nur Netzstrukturen vorgestellt, die *eine* lernfähige Verbindungsschicht zwischen den Neuronen besitzen. Sollten diese Netze eine bestimmte Aufgabe lösen, wurden sie (wie in den obigen Beispielen) mit Hilfe der Delta-Regel so lange trainiert, bis sie zu jeder Eingabe die korrekte Ausgabe gefunden hatten. In der Praxis reicht jedoch nur eine Verbindungsschicht zur Lösung komplexerer Probleme meist nicht aus. Diese Schwäche kann durch das Hintereinanderschalten von mehreren lernfähigen Schichten kompensiert werden. Die im Folgenden betrachteten mehrschichtigen Netze bestehen aus einer Eingabeschicht, einer Ausgabeschicht und einer Reihe hierarchisch angeordneter sogenannter „versteckter" Schichten (englisch: hidden layers). Ein solches Netz ist schematisch im folgenden Schaubild dargestellt.

mehrschichtiges Netz

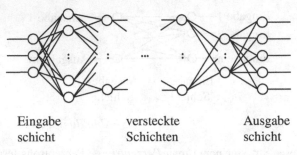

Eingabe	versteckte	Ausgabe
schicht	Schichten	schicht

Abbildung 10.13

Eine externe Eingabe aktiviert zuerst die erste versteckte Schicht. Deren Ausgabe aktiviert nun als Eingabe die zweite versteckte Schicht des Netzes, u.s.w., bis am Ende die Ausgabeschicht erreicht wird. Das hat zur Folge, dass die zu berechnende Funktion nicht mehr, wie noch beim Perzeptron, in nur *einer* Verbindungsschicht, sondern nur über mehrere Schichten verteilt im Netz codiert werden kann. So ist es zum Beispiel möglich, für die vom Perzeptron nicht berechenbare *XOR*-Funktion eine geeignete mehrschichtige Netzkonfiguration zu finden.

Definition der *XOR*-Funktion:

$XOR(0, 0) = 0$
$XOR(0, 1) = 1$
$XOR(1, 0) = 1$
$XOR(1, 1) = 0$

mehrschichtiges Netz für das XOR-Problem

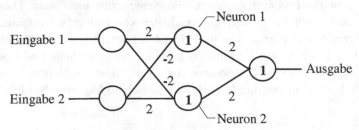

Abbildung 10.14

Funktionsschema des *XOR*-Netzes:

Eingabe 1	Eingabe 2	Ausgabe der versteckten Schicht		Ausgabe
		Neuron 1	Neuron 2	
0	0	0	0	0
0	1	0	1	1
1	0	1	0	1
1	1	0	0	0

Zur Aktivierung der Neuronen wurde in diesem Beispiel die schon eingeführte Treppenfunktion verwendet, ihr Schwellenwert (1) steht innerhalb der Kreise. Die Gewichte und die Netzarchitektur, die das *XOR*-Problem lösen, sind schon vorgegeben. Beim Perzeptron haben wir jedoch gesehen, dass die richtige Netzkonfiguration oft nicht bekannt ist und erst in einer Trainingsphase schrittweise hergestellt werden muss. Dies gilt nun auch für mehrschichtige Netze. Allerdings kann die Delta-Regel nicht ohne weiteres als Lernmodell übernommen werden, denn sie gibt nur vor, wie die Gewichte *einer* Verbindungsschicht zu korrigieren sind. Sie wird in einer verallgemeinerten Form nach dem Prinzip der sogenannten *Backpropagation* („Fehlerrückführung") angewandt. Die zentrale Idee der Delta-Regel, die Gewichte des Netzes in Abhängigkeit von einer Fehlerfunktion zu verbessern, die ihrerseits von der Differenz zwischen Ist- und Soll-Ausgabe abhängt, bleibt auch für das Backpropagation-Verfahren gültig. Um diesen Ansatz auf mehrschichtige Netze übertragen zu können, müssen allerdings einige Modifikationen vorgenommen werden. Backpropagation benützt zur Aktivierung der Neuronen an Stelle der bisher verwendeten Treppenfunktion die Sigmoidfunktion. Die Sigmoidfunktion hat den Vorzug, an jeder Stelle des Definitionsbereichs differenzierbar zu sein; eine Eigenschaft, die für die Anwendung des Backpropagation-Lernalgorithmus wesentlich ist. Das Ziel ist es jetzt, zu einer vorgegebenen Menge von Eingabemustern eine Gewichtskonfiguration im Netz so zu finden, dass die dazugehörigen Ausgabemuster korrekt erkannt werden. Im Falle der *XOR*-Funktion entspricht das Eingabemuster einer Bit-Belegung des „Eingabevektors" (x_1, x_2) und das Ausgabemuster der Booleschen Verknüpfung $XOR(x_1, x_2)$. Der Backpropagation-Algorithmus gliedert sich nun in zwei Schritte, den *Feedforward*- und den *Backpropagation-Schritt*.

Der *Feedforward-Schritt*

Man wählt ein Trainingsbeispiel aus und berechnet mit Hilfe der Sigmoid-funktion die Ist-Ausgabe zur erfolgten Eingabe. Die Ausgangsbelegung der Verbindungsgewichte wird bei der erstmaligen Ausführung des Verfahrens meistens nach dem Zufallsprinzip durchgeführt. Da die Ist-Ausgabe in der Trainingsphase normalerweise nicht mit der erwarteten Soll-Ausgabe übereinstimmt, berechnet man deren Abweichung mit einer vorher festgelegten Fehlerfunktion. Bei der Delta-Regel war die Fehlerfunktion die Differenz zwischen Ist- und Soll-Ausgabe, beim Backpropagation-Verfahren verwendet man als Fehlerfunktion die Summe der quadratischen Abweichungen zwischen Ist-und Soll-Ausgabe

$$F(a_{Ist}, a_{Soll}) := \sum_{i=1}^{m} (a_{i,Ist} - a_{i,Soll})^2,$$

wobei m die Anzahl der Ausgabeneuronen ist.

Der *Backpropagation-Schritt*

In Abhängigkeit von der Größe des Ausgabefehlers wird ein Korrektursignal berechnet. Dieses Korrektursignal benötigt man, um schrittweise, von der letzten lernfähigen Schicht ausgehend, die Gewichte der Netzverbindungen zu verändern. Diesen Schritt bezeichnet man als *Fehlerrückführung* (engl.: back-propagation). Das Resultat der Gewichtsveränderung ist eine Verbesserung des Netzverhaltens bei nochmaliger Eingabe desselben Trainingsbeispiels. Wie bei der Delta-Regel kann die Veränderung der Netzgewichte aber auch dazu führen, dass sich das Netzverhalten bezüglich anderer Trainingsbeispiele verschlechtert. Mathematisch gesehen handelt es sich beim Backpropagation-Algorithmus um ein „Gradientenabstiegsverfahren", mit dessen Hilfe die Werte einer vorgegebenen Fehlerfunktion minimiert werden sollen. Zu einem Trainingsbeispiel kann für jede Belegung der Netzgewichte der zugehörige Fehler mit Hilfe der Fehlerfunktion berechnet werden. Stellt man nun alle möglichen Belegungen der Netzgewichte mit ihren zugehörigen Funktionswerten (den Werten der Fehlerfunktion) in einem Schaubild dar, so ergibt sich ein „Fehlergebirge", bei dem gute Belegungen als Täler, schlechte Belegungen als Berge dargestellt sind. Die aktuelle Belegung der Netzgewichte entspricht somit einem bestimmten Punkt innerhalb dieses Fehlergebirges. Ein Schritt des Gradientenabstiegsverfahrens führt dazu, die Netzgewichte in Richtung eines nächstliegenden Minimums zu verändern. Die Ableitung der Fehler-funktion dient dabei der Bestimmung der Richtung, in der dieses Minimum liegt (dies ist einer der Gründe, warum der Backpropagation-Algorithmus die differenzierbare Sigmoidfunktion als Aktivierungsfunktion verwendet).

Da selbst bei einem Netz mit nur zwei lernfähigen Verbindungsschichten die Korrekturformeln zur Fehlerrückführung recht kompliziert und unanschau-lich werden, verzichten wir hier auf ihre Darstellung. Der interessierte Leser sei hierfür z.B. auf Rojas „Theorie der neuronalen Netze" (1993) verwiesen.

Mit mehrschichtigen Netzen kann man nun weitaus komplexere Pro-bleme lösen, als dies mit einschichtigen Perzeptrons möglich ist. Oben wurde gezeigt, wie eine Netzkonfiguration für das *XOR*-Problem aussieht. Eine wei-tere Anwendung mehrschichtiger Netze wird im folgenden Beispiel vorge-stellt.

Beispiel: Das Problem der Binär-Codierung

Ein in der Informatik häufig auftretendes Problem ist die „binäre" Codierung von Daten, also die Codierung mit Hilfe zweier Symbole, etwa „0" und „1". Dabei soll in der Regel eine möglichst effiziente Darstellung gefunden werden, welche die vollständige Information über die Daten enthält (man vergleiche hierzu auch die Ausführungen zur Huffman-Codierung, Abschnitt 9.3). Ange-nommen, man will die Zahlen von 0 bis 7 binär codieren. Dann bestünde *eine* Möglichkeit darin, acht Felder zu reservieren, die jeweils mit 0 oder 1 belegt werden können. Will man z.B. auf diese Weise die Zahl 5 darstellen, so belegt man Feld Nr. 5 mit 1; die restlichen Felder mit 0.

0	1	2	3	4	5	6	7
0	0	0	0	0	1	0	0

Von G. W. Leibniz stammt die Idee der Zahldarstellung im Zweiersystem. Bei dieser Codierung können acht Zahlen mit Hilfe von nur drei Feldern repräsen-tiert werden (die Zahl Null hat dabei die Darstellung 000, die Eins wird als 001, die Zwei als 010, etc. und die Sieben als 111 geschrieben).

Man kann sich nun die Frage stellen, ob ein neuronales Netz auch in der Lage ist, Daten zu codieren. Um dies am obigen Beispiel zu demonstrieren, entwirft man ein zweischichtiges Netz mit acht Eingabeneuronen, drei Neuro-nen in der versteckten Schicht sowie acht Ausgabeneuronen (siehe Schaubild).

Binär-Codierung mit neuronalem Netz

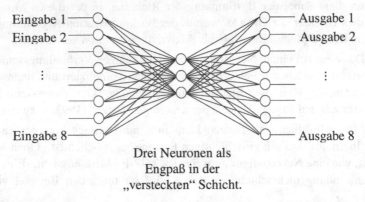

Drei Neuronen als
Engpaß in der
„versteckten" Schicht.

Abbildung 10.15

Zum Training wird eines der Eingabeneuronen mit 1, die restlichen mit dem Wert 0 belegt. Wie oben repräsentiert jedes dieser Eingabemuster eine Zahl von 0 bis 7. Die Ausgabe soll innerhalb eines gewissen Toleranzbereichs (Ausgabe und Eingabe dürfen z.B. betragsmäßig um einen Wert bis zu 0,1 differieren) jeweils dem Eingabemuster entsprechen. Wird z.B. die Zahl 4 eingegeben, so soll das Netz auch wieder die Zahl 4 ausgeben. Das Netz soll nun „lernen", die acht Zahlen in dem auf drei Neuronen reduzierten Engpass zu codieren. Als Information dienen dabei nur die Eingangs- und Ausgangsdaten.

In einem konkreten Trainingsbeispiel wurde auf diese Konstellation der beschriebene Backpropagation-Algorithmus als Lernmethode angewandt. Die Ergebnisse sind verblüffend. Das Netz fand nach der Trainingsphase eine im Wesentlichen zur Binärcodierung äquivalente Darstellung. Die gewichteten Verbindungen zwischen der Eingabeschicht und der verborgenen Schicht dienen dabei der Codierung der Eingabe; die gewichteten Verbindungen zwischen der verborgenen Schicht und der Ausgabeschicht dienen der Decodierung.

In der verborgenen Schicht
wird die Zahl 5 als 101 codiert:

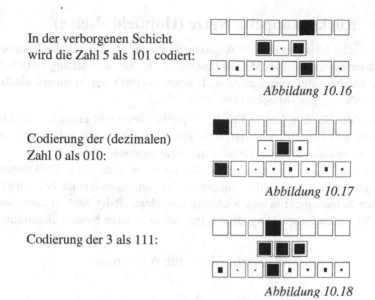

Abbildung 10.16

Codierung der (dezimalen)
Zahl 0 als 010:

Abbildung 10.17

Codierung der 3 als 111:

Abbildung 10.18

Eine Bemerkung zur graphischen Darstellung: Der Schwärzungsgrad der Felder soll zum Ausdruck bringen, mit welcher Stärke das jeweilige Neuron feuert. Von den Neuronen in der Eingabeschicht (jeweils die oberste der drei Zeilen) feuert jeweils genau eines – was durch die massive Schwärzung angedeutet wird. Die Felder in der versteckten Schicht (jeweils mittlere Zeile) und in der Ausgabeschicht (jeweils unterste Zeile) wurden mit unterschiedlicher Intensität angeregt. Sie feuern dementsprechend mit unterschiedlicher Stärke (unterschiedliche Schwärzungsgrade), aber doch so, dass eine eindeutige und korrekte Zuordnung des Ausgangssignals zum zugehörigen Eingangssignal entsteht. Die Schwärzungsgrade liegen entweder nahe bei 0 (nur geringe Schwärzung) oder bei 1 (fast vollständige Schwärzung), aber nie bei einer etwa hälftigen Schwärzung. Die gewichteten Verbindungen zwischen den Neuronen wurden der Übersichtlichkeit halber weggelassen.

10.2.2   Rückgekoppelte Netze (Hopfield[1]-Netze)

Rückgekoppelte Netze wurden in Analogie zu einem Modell aus der Festkörperphysik entworfen. Dieses Modell beschreibt die Wechselwirkung zwischen Atomen, welche unter verschiedenen Temperatureinflüssen in unterschiedlichen Zuständen („spin"-Mustern) verharren.

Von ihrer Struktur her sind rückgekoppelte Netze sehr einfach; sie sind einschichtig und komplett vernetzt, d.h., jedes Neuron ist mit jedem anderen über eine gewichtete Synapse verbunden. Man unterscheidet auch nicht zwischen Ein- und Ausgabeneuronen; alle Neuronen besitzen beide Funktionen. Dadurch ist der Informationsfluss innerhalb des Netzes, anders als bei den geschichteten Netzen, nicht in eine Richtung festgelegt. Jedes Neuron kann, wie etwa im folgenden Beispiel angedeutet, mit jedem anderen Neuron „kommunizieren".

Rückgekoppeltes Netz mit 6 Neuronen

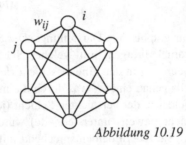

Abbildung 10.19

Das Beispiel bringt die folgenden allgemeinen Merkmale derartiger Netze zum Ausdruck:

- *Symmetrie*:   Zwischen Neuron i und Neuron j existiert genau eine (bidirektionale) Verbindung. Für deren Gewichte gilt $w_{ij} = w_{ji}$
- *Schlingenfreiheit*: Kein Neuron ist mit sich selber verbunden ($w_{ii} = 0$).

Der Ausgabewert, mit dem ein Neuron feuert, wird im Zusammenhang mit rückgekoppelten Netzen auch als der „Zustand" des Neurons bezeichnet. Je-

---

[1] John Joseph Hopfield (geb. 1933), amerikanischer Physiker, Biologe und Neurowissenschaftler

des Neuron kann einen der beiden Zustände 1 oder -1 annehmen, wobei 1 eine positive Aktivierung und -1 eine negative Aktivierung des Neurons darstellt. Als Aktivierungsfunktion wird in rückgekoppelten Netzen eine Treppenfunktion verwendet. Je nachdem, ob die Summe der von allen anderen Neuronen zugesandten gewichteten Signale $s_j \in \{1, -1\}$ den Schwellenwert θ überschreitet oder nicht, wird das Neuron positiv oder negativ aktiviert. Die folgende Formel beschreibt die Definition der Aktivierungsfunktion σ für ein Netz mit n Neuronen und dem Schwellenwert $\theta = 0$.

$$\sigma(s_i) := \begin{cases} 1, & \text{falls } \displaystyle\sum_{j=1}^{n} w_{ij} s_j \geq 0 \\[2mm] -1, & \text{falls } \displaystyle\sum_{j=1}^{n} w_{ij} s_j < 0 \end{cases}$$

Wählt man nun eine Eingabebelegung der n Neuronen mit Werten aus $\{1, -1\}$, so kann man den nächsten Netzzustand wie folgt berechnen:

$$s_i^{neu} := \sigma\left(\sum_{j=1}^{n} w_{ij} s_j^{alt}\right).$$

Dabei sind s_j^{neu} bzw. s_j^{alt} die jeweiligen Aktivierungszustände der n Neuronen.

Betrachtet man den neuen Zustand wiederum als Eingabe, dann verändert sich der Netzzustand laufend, bis ein stabiler Zustand erreicht wird. Ein stabiler Zustand liegt vor, wenn nach einer Aktivierung der alte und der neue Netzzustand identisch sind ($s_i^{neu} = s_i^{alt}$ für alle $i = 1, \ldots, n$).

Man kann sich diesen stabilen Zustand wie ein Tal in einer hügeligen Landschaft vorstellen. Rollt eine Kugel, die sich in der Landschaft bewegt, in dieses Tal hinein, so bleibt sie auch darin liegen. In den meisten Netzen existieren viele solcher stabiler Zustände, die in Abhängigkeit von der ersten Eingabe erreicht werden können. Wo diese stabilen Zustände liegen, wird durch die Netzgewichte entschieden. Das folgende Beispiel soll noch einmal verdeutlichen, wie eine Eingabe, abhängig von den Netzgewichten, in einen stabilen Endzustand übergeht.

Beispiel K_4: Das Netz entspricht dem „vollständigen" Graphen K_4, bestehend aus vier Knoten.

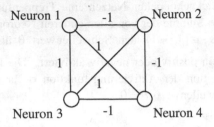

Abbildung 10.20

Die „Gewichtsmatrix" des Netzes ist:

$$W = \begin{pmatrix} 0 & -1 & -1 & 1 \\ -1 & 0 & 1 & -1 \\ -1 & 1 & 0 & -1 \\ 1 & -1 & -1 & 0 \end{pmatrix}$$

Die Netzzustände s_j berechnen sich nun folgendermaßen aus dem Anfangszustand s_1:

$$s_1 = \begin{pmatrix} -1 \\ -1 \\ -1 \\ 1 \end{pmatrix}$$

$$s_2 = \sigma(W \cdot s_1) = \sigma\left(\begin{pmatrix} 0 & -1 & -1 & 1 \\ -1 & 0 & 1 & -1 \\ -1 & 1 & 0 & -1 \\ 1 & -1 & -1 & 0 \end{pmatrix} \cdot \begin{pmatrix} -1 \\ -1 \\ -1 \\ 1 \end{pmatrix}\right) = \sigma\begin{pmatrix} 3 \\ -1 \\ -1 \\ 1 \end{pmatrix} = \begin{pmatrix} 1 \\ -1 \\ -1 \\ 1 \end{pmatrix}$$

$$s_3 = \sigma(W \cdot s_2) = \sigma\left(\begin{pmatrix} 0 & -1 & -1 & 1 \\ -1 & 0 & 1 & -1 \\ -1 & 1 & 0 & -1 \\ 1 & -1 & -1 & 0 \end{pmatrix} \cdot \begin{pmatrix} 1 \\ -1 \\ -1 \\ 1 \end{pmatrix}\right) = \sigma\begin{pmatrix} 3 \\ -3 \\ -3 \\ 3 \end{pmatrix} = \begin{pmatrix} 1 \\ -1 \\ -1 \\ 1 \end{pmatrix}$$

Die Zustände s_2 und s_3 sind identisch, das Netz hat somit einen stabilen Zustand erreicht und verharrt darin.

Mustererkennung mit rückgekoppelten Netzen

Rückgekoppelte Netze eignen sich besonders zur Mustererkennung. D.h., sie speichern mehrere Muster und erkennen bei Eingabe von verrauschten Varianten eines dieser Muster sein im Netz gespeichertes Original wieder. Die Muster sind im folgenden Beispiel Schwarz-Weiß-Bilder, wobei der Neuronenaktivität -1 die Farbe Schwarz und der Neuronenaktivität 1 die Farbe Weiß zugeordnet ist.

Das folgende Beispiel zeigt, wie das verrauschte Bild des Kopfes der amerikanischen Freiheitsstatue korrekt „erkannt" wird.

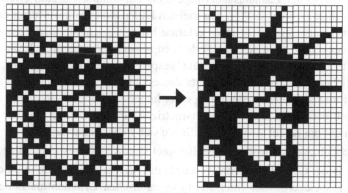

Abbildung 10.21

Die Muster werden in den Gewichten w_{ij} des Netzes gespeichert. Dies geschieht über die Hebbsche Lernregel, die in diesem Fall besagt, dass das Gewicht w_{ij} zwischen zwei Neuronen i und j gleich 1 ist, falls die beiden Neuronen dieselbe Aktivität besitzen, und dass es gleich -1 ist, falls die beiden Neuronen unterschiedliche Aktivitätszustände haben. Die Gewichte w_{ii} werden generell auf Null gesetzt. Formal lässt sich dies folgendermaßen ausdrücken:

$$w_{ij} := \begin{cases} s_i \cdot s_j & \text{falls } i \ne j \\ 0 & \text{sonst} \end{cases}$$

Die Belegungen $s_i = 1$, $s_j = 1$ bzw. $s_i = -1$, $s_j = -1$ besagen, dass Neuron i und Neuron j denselben Aktivitätszustand besitzen. Ihr Produkt $s_i \cdot s_j$ ist somit immer gleich 1. Ändert sich nun einer der Aktivitätszustände, so ist das Produkt gleich -1.

Bei n Neuronen ist das Muster in einer $n \times n$ Gewichtsmatrix abgespeichert. Soll das Netz mehrere Muster „erlernen", addiert man die einzelnen Gewichtsmatrizen der Muster zu einer Gesamtmatrix W auf:

$$W := W_1 + W_2 + \cdots + W_k \quad \text{(falls } k \text{ Muster erlernt werden sollen).}$$

Ein in das so erzeugte Netz eingegebenes Muster durchläuft, wie im vorigen Beispiel, die Folge der Zustandsänderungen, bis ein stabiler Zustand erreicht ist. Dieser stabile Zustand stellt in den meisten Fällen ein erlerntes Muster dar. (Grundsätzlich muss aber nicht jedes erlernte Muster einem stabilen Zustand und nicht jeder stabile Zustand einem erlernten Muster entsprechen.) Je ähnlicher ein Eingabemuster seinem im Netz gespeicherten Original ist, um so wahrscheinlicher ist es, dass ihm das Netz dieses Original auch zuordnet. Veranschaulicht man sich dies wiederum an einer hügeligen Landschaft, dann versucht man mit der Addition der Gewichtsmatrizen für jedes Muster ein Tal zu erzeugen, in das die Kugel hineinrollt, falls sie sich in der Nähe befindet.

Tatsächlich war auch das obige Beispiel des K_4-Netzes eine Mustererkennung. In der Gewichtsmatrix W wurde das Muster „Diagonale in einem 2×2 Bild" gespeichert. Der (hier aus typographischen Gründen als Zeilenvektor geschriebene) Eingabevektor $s_1 = (-1, -1, -1, 1)$ entspricht einem verrauschten Eingabemuster und der schließlich erreichte stabile Zustand $s_3 = (1, -1, -1, 1)$ dem im Netz gespeicherten Original (siehe Abbildung).

Die Diagonale im 2x2-Bild entspricht dem gespeicherten Original $(1, -1, -1, 1)$:

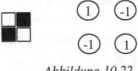

Abbildung 10.22

Zustandsänderung

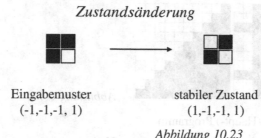

Eingabemuster   stabiler Zustand
(-1,-1,-1, 1)   (1,-1,-1, 1)

Abbildung 10.23

Ein Algorithmus zur Mustererkennung

Der im Folgenden beschriebene Algorithmus zur Mustererkennung gliedert sich, wie oben gesehen, in zwei Phasen. Die erste Phase ist die des Muster-Erlernens, die zweite Phase die des Muster-Erkennens. Das Mathematica-Programm legt in der ersten Phase die Gewichtsmatrix GewMat fest. Die zu erlernenden Muster sind Listen aus den Elementen 1 (weiß) und -1 (schwarz). Um aus den Listen Bilder zu erzeugen, teilt man sie in gleichgroße Blöcke und gibt diese untereinander aus. Eine Liste aus 100 Elementen, unterteilt in Blöcke der Größe 10, ergibt demnach ein 10×10 Bild. Die Gewichtsmatrix GewMat wird im gesamten Programm als globale Variable geführt; die Variable GewMat kann also in jeder Funktion ohne Parameterübergabe benutzt werden.

```
GewMat = Sum[Table[ms[[i,j]] * ms[[i,k]],
             {j, Length[ms[[1]]]},
             {k, Length[ms[[1]]]}],
         {i, 1, Length[ms]} ];
         (* ms ist der Mustersatz, ms[[5,3]] greift
            z.B. auf das dritte Element des fünften
            Musters zu *)
For[i=1, i<=Length[ms[[1]]], i=i+1, GewMat[[i,i]]=0];
   (* Die Gewichte w[[i,i]] werden auf Null gesetzt *)
```

Als Beispiel wurde eine Reihe von 10×10 Bildern initialisiert. Fünf davon sind hier exemplarisch abgebildet.

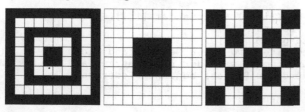

Abbildung 10.24

Abbildung 10.25

In das folgende (Haupt-) Programm

```
Mustererkennung[Eingabemuster_, Blck_] ...
```

wird ein Muster eingegeben. Der zweite Eingabeparameter Blck (der Begriff
Block ist in Mathematica bereits vergeben) dient dazu, bei der späteren gra-
phischen Darstellung des Musters die Eingabeliste in Blöcke zu unterteilen.
Der Ablauf des Programms entspricht der oben beschriebenen Vorgehens-
weise, bei der das Eingabemuster solange transformiert wird, bis ein stabilen
Zustand erreicht ist.

```
Mustererkennung[Eingabemuster_, Blck_] :=
 Module[{M = Eingabemuster, B = Blck, Zustandalt},
   Zustandalt = M;
   ListDensityPlot[Reverse[Partition[Zustandalt, B]]];
    (* Das Muster wird in seinem derzeitigen Zustand
       auf dem Bildschirm, geteilt in Blöcke der Länge
       B, ausgegeben.*)
   Zustandneu =
    Table[
     Signum[
      Sum[GewMat[[i,j]] * Zustandalt[[j]],
       {j, 1, Length[M]}]],
      {i, 1, Length[M]} ];
    (* Entsprechend der Aktivierungsfunktion Signum wird
       der neue Netzzustand berechnet.   *)
   While[Not[Zustandalt = Zustandneu],
    Zustandalt = Zustandneu;
    ListDensityPlot[
     Reverse[Partition[Zustandneu, B]] ];
    Zustandneu =
     Table[
      Signum[
       Sum[GewMat[[i,j]] * Zustandalt[[j]],
        {j, 1, Length[M]}]],
       {i, 1, Length[M]} ] ]
     (* Während alter und neuer Netzzustand nicht
        übereinstimmen, wird der neue Netzzustand zum
        alten und der Prozess beginnt wieder von
        vorn. *)
   Return[Zustandneu] ];
```

Die außerhalb dieses Programms definierte Aktivierungsfunktion `Signum[x_]` ordnet negativen x den Wert -1 und den restlichen x den Wert 1 zu:

```
Signum[x_] := If[x >= 0, 1, -1];
```

Die unten aufgeführten Eingabemuster weichen alle mehr oder weniger von ihrem im Netz gespeicherten Original ab. Das Programm `Mustererkennung` war immer in der Lage, sie richtig zu erkennen. In den folgenden Abbildungen sind einige Beispiele für die Wiedererkennung von „fehlerhaften" Eingabemustern gegeben. In den Beispielen ist links das Eingabemuster, in der Mitte das Muster nach einer Reihe von Zwischenschritten und rechts der stabile Zustand (d.h. das Ausgabemuster) abgebildet.

1. Wiedererkennung eines „verrauschten" Musters:

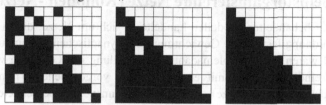

Abbildung 10.26

2. Wiedererkennung eines nur teilweise gegebenen Musters:

Abbildung 10.27

3. Wiedererkennung eines verschobenen Musters:

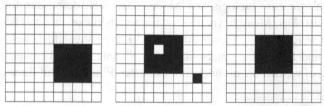

Abbildung 10.28

So gut wie in diesen Fällen funktioniert die Mustererkennung mit rückgekoppelten Netzen allerdings nicht immer. Sind die zu erlernenden Muster einander sehr ähnlich, so kann sie das Netz nicht immer unterscheiden. Ein zusätzliches Problem liegt in der Existenz von möglichen weiteren stabilen Zuständen, die keinem der erlernten Muster entsprechen. Je mehr Muster in einem Netz zu speichern sind, um so häufiger treten diese zusätzlichen stabilen Zustände auf. Es konnte gezeigt werden, dass rückgekoppelte Netze nur dann alle gespeicherten Muster mit hoher Wahrscheinlichkeit korrekt erkennen, wenn die Anzahl der Muster höchstens gleich einem Siebentel der Anzahl der Neuronen des Netzes ist.

10.2.3 Selbstorganisierende Netze (Kohonen[1]-Netze)

Bei den bisher behandelten Modellen handelte es sich um Netze, die in ihrer Neuronenanordnung fest, in der Gewichtung ihrer synaptischen Verbindungen aber variabel waren. Die problemadäquate Einstellung der Gewichte wurde entweder in einer Lernphase mit einem Satz an vorgegebenen Trainingsmustern (Backpropagation-Netze) oder durch eine im voraus berechnete Anfangsbelegung (rückgekoppelte Netze) gefunden. Bei *selbstorganisierenden* Netzen wird im Gegensatz dazu in einem selbstgesteuerten Prozess eine anfänglich gewählte Netzstruktur in ihrer *räumlichen* Anordnung verändert. Man sieht neuronale Netze in diesem Zusammenhang als elastische Strukturen aus miteinander verbundenen „Neuronen" an (der Begriff des Neurons weist hier nur noch eine sehr grobe Analogie zum biologischen Modell auf). Anschaulich kann man sich diese Strukturen wie Gummibänder (im eindimensionalen Fall) oder dehnbare Gitter (im zweidimensionalen Fall) vorstellen. Auf diesen Bändern oder Gittern sitzen die Neuronen. Im Laufe eines Anpassungsprozesses wird je nach Problemstellung „gezupft" und „gezogen" und dadurch die Position der Neuronen verändert, bis ein stabiler Netzzustand erreicht ist.

Die Analogie zum biologischen Modell lässt sich durch das folgende Bild herstellen. Der Mensch verarbeitet Sinneseindrücke in der Hirnrinde (Kortex). Sie werden dort auf „somatopischen" Karten abgebildet, welche die Orientierung und Beziehung unterschiedlicher Signale der Außenwelt repräsentieren. Dabei werden die oft hochdimensionalen Eindrücke auf lineare oder

---

[1] Teuvo Kohonen (geb. 1934), finnischer Ingenieur

ebene Strukturen reduziert. Trotz der Verringerung der Dimension bleiben charakteristische Merkmale bei ihrer Projektion im Gehirn erhalten. Signale benachbarter Körperregionen sind auch in der Hirnrinde in benachbarter Lage zu finden, so liegen z.B. die für die Verarbeitung somatosensorischer Signale (Tastsinn) der Finger, der Hand und des Unterarms verantwortlichen Regionen in der Hirnrinde direkt nebeneinander. Häufig benutzte Körperregionen (Zunge, Finger) sind ihrer Bedeutung gemäß durch besonders detaillierte „Karten" repräsentiert. Der Mensch verändert seine somatopischen Karten in einem ständigen Selbstorganisierungsprozess. So verkleinert sich z.B. nach Verlust eines Beines dessen sensorischer Bereich im Kortex, und die Zuordnungen der restlichen Körperregionen konfigurieren sich selbständig um.

Die Modellierung dieser Vorgänge geht auf den finnischen Mathematiker T. Kohonen zurück. Er untersuchte das Verhalten ein- bzw. zweidimensionaler neuronaler Strukturen. Generell wird die Festlegung der Nachbarschaftsbeziehungen problemspezifisch gewählt. Es gibt aber typische, häufig verwendete Strukturen, die in den folgenden Abbildungen schematisch dargestellt sind.

Lineare Anordnungen

(a) Das Neuron i ist mit den Neuronen $i+1$ und $i-1$ verbunden:

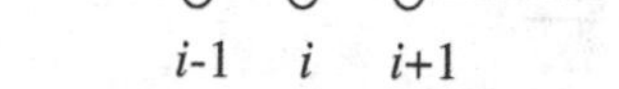

$$i-1 \quad i \quad i+1$$

Abbildung 10.29

(b) Die Neuronen 1 und n haben jeweils nur einen Nachbarn:

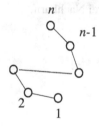

Abbildung 10.30

(c) Das Neuron n ist mit dem Neuron 1 verbunden; die Anordnung ist also geschlossen:

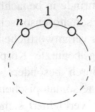

Abbildung 10.31

Zweidimensionale Anordnungen

(a) Ein inneres Neuron (i,j) ist mit den Neuronen
$(i-1,j)$, $(i+1,j)$, $(i,j-1)$ und $(i,j+1)$ verbunden:

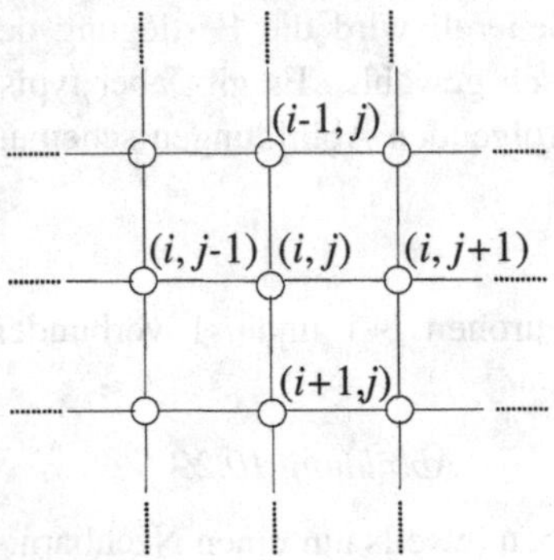

Abbildung 10.32

(b) Ein Eckneuron hat zwei, ein Randneuron drei Nachbarn:

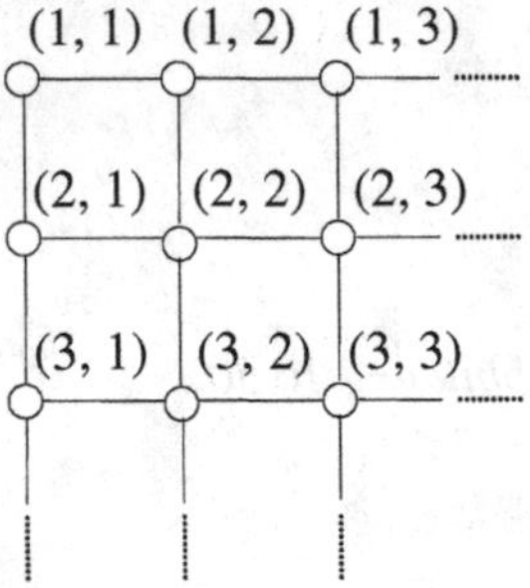

Abbildung 10.33

(c) Ein vollständiges n×m Gitter:

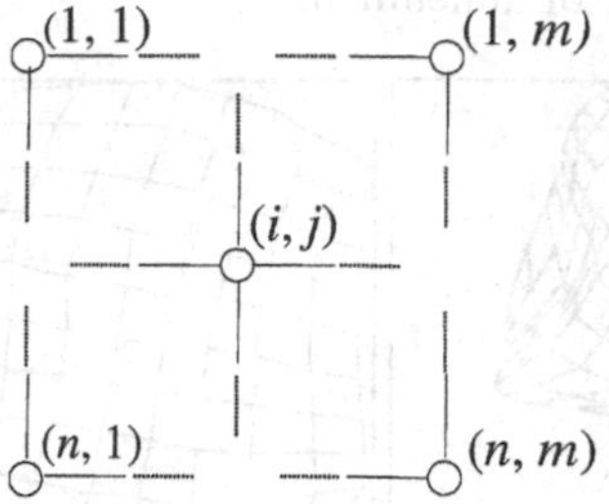

Abbildung 10.34

Vor dem Selbstorganisierungsprozess sind die Positionen der Neuronen im Allgemeinen willkürlich verteilt. Empfängt das Netz nun ein Signal, so wird zuerst das Neuron mit der stärksten Erregung bestimmt und seine Position in Abhängigkeit von dem Signal verändert. Dabei bewegt sich aber nicht nur dieses eine Neuron, sondern es „zieht" die mit ihm verbundenen Neuronen mit sich; näher liegende Neuronen werden stärker mitgezogen als entferntere. Eine um das am stärksten ansprechende Neuron (*Erregungszentrum*) liegende *Erregungszone* reagiert also fast so stark wie das Erregungszentrum selber; die in der Anordnung weiter entfernten Neuronen verändern ihre Position nur noch marginal. Die anfangs stark „verknotete" Neuronen-Anordnung wird so durch den Empfang vieler verschiedener Signale (aus einem Signal- oder Ereignisraum) verformt. In der Regel entspricht sie nach einer gewissen Zeit recht gut dem Signalraum in seiner räumlichen Anordnung.

Zur Veranschaulichung betrachten wir das folgende sehr einfache Beispiel: Ein selbstorganisierendes Netz entspreche seiner kombinatorischen Struktur nach einem zweidimensionalen Gitter, es bilde aber in geometrischer Hinsicht zunächst ein unstrukturiertes wirres Knäuel (ähnlich wie die Gitterlinien auf einem zusammengeknüllten Blatt Papier). Das Netz empfange nun Impulse aus einem „rechteckigen" Signalraum. Dies geschieht folgendermaßen: Ein Punkt im Rechteck wird nach einem Zufallsprinzip ermittelt; der Punkt feuert einen Impuls in das Netz. Das den Impuls empfangende Neuron (d.h. das dem Signalort am nächsten liegende Neuron) ist das Erregungszentrum und wird ein Stück in Richtung des Signals verschoben. Es zieht aber auch die mit ihm verbundenen Neuronen ein Stück mit, diese wiederum die an ihnen hängenden Neuronen, u.s.w. Wie stark die einzelnen Neuronen bewegt werden, hängt von ihrem Abstand zum Erregungszentrum ab. Dieser Prozess wird nun sehr oft wiederholt. Im Laufe der Zeit wird das Netz in der Regel eine annähernd regelmäßige Gitterstruktur annehmen.

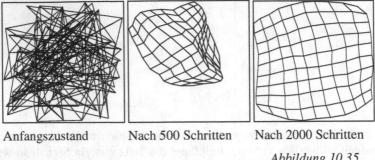

Anfangszustand   Nach 500 Schritten   Nach 2000 Schritten

Abbildung 10.35

Wenn nun Punkte in der Mitte des den Signalraum bildenden Rechtecks mit größerer Wahrscheinlichkeit ausgewählt werden als Punkte an den Rändern (größere Sensibilität oder häufigere Benutzung dieser Region), so wird dies bei der Veränderung des Netzes entsprechend berücksichtigt. Die Darstellung wird dann im Inneren feiner (engmaschiger) sein als an den Rändern.

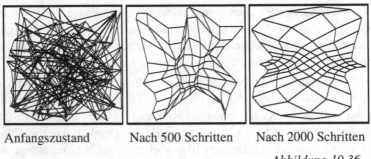

Anfangszustand   Nach 500 Schritten   Nach 2000 Schritten

Abbildung 10.36

Diese Abbildungen machen auch die Redeweise deutlich, wonach man bei derartigen Prozessen von der „Fähigkeit selbstorganisierender Netze zur Kartographierung von Signalräumen" spricht.

Im folgenden Beispiel wird diese Technik anhand einer konkreten Anwendungssituation (Traveling Salesman Problem) erläutert.

Selbstorganisierende Netze am Beispiel des Traveling Salesman Problems

In den Abschnitten 5.7 und 10.1 wurde das Traveling Salesman Problem bereits ausführlich vorgestellt. Deshalb beschränken wir uns hier auf die Darstellung seiner Lösung mit Hilfe eines selbstorganisierenden Netzes. Um die Verschiedenartigkeit der beiden Ansätze (evolutionäre Algorithmen und neuronale Netze) vergleichen zu können, ist auch in diesem Abschnitt eine konkrete Implementierung in Mathematica angegeben.

Wie schon bei den evolutionären Algorithmen ist der Eingabeparameter des Programms eine bestimmte Anzahl von Städten, gegeben als Liste ihrer Lagekoordinaten; zum Beispiel:

```
Staedteliste = {{0.5, 4}, {3, 0.9}, {4, 4}, {5, 1}, {0.2,
    0.3}, {6, 3}, {2.5, 2}, {3, 3}, {4, 2}, {1, 2}}
```

Anders als bei den evolutionären Algorithmen untersucht man jetzt nicht die Qualität verschiedener Rundreisen, um darunter eine möglichst kurze zu finden, sondern man versucht, eine Rundreise, die in der Ebene der Städte liegt (aber zunächst nicht notwendigerweise durch die gegebenen Städte verläuft) so zu manipulieren, dass alle Städte aufgesucht werden und dass die neue Tour gleichzeitig annähernd optimal ist. Es ist also sinnvoll, die Neuronen auf einem Band kreisförmig aneinanderzureihen, da die Anordnung einer Rundreise entsprechen soll. Damit sich das Band etwas flexibler verziehen kann, plaziert man mehr Neuronen auf dem Band als Städte gegeben sind. Im folgenden Beispiel haben wir dreimal so viele Neuronen wie Städte verwendet. Die Ausgangsposition in unserer Fallstudie sieht also folgendermaßen aus.

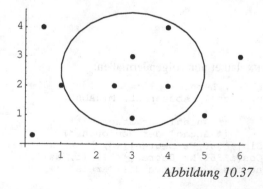

Abbildung 10.37

Das Neuronenband ist etwa in der Mitte der Karte zentriert und schon kreisförmig angeordnet. Man könnte die Neuronen auch willkürlich auf der Karte verteilen, dann würde der Prozess nur etwas länger dauern, und es käme mit höherer Wahrscheinlichkeit zu Verknotungen innerhalb der Rundreise.

Nun tritt das Neuronenband in den Selbstorganisierungsprozess ein. Der Signalraum ist nicht stetig, wie im Beispiel der „Rechteckskartographierung", sondern diskret. Die Städte werden als Signale interpretiert. In jedem Schritt wählt man nun zufällig eine Stadt, berechnet das ihr am nächsten liegende Neuron (das Erregungszentrum) und zieht das Neuronenband ein Stück in Richtung dieser Stadt. Dies geschieht, wie beschrieben, in Abhängigkeit vom Abstand zum Erregungszentrum.

Beispiel:

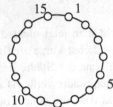

Abbildung 10.38

Der Abstand $d(i, j)$ zwischen dem Neuron i und dem Erregungszentrum j ist folgendermaßen definiert (wobei n für die Anzahl der Neuronen steht):

$$d(i, j) = \min(|i - j|, \ n - |i - j|).$$

Beispiele:

$d(13, 4) = 6$

$d(1, 15) = 1$

$d(7, 12) = 5$

Das Hauptprogramm TSPNN lautet nun folgendermaßen:

```
TSPNN[SL_, Durchlaeufe_, Lernrate_] :=
  Module[{Sz, Nz, Nb, Signal, AbstandsL, MinAbst,
         ErrZent},
   Sz = Length[SL];      (* Anzahl der Staedte *)
   Nz = 3*Sz;            (* Anzahl der Neuronen *)
   Nb = Table[{N[2*Sin[i*360/Nz Degree]]+5,
               N[2*Cos[i*360/Nz Degree]]+5}, {i, Nz}];
     (* Startanordnung des Neuronenbandes (Kreis) *)
```

```
For[j=0, j <= Durchlaeufe, j=j+1,
 If[Mod[j, 200] == 0, GraphikModul[SL, Nb] ];
 Signal = Random[Integer, {1, Sz}];
 AbstandsL =
  Table[N[Sqrt[((SL[[Signal, 1]] - Nb[[i, 1]])^2+
               (SL[[Signal, 2]] - Nb[[i, 2]])^2]],
  {i, Nz}];
  (* Abstandsliste der Neuronen zum Signal *)
 MinAbst = Min[AbstandsL];
 ErrZent =
  First[First[Position[AbstandsL, MinAbst]]];
  (* Neuron mit dem kleinsten Abstand zum Signal *)
 Nb =
  Nb +
  Table[
   Lernrate
   * N[Exp[-((Min[Abs[ErrZent-i],
               Abs[ErrZent + Abs[Nz-i]] ])^2) /
             (2 * (50 * (0.02^(j/Durchlaeufe)))^2) ] ]
   * (SL[[Signal]] - Nb[[i]]),
  {i, Nz}]
  (* Berechnung der Positionsveränderung der
     Neuronen *)
 ] ];
```

Die Eingabeparameter des Moduls sind die Städteliste SL, die Anzahl der Durchläufe und die Lernrate. Die Lernrate (z.B. 0,5) bestimmt, wie schnell sich das Neuronenband einer möglichen Rundreise annähert. (Eine zu hohe Lernrate birgt allerdings die Gefahr in sich, dass der Prozess zu schnell auf eine falsche Lösung hin konvergiert.)

Zu Beginn des Verfahrens werden die Neuronen kreisförmig in der Mitte der Karte plaziert. Der Hauptteil des Programms besteht aus einer FOR-Anweisung. In dieser Schleife wird zur Veranschaulichung des Prozesses nach jeweils 200 Durchläufen ein graphisches Teilergebnis ausgegeben (Prozedur GraphikModul s.u.). Als nächstes wird eine Stadt (als Signalquelle) in zufälliger Weise ausgewählt und in der Variablen Signal gespeichert. Dann wird der Abstand der Neuronen zur Signalquelle ermittelt und in die Liste AbstandsL aufgenommen. Falls mehrere Neuronen denselben minimalen Abstand (MinAbst) zur Signalquelle haben, nimmt man der Einfachheit halber das erste davon. Es ist das Erregungszentrum und wird in der Variablen ErrZent gespeichert. Abhängig von der Entfernung d jedes Neurons zum Erregungszentrum wird sein Positionsveränderungsvektor berechnet und zur Realisierung der Positionsveränderung auf seine ursprüngliche Position aufaddiert. Dazu benutzt man die Formel:

Positionsveränderung $(i) =$

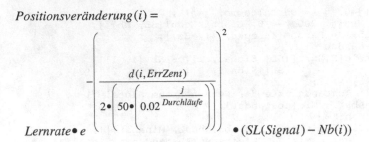

$$Lernrate \bullet e^{-\left(\dfrac{d(i,ErrZent)}{\left(2\bullet\left(50\bullet\left(0.02^{\frac{j}{Durchläufe}} \right)\right)\right)} \right)^{2}} \bullet (SL(Signal) - Nb(i))$$

Einige Bemerkungen zu dieser Formel:

1. Für jedes Neuron i ist *SL(Signal)-Nb(i)* ein Vektor, der von diesem Neuron zur Signalquelle zeigt. Das Neuron wird in Richtung dieses Vektors verschoben.

2. Je größer der Abstand $d(i$, ErrZent) des Neurons i vom Erregungszentrum ist, desto kleiner ist der Exponent und damit die Verschiebung.

3. Die Formel hängt vom Laufindex j und von der Gesamtzahl der Durchläufe ab. Dies bewirkt, dass zu Beginn des Prozesses (kleines j) große, am Ende (großes j) nur noch kleine Veränderungen vorgenommen werden. Das Neuronenband wird so zuerst grob ausgerichtet und gegen Ende hin fein abgestimmt.

4. Insgesamt kann die Größe der Verschiebungen durch die Lernrate variiert werden.

Der Vollständigkeit halber soll auch noch das Grafikmodul ohne Erläuterungen mit angegeben werden.

```
GraphikModul[Stl_, Neub_] :=
 Module[{Staedte, Abschluss, Ad1, Ad2},
  Staedte = Table[Point[Stl[[i]]], {i, Length[Stl]}];
  Abschluss = Append[Neub, Neub[[1]]];
  Ad1 = ListPlot[Abschluss, PlotJoined -> True];
  Ad2 = Show[Ad1, Graphics[{PointSize[0.01], Staedte}]] ]
```

Wie bei allen Simulationen gilt grundsätzlich auch hier, dass zum Verständnis für die Wirkungsweise des Programms und seiner Parameter einige gut variierte Probeläufe höchst hilfreich sind. Die folgenden Abbildungen sind auf diese Weise entstanden.

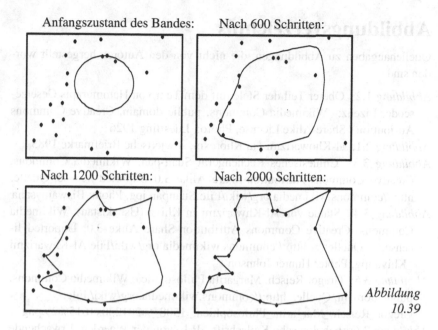

Abbildung
10.39

Ausblick

Die Technik des Arbeitens mit neuronale Netzen wird aufgrund des hohen Allgemeinheitgrades dieses Forschungsansatzes immer wieder in den unterschiedlichsten Anwendungsbereichen eingesetzt; sie ist hochgradig interdisziplinär. So werden neuronale Netze in Banken zur Prognose von Aktienkursen eingesetzt (sehr wahrscheinlich war es aber nicht dieser Umstand, der zu der großen Bankenkrise geführt hat) oder in der Medizin zur Diagnose und Datenauswertung verwendet. Aufgrund ihrer Stärke bei der Mustererkennung eignen sich neuronale Netze für unterschiedlichste Aufgaben in den Gebieten der Kommunikation (z.B. Spracherkennung), der Verkehrsplanung (z.B. Bildauswertung) oder der Automatisierung von Handlungsabläufen (z.B. Qualitätskontrolle). Es gibt auf neuronalen Netzen basierende Ansätze, Fahrzeuge autonom über Landstraßen zu bewegen oder z.B. Backgammon zu spielen. In den letzten Jahren hat sich das wissenschaftliche Interesse an neuronalen Netzen beträchtlich gesteigert. Auch in der nächsten Zeit sind weitere Ergebnisse und Anwendungen in diesem aktuellen Forschungsgebiet zu erwarten, in das hier nur erste Einblicke gewährt werden konnten.

Abbildungsverzeichnis

Quellenangaben zu Abbildungen, die nicht von den Autoren hergestellt worden sind.

Abbildung 1.2: Oberer Teil der Stele mit dem Text von Hammurapis Gesetzescode, Lizenz: Wikimedia Commons, public domain, Creative Commons Attribution / Share-Alike License, Photo: Luestling 1926

Abbildung 2.1: al-Khowarizmi / al Khoresm, sowjetische Briefmarke 1983

Abbildung 3.3: Chinesisches Rechengerät Suan-pan, Wikimedia Commons, Creative Commons Attribution-Share Alike 3.0 Unported license, Quelle: http://commons.wikimedia.org/wiki/File:Suanpan.jpg, Photo: Biswajoysaha

Abbildung 3.4: Statue von Al-Khwarizmi in Khiva (Usbekistan), Wikimedia Commons, Creative Commons Attribution-Share Alike 3.0, Unported license, Quelle: http://commons.wikimedia.org/wiki/File:Al-Khwarizmi _Khiva.jpg, Photo: Hunter Johnson

Abbildung 3.5: Gregor Reisch, Margarita Philosophica, Wikimedia Commons, public domain, Quelle: http://commons.wikimedia.org/wiki/ File: Gregor_Reisch,_Margarita_Philosophica,_1508_%281230x1615%29.png

Abbildung 3.6: babylonische Keilschrift, B.L. von der Waerden, Erwachende Wissenschaft, Birkhäuser Verlag Basel 1956

Abbildung 3.11: Archimedes, Beckmann P.: A History of π; St. Martin's Press, New York 1971

Verzeichnis internetbasierter Materialien der Autoren

Unter der Adresse http://www.ziegenbalg.ph-karlsruhe.de sind

- ein Programmservice mit den Programmen dieses Buches
- zwischenzeitlich aufgelaufene Korrekturen und
- weitere themenbezogene Materialien zu finden.

Die Autoren freuen sich über Anmerkungen und Rückmeldungen aller Art – gern auch per Email über die Adresse: ziegenbalg@gmail.com

Interaktive Materialien

Zum *Sieb des Eratosthenes*:

> http://www.ziegenbalg.ph-karlsruhe.de/materialien-homepage-jzbg/Sieb-des-Eratosthenes/Sieb-des-Eratosthenes.htm

> http://www.ziegenbalg.ph-karlsruhe.de/materialien-homepage-jzbg/Sieb-des-Eratosthenes/Sieb-des-Eratosthenes-Simulation.htm

Portal zum Thema *Codierung und Kryptographie*:

> http://www.ziegenbalg.ph-karlsruhe.de/materialien-homepage-jzbg/cc-interaktiv

Zum Thema *Würfelverdopplung*:

> http://www.ziegenbalg.ph-karlsruhe.de/materialien-homepage-jzbg/Wuerfelverdopplung/erat-mp.htm

Computeralgebra notebooks, worksheets und Materialien

> http://www.ziegenbalg.ph-karlsruhe.de/#Computeralgebra-notebooks

> http://www.ziegenbalg.ph-karlsruhe.de/materialien-homepage-jzbg/materials-in-english

Dort stehen Computeralgebra notebooks (Mathematica) bzw. worksheets (Maxima) in deutscher und englischer Sprache zu den folgenden Themen zur Verfügung.

Eine Auswahl von Materialien in deutscher Sprache:

- Das Heron-Verfahren

- Das Sieb des Eratosthenes
- Der Euklidische Algorithmus
- Folgen, Induktion, Fibonacci Zahlen, Goldener Schnitt, Phyllotaxis
- Pi nach Archimedes
- Public Key Cryptography: Das RSA-Verfahren
- Systembrüche
- Wachstumsprozesse
- Zinseszins, Verdopplungszeit und die "p-mal-d"-Regel

Eine Auswahl von Materialien in englischer Sprache:
- Fibonacci numbers – case studies in recursion and iteration
- Figurate Numbers
- Huffman Code
- Mathematical Modelling, Dynamic Processes and Difference Equations
- Mean values
- Modelling and Simulation: The collector's problem / Waiting time for a "complete set"
- Phi, Tau, Sigma in Elementary Number Theory
- The Egyptian multiplication algorithm

Literaturverzeichnis

Enzyklopädien, Handbücher und Lexika

- BROCKHAUS ENZYKLOPÄDIE, F. A. Brockhaus GmbH
  19. Auflage, in vierundzwanzig Bänden, Mannheim 1986
  17. Auflage, in zwanzig Bänden, Wiesbaden 1971
- DUDEN INFORMATIK (Ltd. Hrsg. H. Engesser): Dudenverlag, Bibliographisches Institut & F. A. Brockhaus A.G., Mannheim 1988
- ENCYCLOPEDIA OF COMPUTER SCIENCE AND ENGINEERING (Hrsg. A. Ralston), van Nostrand Reinhold Company Inc., New York 1983
- HANDBUCH DER MATHEMATIKDIDAKTIK (Hrsg. R. Bruder et al.), Verlag Springer Spektrum, Berlin 2015
- KLEINE ENZYKLOPÄDIE MATHEMATIK, VEB Verlag Enzyklopädie, Leipzig 1977
- LEXIKON DER MATHEMATIK (5 Bände + Registerband) Spektrum Akademischer Verlag, Heidelberg 2000 (Bd. 1)
- MEYERS ENZYKLOPÄDISCHES LEXIKON in 25 Bänden, Bibliographisches Institut, Neunte Auflage, Mannheim 1971
- THE NEW ENCYCLOPÆDIA BRITANNICA, Encyclopædia Britannica Inc., 15 th edition, Chicago 1985, First Published in 1768 by A Society of Gentlemen in Scotland
- THE ON-LINE ENCYCLOPEDIA OF INTEGER SEQUENCES (OEIS), 1964 gegründet von N. Sloane, Internet-Adresse: https://oeis.org/

Abelson H. / diSessa A.: Turtle Geometry; The MIT Press, Cambridge (Massachusetts) 1982

Abelson H. / Sussman G. J. and J.: Structure and Interpretation of Computer Programs; The MIT Press, Cambridge (Massachusetts) 1985

Abelson H.: Logo For the Apple II; BYTE / Mc Graw-Hill; Peterborough, New Hampshire, 1982

Aho V. A. / Hopcroft J. E. / Ullmann J. D.: Data Structures and Algorithms; Addison-Wesley Publishing Company, Reading (Massachusetts) 1985

Aigner M.: Diskrete Mathematik; Vieweg+Teubner, Wiesbaden, 6. Aufl. 2006

Allen J. R.: Anatomy of LISP; Mc Graw Hill, New York 1978

Allen J.R. / Davis R.E. / Johnson J.F.: Thinking about TLC Logo; Holt, Rinehart and Winston, New York 1984

Barr A. / Feigenbaum E. A. (Hrsg.): The Handbook of Artificial Intelligence (Volume I, II, III); William Kaufmann Inc., Los Altos (California) 1981

Barth A.P.: Algorithmik für Einsteiger; Springer Spektrum Wiesbaden 2013

Bauer F. L. / Goos G.: Informatik Band I und II; Springer-Verlag, Berlin Heidelberg, 4. Aufl. 1991 / 4. Aufl. 1992

Bauer F.L.: Entzifferte Geheimnisse; Springer-Verlag, Heidelberg, 3. Aufl. 2000

Bauer F.L.: Historische Notizen zur Informatik; Springer-Verlag, Berlin Heidelberg · 2009

Beckmann P.: A History of π; St. Martin's Press, New York 1971

Beutelspacher A. / Schwenk J. / Wolfenstetter K.-D.: Moderne Verfahren der Kryptographie; Springer Spektrum, Wiesbaden, 8. Aufl. 2015

Beutelspacher A.: Kryptologie; Springer Spektrum, Wiesbaden, 10. Aufl. 2015

Blatner D.: The Joy of π, Penguin Books, London 1997

Böhm C. / Jacopini G.: Flow Diagrams, Turing Machines, and Languages With Only Two Formation Rules, Communications of the Association for Computing Machinery 9, No. 5, 1966

Boole G.: An investigation of the laws of thought; Macmillan, London 1854

Borys Th.: Codierung und Kryptologie; Vieweg-Teubner Verlag, Wiesbaden 2011

Brands G.: Verschlüsselungsalgorithmen,Vieweg Verlag, Braunschweig 2002

Brassard G. / Bratley P.: Algorithmics: Theory and Practice, Prentice Hall; London 1988

Brodie L.: Starting FORTH; Prentice Hall, Englewood Cliffs(N.J.) 1981

Buchberger B.: Computer-Algebra: Das Ende der Mathematik?, DMV-Mitteilungen 2, 2000, 16–26

Buchmann J.: Einführung in die Kryptographie; Springer-Verlag, Heidelberg, 5. Aufl. 2010

Bundy A. et al.: Artificial Intelligence; Edinburgh University Press, Edinburgh 1980

Busacker R. G. / Saaty T. L.: Endliche Graphen und Netzwerke; R. Oldenbourg Verlag, München 1968

Cantor G.: Beiträge zur Begründung der transfiniten Mengenlehre, Mathematische Annalen, 481–512, 1895

Cantor M.: Vorlesungen über Geschichte der Mathematik (4 Bände); Teubner Verlag, Leipzig 1880–1904

Chabert J.-L.: A History of Algorithms; Springer-Verlag, Berlin 1999

Chomsky N.: Syntactic Structures; Mouton & Co., The Hague, 1972 (first printing 1957)

Clark K. L. / McCabe F. G.: Micro-Prolog: Programming in Logic; Prentice Hall, Englewood Cliffs (New Jersey) 1984

Claus V.: Einführung in die Informatik; B. G. Teubner Verlag, Stuttgart 1975

Clocksin W. F. / Mellish C. S.: Programming in Prolog; Springer-Verlag, Berlin Heidelberg, 5. Aufl. 2003

Dahl O.-J. / Dijkstra E. W. / Hoare C. A. R.: Structured Programming; Academic Press, London 1972

de Finetti B.: Die Kunst des Sehens in der Mathematik; Birkhäuser Verlag, Basel 1974

Delahaye J.-P.: π – die Story; Birkhäuser Verlag, Basel 1999

Deutsches Institut für Fernstudien (DIFF): Computer im Mathematikunterricht, Hefte CM 1 – CM 4; Tübingen 1989

Dewdney A. K.: The Turing Omnibus: 61 Excursions in Computer Science; Computer Science Press, Rockville (Maryland) 1989

Dijkstra E. W.: A Discipline of Programming; Prentice Hall, Englewood Cliffs, NJ 1976

Dijkstra E. W.: GOTO Statement Considered Harmful in: Communications of the Association for Computing Machinery, März 1968

Dürr R. / Ziegenbalg J.: Mathematik für Computeranwendungen – Dynamische Prozesse und ihre Mathematisierung durch Differenzengleichungen; Schöningh Verlag, Paderborn 1984

Edwards H. M.: An appreciation of Kronecker, Mathematical Intelligencer, 1, 1987, 28–35

Eisenberg M.: Programming in Scheme; The MIT Press, Cambridge, Massachusetts 1990

Engel A.: Computerorientierte Mathematik; Der Mathematikunterricht, Heft 2, Ernst Klett Verlag, Stuttgart 1975

Engel A.: Elementarmathematik vom algorithmischen Standpunkt; Ernst Klett Verlag, Stuttgart 1977

Engel A.: Mathematisches Experimentieren mit dem PC; Ernst Klett Verlag, Stuttgart 1991

Enzensberger H. M.: Gedichte 1955-1970, Suhrkamp Taschenbuch, Frankfurt am Main 1971

Ershov A. P. / Knuth D. E. (Hrsg.): Algorithms in Modern Mathematics and Computer Science; Springer-Verlag, Berlin 1981

Ertel W.: Angewandte Kryptographie, Fachbuchverlag Leipzig, München 2001

EUKLID – Die Elemente, Buch I-XIII; Friedr. Vieweg Verlag, Braunschweig 1973 und Wissenschaftliche Buchgesellschaft Darmstadt 1991;
Nachdruck der 4., erweiterten Aufl., Übersetzung von Clemens Thaer, mit einer Einleitung von Peter Schreiber, Verlag Harri Deutsch, Frankfurt am Main 2010

Gancarz M.: The UNIX Philosophy, Digital Press, Boston 1995

Ganzhorn K. / Walter W.: Die geschichtliche Entwicklung der Datenverarbeitung; IBM Deutschland, München 1975

Gardner M.: Mathematische Rätsel und Probleme, Vieweg Verlag, Braunschweig 1968

Garey M. R. / Johnson D. S.: Computers and Intractability – A Guide to the Theory of NP-Completeness; W. H. Freeman and Company, New York 1979

Gesellschaft für Informatik: Grundsätze und Standards für die Informatik in der Schule, http://fb-iad.gi.de/iad/downloads.html 2008

Ghezzi C. / Jazayeri M.: Programming Language Concepts; John Wiley & Sons, New York 1982

Göhner H. / Hafenbrak B.: Arbeitsbuch Prolog; Ferd. Dümmler Verlag, Bonn 1991

Goldberg D. E.: Genetic Algorithms in Search, Optimization, and Machine Learning; Addison-Wesley, Reading (Massachusetts) 1989

Goldschlager L. / Lister A.: Informatik (eine moderne Einführung); Hanser Verlag, München 1984

Graf K.-D. (Hrsg.): Computer in der Schule 2; Teubner Verlag, Stuttgart 1988

Graf K.-D.: Informatik – Eine Einführung in Grundlagen und Methoden; Herder Verlag, Freiburg 1981

Grams T.: Codierungsverfahren Bibliographisches Institut (B.I.), Mannheim 1986

Hawking S. W.: Eine kurze Geschichte der Zeit; Rowohlt 1988

Hellmann M. (Hrsg.): Circa Inicium Algorismi, Die Algorismus-Vorlesung von Nicolaus Matz; Stadt Michelstadt 2006

Hermes H.: Aufzählbarkeit, Entscheidbarkeit, Berechenbarkeit; Springer-Verlag, Berlin Heidelberg, 3. Aufl. 1978

Hermes H.: Einführung in die mathematische Logik; Teubner Verlag, Stuttgart 1972, 1976 (4e)

Hilbert D. / Cohn-Vossen St.: Anschauliche Geometrie; Berlin 1932

Hilbert D.: Grundlagen der Geometrie; Leipzig 1899

Hischer H.: Grundlegende Begriffe der Mathematik: Entstehung und Entwicklung. Struktur – Funktion – Zahl, Springer Spektrum, Wiesbaden 2012

Hischer H.: Variation – eine fundamentale Idee, Schriftenreihe der Universität des Saarlands, Fachrichtung 6.1 Mathematik, Saarbrücken 2015

Hodges A.: Alan Turing: The Enigma, Walker& Company

Hofmann J. E.: Geschichte der Mathematik, I Von den Anfängen bis zum Auftreten von Fermat und Descartes; Walter de Gruyter, Sammlung Göschen, Berlin 1963

Hofstadter D. R.: Gödel, Escher Bach: An Eternal Golden Braid; Basic Books, New York 1979

Hogendijk J.P.: Discovery of an 11 th-Century Geometrical Compilation: The Istikmal of Yusuf al-Mu'taman ibn Hud, King of Saragossa; Historia Mathematica 13 (1986), 43–52

Hopcroft J. E. / Ullmann J. D.: Introduction to Automata Theory, Languages, and Computation; Addison-Wesley Publishing Company, Reading (Massachusetts) 1979

Hoppe U. / Löthe H.: Problemlösen und Programmieren mit LOGO; B. G. Teubner Verlag, Stuttgart 1984

Horn P. / Winston P. H.: LISP; Addison-Wesley Publishing Company, Reading (Massachusetts) 1981

Horowitz E. / Sahni S.: Fundamentals of Computer Algorithms; Computer Science Press, Rockville (Maryland) 1978

Horowitz E. / Sahni S.: Algorithmen. Entwurf und Analyse; Springer-Verlag, Berlin Heidelberg 1981

Horowitz E. / Sahni S.: Fundamentals of Data Structures; Computer Science Press, Rockville (Maryland) 1976

Horowitz E.: Fundamentals of Programming Languages; Springer-Verlag, Berlin, Heidelberg, New York 1983

Horster P.: Kryptologie; BI-Wissenschaftsverlag, Zürich 1985

Ifrah G.: Universalgeschichte der Zahlen; Campus Verlag, Frankfurt am Main 1986

Jacobs K. et al.: Selecta Mathematika II (Thema: Berechenbarkeit); Springer-Verlag, Berlin 1970

Jacobs K.: Resultate – Ideen und Entwicklungen in der Mathematik: Band 2: Der Aufbau der Mathematik; Vieweg Verlag, Braunschweig 1990

Jensen K. / Wirth N.: Pascal Manual and User Report; Springer-Verlag, New York, 4. Aufl. 1991

Jones R. / Maynard C. / Stewart I.: The Art of LISP Programming; Springer-Verlag, London 1990

Kaiser R.: Grundlegende Elemente des Programmierens (Eine Einführung in Pascal); Birkhäuser Verlag, Basel 1985

Kemeny J. G. / Kurtz T. E.: BASIC Programming; John Wiley & Sons, New York 1967

Kerner I. O.: Informatik; Deutscher Verlag der Wissenschaften, Berlin 1990

Kernighan B. W. / Ritchie D. M.: The C Programming Language; Prentice-Hall, Englewood Cliffs (New Jersey) 1978

Kernighan B. W. / Plauger P. J.: Software Tools, Addison-Wesley, Reading Mass., 1976

Klatte R. / Kulisch U. W. / Neaga M. / Ratz D. / Ullrich C. P.: Pascal-XSC: Language Reference with Examples; Springer-Verlag, New York 1992

Kline M.: Mathematical Thought from Ancient to Modern Times; Oxford University Press, New York 1972

Knuth D.: The Art of Computer Programming
  Vol. 1: Fundamental Algorithms
  Vol. 2: Seminumerical Algorithms
  Vol. 3: Sorting and Searching
  Addison-Wesley Publishing Company, Reading (Massachusetts) 1968/69

Koblitz N.: A Course in Number Theory and Cryptography; Springer-Verlag, New York, 2. Aufl. 1994

Könches B. / Weibel P. (Hrsg.): unSICHTBARes. Algorithmen als Schnittstelle zwischen Kunst und Wissenschaft; Benteli Verlag, Bern 2005

Landau E.: Grundlagen der Analysis; dritte Auflage, Chelsea Publishing Company, New York 1929

Ledgard H. / Marcotty M.: The Programming Language Landscape; Science Research Associates Inc., Chicago 1981

Lipschutz S.: Datenstrukturen; McGraw Hill (Schaum's Outline Series) New York 1987

Lüneburg H.: Kleine Fibel der Arithmetik; BI Wissenschaftsverlag, Mannheim 1987

Lüneburg H.: Leonardi Pisani Liber Abacci oder Lesevergnügen eines Mathematikers; BI Wissenschaftsverlag, Mannheim 1992

Machtey M. / Young P.: An Introduction to the General Theory of Algorithms; Elsevier North Holland, Inc., New York 1978

Maeder R.: Informatik für Mathematiker und Naturwissenschaftler; Addison-Wesley (Deutschland) 1993

Maeder R.: Programming in Mathematica; Addison-Wesley, Redwood City (California) 1991

Maeder R.: The Mathematica Programmer; Academic Press, Cambridge 1994

Manber U.: Introduction to Algorithms – A Creative Approach; Addison-Wesley Publ. Comp. 1989

Manor E.: e – The Story of a Number; Princeton University Press, Princeton, New Jersey, 1994

Menninger K.: Zahlwort und Ziffer – Eine Kulturgeschichte der Zahl; Vandenhoeck & Ruprecht, Göttingen 1958

Meschkowski H.: Wandlungen des mathematischen Denkens; Vieweg Verlag, Braunschweig 1969

Michalewicz Z.: Genetic Algorithms + Data Structures = Evolution Programs; Springer-Verlag, Berlin Heidelberg, 3. Aufl. 1996

Minsky M. / Papert S.: Perceptrons; MIT Press, Cambridge (Massachusetts) 1969

Minsky M.: The Society of Mind; Simon and Schuster, New York 1985

Mons W. / Zuse H. / Vollmar R.: Konrad Zuse; Ernst Freiberger-Stiftung 2005

Müller D.: LISP; Bibliographisches Institut (Hochschultaschenbücher), Mannheim 1985

Müller G. N. / Steinbring H. / Wittmann E. Ch. (Hrsg.): Arithmetik als Prozess; Kallmeyersche Verlagsbuchhandlung, Seelze 2004

Nilsson N. J.: Principles of Artificial Intelligence; Springer-Verlag, Berlin 1982

Nissen V.: Evolutionäre Algorithmen: Darstellung, Beispiele, betriebswirtschaftliche Anwendungsmöglichkeiten; Dt. Univ. Verlag, Wiesbaden 1994

Noltemeier H.: Informatik I, II und III; Carl Hanser Verlag, München 1981 / 1984 / 1982

Oberschelp W. / Wille D.: Mathematischer Einführungskurs für Informatiker; Teubner Studienbücher, Stuttgart 1976

Oldenburg R.: Mathematische Algorithmen im Unterricht; Vieweg+Teubner Wiesbaden 2011

Ottmann T. / Widmayer P.: Algorithmen und Datenstrukturen; BI Wissenschaftsverlag, Mannheim 1990

Papert S.: Mindstorms; Basic Books Inc., New York 1980

Pearl J.: Heuristics: Intelligent Search Strategies for Computer Problem Solving; Addison-Wesley Publishing Company, Reading (Massachusetts) 1985

Penrose R.: The Emperor's New Mind; Oxford University Press 1989, deutsche Übersetzung: Spektrum Akademischer Verlag 1991

Pohl I. / Shaw A.: The Nature of Computation: an Introduction to Computer Science; Computer Science Press, Rockville (Maryland) 1981

Polya G.: How To Solve It; Princeton University Press, Princeton, New Jersey, 1945

Rechenberg P. / Pomberger G.: Informatik-Handbuch; Carl Hanser Verlag, München 1997

Rechenberg P.: Was ist Informatik?; Hanser Verlag, München 1991

Remmert R. / Ullrich P.: Elementare Zahlentheorie; Birkhäuser Verlag, Basel, 3. Aufl. 2008

Ritter H. / Martinez T. / Schulten K.: Neuronale Netze: Eine Einführung in die Neuroinformatik selbstorganisierender Netze; Addison-Wesley (Deutschland) 1990

Rode H. / Hansen K.-H.: Die Erfindung der universellen Maschine, Metzler Schulbuchverlag, Hannover 1992

Rödiger K.-H.: Algorithmik – Kunst – Semiotik; Synchron Publishers, Heidelberg 2003

Rojas R.: Theorie der neuronalen Netze: Eine systematische Einführung; Springer-Verlag, Berlin 1993

Russell B. / Whitehead A. N.: Principia Mathematica (3 Bände); Cambridge 1910–1913

Russell B.: A History of Western Philosophy; Simon and Schuster, New York 1945

Salomaa A.: Public-Key Cryptography; Springer-Verlag, Berlin Heidelberg, 2. Aufl. 1996

Schauer H.: LOGO – Jenseits der Turtle; Springer-Verlag, Wien 1988

Schefe P. / Hastedt H. / Dittrich Y. / Keil G.: Informatik und Philosophie; BI Wissenschaftsverlag, Mannheim 1993

Scheid H.: Einführung in die Zahlentheorie; Klett Verlag, Stuttgart 1972

Schneier B.: Applied Cryptography; John Wiley& Sons, New York 1996

Schöning U.: Algorithmik; Spektrum Akademischer Verlag, Berlin 2001

Schöning U.: Ideen der Informatik; Oldenbourg Verlag, München 2006

Schroeder M. R.: Number Theory in Science and Communication; Springer-Verlag, Berlin Heidelberg, 5. Aufl. 2009

Schulz R. H.: Codierungstheorie; Vieweg Verlag, Braunschweig / Wiesbaden 1991, 2. Aufl. 2003

Schulz R.-H.(Hrsg.): Mathematische Aspekte der angewandten Informatik; Bibliographisches Institut (B.I.), Mannheim 1994
    darin speziell:
    Schulz R.-H.: Informations- und Codierungstheorie – eine Einführung, 89–127
    Berendt G.: Elemente der Kryptologie, 128–146

Schupp H.: Optimieren – Extremwertbestimmung im Mathematikunterricht, B.I. Wissenschaftsverlag, Mannheim 1992

Schupp H.: Thema mit Variationen. Aufgabenvariation im Mathematikunterricht , Franzbecker Verlag, Hildesheim 2002

Sedgewick R.: Algorithms; Addison-Wesley Publishing Company, Reading (Massachusetts) 1984

Siefkes D. et al.: Pioniere der Informatik; Springer-Verlag, Berlin 1999

Singh S.: The Code Book; Fourth Estate, London 1999

Sinkov A.: Elementary Cryptanalysis; The Mathematical Association of America 1966

Sonar Th.: 3000 Jahre Analysis; Springer-Verlag, Berlin 2011

Specht R. (Hrsg.): Geschichte der Philosophie in Text und Darstellung, Band 5: Rationalismus; Reclam Verlag, Stuttgart 1979

Springer G. / Friedman D.P.: Scheme and the Art of Programming; The MIT Press, Cambridge, Massachusetts (MIT), 1989

Steen L. A.: Mathematics Today; Springer-Verlag, New York 1978

Steinbuch K.: Automat und Mensch; Springer-Verlag, Berlin Heidelberg, 4. Aufl. 1971

Stellfeldt Chr.: Sitzverteilung aus algorithmischer Sicht. Der Mathematikunterricht, 1, 2006, 49–59

Sterling L. / Shapiro E.: The Art of Prolog; MIT Press, Cambridge (Massachusetts) 1986

Stoll C.: High-Tech Heretic; Anchor Books, New York 1999

Stoschek E.P.: Abenteuer Algorithmus; Dresden University Press, Dresden 1996

Stoyan H. / Görz G.: LISP (Eine Einführung in die Programmierung); Springer-Verlag, Berlin 1984

Tennent R.: Grundlagen der Programmiersprachen; Hanser Verlag, München 1982

Thaer C.: siehe EUKLID – Die Elemente; Verlag Harri Deutsch, Frankfurt am Main 2010

Turing A.: On Computable Numbers, with an Application to the Entscheidungsproblem;. Proceedings of the London Mathematical Society, 2, 42, 1937

van der Waerden B. L.: Erwachende Wissenschaft; Birkhäuser Verlag, Basel 1966

Vazsonyi A.: Which Door Has the Cadillac?; atlanta Verlag, Decision Line, December/January 1999, 17–19, Link zum pdf-Artikel:
http://en.wikipedia.org/wiki/Monty_Hall_problem#refVazsonyi1999

von Hentig H.: DIE ZEIT, 18. Mai 1984

von Randow G.: Das Ziegenproblem – Denken in Wahrscheinlichkeiten; rororo science, Hamburg 1992

Wagenknecht C.: Algorithmen und Komplexität; Fachbuchverlag Leipzig 2003

Wagon St.: Mathematica in Action; W. H. Freeman and Company, New York 1991 deutsche Übersetzung: Mathematica in Aktion; Spektrum Akademischer Verlag, Heidelberg 1993

Weicker K. / Weicker N.: Algorithmen und Datenstrukturen, Springer-Verlag, 2013

Wilensky R.: LISPcraft; W. W. Norton & Company, New York 1984

Wilson L. B. / Clark R. G.: Comparative Programming Languages; Addison-Wesley, Wokingham (England) 1988

Winston P. H. / Brown R. H. (Hrsg.): Artificial Intelligence: An MIT Perspective; The MIT Press, Cambridge (Massachusetts) 1979

Winston P. H. / Horn B. K. P.: LISP; Addison-Wesley Publishing Company, Reading (Massachusetts) 1981

Wirth N.: Algorithmen und Datenstrukturen; B.G. Teubner Verlag, Stuttgart, 5. Aufl. 2000

Wirth N.: Systematisches Programmieren; B.G. Teubner Verlag, Stuttgart 1975

Wittmann E.: Grundfragen des Mathematikunterrichts; Vieweg Verlag, Braunschweig, 6. Aufl. 1981

Wolfram S.: Mathematica – A System for Doing Mathematics by Computer; Wolfram Research Inc., Champaign (Illinois) 1988

Wußing H.: Vorlesungen zur Geschichte der Mathematik, Verlag Harri Deutsch, Frankfurt am Main, 1989, 2008

Yazdani M. (Hrsg.): New Horizons in Educational Computing; Ellis Horwood Limited, Chichester 1984

Zemanek H.: AL-KHOREZMI, his background, his personality, his work and his influence; in Ershov / Knuth (Hrsg.) „Algorithms in Modern Mathematics and Computer Science", 1–81; Lecture Notes in Computer Science 122, Springer-Verlag, Berlin 1981

Ziegenbalg Ernst Gotlieb: Euclidis Elementa Geometriæ, Det er, Første Grund Til Geometrien, I det Danske Sprog, Kjøbenhavn, Ernst Henrik Berling, 1744

Ziegenbalg J.: Informatik und allgemeine Ziele des Mathematikunterrichts; Zentralblatt für Didaktik der Mathematik, 1983, 215–220

Ziegenbalg J.: Programmieren lernen mit Logo; Hanser Verlag, München 1985

Ziegenbalg J.: Algorithmen als Hilfsmittel zur Elementarisierung mathematischer Lösungsverfahren und Begriffsbildungen, in: Computer in der Schule 2; Hrsg. K.-D. Graf, Teubner Verlag, Stuttgart 1988, 149–174

Ziegenbalg J.: Algorithmen – fundamental für Mathematik, Mathematikunterricht und mathematische Anwendungen, Dresden 2000, http://www.ziegenbalg.ph-karlsruhe.de/materialien-homepage-jzbg/Manuskripte/AlgFundSig.pdf

Ziegenbalg J.: Elementare Zahlentheorie – Beispiele, Geschichte, Algorithmen; Verlag Springer Spektrum, Wiesbaden 2015

Ziegenbalg J.: Algorithmik, Handbuch der Mathematikdidaktik, Verlag Springer Spektrum, Berlin 2015, 303–329

Index